Deepen Your Mind

Deepen Your Mind

Foreword 前言

人工智慧的高速發展，帶來了豐富的機遇與挑戰。機器學習演算法工程師、資料採擷工程師、大數據工程師等職位的薪資在 IT 企業也頗豐。面對高薪與前端技術的誘惑，越來越多的大學畢業生準備投身其中，但苦於缺乏指導性教材進行系統學習，非專業出身的大學畢業生更是缺乏相關數學基礎。

本書最大的特色就是以接地氣的方式向大家通俗地説明演算法原理與應用方法，讓讀者能夠更輕鬆地去了解其中每一個複雜的演算法。學習的目的一定要在實際工作中發揮作用，希望更多讀者能將理論與實戰方法應用到自己的業務中，所以本書整體風格是以實戰為主，透過案例來解讀如何將機器學習應用在實際的資料採擷工作中。

✣ 本書針對的讀者

本書主要針對對人工智慧、機器學習、資料分析等方面有強烈興趣的初學者和同好，透過本書的學習，讀者能夠掌握機器學習中經典演算法原理推導、整體流程以及其中數學公式與各種參數的作用。案例全部採用當下流行的 Python 語言，從最基礎的工具套件開始講起，讓大家熟練使用 Python 及其資料科學工具套件進行機器學習和資料採擷領域的專案實戰工作，並處理其中遇到的種種問題。

✣ 路線圖

本書內容大致可以分為以下 4 個部分。

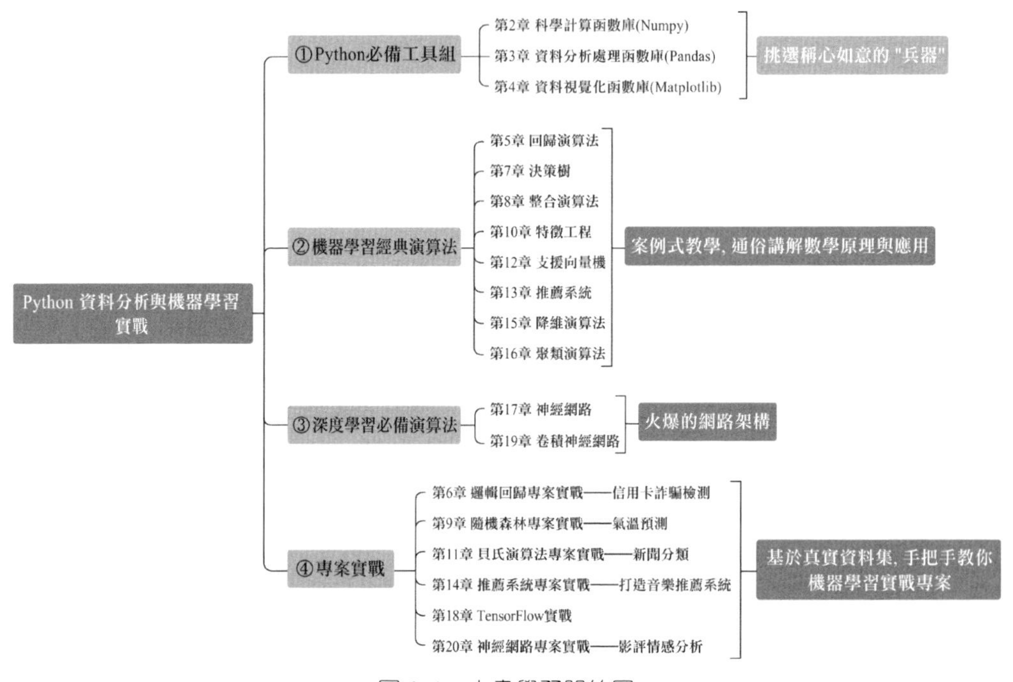

圖 0-1　本書學習路線圖

歸納起來比較合適的學習路線如下。

第①步：Python 工具套件的使用，先把稱心如意的「兵器」準備好，它們是實戰中的好幫手。

第②步：了解機器學習演算法，建模分析的核心就是其中的演算法了，基礎紮實才能走得更遠。

第③步：專案實戰應用，將演算法模型應用到實際業務中，透過實際工作來進行提升。可能很多讀者都覺得應當先把 Python 的基礎打穩再進行後續的學習，我覺得這樣可能會花費較多時間，耽誤後續重點內容學習，建議讀者對於程式語言透過實際案例邊練邊學，把重點放在機器學習原理與應用中。

✣ 閱讀本書需要準備什麼 / 如何使用本書

對初學者來說，可能在學習路線以及職業規劃上有些迷茫，這裡結合機器學習與資料科學領域的了解來進行說明分析。首先無論從事人工智慧中哪個方向，一定要從工程師做起，那手裡一定得有一個稱心如意的「兵器」，本書選擇的是 Python 語言，基於 3.x 版本進行實戰示範。讀者如果具備大學數學基礎，學習起來會相對更容易一些，在學習過程中，難免遇到各種難以了解的演算法問題，建議大家先對其整體流程進行通俗了解，再結合實際案例進行思考，很多時候數學上的描述十分複雜，而程式中的解釋卻淺顯容易。專案實戰的目的一方面是從應用的角度說明如何進行實際工作建模與分析，另一方面也是一個累積的過程。人工智慧企業發展迅速，不要停下學習的腳步，每天都要學習新的知識來充實自己。

✣ 搭配資源

請至本公司官網 https://www.deepmind.com.tw/ 搜尋本書，並且前往對應的頁面下載即可。本書作者為中國大陸人士，為維持程式碼執行正確，本書原始程式碼將保持簡體中文，請讀者對照書中內容執行。

✣ 建議與回饋

由於作者水準有限，書中難免有錯誤和不當之處，歡迎讀者指正。如果讀者遇到問題需要幫助，也歡迎交流（微信帳號：digexiaozhushou），我期望與你共同成長。

目錄 *Contents*

01 人工智慧入門指南

02 科學計算函數庫（Numpy）

03 資料分析處理函數庫（Pandas）

04 資料視覺化函數庫（Matplotlib）

05 回歸演算法

06 邏輯回歸專案實戰——信用卡詐騙檢測

07 決策樹

08 整合演算法

09 隨機森林專案實戰——氣溫預測

10 特徵工程

11 貝氏演算法專案實戰——新聞分類

12 支援向量機

13 推薦系統

14 推薦系統專案實戰——打造音樂推薦系統

15 降維演算法

16 分群演算法

17 神經網路

18 TensorFlow 實戰

19 卷積神經網路

20 神經網路專案實戰——影評情感分析

Chapter

01

人工智慧入門指南

當今時代，人工智慧迅速發展，高薪的誘惑、前端的技術挑戰使得越來越多的讀者想要學習人工智慧，那麼更大的問題也就隨之產生了——如何學習人工智慧呢？正所謂「萬事開頭難」，如何走好第一步十分關鍵。學習人工智慧的成本還是蠻高的，一般來說，付出了大量的時間和精力，一定要有滿意的收穫才可以。作為 Python 開篇之講，本章首先介紹機器學習處理問題的方法與流程，以及實戰必備武器——Python 基礎教學及其環境設定。

1.1 AI 時代首選 Python

人工智慧就是用程式設計實現各種演算法和資料建模。提起程式設計，以前大家可能更注重 C 語言和 Java 語言，但是現在，Python 在資料科學領域運用廣泛，相信大家早已在各大媒體和圈子中看到 Python 與日俱增的發展前景，可以說，Python 已經成為當下最熱門的程式語言之一了（見圖 1-1）。

圖 1-1　AI 時代首選 Python

1.1.1 Python 的特點

Python 被當作「核心武器」一定是有原因的，進入 AI 企業，大家最初給自己的定位基本都是工程師，辦事效率一定是越高越好，這跟 Python 的出發點也是一致的，試問：能用 1 行程式解決的問題，何必用 10 行呢？

如果大家學過 C 語言，一定會覺得它用起來還是比較麻煩的，限制非常多。但是用 Python 寫起程式來可以更隨興一些，沒有那麼多的語法束縛，用起來容易，學起來也很簡單。

當要實際完成一項程式設計工作時，一定需要借助各種工具，Python 提供了非常豐富的工具套件來解決各種資料處理、分析、建模等問題。我們只要呼叫工具套件，就可以輕輕鬆鬆地完成工作，相當於前人已經種好了樹，我們去乘涼就好了。

那麼，Python 在其他領域應用得怎麼樣呢？大家可能聽過「Python 全端開發」這個概念，所以 Python 相當於「萬金油」，只要把它學應用還是十分廣泛的。

歸納起來就是一句話：簡潔、高效，用起來舒服！對初學者來說，Python 是很人性化的，可以說它是最簡單易學的程式語言。

1.1.2 Python 該怎麼學

很多零基礎的讀者的第一想法可能就是先去買一本非常厚的 Python 教材，然後慢慢地從入門到精通……其實我認為語言只是用來幫助解決問題的工具，不建議去找一本特別厚的書，來個半年學習計畫，用最短的時間學習最基礎的、暫時夠用的知識就可以了，越進階的語法用到的機率越小，先入手用起來，然後邊做案例邊學習才是高效的學習方法。

推薦大家先熟悉 Python 的基礎部分，到圖書館隨便找本這方面的書，或看看 Python 的線上課程都可以，有其他語言基礎的同學學習 2 ～ 3 天就能用起來，第一次接觸程式語言的人花一周的時間也會學得差不多了。

在後續的章節中本書還會涉及 Python 工具套件的使用，其實這些工具的使用方法在其官方文件中都寫得清清楚楚，並不需要全部背下來，只需要熟練操作即可，真正用到它的時候，還是要看看文件中每一個參數的具體含義。

1.2 人工智慧的核心——機器學習

到底該如何學習人工智慧呢？可以說，人工智慧這個圈子太大了，各行各業都有關，可選擇的方向也五花八門、各不相同，包含資料採擷、電腦視覺、自然語言處理等各大領域。那麼，是不是每個方向要學習的內容差別很大呢？不是的。其實最核心的就是機器學習，你要做的一切都離不開它，所以無論選擇哪個領域，一定要把基礎打牢。因此，第一個目標就是搞定機器學習的各大演算法，並掌握其應用實作方法。

1.2.1 什麼是機器學習

可能有些讀者對機器學習還不是很熟悉，只不過因為最近這個詞比較熱門才準備投身這個領域中。舉一個小實例，我以前特別喜歡玩一款叫作《夢幻西遊》的遊戲。不玩之後，遊戲方的客服經理總給我打電話，說「大師能不能回來接著玩耍（儲值）呀，幫派的夥伴都十分想念你……」這時候我就想：

他們為什麼會給我打電話呢？這款遊戲每天都有使用者流失，不可能給每個使用者都打電話，那麼一定是挑重點使用者來溝通了。其後台一定有玩家的各種資料，例如遊戲時數、儲值金額、戰鬥力等，透過這些資料就可以建立一個模型，用來預測哪些使用者最有可能回來接著玩啦！

機器學習要做的就是在資料中學習有價值的資訊，例如先給電腦一堆資料，告訴它這些玩家都是重點客戶，讓電腦去學習一下這些重點客戶的特點，以便之後在巨量資料中能快速將它們識別出來。

機器學習能做的遠不止這些，資料分析、影像識別、資料採擷、自然語言處理、語音辨識等都是以其為基礎的，也可以說人工智慧的各種應用都需要機器學習來支撐（見圖 1-2）。現在各大公司越來越注重資料的價值，人工成本也是越來越高，所以機器學習也就變得不可或缺了。

再給大家簡單介紹一下學會機器學習之後可能從事的職位，最常見的就是資料採擷工作，即透過建立機器學習模型來解決實際業務問題，就業前景還是非常不錯的，基本所有和資料進行處理的公司都需要這個職位。

圖 1-2　機器學習的應用領域

接下來就是當下與人工智慧結合最緊密的電腦視覺、自然語言處理和語音辨識了。說穿了就是要讓計算機能看到、聽到、讀懂人類的資料。相對來說，我覺得電腦視覺領域發展會更快一些，因為隨著深度學習技術的崛起，越來越多的研究人員加入這個行列，實作的專案更是與日俱增。自然語言處理和語音辨識也是非常不錯的方向，至於之後的路怎麼走還是看大家的喜好，前提都是一樣的──先把機器學習搞定！

1.2.2 機器學習的流程

上一小節簡單介紹了機器學習的基本概念，那麼機器學習是如何做事情的呢？下面透過一個簡單實例來了解一下機器學習的流程（見圖 1-3）。假設我們從網路上收集了很多新聞，有的是體育類新聞，有的是非體育類新聞，現在需要讓機器準確地識別出新聞的類型。

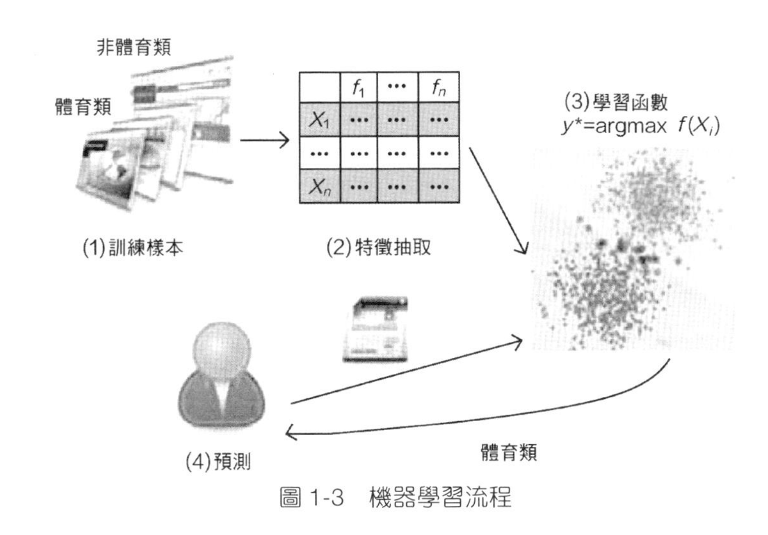

圖 1-3　機器學習流程

一般來說，機器學習流程大致分為以下幾步。

第①步：資料收集與前置處理。例如，新聞中會摻雜很多特殊字元和廣告等無關因素，要先把這些剔除掉。除此之外，可能還會用到對文章進行分詞、分析關鍵字等操作，這些在後續案例中會進行詳細分析。

第②步：特徵工程，也叫作特徵取出。舉例來說，有一段新聞，描述「科比職業生涯畫上圓滿句點，今天正式退役了」。顯然這是一篇與體育相關的新聞，但是電腦可不認識科比，所以還需要將人能讀懂的字元轉換成電腦能識別的數值。這一步看起來容易，做起來就非常難了，如何建置合適的輸入特徵也是機器學習中非常重要的一部分。

第③步：模型建置。這一步只要訓練一個分類器即可，當然，建模過程中還會有關很多調參工作，隨便建立一個差不多的模型很容易，但是想要將模型做得完美還需要大量的實驗。

第④步：評估與預測。最後，模型建置完成就可以進行判斷預測，一篇文章經過前置處理再被傳入模型中，機器就會告訴我們按照它所學資料得出的是什麼結果。

1.2.3 機器學習該怎麼學

很多讀者可能都會有這種想法：工具套件已經非常成熟了，是不是會呼叫工具套件就可以了呢？筆者認為掌握演算法原理與實際應用都是很重要的，很多人容易忽略演算法的推導，這對之後的學習和應用一定是不利的，因為做一件事情不能盲目去做，需要知道為什麼要這麼做！工具套件也一樣，不僅要學會使用它，更要知道其中每一個參數的作用，以及每一步操作在演算法中都是什麼含義。

這就需要熟悉每一個演算法是怎麼來的，每一步數學公式的目的是什麼，資料是怎麼一步步變成最後的決策結果的，每一步的參數又會對最後的結果產生什麼樣的影響。這幾點都是非常重要的，所以在學習過程中需要深入其中每一步細節。

學習過程肯定有些枯燥，最好先從整體上理解其工作原理，然後再深入到每一處細節。這其中會涉及很多數學知識，對初學者來說最頭疼的就是這些公式和符號了，讓大家從頭到尾先學一遍數學可能有點不現實，所以遇到問題或不了解的地方還需要大家勤動手，邊學邊查，也就是「哪裡不會點哪裡」。本書中所有基礎知識也都是按照筆者的了解跟大家分享的，所以不要懼怕數學，也不要過於鑽牛角尖，理解即可。

1.3 環境設定

現在跟大家説一説本書所需的環境設定，也就是後續案例怎麼玩起來，這個很重要，能給大家節省很多時間。我們要安裝 Python 所需環境，不推薦去 Python 官網下載一個安裝套件，否則之後的設定和要安裝的東西就太多了。

1.3.1 Anaconda 全家桶

環境設定時只需下載 Anaconda 即可，它相當於一個「全家桶」，裡面不僅有 Python 所需環境，而且還把後續要用到的工具套件和程式設計環境全部搞定了。首先登入 Anaconda 官網（https://www.anaconda.com/ download/），下載對應軟體，如圖 1-4 所示。

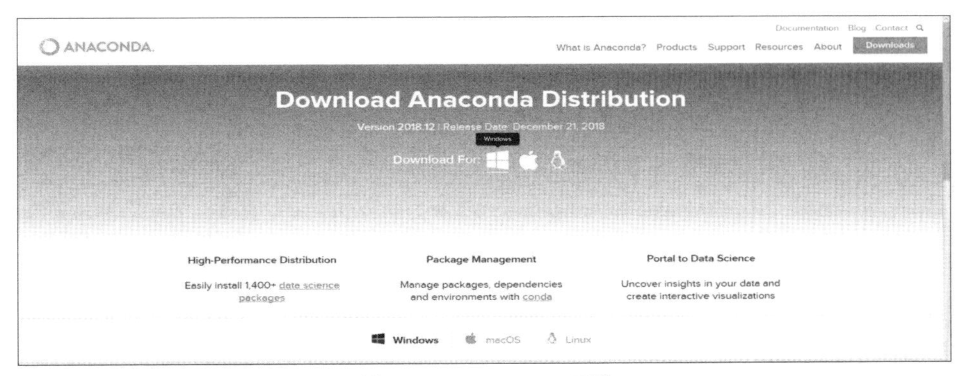

圖 1-4 Anaconda 下載

然後根據自己的電腦選擇不同的作業系統，並選擇是 64 位元的還是 32 位元的。如果電腦是 32 位元的，可以考慮換一換，因為很多工具套件都不支援。

一定要選擇 Python 3 版本（見圖 1-5），幾年前我在講課和工作的時候用的是 Python 2.7 版本，當時，2.7 版本用的人比較多，而且相對穩定。但是從現在的角度出發，很多工具套件都不支援 2.7 版本了，所以直接下載 3 版本即可。如果下載速度比較慢，讀者可以登入映像檔網址 https://mirrors.tuna.tsinghua.edu.cn/anaconda/ archive，下載對應版本軟體。

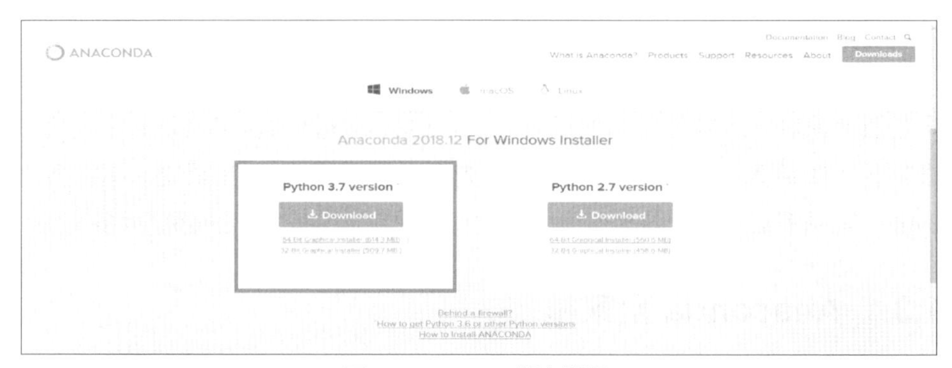

圖 1-5　Python 版本選擇

下載完成後，雙擊下載的檔案進行安裝，在安裝過程中連續單擊 "Next" 按鈕，即可順利將 Anaconda 軟體安裝到電腦上，就跟安裝遊戲一樣簡單，如圖 1-6 所示。

安裝完成後，如果是 Windows 系統，可以在「開始」選單看到如圖 1-7 所示的安裝結果（其他系統可以到安裝路徑下啟動）。

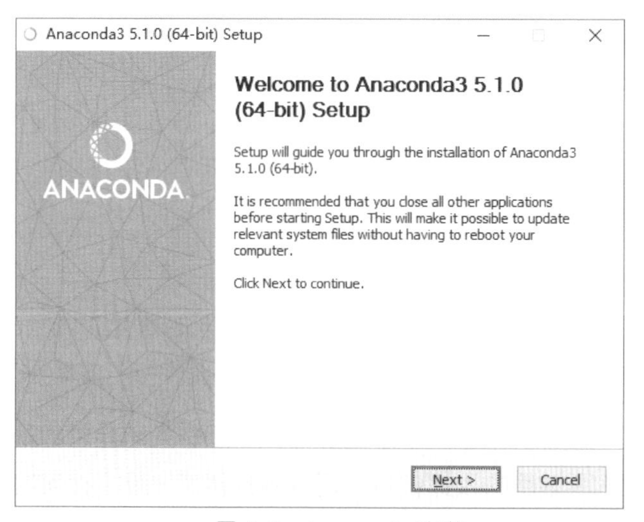

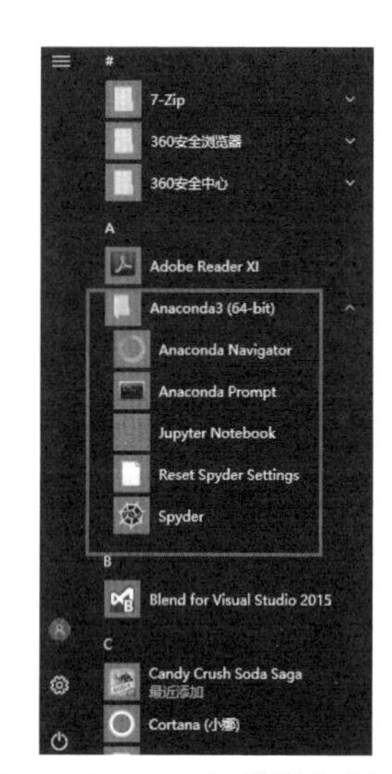

圖 1-6　Anaconda 安裝　　圖 1-7　Anaconda 安裝結果

簡單介紹一下之後會用到的幾個工具，首先選擇 "Anaconda Prompt" 選項，開啟一個命令列視窗，所有工具套件的安裝都在這裡完成（見圖 1-8）。

圖 1-8　Anaconda Prompt

可以在視窗中輸入不同的指令，以實現不同的操作，例如輸入 "conda list" 指令，可以檢視目前已經安裝的各種函數庫函數，如圖 1-9 所示。

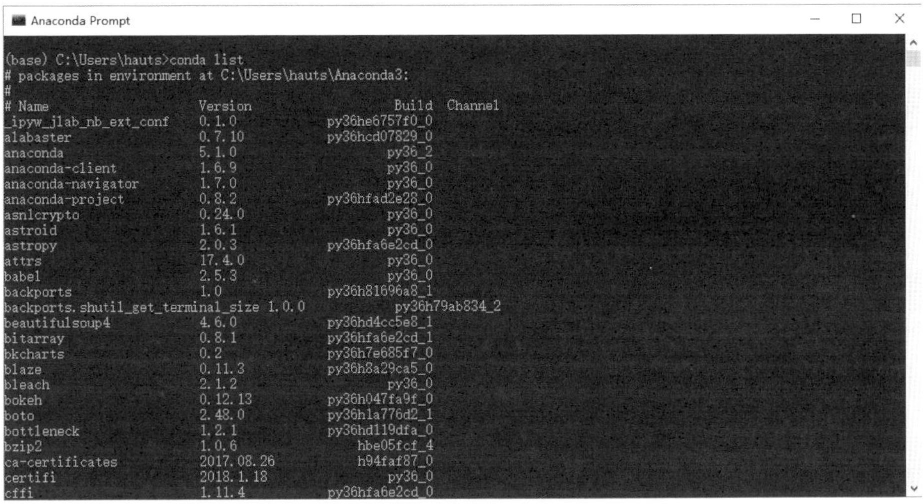

```
Anaconda Prompt
(base) C:\Users\hauts>conda list
# packages in environment at C:\Users\hauts\Anaconda3:
#
# Name                    Version                   Build  Channel
_ipyw_jlab_nb_ext_conf    0.1.0            py36he6757f0_0
alabaster                 0.7.10           py36hcd07829_0
anaconda                  5.1.0                    py36_2
anaconda-client           1.6.9                    py36_0
anaconda-navigator        1.7.0                    py36_0
anaconda-project          0.8.2            py36hfad2e28_0
asn1crypto                0.24.0                   py36_0
astroid                   1.6.1                    py36_0
astropy                   2.0.3            py36hfa6e2cd_0
attrs                     17.4.0                   py36_0
babel                     2.5.3                    py36_0
backports                 1.0              py36h81696a8_1
backports.shutil_get_terminal_size 1.0.0     py36h79ab834_2
beautifulsoup4            4.6.0            py36hd4cc5e8_1
bitarray                  0.8.1            py36hfa6e2cd_1
bkcharts                  0.2              py36h7e685f7_0
blaze                     0.11.3           py36h8a29ca5_0
bleach                    2.1.2                    py36_0
bokeh                     0.12.13          py36h047fa9f_0
boto                      2.48.0           py36h1a776d2_1
bottleneck                1.2.1            py36hd119dfa_0
bzip2                     1.0.6                hbe05fcf_4
ca-certificates           2017.08.26           h94faf87_0
certifi                   2018.1.18                py36_0
cffi                      1.11.4           py36hfa6e2cd_0
```

圖 1-9　已經安裝的工具套件

上圖所示的工具套件都安裝，如果需要額外安裝一些其他的工具套件，則可以使用 "pip install" 指令，舉例來說，輸入 "pip install seaborn" 指令，系統就會開始下載並自動安裝 seaborn 套件。如果在安裝過程中顯示出錯（在安裝過程中基本都會遇到），可以先嘗試下載安裝套件，然後進行安裝（這招屢試不爽）。

首先開啟 https://www.lfd.uci.edu/~gohlke/pythonlibs/ 網址，進入如圖 1-10 所示的介面，這裡面也提供了各種工具套件供大家下載，然後選擇要下載的工具套件以及合適版本，如圖 1-11 所示。

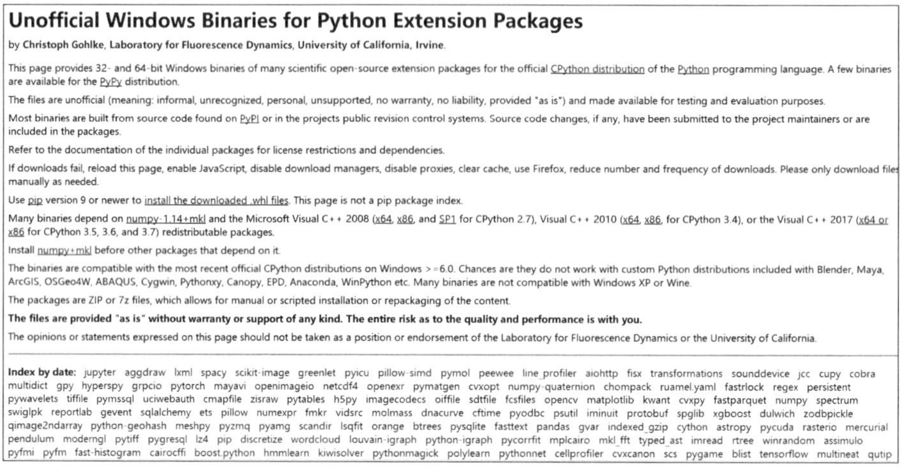

Unofficial Windows Binaries for Python Extension Packages

by **Christoph Gohlke, Laboratory for Fluorescence Dynamics, University of California, Irvine.**

This page provides 32- and 64-bit Windows binaries of many scientific open-source extension packages for the official CPython distribution of the Python programming language. A few binaries are available for the PyPy distribution.

The files are unofficial (meaning: informal, unrecognized, personal, unsupported, no warranty, no liability, provided "as is") and made available for testing and evaluation purposes.

Most binaries are built from source code found on PyPI or in the projects public revision control systems. Source code changes, if any, have been submitted to the project maintainers or are included in the packages.

Refer to the documentation of the individual packages for license restrictions and dependencies.

If downloads fail, reload this page, enable JavaScript, disable download managers, disable proxies, clear cache, use Firefox, reduce number and frequency of downloads. Please only download files manually as needed.

Use pip version 9 or newer to install the downloaded .whl files. This page is not a pip package index.

Many binaries depend on numpy-1.14+mkl and the Microsoft Visual C++ 2008 (x64, x86, and SP1 for CPython 2.7), Visual C++ 2010 (x64, x86, for CPython 3.4), or the Visual C++ 2017 (x64 or x86 for CPython 3.5, 3.6, and 3.7) redistributable packages.

Install numpy+mkl before other packages that depend on it.

The binaries are compatible with the most recent official CPython distributions on Windows >=6.0. Chances are they do not work with custom Python distributions included with Blender, Maya, ArcGIS, OSGeo4W, ABAQUS, Cygwin, Pythonxy, Canopy, EPD, Anaconda, WinPython etc. Many binaries are not compatible with Windows XP or Wine.

The packages are ZIP or 7z files, which allows for manual or scripted installation or repackaging of the content.

The files are provided "as is" without warranty or support of any kind. The entire risk as to the quality and performance is with you.

The opinions or statements expressed on this page should not be taken as a position or endorsement of the Laboratory for Fluorescence Dynamics or the University of California.

Index by date: jupyter aggdraw lxml spacy scikit-image greenlet pyicu pillow-simd pymol peewee line_profiler aiohttp fisx transformations sounddevice jcc cupy cobra multidict gpy hyperspy grpcio pytorch mayavi openimageio netcdf4 openexr pymatgen cvxopt numpy-quaternion chompack ruamel.yaml fastrlock regex persistent pywavelets tiffile pymssql uciwebauth cmapfile zisraw pytables h5py imagecodecs oiffile sdtfile fcsfiles opencv matplotlib kwant cvxpy fastparquet numpy spectrum swiglpk reportlab gevent sqlalchemy ets pillow numexpr fmkr vidsrc molmass dnacurve cftime pyodbc psutil iminuit protobuf spglib xgboost dulwich zodbpickle qimage2ndarray python-geohash meshpy pyzmq pyamg scandir lsqfit orange btrees pysqlite fasttext pandas gvar indexed_gzip cython astropy pycuda rasterio mercurial pendulum moderngl pytiff pygresql lz4 pip discretize wordcloud louvain-igraph python-igraph pycorrfit mplcairo mkl_fft typed_ast imread rtree winrandom assimulo pyfmi pyfm fast-histogram cairocffi boost.python hmmlearn kiwisolver pythonmagick polylearn pythonnet cellprofiler cvxcanon scs pygame blist tensorflow multineat qutip

圖 1-10　手動下載工具套件

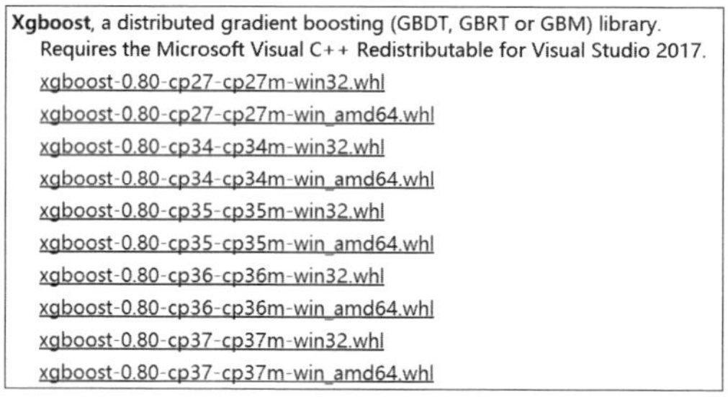

Xgboost, a distributed gradient boosting (GBDT, GBRT or GBM) library.
Requires the Microsoft Visual C++ Redistributable for Visual Studio 2017.
xgboost-0.80-cp27-cp27m-win32.whl
xgboost-0.80-cp27-cp27m-win_amd64.whl
xgboost-0.80-cp34-cp34m-win32.whl
xgboost-0.80-cp34-cp34m-win_amd64.whl
xgboost-0.80-cp35-cp35m-win32.whl
xgboost-0.80-cp35-cp35m-win_amd64.whl
xgboost-0.80-cp36-cp36m-win32.whl
xgboost-0.80-cp36-cp36m-win_amd64.whl
xgboost-0.80-cp37-cp37m-win32.whl
xgboost-0.80-cp37-cp37m-win_amd64.whl

圖 1-11　選擇合適的版本

注意：下載時一定要選擇符合自己電腦系統的版本，"0.80" 表示目前工具套件的版本編號，"cp27" 和 "cp36" 則分別表示 Python 版本是 2.7 還是 3.6，最後就對應作業系統。下載完成後隨便儲存到某一個位置，然後在命令行中（Anaconda Prompt）執行 "pip install xgboost-0.80-cp37-cp37m-win_amd64.whl" 命令，系統就會自動進行安裝了。

1.3.2 JupyterNotebook

Jupyter Notebook 相當於在瀏覽器中完成程式設計工作，不僅可以寫程式、做筆記，而且還可以獲得每一步的執行結果，效果非常好。本書中所有的實戰程式均在 Jupyter Notebook 中完成，非常適合教學。

進入 Jupyter Notebook 很簡單，在圖 1-7 所示的 Anaconda 資料夾中選擇 "Jupyter Notebook" 選項，就會出現如圖 1-12 所示的視窗。

圖 1-12　Jupyter Notebook

建立一份新的 Notebook 也很簡單，選擇 "New" 下面的 "Python 3" 選項，即可進入 Python 的操作和執行視窗，如圖 1-13 所示。

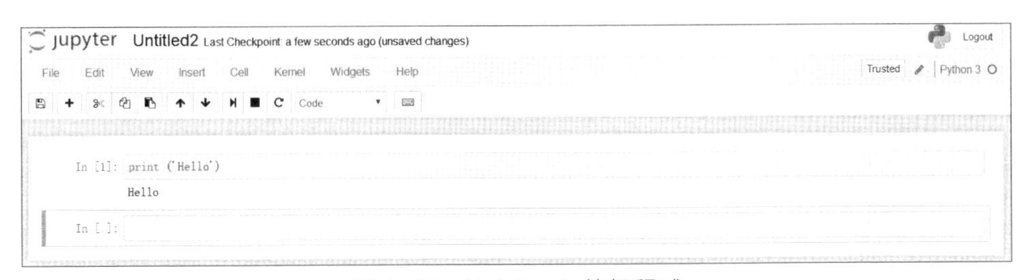

圖 1-13　Notebook 執行程式

下面展示一份 Notebook 實例片段，其中不僅包含程式及執行結果，而且還增加了說明文件（見圖 1-14）。

（a）Markdown 用法

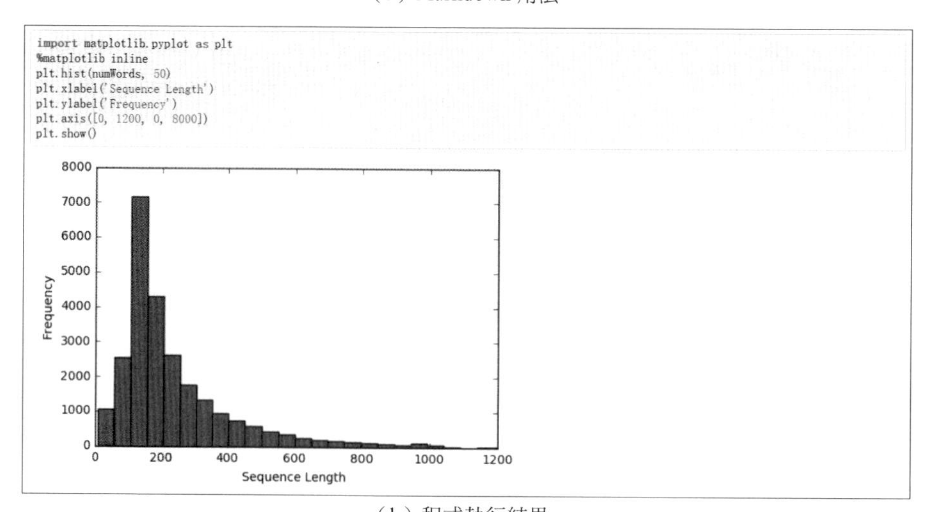

（b）程式執行結果

圖 1-14　Notebook 案例

如果大家想更改預設的起始路徑，只需要更改一些設定檔，網上有很多這方面的教學，根據自己的電腦系統需要找一份合適的就好，或直接在程式中找到預設的起始路徑。

In	import os print (os.path.abspath('.'))
Out	# 大家的結果就是各自的起始路徑了 E:\PythonNotebook

我們找到目前程式所在路徑後，把書中有關的程式和資料複製到目前資料夾下即可。歸納起來就是一句話：Anaconda 這個大禮包非裝不可，它能提供的工具還是非常實用的。

1.3.3 上哪兒找資源

初學者最常討論的問題就是上哪兒能找到各種資源，這裡推薦兩個網站，沒事可以常去逛逛：GitHub 和 kaggle。

其中，GitHub 是程式設計師都知道的網站，如圖 1-15 所示。如果想自己實現一個演算法，但是又沒有想法，怎麼辦呢？可以參考別人寫好的，GitHub 就提供了非常豐富的開放原始碼專案和程式。

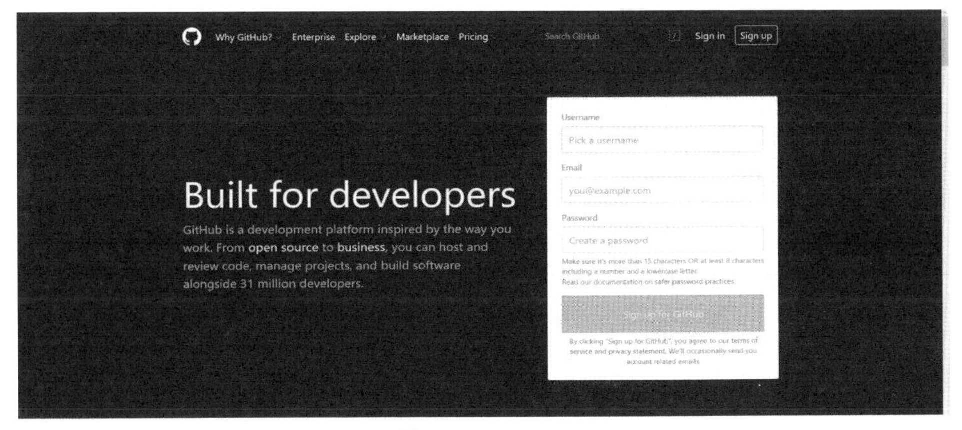

圖 1-15　GitHub

另一個就是 kaggle 社群，如圖 1-16 所示。其內容都是和資料科學相關的，大家可以把它當成一個競賽網站，不僅包含各行各業的資料集，而且還有各路大神的解決方案，裡面值得學習的內容實在太多了，等待大家慢慢挖掘吧！

圖 1-16　kaggle 社群

在學習過程中，如果大家直接動手去完成一個實際專案，難度一定有些大，但是如果有一份範本，在此基礎上進行改進可能就容易多了，每一份案例就都相當於一個範本，學會了就變成自己的。舉例來說，如何對資料進行處理，如何分析特徵，如何訓練模型等，這些策略很多都是通用的，所以累積也是一種學問，真正做專案的時候還是要參考很多已有的解決方案的。

本章歸納

本章從整體上介紹了 Python 和機器學習的學習路線與提升方法，本書所使用的環境只需一個 Anaconda 即可搞定，趕快設定起來加入後續的學習中吧。

Chapter

02

科學計算函數庫（Numpy）

在 Python 資料科學領域，Numpy 是用得最廣泛的工具套件之一，基本上所有工作都能看到它的影子。通常來說，資料都可以轉換成矩陣，行就是每一筆樣本資料，列就是其每個欄位特徵，Numpy 在矩陣計算上非常高效，可以快速處理資料並進行數值計算。本章從實戰的角度介紹 Numpy 工具套件的核心模組與常用函數的使用方法。

2.1 Numpy 的基本操作

在使用 Numpy 工具套件之前，必須先將其匯入進來：

In	import numpy as np

大師說：Anaconda 中已經預設安裝了 Numpy 工具套件，直接拿來使用即可。

執行完這一行程式之後，若沒有顯示出錯，就說明 Numpy 工具套件已經安裝好，並且已匯入執行環境中。為了操作方便，給 Numpy 起了一個別名 "np"，接下來就可以使用 "np" 來代替 "numpy" 了。

2.1.1 array 陣列

假設按照 Python 的正常方式定義一個陣列 array = [1,2,3,4,5]，並對陣列中的每一個元素都執行 +1 操作，那麼，可以直接執行嗎？

In
```
array = [1,2,3,4,5]
array + 1
```

Out
```
---------------------------------------------------------------------------
TypeError                                 Traceback (most recent call last)
<ipython-input-2-c54151a3da40> in <module>()
      1 array = [1, 2, 3, 4, 5]
----> 2 array + 1

TypeError: can only concatenate list (not "int") to list
```

輸出結果顯示此處建立的是一個 list 結構，無法執行上述操作。這裡需要大家注意的就是資料類型，不同格式的資料，其執行操作後的結果也是完全不同的。如果引用 Numpy 工具套件，其結果如何呢？我們在 Numpy 中可以使用 array() 函數建立陣列，這是常用的方法。

In
```
array = np.array([1,2,3,4,5])
print (type(array))
```

Out
```
<class 'numpy.ndarray'>
```

輸出結果顯示資料類型是 ndarray，也就是 Numpy 中的底層資料類型，後續要進行各種矩陣操作的基本物件就是它了。再來看看這回能不能完成剛才的工作：

In	array2 = array + 1 array2
Out	Array([2, 3, 4, 5, 6])

此處可以看到，程式並沒有像之前那樣顯示出錯，而是將陣列中各個元素都執行了 +1 操作，在 Numpy 中如果對陣列執行一個四則運算，就相當於要對其中每一元素做相同的操作。如果陣列操作的物件和它的規模一樣，則其結果就是對應位置進行計算：

In	array2 +array
Out	array([3, 5, 7, 9, 11])
In	array2 * array
Out	array([2, 6, 12, 20, 30])

大師說：可以看到 Numpy 的計算方式還是很靈活的，所以處理複雜工作的時候，最好每執行完一步操作就列印出來看看結果，以保障每一步都是正確的，然後再繼續進行下一步。

2.1.2 陣列特性

了解了 Numpy 中最基本的結構，再來看看常用的函數：

In	array.shape
Out	(5,)

輸出結果表示目前陣列是一維的，其中有 5 個元素。

大師說：在實際操作中經常會遇到各種各樣的問題和 bug，要學會在複雜的操作過後，透過列印當前資料（陣列）的 shape 值來觀察矩陣計算是否正確。舉例來說，某次正確計算後矩陣的維度應當是二維，但是其 shape 屬性卻顯示為一維，那麼一定是哪裡出問題了，需要及時更正，後續的案例中也會經常看到它的身影。

那麼這個操作是 Numpy 特有的嗎？ Python 中的 list 結構可以顯示其 shape 屬性嗎？

In	tang_list = [1,2,3,4,5] tang_list.shape
Out	--- AttributeError Traceback (most recent call last) <ipython-input-13-767455014c87> in <module>() 1 tang_list = [1, 2, 3, 4, 5] ----> 2 tang_list. shape AttributeError: 'list' object has no attribute 'shape'

輸出結果顯示，Python 中的 list 結構並沒有 shape 屬性，所以當進行資料處理和分析的時候使用 Numpy 工具套件會更方便，可以展示的結果也更豐富。

上述解釋中使用的都是一維資料，如何建立二維陣列呢？方法很簡單，只要在 array() 中傳入二維陣列即可，高維資料也是同理。

In	np.array([[1,2,3],[4,5,6]])
Out	array([[1, 2, 3], [4, 5, 6]])

在使用 ndarray 陣列時，有一點需要大家額外注意，陣列中的所有元素必須是同一類型的；如果不是同一類型，陣列元素會自動地向下進行轉換。這一點非常重要，也是大家最有可能出錯的地方。

In	tang_list = [1,2,3,4,5] tang_array = np.array(tang_list)
Out	array([1, 2, 3, 4, 5])

看起來沒什麼問題，結果就是指定的元素值，但是如果改變其中一個值呢？

In	tang_list = [1,2,3,4,'5'] tang_array = np.array(tang_list)
Out	array(['1', '2', '3', '4', '5'])
In	tang_list = [1,2,3,4,5.0] tang_array = np.array(tang_list)
Out	array([1., 2., 3., 4., 5.])

可以發現，如果將其中一個元素變為字串類型，最後結果是陣列中的每個元素都變成字串類型，浮點數結果也是如此。

大師說： 在 ndarray 中所有元素必須是同一類型，否則會自動向下轉換，int → float → str。

2.1.3 陣列屬性操作

ndarray 結構還有很多基礎的屬性操作，例如列印目前資料的格式、類型、維度等，這些在實際工作中都會經常使用：

In	# 列印目前資料格式
	type(tang_array)

Out	numpy.ndarray

列印目前資料格式，方便查詢目前資料的類型，通常在執行計算或其他處理操作前都需要確保資料格式符合要求。

In	# 列印目前資料類型 tang_array.dtype
Out	dtype('int32')

常見的資料類型有整數、浮點數和字串等，在機器學習工作中，float 類型更通用一些。

In	# 列印目前陣列中元素個數 tang_array.size
Out	5
In	# 列印目前資料維度 tang_array.ndim
Out	1

上述操作示範了在 ndarray 中常見的顯示結果功能，這些在實際進行資料處理過程中非常有幫助，可以快速地檢驗目前操作是否符合預期。

2.2 索引與切片

在 Numpy 中，索引與切片的用法和 Python 語法是基本一致的，通常會用到數值和布爾（bool）類型索引。

2.2.1 數值索引

對 array([1, 2, 3, 4, 5]) 執行索引和切片操作：

In	tang_array[1:3]
Out	array([2, 3])

其中 [1:3] 表示左閉右開，索引從 0 開始，結果也就是選擇陣列中索引值為 1,2 的元素。

In	tang_array[-2:]
Out	array([4, 5])

負數表示從倒數開始取資料，如 [–2:] 表示從陣列中倒數第二個資料開始取到最後。

索引操作在二維資料中也是同理，並且可以基於索引位置進行設定值操作：

In	tang_array = np.array([[1,2,3],[4,5,6],[7,8,9]]) tang_array[1,1] = 10
Out	array([[1, 2, 3], [4, 10, 6],[7, 8, 9]])

此處透過索引位置進行了設定值操作，有時不僅可以對某一個元素操作，而且可以對整行或整列進行操作。

In	# 取第 2 行資料（索引從 0 開始） tang_array[1]
Out	array([4, 10, 6])
In	# 取第 2 列資料（：相當於全部的意思，也就是要拿到某列的全部資料） tang_array[:,1]

Out	array([2, 10, 8])

2.2.2 bool 索引

在索引操作中，不僅可以用實際位置進行索引，還可以使用布林類型，先透過 arange 函數來建立一個陣列：

In	tang_array = np.arange(0,100,10)
Out	array([0, 10, 20, 30, 40, 50, 60, 70, 80, 90])

其中 arange(0,100,10) 表示從 0 開始到 100，每隔 10 個數取一個元素。

In	mask = np.array([0,0,0,1,1,1,0,0,1,1],dtype=bool)
Out	array([False, False, False, True, True, True, False, False, True, True], dtype=bool)

此時建立了一個布林類型的陣列，0 表示假，1 表示真，也就是分別對應結果中的 False 和 True，接下來透過布林類型的索引來選擇元素：

In	tang_array[mask]
Out	array([30, 40, 50, 80, 90])

結果顯示獲得了所有索引位置為 True 的元素。

在實際處理資料過程中，要經常做各種判斷，布林類型不僅可以自己建立出來，也可以透過判斷獲得：

In	random_array = np.random.rand(10)
Out	array([0.51388374, 0.57986996, 0.05474169, 0.5019837, 0.82705166, 0.95557716, 0.83348612, 0.32385451, 0.52586287, 0.92505535])

此處使用了 random 模組，它的功能還有很多，後續會逐步介紹，這裡 rand(10) 表示在 [0,1) 區間上隨機選擇 10 個數。

In	mask = random_array > 0.5
Out	array([True, True, False, True, True, True, True, False, True, True], dtype=bool)

判斷其中每一個元素是否滿足要求，傳回布林類型。

用索引取資料的時候也可以更靈活一些，直接將判斷條件置於陣列中也是可以的。

In	tang_array = np.array([10,20,30,40,50])
	# 找到符合要求的索引位置
	np.where(tang_array > 30)

Out	(array([3, 4], dtype=int64),)
In	# 按照滿足要求的索引來選擇元素 tang_array[np.where(tang_array > 30)]
Out	array([40, 50])

bool 類型還可以用在兩個陣列比較中：

In	y = np.array([1,1,1,4]) x = np.array([1,1,1,2]) x == y
Out	array([True, True, True, False], dtype=bool)

該方法可以快速進行判斷操作，常見的邏輯判斷在 Numpy 中也有實現：

In	np.logical_and(x,y)
Out	array([True, True, True, True], dtype=bool)
In	np.logical_or(x,y)
Out	array([True, True, True, True], dtype=bool)

在 Numpy 中索引的操作方式跟平時使用 Python 或其他工具套件基本沒有差異，應用起來還是很靈活的。

2.3 資料類型與數值計算

在操作與計算資料之前一定要弄清楚資料的類型，使用不同工具套件函數時最好先查閱其 API 文件，將資料處理成該函數所需格式，以免在計算過程中出現各種錯誤。

2.3.1 資料類型

為了滿足不同操作的需求，在建立陣列的時候還可以指定其資料類型：

In	tang_array = np.array([1,2,3,4,5],dtype=np.float32)
Out	array([1., 2., 3., 4., 5.], dtype=float32)

當拿到一個陣列時也可以透過呼叫其 dtype 屬性來觀察：

In	tang_array.dtype
Out	dtype('float32')

在 Numpy 中字串的名字叫 object，這和 Python 中有些區別，但是用法是一樣的：

In	tang_array = np.array(['1','10','3.5','str'],dtype = np.object)
Out	array(['1', '10', '3.5', 'str'], dtype=object)

為了滿足操作的要求，也可以對建立好的陣列進行類型轉換：

In	tang_array = np.array([1, 2, 3, 4, 5]) tang_array2 = np.asarray(tang_array,dtype = np.float32)
Out	array([1., 2., 3., 4., 5.], dtype=float32)

這樣就把 int 類型轉換成 float 類型，在資料處理過程中，經常需要進行各種資料類型轉換，以確保後續的計算與建模操作穩定。

2.3.2 複製與設定值

如何將陣列 array([[1, 2, 3],[4, 10, 6],[7, 8, 9]]) 設定值給另一變數呢？最直接的方法就是用等號來設定值。

In	tang_array2 = tang_array
Out	array([[1, 2, 3],[4, 10, 6],[7, 8, 9]])

此時它們就是相同的了，如果改變新變數中的元素，再來看看兩個變數的各自結果：

In	tang_array2[1,1] = 100
Out	tang_array2:array([[1, 2, 3],[4, 100, 6],[7, 8, 9]]) tang_array:array([[1, 2, 3],[4, 100, 6],[7, 8, 9]])

可以看到，如果對其中一個變數操作，另一變數的結果也跟著發生變化，説明它們根本就是一樣的，只不過用兩個不同的名字表示罷了。那麼如果想讓設定值後的變數與之前的變數無關該怎麼辦呢？

In	tang_array2 = tang_array.copy() tang_array2[1,1] = 10000
Out	tang_array2:array([[1, 2, 3],[4, 10000, 6],[7, 8, 9]]) tang_array:array([[1, 2, 3],[4, 100, 6],[7, 8, 9]])

此時改變其中一個陣列的某個變數，另一個陣列依舊保持不變，説明它們不僅名字不一樣，而且也根本不是同一件事。

大師說：當進行變數設定值的時候就要考慮哪種方式才是你想要的，這也是經常出錯的地方，而且很難發現。

2.3.3 數值運算

前面介紹了如何建立陣列，以及如何對陣列進行索引和查詢，下面繼續介紹如何對 array 陣列進行數值運算：

In	tang_array = np.array([[1,2,3],[4,5,6]]) np.sum(tang_array)
Out	21

這裡執行了陣列中所有元素的求和操作，對一個二維陣列來說，既可以對列求和，也可以按行求和，以統計不同的指標，此時就需要額外再設定一個參數：

In	np.sum(tang_array,axis=0)
Out	array([5, 7, 9])
In	np.sum(tang_array,axis=1)
Out	array([6, 15])

指定 axis 參數表示可以按照第幾個維度來進行計算，有些資料會超過二維，例如圖像資料，此時就需要明確如何進行計算操作。

大師說：在拿到實際資料進行計算的時候會猶豫維度指定得對不對，最簡單的方法就是列印後看一下結果。

除了可以進行求和操作，Numpy 中的計算操作方式還有很多：

In	# 各個元素累乘
	tang_array.prod()

Out	720
In	tang_array.prod(axis = 0)
Out	array([4, 10, 18])
In	tang_array.prod(axis = 1)
Out	array([6, 120])

In	# 求元素中的最小值
	tang_array.min()

Out	1
In	tang_array.min(axis = 0)
Out	array([1, 2, 3])

In	tang_array.min(axis = 1)
Out	array([1, 4])

In	# 求平均值
	tang_array.mean()

Out	3.5
In	tang_array.mean(axis = 0)
Out	array([2.5, 3.5, 4.5])

In	# 求標準差
	tang_array.std()

Out	1.707825127659933
In	tang_array.std(axis = 1)
Out	array([0.81649658, 0.81649658])

In	# 求方差
	tang_array.var()

Out	2.9166666666666665

In	# 比 2 小的全部為 2，比 4 大的全部為 4
	tang_array.clip(2,4)

Out	array([[2, 2, 3],[4, 4, 4]])

In	# 四捨五入
	tang_array = np.array([1.2,3.56,6.41])
	tang_array.round()

Out	array([1., 4., 6.])

In	# 還可以指定一個精度
	tang_array.round(decimals=1)

Out	array([1.2, 3.6, 6.4])

大師說：所有操作原理都是相同的，預設會全部進行計算，如果指定了維度，就按指定的要求進行計算。

如果並不是要找到最大值或最小值實際是多少，而是想得到其所在位置：

In	# 獲得的是索引位置
	tang_array.argmin()

Out	0

In	# 也可以按照指定的維度來確定最小值的位置
	tang_array.argmin(axis = 0)

Out	array([0, 0, 0], dtype=int64)
In	tang_array.argmin(axis=1)
Out	array([0, 0], dtype=int64)

這裡列舉了一些在資料處理中常用的統計與計算操作，但在處理實際問題的時候一定還會用上其他操作，那麼是不是要把所有功能都記下來呢？其實，工具套件只是一個工具，用來輔助處理問題的。而非像考試那樣，需要熟記掌握所有功能，大家只需要熟悉即可。在實際用到某個函數的時候，最好還是先查閱一下 API 文件，裡面都有詳細的介紹和使用說明。圖 2-1 所示為 array 陣列的 API 文件，詳細地解釋了函數中每一個參數的使用方法與最後的傳回結果，不僅如此，還附帶了基本的實例說明（見圖 2-2）。

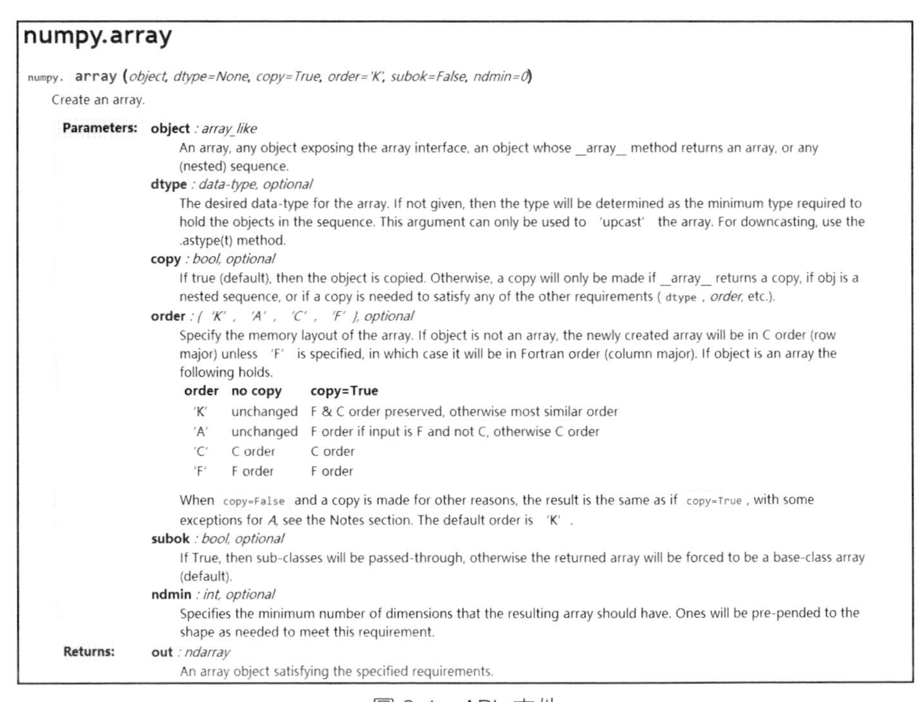

numpy.array

numpy. **array** (*object, dtype=None, copy=True, order='K', subok=False, ndmin=0*)

Create an array.

Parameters: **object** : *array_like*

An array, any object exposing the array interface, an object whose _array_ method returns an array, or any (nested) sequence.

dtype : *data-type, optional*

The desired data-type for the array. If not given, then the type will be determined as the minimum type required to hold the objects in the sequence. This argument can only be used to 'upcast' the array. For downcasting, use the .astype(t) method.

copy : *bool, optional*

If true (default), then the object is copied. Otherwise, a copy will only be made if _array_ returns a copy, if obj is a nested sequence, or if a copy is needed to satisfy any of the other requirements (`dtype` , *order*, etc.).

order : *{ 'K' , 'A' , 'C' , 'F' }, optional*

Specify the memory layout of the array. If object is not an array, the newly created array will be in C order (row major) unless 'F' is specified, in which case it will be in Fortran order (column major). If object is an array the following holds.

order	no copy	copy=True
'K'	unchanged	F & C order preserved, otherwise most similar order
'A'	unchanged	F order if input is F and not C, otherwise C order
'C'	C order	C order
'F'	F order	F order

When `copy=False` and a copy is made for other reasons, the result is the same as if `copy=True` , with some exceptions for *A*, see the Notes section. The default order is 'K' .

subok : *bool, optional*

If True, then sub-classes will be passed-through, otherwise the returned array will be forced to be a base-class array (default).

ndmin : *int, optional*

Specifies the minimum number of dimensions that the resulting array should have. Ones will be pre-pended to the shape as needed to meet this requirement.

Returns: **out** : *ndarray*

An array object satisfying the specified requirements.

圖 2-1　API 文件

Examples

```
>>> np.array([1, 2, 3])
array([1, 2, 3])
```

Upcasting:

```
>>> np.array([1, 2, 3.0])
array([ 1.,  2.,  3.])
```

More than one dimension:

```
>>> np.array([[1, 2], [3, 4]])
array([[1, 2],
       [3, 4]])
```

Minimum dimensions 2:

```
>>> np.array([1, 2, 3], ndmin=2)
array([[1, 2, 3]])
```

Type provided:

```
>>> np.array([1, 2, 3], dtype=complex)
array([ 1.+0.j,  2.+0.j,  3.+0.j])
```

Data-type consisting of more than one element:

```
>>> x = np.array([(1,2),(3,4)],dtype=[('a','<i4'),('b','<i4')])
>>> x['a']
array([1, 3])
```

Creating an array from sub-classes:

```
>>> np.array(np.mat('1 2; 3 4'))
array([[1, 2],
       [3, 4]])
```

圖 2-2　文件附帶實例

大師說：在學習過程中一定要養成勤查文件的習慣，其中最權威、最有學習價值的就是工具套件官方文件。但是，面對這麼多的函數與參數，想要將其全部背下來是不可能的，因此，反覆查閱的過程也是學習進步的過程。

2.3.4 矩陣乘法

這裡主要介紹兩種計算方式：一種是按對應位置元素進行相乘；另一種是在陣列中進行矩陣乘法。

In	x = np.array([5,5])
	y = np.array([2,2])
	# 對應位置元素相乘
	np.multiply(x,y)

Out	array([10, 10])

In	# 矩陣乘法
	np.dot(x,y)

Out	20

如果改變一下陣列的維度，結果就不同了：

In	x.shape = 2,1
Out	array([[5], [5]])
In	np.dot(x,y)
Out	ValueError: shapes (2,1) and (2,) not aligned: 1 (dim 1) != 2 (dim 0)

這說明矩陣乘法對應維度必須相同，這與數學上的要求是一致的。

In	y.shape=1,2
Out	array([[2, 2]])

In	# 結果就是跟正常矩陣乘法是一致的
	np.dot(x,y)

Out	array([[10, 10], [10, 10]])

In	# 調換順序後結果就完全不同了
	np.dot(y,x)

Out	array([[20]])

大師說：在進行計算時，一定要注意使用函數的功能是否符合預期，不只是矩陣乘法，還有很多函數功能看起來類似但實際結果相差很大。如果直接對大量資料操作，結果較為複雜，不僅很難觀察，而且會消耗很多時間，建議先用範例資料樣本操作，確認無誤後再執行大規模操作。

2.4 常用功能模組

Numpy 工具套件能做的事情遠不止數值計算，基本上你能想到的資料操作都可以透過其函數來快速實現，本節介紹幾個常用的模組。

2.4.1 排序操作

排序操作是很常見的功能，Numpy 中也有豐富的函數來完成該項工作：

In	tang_array = np.array([[1.5,1.3,7.5], [5.6,7.8,1.2]]) np.sort(tang_array)
Out	array([[1.3, 1.5, 7.5],[1.2, 5.6, 7.8]])

In	# 排序也可以指定維度
	np.sort(tang_array,axis = 0)

Out	array([[1.5, 1.3, 1.2],[5.6, 7.8, 7.5]])

如果排序後，想用元素的索引位置替代排序後的實際結果，該怎麼辦呢？

In	np.argsort(tang_array)
Out	array([[1, 0, 2],[2, 0, 1]], dtype=int64)

其中的索引位置 [1,0,2] 表示原始資料中的 [1.5,1.3,7.5] 以 [1,0,2] 的順序來進行轉換，即 0 代表第 1 個位置，1 代表第 2 個位置，2 代表第 3 個位置，結果為 [1.3,1.5,7.5]。

再來換個場景，先建立一個陣列：

In	tang_array = np.linspace(0,10,10)
Out	array([0. , 1.11111111, 2.22222222, 3.33333333, 4.44444444, 5.55555556, 6.66666667, 7.77777778, 8.88888889, 10.])

其中 linspace(0,10,10) 函數表示在 0 ～ 10 之間產生等間隔的 10 個數，如果此時又新增一組資料，想要按照大小順序把它們插入剛建立的陣列中，應當放到什麼位置呢？

In	values = np.array([2.5,6.5,9.5])
	# 這就算好了合適的位置
	np.searchsorted(tang_array,values)

Out	array([3, 6, 9], dtype=int64)

如何將資料按照某一指標進行排序呢？例如按照第一列的昇冪或降冪對整體資料進行排序：

In	tang_array = np.array([[1,0,6],[1,7,0],[2,3,1],[2,4,0]]) index = np.lexsort([-1*tang_array[:,0]])
Out	array([2, 3, 0, 1], dtype=int64)

此時獲得的就是按照第一列進行降冪後的索引，再把索引傳入原陣列中即可，其中 –1 表示降冪。

In	tang_array[index]
Out	array([[2, 3, 1], [2, 4, 0], [1, 0, 6], [1, 7, 0]])

In	# 此時獲得的就是按照第一列進行昇冪後的索引
	index = np.lexsort([tang_array[:,0]])
	tang_array[index]

Out	array([[1, 0, 6], [1, 7, 0], [2, 3, 1], [2, 4, 0]])

大師說：排序操作也是資料處理過程中經常使用的方法，在統計分析時最好能夠結合圖表進行展示。

2.4.2 陣列形狀操作

在對陣列操作時，為了滿足格式和計算的要求通常會改變其形狀：

In	# 建立一個陣列，預設從 0 開始，arange() 函數的結果經常可以作為索引
	tang_array = np.arange(10)

Out	array([0, 1, 2, 3, 4, 5, 6, 7, 8, 9])
In	tang_array.shape

Out	(10,)
In	tang_array.shape = 2,5
Out	array([[0, 1, 2, 3, 4], [5, 6, 7, 8, 9]])

可以透過 shape 屬性來改變陣列形狀，前提是轉換前後元素個數必須保持一致。

In	tang_array.shape = 3,4
Out	ValueError: cannot reshape array of size 10 into shape (3,4)

大師說：在資料處理與機器學習建模中經常會遇到這樣的錯誤，此時就需要檢查資料矩陣是否符合計算要求。

當建立一個陣列之後，還可以替它增加一個維度，這在矩陣計算中經常會用到：

In	tang_array = np.arange(10) tang_array = tang_array[np.newaxis,:]
Out	(1, 10)

大師說：很多工具套件在進行計算時都會先判斷輸入資料的維度是否滿足要求，如果輸入資料達不到指定的維度時，可以使用 newaxis 參數。

也可以對陣列進行壓縮操作，把多餘的維度去掉。

In	tang_array = tang_array.squeeze()
Out	(10,)

還可以對陣列 array([[0, 1, 2, 3, 4],[5, 6, 7, 8, 9]]) 進行轉置操作：

In	tang_array.transpose()

Out	array([[0, 5],
	       [1, 6],
	       [2, 7],
	       [3, 8],
	       [4, 9]])

In	# 或更直接一些 tang_array.T

Out	array([[0, 5],
	       [1, 6],
	       [2, 7],
	       [3, 8],
	       [4, 9]])

在 Notebook 中進行實際操作的時候，一定要注意：如果只執行 tang_array.T 操作（相當於列印操作），並沒有對 tang_array 做任何轉換，此時如果再列印 tang_array，結果依舊是 array([[0, 1, 2, 3, 4],[5, 6, 7, 8, 9]])，所以當實際執行操作的時候最好指定一個變數來完成，例如 tang_array = tang_array.T。

大師說：在 Notebook 中，直接執行變數名稱就相當於列印操作，但是如果對變數計算或處理操作時一定需要指定一個新的變數名稱，否則相當於只是列印而沒有執行實際操作。

2.4.3 陣列的連接

如果要將兩份資料組合到一起，就需要連接操作：

In	a = np.array([[1,2,3],[4,5,6]]) b = np.array([[7,8,9],[10,11,12]]) np.concatenate((a,b))

Out	array([[1, 2, 3],
	       [4, 5, 6],
	       [7, 8, 9],
	       [10, 11, 12]])

concatenate 函數用於把資料連接在一起，注意：原來 a、b 都是二維的，連接後的結果也是二維的，相當於在原來的維度上進行連接。

這裡預設 axis=0，也可以自己設定連接的維度，但是在連接的方向上，其維度必須一致：

In	np.concatenate((a,b),axis = 1)
Out	array([[1, 2, 3, 7, 8, 9], [4, 5, 6, 10, 11, 12]])

此外，還有另一種連接方法：

In	d = np.array([1, 2, 3]) e = np.array([2, 3, 4]) np.stack((d, e))
Out	array([[1, 2, 3], [2, 3, 4]])

原始資料都是一維的，但是連接後是二維的，相當於新建立一個維度。類似還有 hstack 和 vstack 操作，分別表示水平和垂直的連接方式。在資料維度等於 1 時，它們的作用相當於 stack 用於建立新軸。而當維度大於或等於 2 時，它們的作用相當於 cancatenate 用於在已有軸上操作。

In	np.hstack((a,b))
Out	array([[7, 8, 9, 7, 8, 9], [10, 11, 12, 10, 11, 12]])
In	np.vstack((a,b))

Out	array([[7, 8, 9],
	       [10, 11, 12],
	       [7, 8, 9],
	       [10, 11, 12]])

對於多維陣列，例如 array([[7, 8, 9],[10, 11, 12]])，還可以將其拉平：

In	array.flatten()
Out	array([7, 8, 9, 10, 11, 12])

大師說：連接過程中一定要注意資料維度以及連接方式，執行操作後記得列印出來看看是不是自己想要的結果。

2.4.4 建立陣列函數

建立陣列最直接的方式還是 np.array()，但是有時應用的場景不同，需要建立的陣列也不一樣，有了下面的函數，就方便多了：

In	np.arange(2,20,2)
Out	array([2, 4, 6, 8, 10, 12, 14, 16, 18])

np.arange() 可以自己定義陣列的設定值區間以及設定值間隔，這裡表示在 (2,20) 區間上每隔 2 個數值取一個元素，通常還需要指定其 dtype 值，例如 np.float32。

In	# 一些特殊點的函數也可以，預設是以 10 為底的
	np.logspace(0,1,5)

Out	array([1., 1.77827941, 3.16227766, 5.62341325, 10.])
In	# 快速建立行向量 np.r_[0:5:1]
Out	array([0, 1, 2, 3, 4])
In	# 快速建立列向量 np.c_[0:5:1]
Out	array([[0], [1], [2], [3], [4]])

上述函數雖然都可以快速地建立出陣列，但是在機器學習工作中經常做的一件事就是初始化參數，需要用常數值或隨機值來建立一個固定大小的矩陣：

In	# 表示建立零矩陣，裡面包含 3 個元素
	np.zeros(3)

Out	array([0., 0., 0.])

In	# 注意下面有兩個括號的，傳入的參數是 (3,3)，表示建立 3×3 的零矩陣
	np.zeros((3,3))

Out	array([[0., 0., 0.], [0., 0., 0.], [0., 0., 0.]])

In	# 表示建立單位矩陣，用法和 zeros 是一樣的
	np.ones((3,3))

Out	array([[1., 1., 1.], [1., 1., 1.], [1., 1., 1.]])

如果想產生任意數值的陣列，該怎麼辦呢？

In	# 根據我們的需求來進行組合轉換即可 np.ones((3,3)) * 8
Out	array([[8., 8., 8.], [8., 8., 8.], [8., 8., 8.]])

In	# 也可以先建立一個空的，指定好其大小，然後往裡面填儲值
	a = np.empty(6)
	# 用數值 1 來進行填充
	a.fill(1)

Out	array([1., 1., 1., 1., 1., 1.])

In	# 先建立好一個陣列
	tang_array = np.array([1,2,3,4])
	# 初始化一個零矩陣，讓它和某個陣列的維度一致
	np.zeros_like(tang_array)

Out	array([0, 0, 0, 0])

大師說：這招比較實用，但在資料規模比較大且不易數出其個數的時候，直接建立規模一致的陣列，可以避免出錯。

In	# 只有對角線有數值，並且為 1
	np.identity(5)

Out	array([[1., 0., 0., 0., 0.], [0., 1., 0., 0., 0.], [0., 0., 1., 0., 0.], [0., 0., 0., 1., 0.], [0., 0., 0., 0., 1.]])

建立陣列的方法還有很多，這裡只列舉了常用函數，在實際案例中還會遇到更多。

2.4.5 隨機模組

初始化參數、切分資料集、隨機取樣等操作都會用到隨機模組：

In	# 其中 (3,2) 表示建置矩陣的大小
	np.random.rand(3,2)

Out	array([[0.87876027, 0.98090867], [0.07482644, 0.08780685], [0.6974858 , 0.35695858]])

In	# 傳回區間 [0,10) 的隨機的整數
	np.random.randint(10,size = (5,4))

Out	array([[8, 0, 3, 7], [4, 6, 3, 4], [6, 9, 9, 8], [9, 1, 4, 0], [5, 9, 0, 5]])

In	# 如果只想傳回一個隨機值
	np.random.rand()

Out	0.5595234784766201

In	# 也可以自己指定區間並選擇隨機的個數
	np.random.randint(0,10,3)

Out	array([7, 7, 5])

還可以指定分佈以及所需參數來進行隨機，例如高斯分佈中的 mu 和 sigma：

In	# 符合平均值為 0，標準差為 0.1 的高斯分佈的亂數
	np.random.normal(mu,sigma,10)

Out	array([0.05754667, -0.07006152, 0.06810326, -0.11012173, 0.10064039, -0.06935203, 0.14194363, 0.07428931, -0.07412772, 0.12112031])

傳回的結果中小數點後面的位數實在太多了，是否可指定傳回結果的小數位數呢？

In	# 可以進行全域的設定，來控制結果的輸出
	np.set_printoptions(precision = 2)
	np.random.normal(mu,sigma,10)

Out	array([0.01, 0.02, 0.12, -0.01, -0.04, 0.07, 0.14, -0.08, -0.01, -0.03])

大師說：數值的精度在計算時可能影響並不大，但在繪圖與展示時還是要漂亮一些。

資料一般都是按照擷取順序排列的，但是在機器學習中很多演算法都要求資料之間相互獨立，所以需要先對資料集進行洗牌操作：

In	tang_array = np.arange(10)
	# 每次執行的結果都是不一樣的
	np.random.shuffle(tang_array)

Out	array([6, 2, 5, 7, 4, 3, 1, 0, 8, 9])

如果每次洗牌的結果都不一樣，可以重複進行實驗，比較不同參數對結果的影響，這時會發現，當資料集變化時，參數也發生變化，那麼，結果到底與哪一個因素有關呢？而且，有些時候希望進行隨機操作，但卻要求每次的隨機結果都相同，這能辦到嗎？指定隨機種子就可以。

In	np.random.seed(100) np.random.normal(mu,sigma,10)
Out	array([-0.17, 0.03, 0.12, -0.03, 0.1, 0.05, 0.02, -0.11, -0.02, 0.03])

這裡每次都把種子設定成 100，説明隨機策略相同，無論執行多少次隨機操作，其結果都是相同的。大家也可以選擇自己喜歡的數字，不同的種子，結果是完全不同的。

大師說：在對資料進行前置處理時，經常加入新的操作或改變處理策略，此時如果伴隨著隨機操作，最好還是指定唯一的隨機種子，避免由於隨機的差異對結果產生影響。

2.4.6 檔案讀寫

如果用 Python 來進行資料讀取，感覺要寫的程式實在太複雜了，Numpy 相對簡單一些，下一章還會專門説明用來做資料處理的 Pandas 工具套件。這裡先來熟悉一下 Numpy 中檔案讀寫的基本操作，在實際工作中選擇哪種方式就看大家的喜好了：

In	#Notebook 的魔法指令，相當於寫了一個檔案 %%writefile tang.txt 1 2 3 4 5 6 2 3 5 8 7 9 # 可以看一下本機是否建立出了這樣一個檔案
Out	Writing tang.txt,

如果用 Python 來讀取資料，看起來有點麻煩：

In	data = []
	with open('tang.txt') as f:
	    for line in f.readlines():
	        fileds = line.split()
	        cur_data = [float(x) for x in fileds]
	        data.append(cur_data)
	data = np.array(data)

Out	array([[1., 2., 3., 4., 5., 6.], [2., 3., 5., 8., 7., 9.]])

In	#Numpy 只需要一行就完成上述操作
	data = np.loadtxt('tang.txt')

Out	array([[1., 2., 3., 4., 5., 6.], [2., 3., 5., 8., 7., 9.]])

如果資料中帶有分隔符號：

In	%%writefile tang2.txt
	1,2,3,4,5,6
	2,3,5,8,7,9
	# 讀取的時候也需要指定好分隔符號
	data = np.loadtxt('tang2.txt',delimiter = ',')

Out	array([[1., 2., 3., 4., 5., 6.], [2., 3., 5., 8., 7., 9.]])

這回多加入一列描述，可以把它當作無關項：

```
In
%%writefile tang2.txt
x,y,z,w,a,b
1,2,3,4,5,6
2,3,5,8,7,9
# 可以指定去掉前幾行
data = np.loadtxt('tang2.txt',delimiter = ',',skiprows = 1)
```

```
Out
array([[ 1., 2., 3., 4., 5., 6.],
       [ 2., 3., 5., 8., 7., 9.]])
```

看起來 np.loadtxt() 函數有好多功能，如果大家想直接在 Notebook 中展示其 API 文件，教大家一個小技巧，直接輸入：

```
In
print (help(np.loadtxt))
```

```
Out
Help on function loadtxt in module numpy.lib.npyio:

loadtxt(fname, dtype=<class 'float'>, comments='#', delimiter=None,
converters=None, skiprows=0, usecols=None, unpack=False, ndmin=0)
  Load data from a text file.

  Each row in the text file must have the same number of values.
  Parameters
  ----------
  fname : file, str, or pathlib.Path
    File, filename, or generator to read.  If the filename extension is
    ".gz" or ".bz2", the file is first decompressed. Note that
    generators should return byte strings for Python 3k.
  dtype : data-type, optional
    Data-type of the resulting array; default: float.  If this is a
    structured data-type, the resulting array will be 1-dimensional, and
    each row will be interpreted as an element of the array.  In this
    case, the number of columns used must match the number of fields in
    the data-type.
  comments : str or sequence, optional
    The characters or list of characters used to indicate the start of a
    comment;
```

```
    default: '#'.
delimiter : str, optional
    The string used to separate values.  By default, this is any
    whitespace.
converters : dict, optional
    A dictionary mapping column number to a function that will convert
    that column to a float.  E.g., if column 0 is a date string:
    ''converters = {0: datestr2num}''.  Converters can also be used to
    provide a default value for missing data (but see also 'genfromtxt'):
    ''converters = {3: lambda s: float(s.strip() or 0)}''.  Default: None.
skiprows : int, optional
    Skip the first 'skiprows' lines; default: 0.

usecols : int or sequence, optional
    Which columns to read, with 0 being the first. For example,
    usecols = (1,4,5) will extract the 2nd, 5th and 6th columns.
    The default, None, results in all columns being read.

    .. versionadded:: 1.11.0

    Also when a single column has to be read it is possible to use
    an integer instead of a tuple. E.g ''usecols = 3'' reads the
    fourth column the same way as 'usecols = (3,)'' would.

unpack : bool, optional
    If True, the returned array is transposed, so that arguments may be
    unpacked using ''x, y, z = loadtxt(...)''.  When used with a structured
    data-type, arrays are returned for each field.  Default is False.
ndmin : int, optional
    The returned array will have at least 'ndmin' dimensions.
    Otherwise mono-dimensional axes will be squeezed.
    Legal values: 0 (default), 1 or 2.

    .. versionadded:: 1.6.0

Returns
-------
out : ndarray
    Data read from the text file.

See Also
--------
```

```
load, fromstring, fromregex
genfromtxt : Load data with missing values handled as specified.
scipy.io.loadmat : reads MATLAB data files

Notes
-----
This function aims to be a fast reader for simply formatted files.  The
'genfromtxt' function provides more sophisticated handling of, e.g.,
lines with missing values.

.. versionadded:: 1.10.0

The strings produced by the Python float.hex method can be used as
input for floats.

Examples
--------
>>> from io import StringIO   # StringIO behaves like a file object
>>> c = StringIO("0 1\n2 3")
>>> np.loadtxt(c)
array([[ 0., 1.],
       [ 2., 3.]])

>>> d = StringIO("M 21 72\nF 35 58")
>>> np.loadtxt(d, dtype={'names': ('gender', 'age', 'weight'),
...                      'formats': ('S1', 'i4', 'f4')})
array([('M', 21, 72.0), ('F', 35, 58.0)],
      dtype=[('gender', '|S1'), ('age', '<i4'), ('weight', '<f4')])

>>> c = StringIO("1,0,2\n3,0,4")
>>> x, y = np.loadtxt(c, delimiter=',', usecols=(0, 2), unpack=True)
>>> x
array([ 1., 3.])
>>> y
array([ 2., 4.])
```

上述結果傳回 np.loadtxt() 函數所有的文件解釋，不僅有參數介紹，還有實例示範，非常方便，所以，當使用某個函數遇到問題時，首先應想到的就是翻閱官方文件。

Numpy 工具套件不僅可以讀取資料，而且可以將資料寫入檔案中：

In	np.savetxt('tang4.txt',tang_array,fmt='%d',delimiter = ',')
Out	# 程式的目前路徑中多出一個檔案，可以指定儲存格式以及分隔符號等。

在 Numpy 中還有一種 ".npy" 格式，也就是說把資料儲存成 ndarray 的格式，這種方法非常實用，可以把程式執行結果儲存下來，例如將建立機器學習模型求得的參數儲存成 ".npy" 格式，再次使用的時候直接載入就好，非常便捷：

In

```
tang_array = np.array([[1,2,3],[4,5,6]])
# 把結果儲存成 npy 格式
np.save('tang_array.npy',tang_array)
# 讀取之前儲存的結果，依舊是 Numpy 的陣列格式。
np.load('tang_array.npy')
```

Out

```
array([[1, 2, 3],
       [4, 5, 6]])
```

大師說：在資料處理過程中，中間的結果都儲存在記憶體中，如果關閉 Notebook 或重新啟動 IDE，再次使用的時候就要從頭再來，十分耗時。如果能將中間結果儲存下來，下次直接讀取處理後的結果就非常高效，儲存成 ".npy" 格式的方法非常實用。

本章歸納

本章透過實例說明了 Numpy 工具套件的基本用法與常用函數，在資料處理上非常實用，並且其底層函數都設計得十分高效，可以快速地進行數值計算。基本上後續要用到的其他和資料處理相關的工具套件（如 sklearn 機器學習建模工具套件）都是以 Numpy 為底層的。

大家在學習過程中，並不需要記住所有的函數，只需要熟悉其基本使用方法，實際應用的時候學會翻閱其文件即可。建議大家對工具套件邊用邊學，用多了自然就熟悉了。

Chapter

03

資料分析處理函數庫（Pandas）

Pandas 工具套件是專門用作資料處理和分析的，其底層的計算其實都是由 Numpy 來完成，再把複雜的操作全部封裝起來，使其用起來十分高效、簡潔。在資料科學領域，無論哪個方向都是跟資料進行處理，所以 Pandas 工具套件是非常實用的。本章主要介紹 Pandas 的核心資料處理操作，並透過實際資料集示範如何進行資料處理和分析工作。

3.1 資料前置處理

既然 Pandas 是專門用作資料處理的，那麼首先應該把資料載入進來，然後進行分析和展示，它有一個通用的別名 "pd"，下面匯入工具套件：

```
In    import pandas as pd
```

這樣就可以使用 Pandas 操作資料了，本章有關很多實際資料的操作，建議大家在閱讀過程中開啟附贈原始程式碼中 Pandas 節的 Notebook 內容，邊看邊練習，效率更高。本節主要介紹如何使用 Pandas 工具套件進行資料讀取，以及 DataFrame 結構的基本資料處理操作。

3.1.1 資料讀取

為了更進一步地展示 Pandas 工具套件的特性，我們選擇一份真實資料集——鐵達尼號乘客資訊，它的原始資料如圖 3-1 所示。

	A	B	C	D	E	F	G	H	I	J	K	L
1	Passenger	Survived	Pclass	Name	Sex	Age	SibSp	Parch	Ticket	Fare	Cabin	Embarked
2	1	0	3	Braund, M	male	22	1	0	A/5 21171	7.25		S
3	2	1	1	Cumings,	female	38	1	0	PC 17599	71.2833	C85	C
4	3	1	3	Heikkiner	female	26	0	0	STON/O2.	7.925		S
5	4	1	1	Futrelle,	female	35	1	0	113803	53.1	C123	S
6	5	0	3	Allen, Mr	male	35	0	0	373450	8.05		S
7	6	0	3	Moran, Mr	male		0	0	330877	8.4583		Q
8	7	0	1	McCarthy,	male	54	0	0	17463	51.8625	E46	S
9	8	0	3	Palsson,	male	2	3	1	349909	21.075		S
10	9	1	3	Johnson,	female	27	0	2	347742	11.1333		S
11	10	1	2	Nasser, M	female	14	1	0	237736	30.0708		C
12	11	1	3	Sandstrom	female	4	1	1	PP 9549	16.7	G6	S
13	12	1	1	Bonnell,	female	58	0	0	113783	26.55	C103	S
14	13	0	3	Saunderco	male	20	0	0	A/5. 2151	8.05		S
15	14	0	3	Andersson	male	39	1	5	347082	31.275		S
16	15	0	3	Vestrom,	female	14	0	0	350406	7.8542		S
17	16	1	2	Hewlett,	female	55	0	0	248706	16		S
18	17	0	3	Rice, Mas	male	2	4	1	382652	29.125		Q
19	18	1	2	Williams,	male		0	0	244373	13		S
20	19	0	3	Vander Pl	female	31	1	0	345763	18		S
21	20	1	3	Masselmar	female		0	0	2649	7.225		C
22	21	0	2	Fynney, M	male	35	0	0	239865	26		S
23	22	1	2	Beesley,	male	34	0	0	248698	13	D56	S
24	23	1	3	McGowan,	female	15	0	0	330923	8.0292		Q
25	24	1	1	Sloper, M	male	28	0	0	113788	35.5	A6	S
26	25	0	3	Palsson,	female	8	3	1	349909	21.075		S
27	26	1	3	Asplund,	female	38	1	5	347077	31.3875		S
28	27	0	3	Emir, Mr.	male		0	0	2631	7.225		C
29	28	0	1	Fortune,	male	19	3	2	19950	263	C23 C25 C	S
30	29	1	3	O'Dwyer,	female		0	0	330959	7.8792		Q

圖 3-1 鐵達尼號乘客資料

雖然在 Excel 表中也可以輕鬆地開啟資料，但是操作起來比較麻煩，所以接下來的工作就全部交給 Pandas 了，首先把資料載入進來：

In

```
df = pd.read_csv('./data/titanic.csv')
# 展示讀取資料，預設是前 5 筆
df.head()
```

Out

	PassengerId	Survived	Pclass	Name	Sex	Age	SibSp	Parch	Ticket	Fare	Cabin	Embarked
0	1	0	3	Braund, Mr. Owen Harris	male	22.0	1	0	A/5 21171	7.2500	NaN	S
1	2	1	1	Cumings, Mrs. John Bradley (Florence Briggs Th...	female	38.0	1	0	PC 17599	71.2833	C85	C
2	3	1	3	Heikkinen, Miss. Laina	female	26.0	0	0	STON/O2. 3101282	7.9250	NaN	S
3	4	1	1	Futrelle, Mrs. Jacques Heath (Lily May Peel)	female	35.0	1	0	113803	53.1000	C123	S
4	5	0	3	Allen, Mr. William Henry	male	35.0	0	0	373450	8.0500	NaN	S

需要指定好資料的路徑，至於 read_csv() 函數，從其名字就可以看出其預設讀取的資料格式是 .csv，也就是以逗點為分隔符號的。其中可以設定的參數非常多，也可以自己定義分隔符號，給每列資料指定名字，在後續的機器學習案例中，所有資料的讀取方式都是如此。

如果想展示更多的資料，則可以在 head() 函數中指定數值，例如 df.head(10) 表示展示其中前 10 筆資料，也可以展示最後幾筆資料：

In

```
# 預設展示最後 5 筆資料
df.tail()
```

Out

	PassengerId	Survived	Pclass	Name	Sex	Age	SibSp	Parch	Ticket	Fare	Cabin	Embarked
886	887	0	2	Montvila, Rev. Juozas	male	27.0	0	0	211536	13.00	NaN	S
887	888	1	1	Graham, Miss. Margaret Edith	female	19.0	0	0	112053	30.00	B42	S
888	889	0	3	Johnston, Miss. Catherine Helen "Carrie"	female	NaN	1	2	W./C. 6607	23.45	NaN	S
889	890	1	1	Behr, Mr. Karl Howell	male	26.0	0	0	111369	30.00	C148	C
890	891	0	3	Dooley, Mr. Patrick	male	32.0	0	0	370376	7.75	NaN	Q

資料中包含一些欄位資訊，想必大家都能猜到其所描述的指標了，等用到時再向大家詳細解釋。

3.1.2 DataFrame 結構

指定讀取資料傳回結果的名字叫作 "df"，這有什麼特殊含義嗎？其實，df 是 Pandas 工具套件中最常見的基礎結構：

In	df.info()
Out	<class 'pandas.core.frame.DataFrame'> RangeIndex: 891 entries, 0 to 890 Data columns (total 12 columns): PassengerId 891 non-null int64 Survived 891 non-null int64 Pclass 891 non-null int64 Name 891 non-null object Sex 891 non-null object Age 714 non-null float64 SibSp 891 non-null int64 Parch 891 non-null int64 Ticket 891 non-null object Fare 891 non-null float64 Cabin 204 non-null object Embarked 889 non-null object dtypes: float64(2), int64(5), object(5) memory usage: 83.6+ KB

可以看到，首先列印出來的是 pandas.core.frame.DataFrame，表示目前獲得結果的格式是 DataFrame，看起來比較難以了解，暫且把它當作是一個二維矩陣結構就好，其中，行表示資料樣本，列表示每一個特徵指標。基本上讀取資料傳回的都是 DataFrame 結構，接下來的函數說明就是對 DataFrame 執行各種常用操作。

df.info() 函數用於列印目前讀取資料的部分資訊，包含資料樣本規模、每列特徵類型與個數、整體的記憶體佔用等。

大師說：通常讀取資料之後都習慣用 .info() 看一看其基本資訊，以對資料有一個整體印象。

DataFrame 能呼叫的屬性還有很多，下面列舉幾種，如果大家想詳細了解每一種用法，則可以參考其 API 文件：

In	# 傳回索引 df.index
Out	RangeIndex(start=0, stop=891, step=1)

In	# 拿到每一列特徵的名字 df.columns
Out	Index(['PassengerId', 'Survived', 'Pclass', 'Name', 'Sex', 'Age', 'SibSp', 'Parch', 'Ticket', 'Fare', 'Cabin', 'Embarked'], dtype='object')
In	# 每一列的類型，其中 object 表示 Python 中的字串 df.dtypes
Out	PassengerId int64 Survived int64 Pclass int64 Name object Sex object Age float64 SibSp int64 Parch int64 Ticket object Fare float64 Cabin object Embarked object
In	# 直接取得數值矩陣 df.values
Out	array([[1, 0, 3, ..., 7.25, nan, 'S'], [2, 1, 1, ..., 71.2833, 'C85', 'C'], [3, 1, 3, ..., 7.925, nan, 'S'], ..., [889, 0, 3, ..., 23.45, nan, 'S'], [890, 1, 1, ..., 30.0, 'C148', 'C'], [891, 0, 3, ..., 7.75, nan, 'Q']], dtype=object)

3.1.3 資料索引

在資料分析過程中，如果想取其中某一列指標，該怎麼辦呢？以前可能會用到列索引，現在更方便了——指定名字即可：

In	age = df['Age'] age[:5]
Out	0 22.0 1 38.0 2 26.0 3 35.0 4 35.0 Name: Age, dtype: float64

在 DataFrame 中可以直接選擇資料的列名稱，但是什麼時候指定列名稱呢？在讀取資料時，read_csv() 函數會預設把讀取資料中的第一行當作列名稱，大家也可以開啟 csv 檔案觀察一下。

如果想對其中的數值操作，則可以把其結果單獨拿出來：

In	age.values[:5]
Out	array([22., 38., 26., 35., 35.])

這個結果跟 Numpy 很像啊，原因很簡單，就是 Pandas 中很多計算和處理的底層操作都是由 Numpy 來完成的。

讀取完資料之後，最左側會加入一列數字，這些在原始資料中是沒有的，相當於給樣本加上索引了，如圖 3-2 所示。

	PassengerId	Survived	Pclass	Name	Sex	Age	SibSp	Parch	Ticket
0	1	0	3	Braund, Mr. Owen Harris	male	22.0	1	0	A/5 21171
1	2	1	1	Cumings, Mrs. John Bradley (Florence Briggs Th...	female	38.0	1	0	PC 17599
2	3	1	3	Heikkinen, Miss. Laina	female	26.0	0	0	STON/O2. 3101282
3	4	1	1	Futrelle, Mrs. Jacques Heath (Lily May Peel)	female	35.0	1	0	113803
4	5	0	3	Allen, Mr. William Henry	male	35.0	0	0	373450

圖 3-2　加索引

預設情況下都是用數字來作為索引，但是這份資料中已經有乘客的姓名資訊，可以將姓名設定為索引，也可以自己設定其他索引。

In

```
df = df.set_index('Name')
df.head()
```

Out

	PassengerId	Survived	Pclass	Sex	Age	SibSp	Parch
Name							
Braund, Mr. Owen Harris	1	0	3	male	22.0	1	0
Cumings, Mrs. John Bradley (Florence Briggs Thayer)	2	1	1	female	38.0	1	0
Heikkinen, Miss. Laina	3	1	3	female	26.0	0	0
Futrelle, Mrs. Jacques Heath (Lily May Peel)	4	1	1	female	35.0	1	0
Allen, Mr. William Henry	5	0	3	male	35.0	0	0

此時索引就變成每一個乘客的姓名 (上述輸出結果只截取了部分指標)。

如果想得到某個乘客的特徵資訊，可以直接透過姓名來尋找，是不是方便很多？

In	age = df['Age'] age['Allen, Mr. William Henry']
Out	35.0

如果要透過索引來取某一部分實際資料，最直接的方法就是告訴它取哪列的哪些資料：

In	df[['Age','Fare']][:5]

Out

	Age	Fare
0	22.0	7.2500
1	38.0	71.2833
2	26.0	7.9250
3	35.0	53.1000
4	35.0	8.0500

Pandas 在索引中還有兩個特別的函數用來幫忙找資料，簡單概述一下。

（1）.iloc()：用位置找資料。

In

```
# 拿到第一個資料，索引依舊是從 0 開始
df.iloc[0]
```

Out

```
PassengerId                          1
Survived                             0
Pclass                               3
Name           Braund, Mr. Owen Harris
Sex                               male
Age                                 22
SibSp                                1
Parch                                0
Ticket                       A/5 21171
Fare                              7.25
Cabin                              NaN
Embarked                             S
```

In

```
# 也可以使用切片來拿到一部分資料
df.iloc[0:5]
```

Out

	PassengerId	Survived	Pclass	Name	Sex	Age
0	1	0	3	Braund, Mr. Owen Harris	male	22.0
1	2	1	1	Cumings, Mrs. John Bradley (Florence Briggs Th...	female	38.0
2	3	1	3	Heikkinen, Miss. Laina	female	26.0
3	4	1	1	Futrelle, Mrs. Jacques Heath (Lily May Peel)	female	35.0
4	5	0	3	Allen, Mr. William Henry	male	35.0

In

```
# 不僅可以指定樣本，也可以指定特徵
df.iloc[0:5,1:3]
```

Out

	Survived	Pclass
0	0	3
1	1	1
2	1	3
3	1	1
4	0	3

以上就是 iloc() 用實際位置來取數的基本方法。

（2）.loc()：用標籤找資料。如果使用 loc() 操作，還可以玩得更個性一些：

In

```
df = df.set_index('Name')
# 直接透過名字標籤來取資料
df.loc['Heikkinen, Miss. Laina']
```

Out

```
PassengerId                   3
Survived                      1
Pclass                        3
Sex                      female
Age                          26
SibSp                         0
Parch                         0
Ticket         STON/O2. 3101282
Fare                      7.925
Cabin                       NaN
Embarked                      S
```

In

```
# 取目前資料的某一列資訊
df.loc['Heikkinen, Miss. Laina','Fare']
```

Out

```
7.925
```

In

```
# 也可以選擇多個樣本，"：" 表示取全部特徵
df.loc['Heikkinen, Miss. Laina':'Allen, Mr. William Henry',:]
```

Out

```
# 只截取了部分特徵
```

Name	PassengerId	Survived	Pclass	Sex	Age	SibSp	Parch
Heikkinen, Miss. Laina	3	1	3	female	26.0	0	0
Futrelle, Mrs. Jacques Heath (Lily May Peel)	4	1	1	female	35.0	1	0
Allen, Mr. William Henry	5	0	3	male	35.0	0	0

如果要對資料進行設定值，操作也是一樣的，找到它然後設定值即可：

In

```
df.loc['Heikkinen, Miss. Laina','Fare'] = 1000
```

Out

Name	PassengerId	Survived	Pclass	Sex	Age	SibSp	Parch	Ticket	Fare	Cabin	Embarked
Braund, Mr. Owen Harris	1	0	3	male	22.0	1	0	A/5 21171	7.2500	NaN	S
Cumings, Mrs. John Bradley (Florence Briggs Thayer)	2	1	1	female	38.0	1	0	PC 17599	71.2833	C85	C
Heikkinen, Miss. Laina	3	1	3	female	26.0	0	0	STON/O2. 3101282	1000.0000	NaN	S
Futrelle, Mrs. Jacques Heath (Lily May Peel)	4	1	1	female	35.0	1	0	113803	53.1000	C123	S
Allen, Mr. William Henry	5	0	3	male	35.0	0	0	373450	8.0500	NaN	S

在 Pandas 中 bool 類型同樣可以當作索引：

In

```
# 選擇船票價格大於 40 的乘客 In
df['Fare'] > 40
```

Out

```
# 只截取部分結果
Name
Braund, Mr. Owen Harris                                  False
Cumings, Mrs. John Bradley (Florence Briggs Thayer)       True
Heikkinen, Miss. Laina                                    True
Futrelle, Mrs. Jacques Heath (Lily May Peel)              True
Allen, Mr. William Henry                                 False
Moran, Mr. James                                         False
McCarthy, Mr. Timothy J                                   True
Palsson, Master. Gosta Leonard                           False
Johnson, Mrs. Oscar W (Elisabeth Vilhelmina Berg)        False
Nasser, Mrs. Nicholas (Adele Achem)                      False
Sandstrom, Miss. Marguerite Rut                          False
Bonnell, Miss. Elizabeth                                 False
Saundercock, Mr. William Henry                           False
Andersson, Mr. Anders Johan                              False
Vestrom, Miss. Hulda Amanda Adolfina                     False
```

In

```
# 透過 bool 類型來篩選船票價格大於 40 的乘客並展示前 5 筆
df[df['Fare'] > 40][:5]
```

Out

Name	PassengerId	Survived	Pclass	Sex	Age	SibSp	Parch	Ticket	Fare	Cabin	Embarked
Cumings, Mrs. John Bradley (Florence Briggs Thayer)	2	1	1	female	38.0	1	0	PC 17599	71.2833	C85	C
Heikkinen, Miss. Laina	3	1	3	female	26.0	0	0	STON/O2. 3101282	1000.0000	NaN	S
Futrelle, Mrs. Jacques Heath (Lily May Peel)	4	1	1	female	35.0	1	0	113803	53.1000	C123	S
McCarthy, Mr. Timothy J	7	0	1	male	54.0	0	0	17463	51.8625	E46	S
Fortune, Mr. Charles Alexander	28	0	1	male	19.0	3	2	19950	263.0000	C23 C25 C27	S

In

```
# 選擇乘客性別是男性的所有資料
df[df['Sex'] = = 'male'][:5]
```

Out

Name	PassengerId	Survived	Pclass	Sex	Age	SibSp	Parch	Ticket	Fare	Cabin	Embarked
Braund, Mr. Owen Harris	1	0	3	male	22.0	1	0	A/5 21171	7.2500	NaN	S
Allen, Mr. William Henry	5	0	3	male	35.0	0	0	373450	8.0500	NaN	S
Moran, Mr. James	6	0	3	male	NaN	0	0	330877	8.4583	NaN	Q
McCarthy, Mr. Timothy J	7	0	1	male	54.0	0	0	17463	51.8625	E46	S
Palsson, Master. Gosta Leonard	8	0	3	male	2.0	3	1	349909	21.0750	NaN	S

In

```
# 計算所有男性乘客的平均年齡
df.loc[df['Sex'] = = 'male','Age'].mean()
```

Out

```
30.72
```

In

```
# 計算大於 70 歲的乘客的人數
(df['Age'] > 70).sum()
```

Out

```
5
```

可以看到在資料分析中使用 bool 類型索引還是非常方便的，上述列舉的幾種方法也是 Pandas 中最常使用的。

3.1.4 建立 DataFrame

DataFrame 是透過讀取資料獲得的，如果想展示某些資訊，也可以自己建立：

In

```
data = {'country':['China','America','India'],
        'population':[14,3,12]}

df_data = pd.DataFrame(data)
```

Out

	country	population
0	China	14
1	America	3
2	India	12

最簡單的方法就是建置一個字典結構，其中 key 表示特徵名字，value 表示各個樣本的實際值，然後透過 pd.DataFrame() 函數來建立。

大家在使用 Notebook 執行程式的時候，一定發現了一件事，如果資料量過多，讀取的資料不會全部顯示，而是會隱藏部分資料，這時可以透過設定參數來控制顯示結果（見圖 3-3）。如果大家想詳細了解各種設定方法，可以查閱其文件，裡面有詳細的解釋。

大師說：千萬不要硬背這些函數，它們只是工具，用的時候再查完全來得及。

pandas.set_option

pandas.**set_option**(*pat, value*) = <*pandas.core.config.CallableDynamicDoc object*>

Sets the value of the specified option.

Available options:

- compute.[use_bottleneck, use_numexpr]
- display.[chop_threshold, colheader_justify, column_space, date_dayfirst, date_yearfirst, encoding, expand_frame_repr, float_format]
- display.html.[border, table_schema, use_mathjax]
- display.[large_repr]
- display.latex.[escape, longtable, multicolumn, multicolumn_format, multirow, repr]
- display.[max_categories, max_columns, max_colwidth, max_info_columns, max_info_rows, max_rows, max_seq_items, memory_usage, multi_sparse, notebook_repr_html, pprint_nest_depth, precision, show_dimensions]
- display.unicode.[ambiguous_as_wide, east_asian_width]
- display.[width]
- html.[border]
- io.excel.xls.[writer]
- io.excel.xlsm.[writer]
- io.excel.xlsx.[writer]
- io.hdf.[default_format, dropna_table]
- io.parquet.[engine]
- mode.[chained_assignment, sim_interactive, use_inf_as_na, use_inf_as_null]
- plotting.matplotlib.[register_converters]

圖 3-3　顯示設定

下面來看幾個常用的設定：

In	# 注意這個是 get，相當於顯示目前設定的參數
	pd.get_option('display.max_rows')

Out	60

In	# 這回可是 set，就是把最大顯示限制成 6 個
	pd.set_option('display.max_rows',6)
	#Series 是什麼？相當於二維資料中某一行或一列，之後再詳細討論
	pd.Series(index = range(0,100))

Out	0 NaN 1 NaN 2 NaN .. 97 NaN 98 NaN 99 NaN Length: 100, dtype: float64

由於設定了 display.max_rows=6，因此只顯示其中 6 筆資料，其餘省略了。

In	# 預設最大顯示的列數
	pd.get_option('display.max_columns')

Out	20

如果資料特徵稍微有點多，可以設定得更大一些：

In	pd.set_option('display.max_columns',30) pd.DataFrame(columns = range(0,30))
Out	0 1 2 3 4 5 6 7 8 9 10 11 12 13 14 15 16 17 18 19 20 21 22 23 24 25 26 27 28 29

3.1.5 Series 操作

前面提到的操作物件都是 DataFrame，那麼 Series 又是什麼呢？簡單來說，讀取的資料都是二維的，也就是 DataFrame；如果在資料中單獨取某列資料，那就是 Series 格式了，相當於 DataFrame 是由 Series 組合起來獲得的，因而更進階一些。

建立 Series 的方法也很簡單：

In	data = [10,11,12] index = ['a','b','c'] s = pd.Series(data = data,index = index)
Out	a 10 b 11 c 12 dtype: int64

其索引操作 (查操作) 也是完全相同的：

In	s.loc['b']
Out	11
In	s.iloc[1]
Out	11

再來看看改操作：

In	s1 = s.copy() s1['a'] = 100
Out	a 100 b 11 c 12

也可以使用 replace() 函數：

In	s1.replace(to_replace = 100,value = 101,inplace = True)
Out	a 101 b 11 c 12

大師說：注意，replace() 函數的參數中多了一項 inplace，也可以試試將其設定為 False，看看結果會怎樣。之前也強調過，如果設定 inplace=False，就是不將結果值設定給變數，只相當於列印操作；如果設定 inplace=True，就是直接在資料中執行實際轉換，而不僅是列印操作。

不僅可以改數值，還可以改索引：

In	s1.index
Out	Index(['a', 'b', 'c'], dtype='object')
In	s1.index = ['a','b','d']
Out	a 101 b 11 d 12

可以看到索引發生了改變，但是這種方法是按順序來的，在實際資料中總不能一個個寫出來吧？還可以用 rename() 函數，這樣轉換就清晰多了。

In	s1.rename(index = {'a':'A'},inplace = True)
Out	A 101 b 11 d 12

接下來就是增操作了：

In	data = [100,110] index = ['h','k'] s2 = pd.Series(data = data,index = index) s3 = s1.append(s2) s3['j'] = 500
Out	A 101 b 11 d 12 j 500 h 100 k 110 dtype: int64

增操作既可以把之前的資料增加進來，也可以增加新建立的資料。但是感覺增加完資料之後，索引有點怪怪的，既然資料重新組合到一起了，也應該把索引重新製作一下，可以在 append 函數中指定 ignore_index = True 參數來重新設定索引，結果如下：

Out	0 101 1 11 2 12 3 500 4 100 5 110 dtype: int64

最後還剩下刪操作，最簡單的方法是直接 del 選取資料的索引：

In	del s1['A'] s1.drop(['b','d'],inplace = True)

指定索引就可以把這筆資料刪除，也可以直接刪除整列，方法相同。

3.2 資料分析

在 DataFrame 中對資料進行計算跟 Numpy 差不多，例如：

In
```
# 所有的樣本的年齡都執行 +10 的操作
age = age + 10
```

Out
```
Name
Braund, Mr. Owen Harris                                  22.0
Cumings, Mrs. John Bradley (Florence Briggs Thayer)      38.0
Heikkinen, Miss. Laina                                   26.0
Futrelle, Mrs. Jacques Heath (Lily May Peel)             35.0
Allen, Mr. William Henry                                 35.0
Name: Age, dtype: float64
```
```
Name
Braund, Mr. Owen Harris                                  32.0
Cumings, Mrs. John Bradley (Florence Briggs Thayer)      48.0
Heikkinen, Miss. Laina                                   36.0
Futrelle, Mrs. Jacques Heath (Lily May Peel)             45.0
Allen, Mr. William Henry                                 45.0
Name: Age, dtype: float64
```

3.2.1 統計分析

拿到特徵之後可以分析的指標比較多，例如平均值、最大值、最小值等均可以直接呼叫其屬性獲得。先用字典結構建立一個簡單的 DataFrame，既可以傳入資料，也可以指定索引和列名稱：

In
```
df = pd.DataFrame([[1,2,3],[4,5,6]],index = ['a','b'],columns = ['A','B','C'])
```

Out

	A	B	C
a	1	2	3
b	4	5	6

In
```
# 預設是對每列計算所有樣本操作結果，相當於 df.sum(axis = 0)
df.sum()
```

Out
```
A    5
B    7
C    9
```

In
```
# 也可以指定維度來設定計算方法
df.sum(axis = 1)
```

Out
```
a    6
b    15
```

同理平均值 df.mean()、中位數 df.median()、最大值 df.max()、最小值 df.min() 等操作的計算方式都相同。

這些基本的統計指標都可以一個個來分析，但是還有一個更方便的函數能觀察所有樣本的情況：

In

```
df.describe()
```

Out

	PassengerId	Survived	Pclass	Age	SibSp	Parch	Fare
count	891.000000	891.000000	891.000000	714.000000	891.000000	891.000000	891.000000
mean	446.000000	0.383838	2.308642	29.699118	0.523008	0.381594	32.204208
std	257.353842	0.486592	0.836071	14.526497	1.102743	0.806057	49.693429
min	1.000000	0.000000	1.000000	0.420000	0.000000	0.000000	0.000000
25%	223.500000	0.000000	2.000000	20.125000	0.000000	0.000000	7.910400
50%	446.000000	0.000000	3.000000	28.000000	0.000000	0.000000	14.454200
75%	668.500000	1.000000	3.000000	38.000000	1.000000	0.000000	31.000000
max	891.000000	1.000000	3.000000	80.000000	8.000000	6.000000	512.329200

上述輸出展示了鐵達尼號乘客資訊中所有數值特徵的統計結果，包含資料個數、平均值、標準差、最大值、最小值等資訊。這也是讀取資料之後最常使用的統計方法。

大師說：讀取完資料之後使用 describe() 函數，既可以獲得各項統計指標，也可以觀察資料是否存在問題，例如年齡的最小值是否存在負數，資料是否存在遺漏值等。實際處理的資料不一定完全正確，可能會存在各種問題。

除了可以執行這些基本計算，還可以統計二元屬性，例如協方差、相關係數等，這些都是資料分析中重要的指標：

In

```
df = pd.read_csv('./data/titanic.csv')
# 協方差矩陣
df.cov()
```

Out

	PassengerId	Survived	Pclass	Age	SibSp	Parch	Fare
PassengerId	66231.000000	-0.626966	-7.561798	138.696504	-16.325843	-0.342697	161.883369
Survived	-0.626966	0.236772	-0.137703	-0.551296	-0.018954	0.032017	6.221787
Pclass	-7.561798	-0.137703	0.699015	-4.496004	0.076599	0.012429	-22.830196
Age	138.696504	-0.551296	-4.496004	211.019125	-4.163334	-2.344191	73.849030
SibSp	-16.325843	-0.018954	0.076599	-4.163334	1.216043	0.368739	8.748734
Parch	-0.342697	0.032017	0.012429	-2.344191	0.368739	0.649728	8.661052
Fare	161.883369	6.221787	-22.830196	73.849030	8.748734	8.661052	2469.436846

In	# 相關係數
	df.corr()

Out

	PassengerId	Survived	Pclass	Age	SibSp	Parch	Fare
PassengerId	1.000000	-0.005007	-0.035144	0.036847	-0.057527	-0.001652	0.012658
Survived	-0.005007	1.000000	-0.338481	-0.077221	-0.035322	0.081629	0.257307
Pclass	-0.035144	-0.338481	1.000000	-0.369226	0.083081	0.018443	-0.549500
Age	0.036847	-0.077221	-0.369226	1.000000	-0.308247	-0.189119	0.096067
SibSp	-0.057527	-0.035322	0.083081	-0.308247	1.000000	0.414838	0.159651
Parch	-0.001652	0.081629	0.018443	-0.189119	0.414838	1.000000	0.216225
Fare	0.012658	0.257307	-0.549500	0.096067	0.159651	0.216225	1.000000

如果還想統計某一列各個屬性的比例情況，例如乘客中有多少男性、多少女性，這時候 value_counts() 函數就可以發揮作用了：

In
```
# 統計該列所有屬性的個數
df['Sex'].value_counts()
```

Out
```
male      577
female    314
Name: Sex, dtype: int64
```

In
```
# 還可以指定順序，讓少的排在前面
df['Sex'].value_counts(ascending = True)
```

Out
```
female    314
male      577
Name: Sex, dtype: int64
```

In
```
# 如果對年齡這種非離散型指標就不太好弄了
df['Age'].value_counts(ascending = True)
```

Out
```
# 只截取部分資料
30.50    2
0.83     2
63.00    2
59.00    2
71.00    2
  ..
47.00    9
4.00     10
2.00     10
50.00    10
```

如果全部列印，結果實在太多，因為各種年齡的都有，這個時候也可以指定一些區間，例如 0~10 歲屬於少兒組，10~20 歲屬於青年組，這就相當於將連續值進行了離散化：

In	# 指定劃分成幾個組 df['Age'].value_counts(ascending = True,bins = 5)
Out	(64.084, 80.0] 11 (48.168, 64.084] 69 (0.339, 16.336] 100 (32.252, 48.168] 188 (16.336, 32.252] 346 Name: Age, dtype: int64

把所有資料按年齡平均分成 5 組，這樣看起來就舒服多了。求符合每組情況的資料各有多少，這些都是在實際資料處理過程中常用的技巧。

在分箱操作中還可以使用 cut() 函數，功能更豐富一些。首先建立一個年齡陣列，然後指定 3 個判斷值，接下來就用這 3 個值把資料分組，也就是 (10,40],(40, 80] 這兩組，傳回的結果分別表示目前年齡屬於哪組。

In	ages = [15,18,20,21,22,34,41,52,63,79] bins = [10,40,80] bins_res = pd.cut(ages,bins)
Out	[(10, 40], (10, 40], (10, 40], (10, 40], (10, 40], (10, 40], (40, 80], (40, 80], (40, 80], (40, 80]] Categories (2, interval[int64]): [(10, 40] < (40, 80]]

也可以列印其預設標籤值：

In	# 目前分組結果 bins_res.labels
Out	array([0, 0, 0, 0, 0, 0, 1, 1, 1, 1], dtype=int8)

In	# 各組總共人數
	pd.value_counts(bins_res)

Out	(10, 40] 6 (40, 80) 4

In	# 分成年輕人、中年人、老年人 3 組
	pd.cut(ages,[10,30,50,80])

Out	[(10, 30], (10, 30], (10, 30], (10, 30], (10, 30], (30, 50], (30, 50], (50, 80], (50, 80], (50, 80]] Categories (3, interval[int64]): [(10, 30] < (30, 50] < (50, 80]]

In	# 可以自己定義標籤
	group_names = ['Yonth','Mille','Old']
	pd.value_counts(pd.cut(ages,[10,20,50,80],labels=group_names))

Out	Mille 4 Old 3 Yonth 3

大師說：機器學習中比拼的就是資料特徵夠不夠好，將特徵中連續值離散化可以説是常用的策略。

3.2.2 pivot 樞紐分析表

下面示範在資料統計分析中非常實用的 pivot 函數，熟悉的讀者可能已經知道它是用來展示樞紐分析表操作的，説穿了就是按照自己的方式來分析資料。

先來建立一份比較有意思的資料，因為一會兒要統計一些指標，資料量要稍微多一點。

In	example = pd.DataFrame({'Month': ["January", "January", "January", "January", "February", "February", "February", "February", "March", "March", "March", "March"], 'Category': ["Transportation", "Grocery", "Household", "Entertainment","Transportation", "Grocery", "Household", "Entertainment","Transportation", "Grocery", "Household", "Entertainment"], 'Amount': [74., 235., 175., 100., 115., 240., 225., 125., 90., 260., 200., 120.]})

Out

	Amount	Category	Month
0	74.0	Transportation	January
1	235.0	Grocery	January
2	175.0	Household	January
3	100.0	Entertainment	January
4	115.0	Transportation	February
5	240.0	Grocery	February
6	225.0	Household	February
7	125.0	Entertainment	February
8	90.0	Transportation	March
9	260.0	Grocery	March
10	200.0	Household	March
11	120.0	Entertainment	March

其中 Category 表示把錢花在什麼用途上（如交通運輸、家庭、娛樂等費用），Month 表示統計月份，Amount 表示實際的花費。

下面要統計的就是每個月花費在各項用途上的金額分別是多少：

In

```
example_pivot = example.pivot(index = 'Category',columns= 'Month',values = 'Amount')
```

Out

Month	February	January	March
Category			
Entertainment	125.0	100.0	120.0
Grocery	240.0	235.0	260.0
Household	225.0	175.0	200.0
Transportation	115.0	74.0	90.0

這幾個月中每項花費的總額：

In

```
example_pivot.sum(axis = 1)
```

Out

```
Category
Entertainment      345.0
Grocery            735.0
Household          600.0
Transportation     279.0
dtype: float64
```

每個月所有花費的總額：

In	`example_pivot.sum(axis = 0)`
Out	Month February 705.0 January 584.0 March 670.0 dtype: float64

上述操作中使用了 3 個參數，分別是 index、columns 和 values，它們表示什麼含義呢？直接解釋其含義感覺有點生硬，還是透過實例來觀察一下，現在回到鐵達尼號資料集中，再用 pivot 函數感受一下：

```
df = pd.read_csv('./data/titanic.csv')
df.pivot_table(index = 'Sex',columns='Pclass',values='Fare')
```

Out

Pclass	1	2	3
Sex			
female	106.125798	21.970121	16.118810
male	67.226127	19.741782	12.661633

其中 Pclass 表示船艙等級，Fare 表示船票的價格。這裡表示按乘客的性別分別統計各個艙位購票的平均價格。通俗的解釋就是，index 指定了按照什麼屬性來統計，columns 指定了統計哪個指標，values 指定了統計的實際指標值是什麼。看起來各項參數都清晰明了，但是平均值從哪裡來呢？平均值相當於是預設值，如果想指定最大值或最小值，還需要額外設定一個計算參數。

```
df.pivot_table(index = 'Sex',columns='Pclass',values='Fare',aggfunc='max')
```

Out

Pclass	1	2	3
Sex			
female	512.3292	65.0	69.55
male	512.3292	73.5	69.55

這裡獲得的結果就是各個船艙的最大票價，需要額外指定 aggfunc 來明確結果的含義。

如果想統計各個船艙等級的人數呢？

In

```
df.pivot_table(index='Sex',columns='Pclass',values='Fare',aggfunc='count')
```

Out

Pclass	1	2	3
Sex			
female	94	76	144
male	122	108	347

接下來做一個稍微複雜點的操作，首先按照年齡將乘客分成兩組：成年人和未成年人。再對這兩組乘客分別統計不同性別的人的平均獲救可能性：

In

```
df['Underaged'] = df['Age'] <= 18
df.pivot_table(index='Underaged',columns='Sex',values='Survived',aggfunc
='mean')
```

Out

Sex	female	male
Underaged		
False	0.760163	0.167984
True	0.676471	0.338028

看起來是比較麻煩的操作，但在 Pandas 中處理起來還是比較簡單的。

大師說：學習過程中可能會遇到有點看不懂某些參數解釋的情況，最好的方法就是實際試一試，從結果來了解也是不錯的選擇。

3.2.3 groupby 操作

下面先透過一個小實例解釋一下 groupby 操作的內容：

In

```
df = pd.DataFrame({'key':['A','B','C','A','B','C','A','B','C'],
                   'data':[0,5,10,5,10,15,10,15,20]})
```

Out

	data	key
0	0	A
1	5	B
2	10	C
3	5	A
4	10	B
5	15	C
6	10	A
7	15	B
8	20	C

此時如果想統計各個 key 中對應的 data 數值總和是多少，例如 key 為 A 時對應 3 筆資料：0、5、10，總和就是 15。按照正常的想法，需要把 key 中所有可能結果都檢查一遍，並且還要求各個 key 中的資料累加值：

In

```
for key in ['A','B','C']:
    print (key,df[df['key'] == key].sum())
```

Out

```
A data      15
key     AAA
dtype: object
B data      30
key     BBB
dtype: object
C data      45
key     CCC
```

這種統計需求是很常見的，那麼，有沒有更簡單的方法呢？這回就輪到 groupby 登場了：

In

```
df.groupby('key').sum()
```

Out

key	data
A	15
B	30
C	45

是不是很輕鬆地就完成了上述工作？統計的結果是其累加值，當然，也可以換成平均值等指標：

In

```
df.groupby('key').aggregate(np.mean)
```

Out

key	data
A	5
B	10
C	15

繼續回到鐵達尼號資料集中，下面要計算的是按照不同性別統計其年齡的平均值，所以要用 groupby 計算一下性別：

In

```
df = pd.read_csv('./data/titanic.csv')
df.groupby('Sex')['Age'].mean()
```

Out

```
Sex
female    27.915709
male      30.726645
```

結果顯示乘客中所有女性的平均年齡是 27.91，男性平均年齡是 30.72，只需一行就完成了統計工作。

groupby() 函數中還有很多參數可以設定，再深入了解一下：

In

```
df = pd.DataFrame({'A' : ['foo', 'bar', 'foo', 'bar','foo', 'bar', 'foo', 'foo'],
                   'B' : ['one', 'one', 'two', 'three', 'two', 'two', 'one', 'three'],
                   'C' : np.random.randn(8),
                   'D' : np.random.randn(8)})
```

Out

	A	B	C	D
0	foo	one	0.650119	0.565401
1	bar	one	1.270717	0.233100
2	foo	two	-0.663145	0.787028
3	bar	three	0.090884	-1.391346
4	foo	two	0.251903	0.476426
5	bar	two	0.197108	-1.155123
6	foo	one	0.027291	-1.430136
7	foo	three	-1.357587	0.262993

此時想觀察 groupby 某一列後結果的數量，可以直接呼叫 count() 屬性：

In

```
# 表示 A 在取不同 key 值時，B、C、D 中樣本的數量
grouped = df.groupby('A')
grouped.count()
```

Out

A	B	C	D
bar	3	3	3
foo	5	5	5

結果中 3 和 5 分別對應了原始資料中樣本的個數，可以親自來數一數。這裡不僅可以指定一個 groupby 物件，指定多個也是沒問題的：

In

```
grouped = df.groupby(['A','B'])
grouped.count()
```

Out

A	B	C	D
bar	one	1	1
	three	1	1
	two	1	1
foo	one	2	2
	three	1	1
	two	2	2

指定好操作物件之後，通常還需要設定一下計算或統計的方法，例如求和操作：

In

```
grouped = df.groupby(['A','B'])
grouped.aggregate(np.sum)
```

Out

A	B	C	D
bar	one	2.549941	1.704677
	three	-0.954625	0.117662
	two	-0.642762	-1.111568
foo	one	0.085447	1.566829
	three	0.839937	0.798669
	two	-0.803665	0.044878

此處的索引就是按照傳導入參數的順序來指定的，如果大家習慣用數值編號索引也是可以的，只需要加入 as_index 參數：

In
```
grouped = df.groupby(['A','B'],as_index = False)
grouped.aggregate(np.sum)
```

Out

	A	B	C	D
0	bar	one	2.549941	1.704677
1	bar	three	-0.954625	0.117662
2	bar	two	-0.642762	-1.111568
3	foo	one	0.085447	1.566829
4	foo	three	0.839937	0.798669
5	foo	two	-0.803665	0.044878

groupby 操作之後仍然可以使用 describe() 方法來展示所有統計資訊，這裡只展示前 5 筆：

In
```
grouped.describe().head()
```

Out

									C							
		count	**mean**	**std**	**min**	**25%**	**50%**	**75%**	**max**	**count**	**mean**	**std**	**min**	**25%**	**50%**	**75**
A	**B**															
bar	**one**	1.0	2.549941	NaN	2.549941	2.549941	2.549941	2.549941	2.549941	1.0	1.704677	NaN	1.704677	1.704677	1.704677	1.70467
	three	1.0	-0.954625	NaN	-0.954625	-0.954625	-0.954625	-0.954625	-0.954625	1.0	0.117662	NaN	0.117662	0.117662	0.117662	0.1176
	two	1.0	-0.642762	NaN	-0.642762	-0.642762	-0.642762	-0.642762	-0.642762	1.0	-1.111568	NaN	-1.111568	-1.111568	-1.111568	-1.1115
foo	**one**	2.0	0.042724	1.170932	-0.785250	-0.371263	0.042724	0.456710	0.870697	2.0	0.783415	0.321089	0.556371	0.669893	0.783415	0.8969
	three	1.0	0.839937	NaN	0.839937	0.839937	0.839937	0.839937	0.839937	1.0	0.798669	NaN	0.798669	0.798669	0.798669	0.7986

看起來統計資訊有點多，當然也可以自己設定需要的統計指標：

In
```
grouped = df.groupby('A')
grouped['C'].agg([np.sum,np.mean,np.std])
```

Out

	sum	mean	std
A			
bar	0.952553	0.317518	1.939613
foo	0.121719	0.024344	0.781542

在 groupby 操作中還可以指定操作的索引（也就是 level），還是透過小實例來觀察一下：

In	arrays = [['bar', 'bar', 'baz', 'baz', 'foo', 'foo', 'qux', 'qux'], ['one', 'two', 'one', 'two', 'one', 'two', 'one', 'two']] index = pd.MultiIndex.from_arrays(arrays,names = ['first','second'])
Out	MultiIndex(levels=[['bar', 'baz', 'foo', 'qux'], ['one', 'two']], labels=[[0, 0, 1, 1, 2, 2, 3, 3], [0, 1, 0, 1, 0, 1, 0, 1]], names=['first', 'second'])

這裡設定了多重索引，並且分別指定了名字，光有索引還不夠，還需要實際數值，接下來可以按照索引進行 groupby 操作：

In	s = pd.Series(np.random.randn(8),index = index)
Out	first second bar one -0.877562 two -1.296007 baz one 1.026419 two 0.445126 foo one 0.044509 two 0.271037 qux one -1.686649 two 0.914649
In	grouped = s.groupby(level =0) grouped.sum()
Out	first bar -2.173569 baz 1.471545 foo 0.315545 qux -0.772001
In	grouped = s.groupby(level = 1) grouped.sum()
Out	second one -1.493284 two 0.334805

透過 level 參數可以指定以哪項為索引進行計算。當 level 為 0 時，設定名為 first 的索引；當 level 為 1 時，設定名為 second 的索引。如果大家覺得指定一個數值不夠直觀，也可以直接用實際名字，結果相同：

In	grouped = s.groupby(level = 'first') grouped.sum()
Out	first bar -2.173569 baz 1.471545 foo 0.315545 qux -0.772001

大師說：groupby 函數是統計分析中經常使用的函數，用法十分便捷，可以指定的參數也比較多，但是也非常容易出錯，使用時一定先明確要得到的結果再去選擇合適的參數。

3.3 常用函數操作

在資料處理過程中經常要對資料做各種轉換，Pandas 提供了非常豐富的函數來幫大家完成每一項功能，不僅如此，如果要實現的功能過於複雜，也可以間接使用自訂函數。

3.3.1 Merge 操作

資料處理中可能經常要對分析的特徵進行整合，例如後續實戰中會拿到一份歌曲資料集，但是不同的檔案儲存的特徵不同，有的檔案包含歌曲名、播放量；有的包含歌曲名、歌手名。現在我們要做的就是把所有特徵整理在一起，例如以歌曲為索引來整合。

為了示範 Merge 函數的操作，先建立兩個 DataFrame：

In

```
left = pd.DataFrame({'key': ['K0', 'K1', 'K2', 'K3'],
                     'A': ['A0', 'A1', 'A2', 'A3'],
                     'B': ['B0', 'B1', 'B2', 'B3']})
right = pd.DataFrame({'key': ['K0', 'K1', 'K2', 'K3'],
                     'C': ['C0', 'C1', 'C2', 'C3'],
                     'D': ['D0', 'D1', 'D2', 'D3']})
```

Out	left: A B key 0 A0 B0 K0 1 A1 B1 K1 2 A2 B2 K2 3 A3 B3 K3 right: C D key 0 C0 D0 K0 1 C1 D1 K1 2 C2 D2 K2 3 C3 D3 K3
In	res = pd.merge(left, right, on = 'key')
Out	A B key C D 0 A0 B0 K0 C0 D0 1 A1 B1 K1 C1 D1 2 A2 B2 K2 C2 D2 3 A3 B3 K3 C3 D3

現在按照 key 列把兩份資料整合在一起了，key 列在 left 和 right 兩份資料中剛好都一樣，試想：如果不相同，結果會發生變化嗎？

In

```
left = pd.DataFrame({'key1': ['K0', 'K1', 'K2', 'K3'],
                     'key2': ['K0', 'K1', 'K2', 'K3'],
                     'A': ['A0', 'A1', 'A2', 'A3'],
                     'B': ['B0', 'B1', 'B2', 'B3']})
right = pd.DataFrame({'key1': ['K0', 'K1', 'K2', 'K3'],
                      'key2': ['K0', 'K1', 'K2', 'K4'],
                      'C': ['C0', 'C1', 'C2', 'C3'],
                      'D': ['D0', 'D1', 'D2', 'D3']})
```

Out

```
    A   B key1 key2         C   D key1 key2
0  A0  B0   K0   K0     0  C0  D0   K0   K0
1  A1  B1   K1   K1     1  C1  D1   K1   K1
2  A2  B2   K2   K2     2  C2  D2   K2   K2
3  A3  B3   K3   K3     3  C3  D3   K3   K4

       left                   right
```

細心的讀者應該發現，兩份資料 key1 列和 key2 列的前 3 行都相同，但是第 4 行的值不同，這會對結果產生什麼影響嗎？

In	res = pd.merge(left, right, on = ['key1', 'key2'])

Out

	A	B	key1	key2	C	D
0	A0	B0	K0	K0	C0	D0
1	A1	B1	K1	K1	C1	D1
2	A2	B2	K2	K2	C2	D2

輸出結果顯示前 3 行相同的都組合在一起了，但是第 4 行卻被直接拋棄了。如果想考慮所有的結果，還需要額外設定一個 how 參數：

In	res = pd.merge(left, right, on = ['key1', 'key2'], how = 'outer')

Out

	A	B	key1	key2	C	D
0	A0	B0	K0	K0	C0	D0
1	A1	B1	K1	K1	C1	D1
2	A2	B2	K2	K2	C2	D2
3	A3	B3	K3	K3	NaN	NaN
4	NaN	NaN	K3	K4	C3	D3

還可以加入詳細的組合説明，指定 indicator 參數為 True 即可：

In	res = pd.merge(left, right, on = ['key1', 'key2'], how = 'outer', indicator = True)

Out

	A	B	key1	key2	C	D	_merge
0	A0	B0	K0	K0	C0	D0	both
1	A1	B1	K1	K1	C1	D1	both
2	A2	B2	K2	K2	C2	D2	both
3	A3	B3	K3	K3	NaN	NaN	left_only
4	NaN	NaN	K3	K4	C3	D3	right_only

也可以單獨設定只考慮左邊資料或只考慮右邊資料，説穿了就是以誰為準：

In	res = pd.merge(left, right, how = 'left')

Out	(table below)

	A	B	key1	key2	C	D
0	A0	B0	K0	K0	C0	D0
1	A1	B1	K1	K1	C1	D1
2	A2	B2	K2	K2	C2	D2
3	A3	B3	K3	K3	NaN	NaN

In

```
res = pd.merge(left, right, how = 'right')
```

Out

	A	B	key1	key2	C	D
0	A0	B0	K0	K0	C0	D0
1	A1	B1	K1	K1	C1	D1
2	A2	B2	K2	K2	C2	D2
3	NaN	NaN	K3	K4	C3	D3

大師說：在資料特徵組合時經常要整合大量資料來源，熟練使用 Merge 函數可以幫助大家快速處理資料。

3.3.2 排序操作

排序操作的用法也是十分簡潔，先來建立一個 DataFrame：

In

```
data = pd.DataFrame({'group':['a','a','a','b','b','b','c','c','c'],
                     'data':[4,3,2,1,12,3,4,5,7]})
```

Out

	data	group
0	4	a
1	3	a
2	2	a
3	1	b
4	12	b
5	3	b
6	4	c
7	5	c
8	7	c

排序的時候，可以指定昇冪或降冪，並且還可以指定按照多個指標排序：

In
```
data.sort_values(by=['group','data'],ascending = [False,True],inplace=True)
```

Out

	data	group
6	4	c
7	5	c
8	7	c
3	1	b
5	3	b
4	12	b
2	2	a
1	3	a
0	4	a

上述動作表示首先對 group 列按照降冪進行排列，在此基礎上保持 data 列是昇冪排列，其中 by 參數用於設定要排序的列，ascending 參數用於設定升降冪。

3.3.3 遺漏值處理

拿到一份資料之後，經常會遇到資料不乾淨的現象，即裡面可能存在遺漏值或重複片段，這就需要先進行前置處理操作。再來建立一組資料，如果有重複部分，也可以直接用乘法來建立一組資料：

In
```
data = pd.DataFrame({'k1':['one']*3+['two']*4,
                     'k2':[3,2,1,3,3,4,4]})
```

Out

	k1	k2
0	one	3
1	one	2
2	one	1
3	two	3
4	two	3
5	two	4
6	two	4

此時資料中有幾筆完全相同的，可以使用 drop_duplicates() 函數去掉多餘的資料：

In
```
data.drop_duplicates()
```

Out

	k1	k2
0	one	3
1	one	2
2	one	1
3	two	3
5	two	4

也可以只考慮某一列的重複情況，其他全部捨棄：

In
```
data.drop_duplicates(subset='k1')
```

Out

	k1	k2
0	one	3
3	two	3

如果要往資料中增加新的列呢？可以直接指定新的列名稱或使用 assign() 函數：

In
```
df = pd.DataFrame({'data1':np.random.randn(5),'data2':np.random.randn(5)})
df2 = df.assign(ration = df['data1']/df['data2'])
```

Out

	data1	data2	ration
0	-1.069925	-0.186540	5.735617
1	0.636127	0.020425	31.143814
2	0.366197	-0.102836	-3.560992
3	-0.975327	0.451201	-2.161624
4	-1.562407	-2.436845	0.641160

資料處理過程中經常會遇到遺漏值，Pandas 中一般用 NaN 來表示（Not a Number），拿到資料之後，通常都會先看一看缺失情況：

In
```
df = pd.DataFrame([range(3),[0, np.nan,0],[0,0,np.nan],range(3)])
```

Out

	0	1	2
0	0	1.0	2.0
1	0	NaN	0.0
2	0	0.0	NaN
3	0	1.0	2.0

在建立的時候加入兩個遺漏值，可以直接透過 isnull() 函數判斷所有缺失情況：

In
```
df.isnull()
```

Out

	0	1	2
0	False	False	False
1	False	True	False
2	False	False	True
3	False	False	False

輸出結果顯示了全部資料缺失情況，其中 True 代表資料缺失。如果資料量較大，總不能一行一行來核對，更多的時候，我們想知道某列是否存在遺漏值：

In
```
df.isnull().any()
```

Out
```
0    False
1    True
2    True
dtype: bool
```

其中 .any() 函數相當於只要有一個遺漏值就表示存在缺失情況，當然也可以自己指定檢查的維度：

In
```
df.isnull().any(axis = 1)
```

Out	0 False 1 True 2 True 3 False dtype: bool

遇到遺漏值不要緊，可以選擇填充方法來改善，之後會處理實際資料集的缺失問題，這裡只做簡單舉例：

In
```
df.fillna(5)
```

Out

	0	1	2
0	0	1.0	2.0
1	0	5.0	0.0
2	0	0.0	5.0
3	0	1.0	2.0

透過 fillna() 函數可以對遺漏值進行填充，這裡只選擇一個數值，實際中更常使用的是平均值、中位數等指標，還需要根據實際問題實際分析。

3.3.4 apply 自訂函數

接下來又是重磅嘉賓出場了，apply() 函數可是一個「神器」，如果你想要完成的工作沒辦法直接實現，就需要使用 apply 自訂函數功能，還是先來看看其用法：

In
```
data = pd.DataFrame({'food':['A1','A2','B1','B2','B3','C1','C2'],
'data':[1,2,3,4,5,6,7]})
```

Out

	data	food
0	1	A1
1	2	A2
2	3	B1
3	4	B2
4	5	B3
5	6	C1
6	7	C2

In

```
def food_map(series):
  if series['food'] == 'A1':
    return 'A'
  elif series['food'] == 'A2':
    return 'A'
  elif series['food'] == 'B1':
    return 'B'
  elif series['food'] == 'B2':
    return 'B'
  elif series['food'] == 'B3':
    return 'B'
  elif series['food'] == 'C1':
    return 'C'
  elif series['food'] == 'C2':
    return 'C'

data['food_map'] = data.apply(food_map,axis = 'columns')
```

Out

	data	food	food_map
0	1	A1	A
1	2	A2	A
2	3	B1	B
3	4	B2	B
4	5	B3	B
5	6	C1	C
6	7	C2	C

上述操作首先定義了一個對映函數，如果想要改變 food 列中的所有值，在已經列出對映方法的情況下，如何在資料中執行這個函數，以便改變所有資料呢？是不是要寫一個迴圈來檢查每一筆資料呢？一定不是的，只需呼叫 apply() 函數即可完成全部操作。

可以看到，apply() 函數使用起來非常簡單，需要先寫好要執行操作的函數，接下來直接呼叫即可，相當於對資料中所有樣本都執行這樣的操作，下面繼續拿鐵達尼號資料來試試 apply() 函數：

In	def nan_count(columns):
	    columns_null = pd.isnull(columns)
	    null = columns[columns_null]
	    return len(null)
	
	columns_null_count = titanic.apply(nan_count)

Out	PassengerId 0 Survived 0 Pclass 0 Name 0 Sex 0 Age 177 SibSp 0 Parch 0 Ticket 0 Fare 0 Cabin 687 Embarked 2

這裡要統計的就是每列的遺漏值個數，寫好自訂函數之後依舊呼叫 apply() 函數，這樣每列特徵的缺失值個數就統計出來了，再來統計一下每一位乘客是否是成年人：

In	def is_minor(row):
	    if row['Age'] < 18:
	        return True
	    else:
	        return False
	minors = titanic.apply(is_minor,axis = 1)

Out	24 True 25 False 26 False 27 False 28 False 29 False ... 861 False 862 False 863 False 864 False

大師說：使用 apply 函數在做資料處理時非常便捷，先定義好需要的操作，但是最好先拿部分樣本測試一下函數是否正確，然後就可以將它應用在全部資料中了，對行或對列操作都是可以的，相當於自訂一套處理操作。

3.3.5 時間操作

在機器學習建模中，從始至終都是盡可能多地利用資料所提供的資訊，當然時間特徵也不例外。當拿到一份時間特徵時，最好還是將其轉換成標準格式，這樣在分析特徵時更方便一些：

In	# 建立一個時間戳記
	ts = pd.Timestamp('2017-11-24')

Out	Timestamp('2017-11-2400:00:00')
In	ts.month
Out	11
In	ts.day
Out	24
In	ts + pd.Timedelta('5 days')
Out	Timestamp('2017-11-2900:00:00')

時間特徵只需要滿足標準格式就可以呼叫各種函數和屬性了，上述操作透過時間分析了目前實際的年、月、日等指標。

In	s = pd.Series(['2017-11-24 00:00:00','2017-11- 25 00:00:00','2017-11-2600:00:00'])
Out	0 2017-11-2400:00:00 1 2017-11-2500:00:00 2 2017-11-2600:00:00 dtype: object
In	ts = pd.to_datetime(s)
Out	0 2017-11-24 1 2017-11-25 2 2017-11-26 dtype: datetime64[ns]

一旦轉換成標準格式，注意其 dtype 類型，就可以呼叫各種屬性進行統計分析了：

In	ts.dt.hour
Out	0　0 1　0 2　0
In	ts.dt.weekday
Out	0　4 1　5 2　6

如果資料中沒有指定實際的時間特徵，也可以自己來建立，例如知道資料的擷取時間，並且每筆資料都是固定時間間隔儲存下來的：

In	pd.Series(pd.date_range(start='2017-11-24',periods = 10,freq = '12H'))
Out	0　2017-11-2400:00:00 1　2017-11-2412:00:00 2　2017-11-2500:00:00 3　2017-11-2512:00:00 4　2017-11-2600:00:00 5　2017-11-2612:00:00 6　2017-11-2700:00:00 7　2017-11-2712:00:00 8　2017-11-2800:00:00 9　2017-11-2812:00:00 dtype: datetime64[ns]

讀取資料時，如果想以時間特徵為索引，可以將 parse_dates 參數設定為 True：

In	data = pd.read_csv('./data/flowdata.csv',index_col = 0,parse_dates = True)

Out

	L06_347	LS06_347	LS06_348
Time			
2009-01-01 00:00:00	0.137417	0.097500	0.016833
2009-01-01 03:00:00	0.131250	0.088833	0.016417
2009-01-01 06:00:00	0.113500	0.091250	0.016750
2009-01-01 09:00:00	0.135750	0.091500	0.016250
2009-01-01 12:00:00	0.140917	0.096167	0.017000

有了索引後，就可以用它來取資料：

In	data[pd.Timestamp('2012-01-0109:00'):pd.Timestamp('2012-01-0119:00')]

Out

Time	L06_347	LS06_347	LS06_348
2012-01-01 09:00:00	0.330750	0.293583	0.029750
2012-01-01 12:00:00	0.295000	0.285167	0.031750
2012-01-01 15:00:00	0.301417	0.287750	0.031417
2012-01-01 18:00:00	0.322083	0.304167	0.038083

In

```
# 取 2013 年的資料
data['2013']
```

Out

Time	L06_347	LS06_347	LS06_348
2013-01-01 00:00:00	1.688333	1.688333	0.207333
2013-01-01 03:00:00	2.693333	2.693333	0.201500
2013-01-01 06:00:00	2.220833	2.220833	0.166917
2013-01-01 09:00:00	2.055000	2.055000	0.175667
2013-01-01 12:00:00	1.710000	1.710000	0.129583
2013-01-01 15:00:00	1.420000	1.420000	0.096333
2013-01-01 18:00:00	1.178583	1.178583	0.083083
2013-01-01 21:00:00	0.898250	0.898250	0.077167
2013-01-02 00:00:00	0.860000	0.860000	0.075000

也用 data['2012-01':'2012-03'] 指定實際月份，或更細緻一些，在小時上繼續進行判斷，如 data[(data.index.hour > 8) & (data.index.hour <12)]。

下面再介紹一個重量級的傢伙，在處理時間特徵時候經常會用到它——resample 重取樣，先來看看執行結果：

In	data.resample('D').mean().head()

Out

Time	L06_347	LS06_347	LS06_348
2009-01-01	0.125010	0.092281	0.016635
2009-01-02	0.124146	0.095781	0.016406
2009-01-03	0.113562	0.085542	0.016094
2009-01-04	0.140198	0.102708	0.017323
2009-01-05	0.128812	0.104490	0.018167

原始資料中每天都有好幾筆資料，但是這裡想統計的是每天的平均指標，當然也可以計算其最大值、最小值，只需把 .mean() 換成 .max() 或 .min() 即可。例如想按 3 天為一個週期進行統計：

In

```
data.resample('3D').mean().head()
```

Out

Time	L06_347	LS06_347	LS06_348
2009-01-01	0.120906	0.091201	0.016378
2009-01-04	0.121594	0.091708	0.016670
2009-01-07	0.097042	0.070740	0.014479
2009-01-10	0.115941	0.086340	0.014545
2009-01-13	0.346962	0.364549	0.034198

按月進行統計也是同理：

In

```
data.resample('M').mean().head()
```

Out

Time	L06_347	LS06_347	LS06_348
2009-01-31	0.517864	0.536660	0.045597
2009-02-28	0.516847	0.529987	0.047238
2009-03-31	0.373157	0.383172	0.037508
2009-04-30	0.163182	0.129354	0.021356
2009-05-31	0.178588	0.160616	0.020744

大師說：時間資料可以分析出非常豐富的特徵，不僅有年、月、日等正常指標，還可以判斷是否是週末、工作日、上下旬、上下班時間、節假日等特徵，這些特徵對資料採擷工作都是十分有幫助的。

3.3.6 繪圖操作

如果對資料進行簡單繪圖也可以直接用 Pandas 工具套件，1 行程式就能進行基本展示，但是，如果想把圖繪製得更完美一些，還需要使用專門的工具套件，例如 Matplotlib、Seaborn 等，這裡先示範 Pandas 中基本繪圖方法：

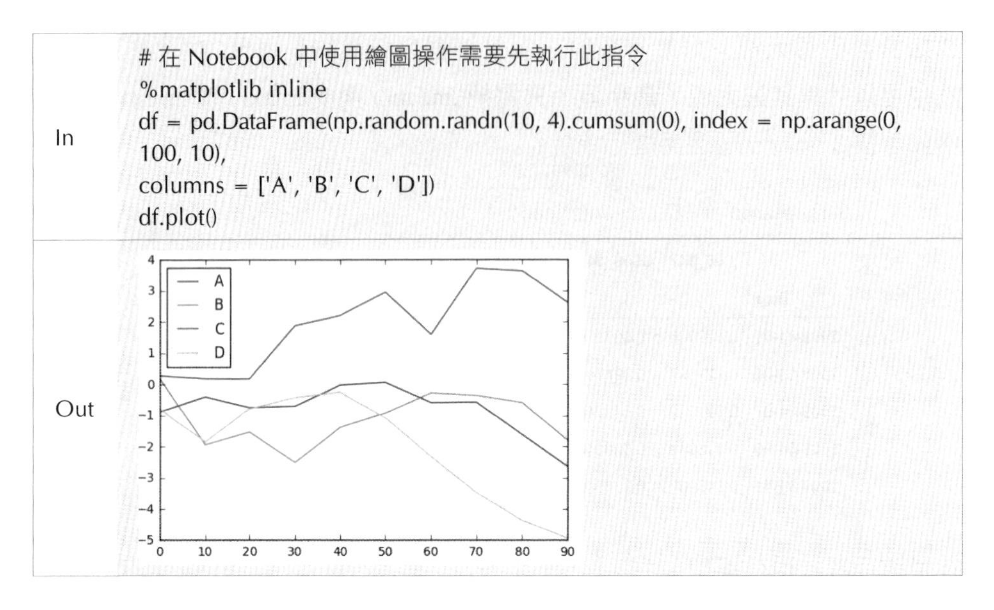


```
# 在 Notebook 中使用繪圖操作需要先執行此指令
%matplotlib inline
df = pd.DataFrame(np.random.randn(10, 4).cumsum(0), index = np.arange(0,
100, 10),
columns = ['A', 'B', 'C', 'D'])
df.plot()
```

雖然直接對資料執行 plot() 操作就可以完成基本繪製，但是，如果想要加入一些細節，就需要使用 Matplotlib 工具套件（下一章還會專門說明），例如要同時展示兩個圖表，就要用到子圖：

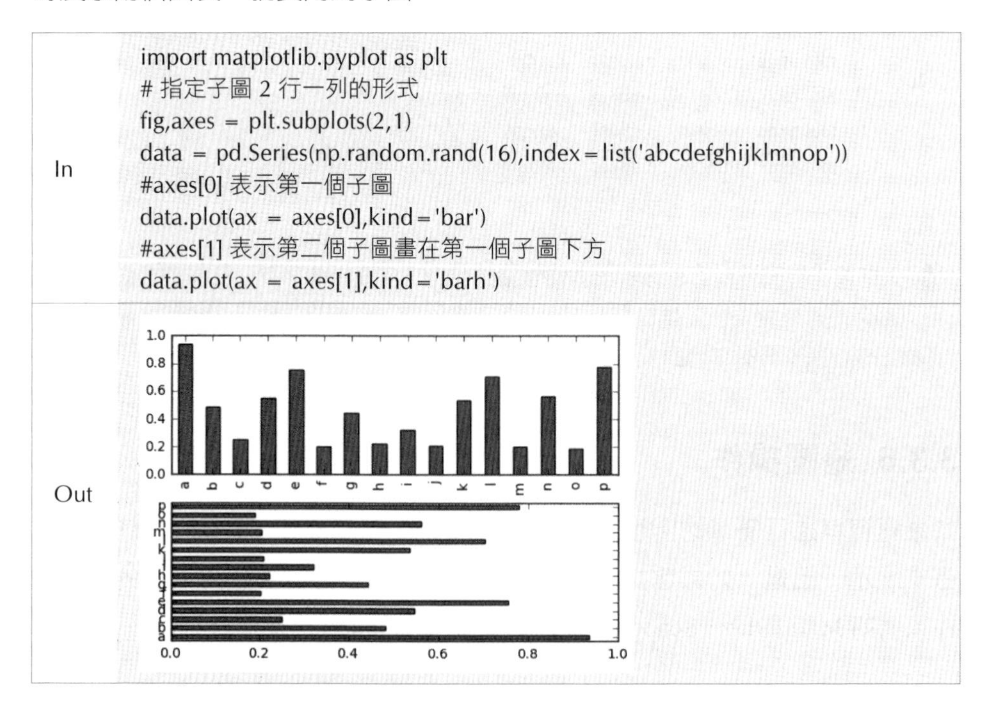


```
import matplotlib.pyplot as plt
# 指定子圖 2 行一列的形式
fig,axes = plt.subplots(2,1)
data = pd.Series(np.random.rand(16),index=list('abcdefghijklmnop'))
#axes[0] 表示第一個子圖
data.plot(ax = axes[0],kind='bar')
#axes[1] 表示第二個子圖畫在第一個子圖下方
data.plot(ax = axes[1],kind='barh')
```

還可以指定繪圖的種類，例如橫條圖、散點圖等：

In

```
df = pd.DataFrame(np.random.rand(6, 4), index = ['one', 'two', 'three', 'four', 'five', 'six'],
columns = pd.Index(['A', 'B', 'C', 'D'], name = 'Genus'))
```

Out

Genus	A	B	C	D
one	0.130214	0.536757	0.243533	0.371248
two	0.424017	0.052330	0.932248	0.482683
three	0.084314	0.589451	0.876603	0.604232
four	0.561504	0.121044	0.303261	0.065200
five	0.680850	0.177105	0.314080	0.153842

In

```
df.plot(kind = 'bar')
```

Out

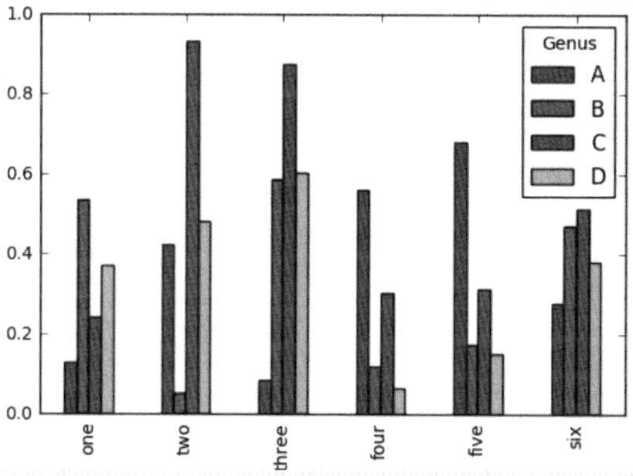

In

```
macro = pd.read_csv('macrodata.csv')
```

Out

	year	quarter	realgdp	realcons	realinv	realgovt	realdpi	cpi	m1	tbilrate	unemp	pop	infl	realint
0	1959.0	1.0	2710.349	1707.4	286.898	470.045	1886.9	28.98	139.7	2.82	5.8	177.146	0.00	0.00
1	1959.0	2.0	2778.801	1733.7	310.859	481.301	1919.7	29.15	141.7	3.08	5.1	177.830	2.34	0.74
2	1959.0	3.0	2775.488	1751.8	289.226	491.260	1916.4	29.35	140.5	3.82	5.3	178.657	2.74	1.09
3	1959.0	4.0	2785.204	1753.7	299.356	484.052	1931.3	29.37	140.0	4.33	5.6	179.386	0.27	4.06
4	1960.0	1.0	2847.699	1770.5	331.722	462.199	1955.5	29.54	139.6	3.50	5.2	180.007	2.31	1.19

In

```
data.plot.scatter('quarter','realgdp')
```

Out

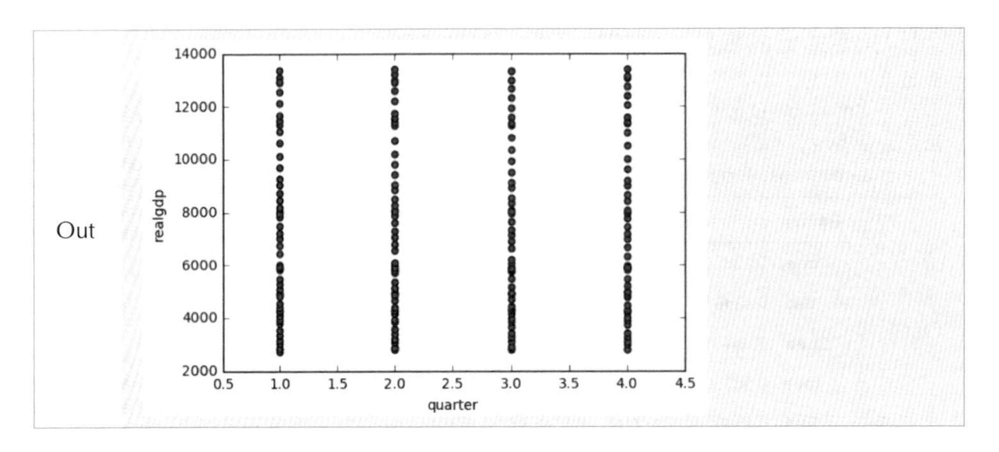

這些就是 Pandas 工具套件繪圖的基本方法，一般都是在簡單觀察資料時使用，實際進行分析或展示還是用 Matplotlib 工具套件更專業一些。

3.4 大數據處理技巧

使用 Pandas 工具套件可以處理千萬等級的資料量，但讀取過於龐大的資料特徵時，經常會遇到記憶體溢位等問題。估計絕大多數讀者使用的筆記型電腦都是 8GB 記憶體，沒關係，這裡教給大家一些大數據處理技巧，使其能夠佔用更少記憶體。

3.4.1 數值型態轉換

下面讀取一個稍大數據集，特徵比較多，一共有 161 列，目標就是盡可能減少佔用的記憶體。

In

```
gl = pd.read_csv('game_logs.csv')
gl.head()
```

Out

	date	number_of_game	day_of_week	v_name	v_league	v_game_number	h_name	h_league	h_game_number	v_score	...
0	18710504	0	Thu	CL1	na	1	FW1	na	1	0	...
1	18710505	0	Fri	BS1	na	1	WS3	na	1	20	...
2	18710506	0	Sat	CL1	na	2	RC1	na	1	12	...
3	18710508	0	Mon	CL1	na	3	CH1	na	1	12	...
4	18710509	0	Tue	BS1	na	2	TRO	na	1	9	...

5 rows × 161 columns

In	# 資料樣本有 171907 個 gl.shape
Out	(171907, 161)

In	# 指定成 deep 表示要詳細地展示目前資料佔用的記憶體
	gl.info(memory_usage='deep')

Out	<class 'pandas.core.frame.DataFrame'> RangeIndex: 171907 entries, 0 to 171906 Columns: 161 entries, date to acquisition_info dtypes: float64(77), int64(6), object(78) memory usage: 860.5 MB

輸出結果顯示這份資料讀取進來後佔用 860.5 MB 記憶體，資料類型主要有 3 種，其中，float64 類型有 77 個特徵，int64 類型有 6 個特徵，object 類型有 78 個特徵。

對不同的資料類型來說，其佔用的記憶體相同嗎？應該是不同的，先來計算一下各種類型平均佔用記憶體：

In	for dtype in ['float64','int64','object']:
	   selected_dtype = gl.select_dtypes(include = [dtype])
	   mean_usage_b = selected_dtype.memory_usage(deep=True).mean()
	   mean_usage_mb = mean_usage_b/1024**2
	   print (' 平均 存占用 ',dtype,mean_usage_mb)

Out	平均記憶體佔用 float641.2947326073279748 平均記憶體佔用 int641.1241934640066964 平均記憶體佔用 object 9.514454069016855

迴圈中會檢查 3 種類型，透過 select_dtypes() 函數選取屬於目前類型的特徵，接下來計算其平均佔用內存，最後轉換成 MB 看起來更直接一些。從結果可以發現，float64 類型和 int64 類型平均佔用記憶體差不多，而 object 類型佔用的記憶體最多。

接下來就要分類型對資料進行處理，首先處理一下數值型，經常會看到有 int64、int32 等不同的類型，它們分別表示什麼含義呢？

In	import numpy as np int_types = ['int8','int16','int32','int64'] for it in int_types: print (np.iinfo(it))
Out	Machine parameters for int8 --- min = -128 max = 127 --- Machine parameters for int16 --- min = -32768 max = 32767 --- Machine parameters for int32 --- min = -2147483648 max = 2147483647 --- Machine parameters for int64 --- min = -9223372036854775808 max = 9223372036854775807 ---

輸出結果分別列印了 int8 ～ int64 可以表示的數值設定值範圍，int8 和 int16 能表示的數值範圍有點小，一般不用。int32 看起來範圍足夠大了，基本工作都能滿足，而 int64 能表示的就更多了。原始資料是 int64 類型，但是觀察資料集可以發現，並不需要這麼大的數值範圍，用 int32 類型就足夠了。下面先將資料集中所有 int64 類型轉換成 int32 類型，再來看看記憶體佔用會不會減少一些。

In	def mem_usage(pandas_obj):
	  if isinstance(pandas_obj,pd.DataFrame):
	    usage_b = pandas_obj.memory_usage(deep=True).sum()
	  else:
	    usage_b = pandas_obj.memory_usage(deep=True)
	  usage_mb = usage_b/1024**2

	return '{:03.2f} MB'.format(usage_mb) gl_int = gl.select_dtypes(include = ['int64']) coverted_int=gl_int.apply(pd.to_numeric,downcast='integer') print (mem_usage(gl_int)) print (mem_usage(coverted_int))
Out	<class 'pandas.core.frame.DataFrame'> RangeIndex: 171907 entries, 0 to 171906 Data columns (total 6 columns): date 171907 non-null int32 number_of_game 171907 non-null int8 v_game_number 171907 non-null int16 h_game_number 171907 non-null int16 v_score 171907 non-null int8 h_score 171907 non-null int8 dtypes: int16(2), int32(1), int8(3) 7.87MB # 全部為 int64 類型時，int 類型資料記憶體佔用量 1.80MB # 向下轉換後，int 類型資料記憶體佔用量

其中 mem_usage() 函數的主要功能就是計算傳入資料的記憶體佔用量，為了讓程式更通用，寫了一個判斷方法，分別表示計算 DataFrame 和 Series 類型資料，如果包含多列就求其總和，如果只有一列，那就是它自身。select_dtypes(include = ['int64']) 表示此時要處理的是全部 int64 格式資料，先把它們都拿到手。接下來對這部分資料進行向下轉換 , 可以透過列印 coverted_int.info() 來觀察轉換結果。

可以看到在進行向下轉換的時候，程式已經自動地選擇了合適類型，再來看看記憶體佔用情況，原始資料佔用 7.87MB，轉換後僅佔用 1.80MB，大幅減少了。由於 int 類型資料特徵並不多，差異還不算太大，轉換 float 類型的時候就能明顯地看出差異了。

In	gl_float = gl.select_dtypes(include=['float64']) converted_float = gl_float.apply(pd.to_numeric,downcast='float') print(mem_usage(gl_float)) print(mem_usage(converted_float))

Out

```
# 全部為 float64 時，float 類型資料記憶體佔用
100.99 MB
# 向下轉換後，float 類型資料記憶體佔用
50.49MB
```

可以明顯地發現記憶體節省了正好一半，通常在資料集中 float 類型多一些，如果合適的向下轉換，基本上能節省一半記憶體。

3.4.2 屬性類型轉換

最開始就發現 object 類型佔用記憶體最多，也就是字串，可以先看看各列 object 類型的特徵：

In

```
gl_obj = gl.select_dtypes(include = ['object']).copy()
gl_obj.describe()
```

Out

	day_of_week	v_name	v_league	h_name	h_league	day_night	completion	forefeit	protest	park_id	...
count	171907	171907	171907	171907	171907	140150	116	145	180	171907	...
unique	7	148	7	148	7	2	116	3	5	245	...
top	Sat	CHN	NL	CHN	NL	D	19210630,,3,2,45	H	V	STL07	...
freq	28891	8870	88866	9024	88867	82724	1	69	90	7022	...

4 rows × 78 columns

其中 count 表示資料中每一列特徵的樣本個數（有些存在遺漏值），unique 表示不同屬性值的個數，例如 day_of_week 列表示目前資料是星期幾，所以只有 7 個不同的值，但是預設 object 類型會把出現的每一筆樣本數值都開闢一塊記憶體區域，其記憶體佔用情況如圖 3-4 所示。

由圖可見，很明顯，星期一和星期二出現多次，它們只是一個字串代表一種結果而已，共用一塊記憶體就足夠了。但是在 object 類型中卻為每一筆資料開闢了單獨的一塊記憶體，一共有 171907 筆資料，但只有 7 個不同值，這樣做豈不是浪費了？所以還是要把 object 類型轉換成 category 類型。先來看看這種新類型的特性：

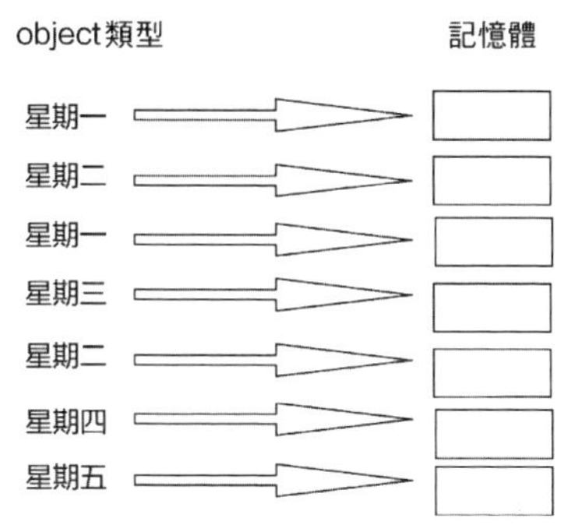

圖 3-4　object 類型記憶體佔用情況

In	dow = gl_obj.day_of_week dow_cat = dow.astype('category') dow_cat.head()
Out	0　Thu 1　Fri 2　Sat 3　Mon 4　Tue Name: day_of_week, dtype: category Categories (7, object): [Fri, Mon, Sat, Sun, Thu, Tue, Wed]

可以發現，其中只有 7 種編碼方式，也可以實際列印一下實際編碼：

In	dow_cat.head(10).cat.codes
Out	0　4 1　0 2　2 3　1 4　5 5　4 6　2 7　2 8　1 9　5

無論列印多少筆資料，其編碼結果都不會超過 7 種，這就是 category 類型的特性，相同的字元佔用一塊記憶體就好了。轉換完成之後，是時候看看結果了：

In	print (mem_usage(dow)) print (mem_usage(dow_cat))
Out	9.84MB 0.16MB

對 day_of_week 列特徵進行轉換後，記憶體佔用大幅下降，效果十分明顯，其他列也是同理，但是，如果不同屬性值比較多，效果也會有所折扣。接下來對所有 object 類型都執行此操作：

In
```
converted_obj = pd.DataFrame()

for col in gl_obj.columns:
    num_unique_values = len(gl_obj[col].unique())
    num_total_values = len(gl_obj[col])
    if num_unique_values / num_total_values < 0.5:
        converted_obj.loc[:,col] = gl_obj[col].astype('category')
    else:
        converted_obj.loc[:,col] = gl_obj[col]
print(mem_usage(gl_obj))
print(mem_usage(converted_obj))
```

Out
```
751.64 MB
51.67 MB
```

首先對 object 類型資料中唯一值個數進行判斷，如果數量不足整體的一半（此時能共用的記憶體較多），就執行轉換操作，如果唯一值過多，就沒有必要執行此操作。最後的結果非常不錯，記憶體只佔用很小部分了。

本節向大家示範了如何處理大數據佔用記憶體過多的問題，最簡單的解決方案就是將其類型全部向下轉換，這個實例中，記憶體從 860.5 MB 下降到 51.67 MB，效果還是十分明顯的。

大師說：如果載入千萬等級以上資料來源，還是有必要對資料先進行上述處理，否則會經常遇到記憶體溢位錯誤。

本章歸納

本章說明了資料分析處理中常用的工具套件 Pandas，從整體上來看，它要比 Numpy 更便捷一些，可以很方便地完成各種統計操作與資料處理轉換，在實際操作中，不要忘記還有 apply() 函數可以自定義一些功能來處理資料。

工具套件提供的函數功能還有很多，可以在 Notebook 中直接列印說明文件，如果大家習慣了自己的 IDE(整合開發環境)，也可以直接跳到原始程式當中，都有詳細的解釋說明。在後續的學習和工作中，可以將一套資料處理方案歸納成自己的通用範本，當面對新工作時，處理起來就更方便、快速了。

Chapter

04

資料視覺化函數庫（Matplotlib）

用 Python 做可視化展示是非常便捷的，現成的工具套件有很多，不僅可以做成一個平面圖，而且還可以互動展示。Matplotlib 算是最老牌且使用範圍最廣的畫圖工具了，本章向大家介紹其基本使用方法和常用圖表繪製。

4.1 正常繪圖方法

首先匯入工具套件，一般用 plt 來當作 Matplotlib 的別名：

```
In    import matplotlib.pyplot as plt
      %matplotlib inline
```

指定魔法指令之後，在 Notebook 中只需要執行畫圖操作就可以在介面進行展示，先來畫一個簡單的折線圖，只需要把二維資料點對應好即可：

```
In    plt.plot([1,2,3,4,5],[1,4,9,16,25])
      plt.xlabel('xlabel',fontsize = 16)
      plt.ylabel('ylabel')
```

指定水平座標 [1,2,3,4,5]，垂直座標 [1,4,9,16,25]，並且指明 x 軸與 y 軸的名稱分別為 xlabel 和 ylabel，結果如圖 4-1 所示。

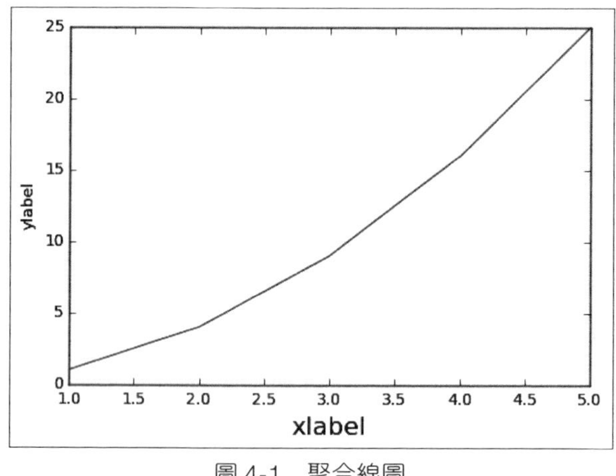

圖 4-1　聚合線圖

4.1.1 細節設定

在 plot() 函數中可以設定很多細節參數，例如線條的種類，表 4-1 列出了常用的線條類型，大家可以一一試試看。

表 4-1　常用的線條類型

字元	類型	字元	類型
'-'	實線	'—'	虛線
'-.'	虛點線	':'	點線
'.'	點	','	像素點
'。'	小數點	'v'	下三角點
'^'	上三角點	'<'	左三角點
'>'	右三角點	'1'	下三叉點
'2'	上三叉點	'3'	左三叉點
'4'	右三叉點	's'	正方點
'p'	五角點	'*'	星形點
'h'	六邊形點 1	'H'	六邊形點 2
'+'	加號點	'x'	乘號點
'D'	實習菱形點	'd'	瘦菱形點
'_'	橫線點		

不僅可以改變線條的形狀，也可以自己定義顏色，表 4-2 列出了常用的顏色縮寫，英文好的同學也可以直接在參數中寫全名。

表 4-2　常用的顏色縮寫

字元	顏色	英文全名
'b'	藍色	blue
'g'	綠色	green
'r'	紅色	red
'c'	青色	cyan
'm'	品紅	magenta
'y'	黃色	yellow
'k'	黑色	black
'w'	白色	white

首先建置一組資料，然後選擇不同的線條類型和顏色來觀察一下輸出效果：

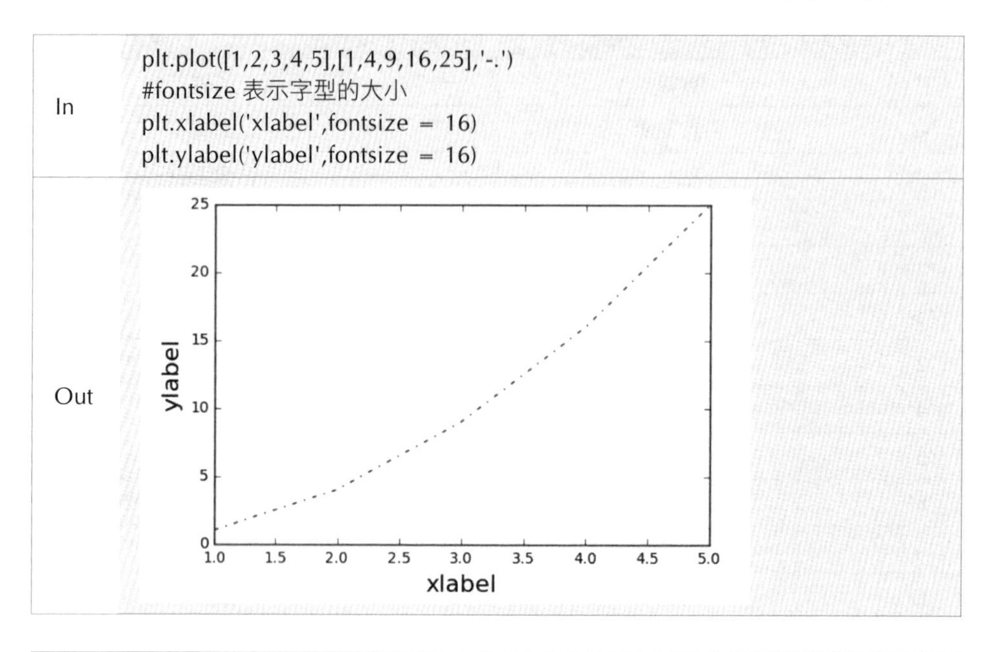

In

```
plt.plot([1,2,3,4,5],[1,4,9,16,25],'-.')
#fontsize 表示字型的大小
plt.xlabel('xlabel',fontsize = 16)
plt.ylabel('ylabel',fontsize = 16)
```

Out

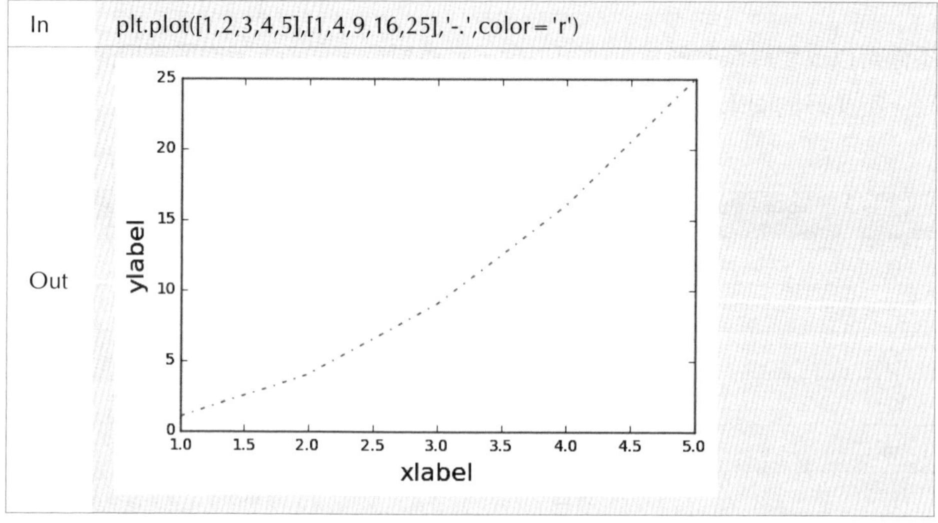

In

```
plt.plot([1,2,3,4,5],[1,4,9,16,25],'-.',color='r')
```

Out

還可以多次呼叫 plot() 函數來加入多次繪圖的結果，其中顏色和線條參數也可以寫在一起，舉例來說，"r--" 表示紅色的虛線：

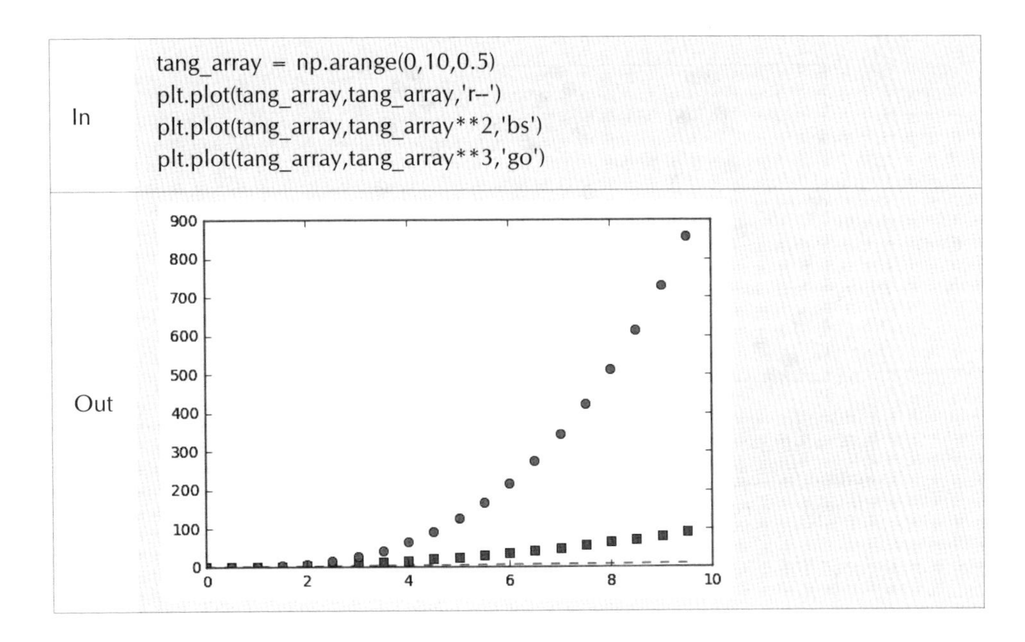
In

```
tang_array = np.arange(0,10,0.5)
plt.plot(tang_array,tang_array,'r--')
plt.plot(tang_array,tang_array**2,'bs')
plt.plot(tang_array,tang_array**3,'go')
```

Out

在用 matplotlib 繪圖中，基本上你能想到的特徵都有對應的控制參數，例如線條寬度、形狀、大小等：

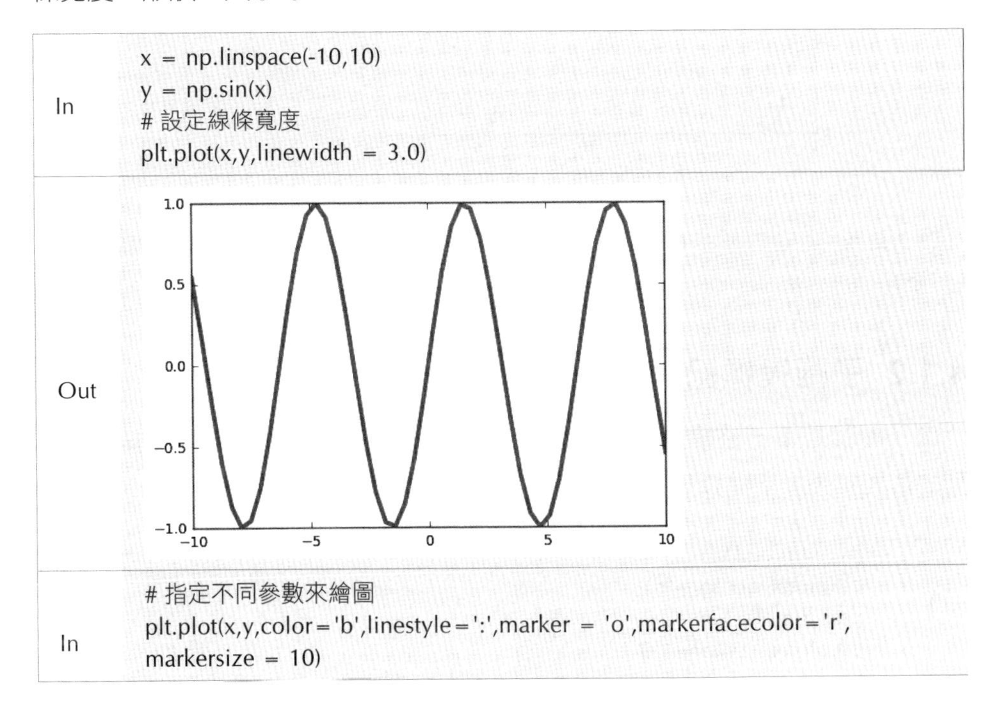
In

```
x = np.linspace(-10,10)
y = np.sin(x)
# 設定線條寬度
plt.plot(x,y,linewidth = 3.0)
```

Out

In

```
# 指定不同參數來繪圖
plt.plot(x,y,color='b',linestyle=':',marker = 'o',markerfacecolor='r',
markersize = 10)
```

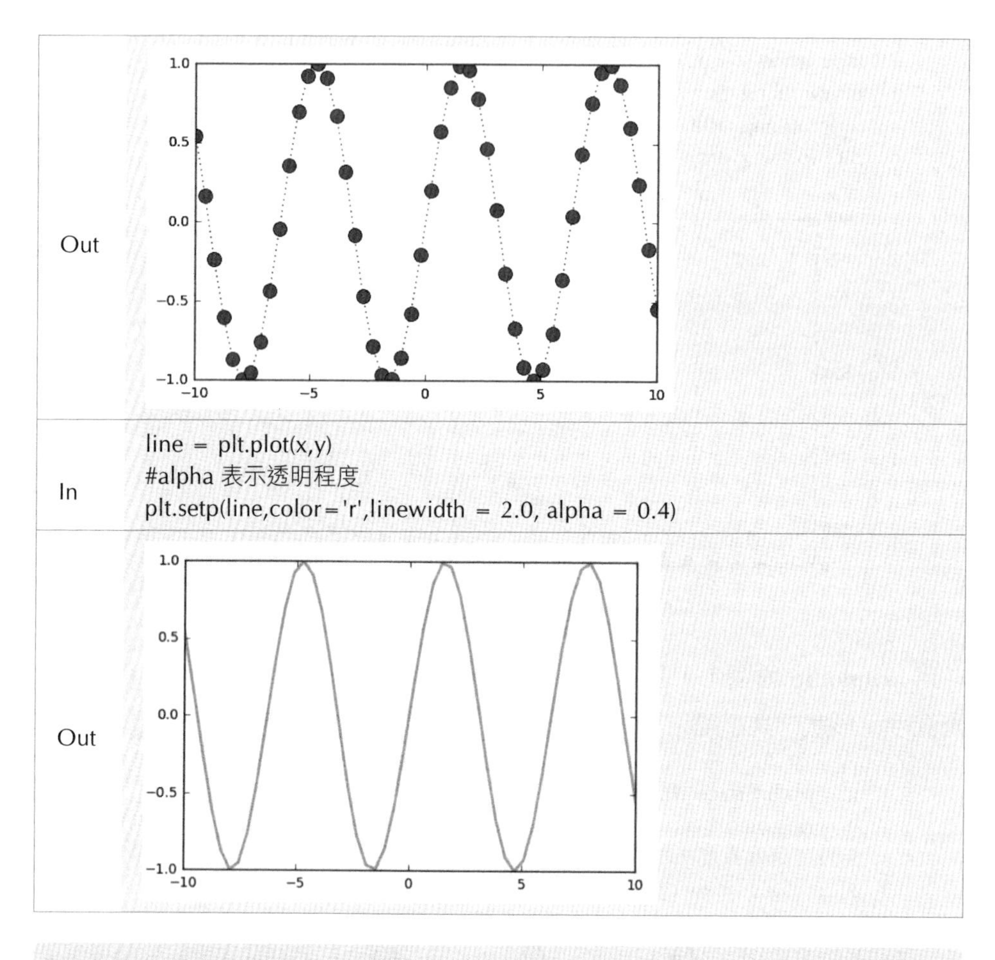

大師說：繪圖的方法和參數還有很多，通常只要整潔、清晰就可以，並不需要太多的修飾。

4.1.2 子圖與標記

所謂子圖就是指一整幅圖形中包含幾個單獨的小圖，這些子圖可以按照行或列的形式排列，下面還是透過小實例來看一看吧：

In	
In	plt.subplot(211) plt.plot(x,y,color='r') plt.subplot(212) plt.plot(x,y,color='b')

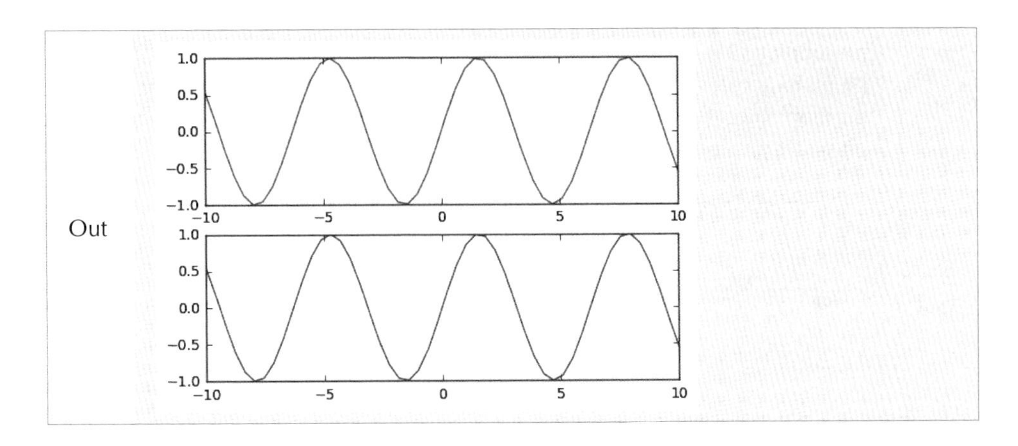

subplot(211) 表示要畫的圖整體是 2 行 1 列的，一共包含兩幅子圖，最後的 1 表示目前繪製順序是第一幅子圖。subplot(212) 表示還是這個整體，只是在順序上要畫第 2 個位置上的子圖。

上圖就是 2 行 1 列的子圖繪製結果，整體表現為豎著排列，如果想橫著排列，那就是 1 行 2 列了：

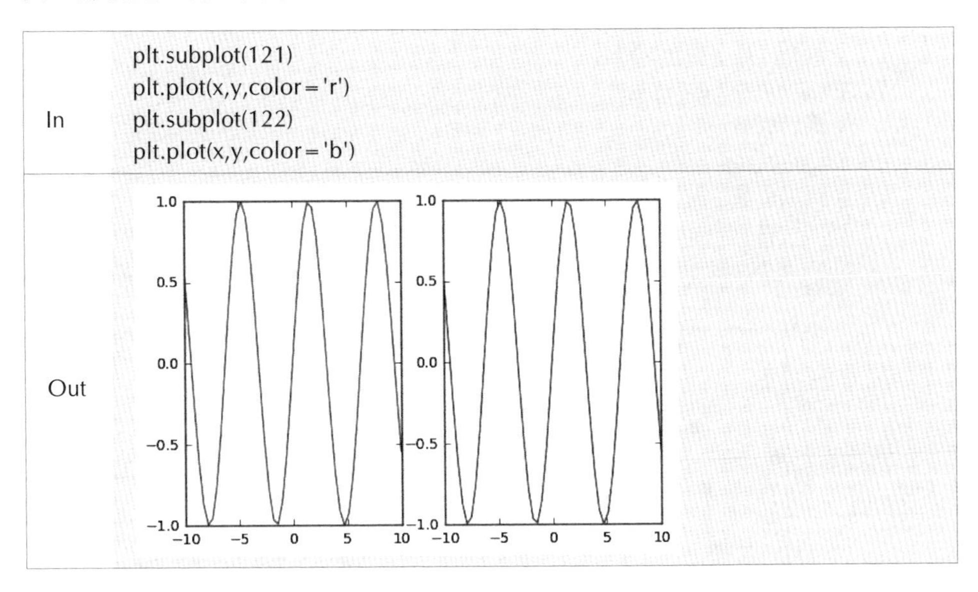
In

```
plt.subplot(121)
plt.plot(x,y,color='r')
plt.subplot(122)
plt.plot(x,y,color='b')
```


不僅可以建立一行或一列，還可以建立多行多列，指定好整體規模，然後在對應位置畫各個子圖就可以了，如果在目前子圖位置沒有執行繪圖操作，該位置子圖也會空出來：

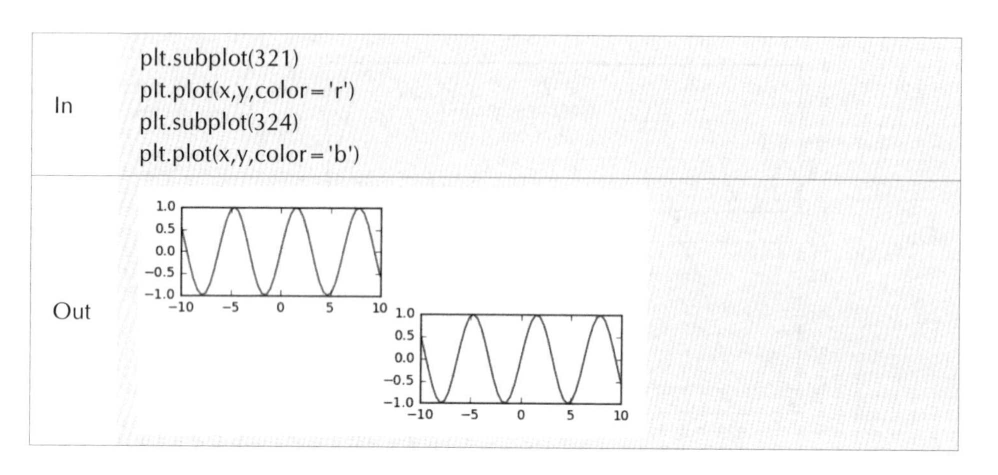

In

```
plt.subplot(321)
plt.plot(x,y,color='r')
plt.subplot(324)
plt.plot(x,y,color='b')
```

Out

繪圖完成之後，通常會在圖上加一些解釋說明，也就是標記：

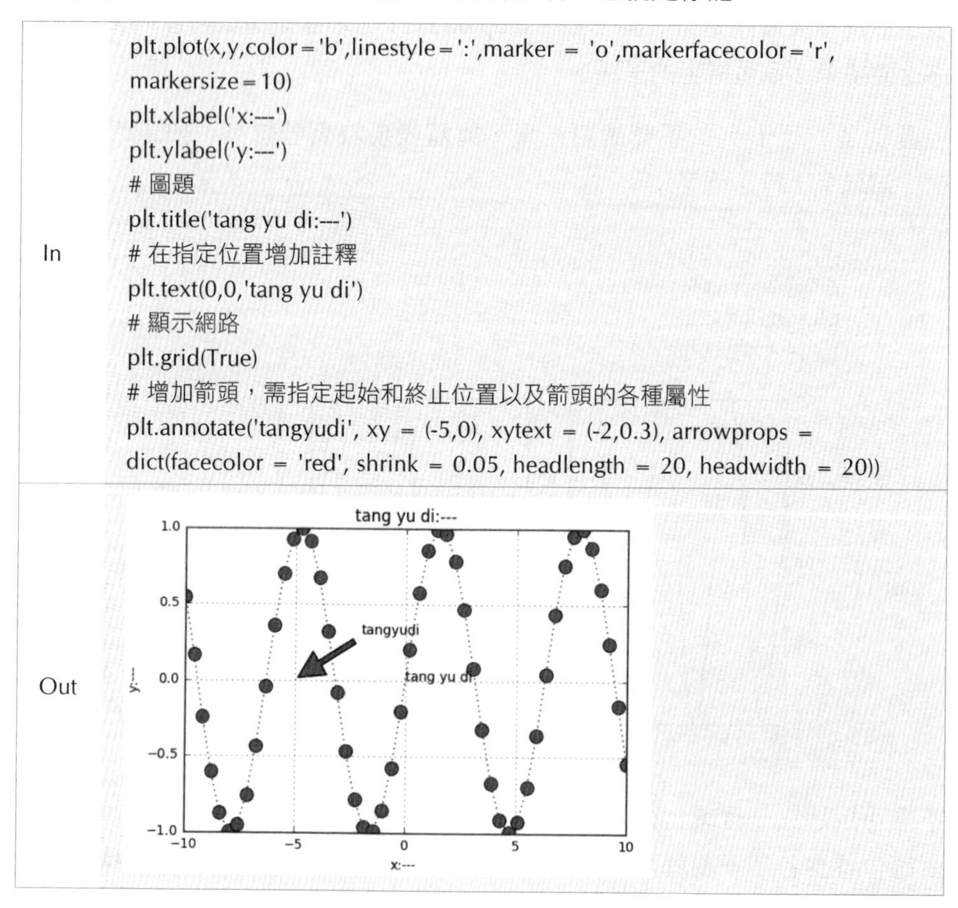

In

```
plt.plot(x,y,color='b',linestyle=':',marker = 'o',markerfacecolor='r',
markersize=10)
plt.xlabel('x:---')
plt.ylabel('y:---')
# 圖題
plt.title('tang yu di:---')
# 在指定位置增加註釋
plt.text(0,0,'tang yu di')
# 顯示網路
plt.grid(True)
# 增加箭頭，需指定起始和終止位置以及箭頭的各種屬性
plt.annotate('tangyudi', xy = (-5,0), xytext = (-2,0.3), arrowprops =
dict(facecolor = 'red', shrink = 0.05, headlength = 20, headwidth = 20))
```

Out

上述輸出圖形中就加上了需要的註釋和說明。

> **大師說：** 關於參數的用法和選擇，最簡單的方法就是對照其 API 文件看有哪些可選參數，再動手把圖形展示出來，每個參數的含義就很明顯。

上圖中顯示了網格，有時為了整體的美感和需求也可以把網格隱藏起來，透過 plt.gca() 來獲得目前圖表，然後改變其屬性值：

In

```
x = range(10)
y = range(10)
fig = plt.gca()
plt.plot(x,y)
fig.axes.get_xaxis().set_visible(False)
fig.axes.get_yaxis().set_visible(False)
```

Out

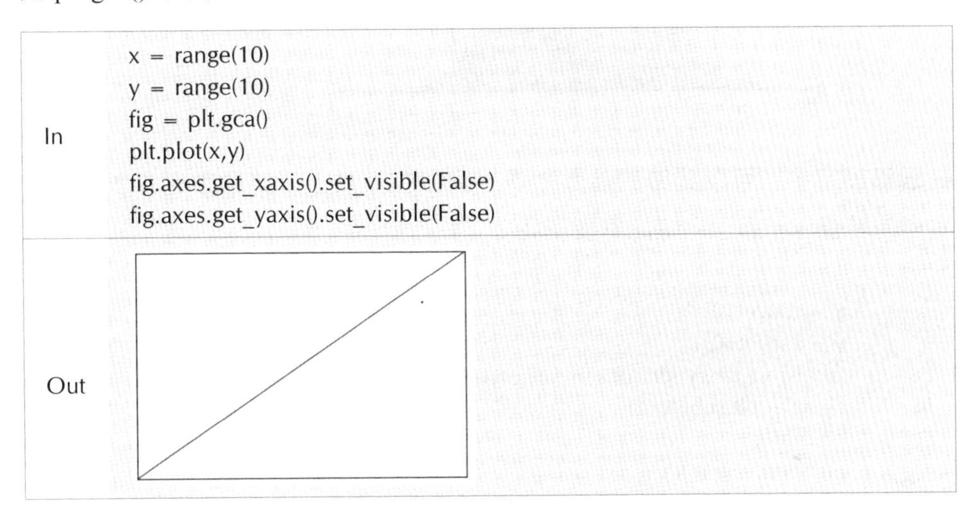

上述輸出結果看起來光禿禿的不好看，還是往裡面增加一些實際資料，估計更多人喜歡隱藏上方和右方的座標軸，然後帶著格線，可能更好看一些：

In

```
import math
# 隨機建立一些資料
x = np.random.normal(loc = 0.0, scale=1.0,size=300)
width = 0.5
bins=np.arange(math.floor(x.min())-width,math.ceil(x.max())+width,width)
ax = plt.subplot(111)
# 去掉上方和右方的座標軸線
ax.spines['top'].set_visible(False)
ax.spines['right'].set_visible(False)
# 可以自己選擇隱藏座標軸上的鋸齒線
plt.tick_params(bottom='off',top='off',left = 'off',right='off')
# 加入網路
plt.grid()
# 繪製長條圖
plt.hist(x,alpha = 0.5, bins = bins)
```

Out

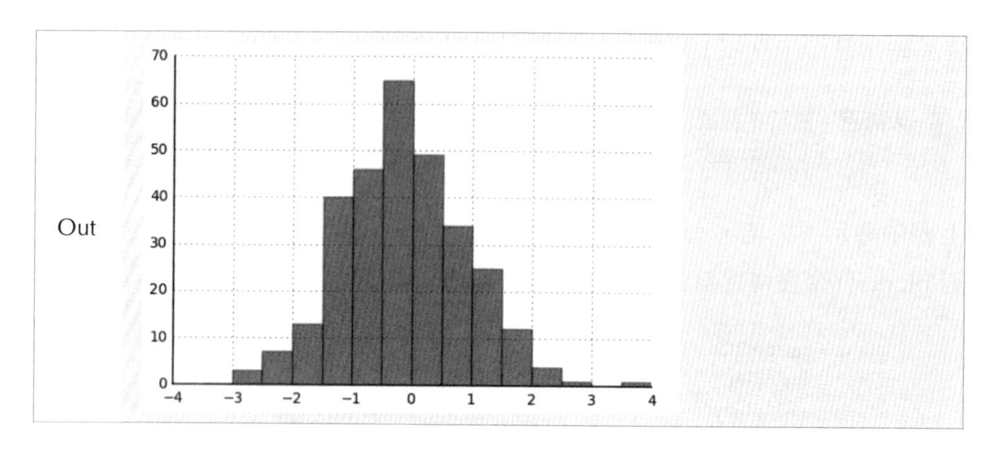

在細節設定中，可以調節的參數太多，例如在 x 軸上，如果字元太多，橫著寫容易堆疊在一起了，這該怎麼辦呢？

In

```
x = range(10)
y = range(10)
labels = ['tangyudi' for i in range(10)]
fig,ax = plt.subplots()
plt.plot(x,y)
plt.title('tangyudi')
ax.set_xticklabels(labels,rotation = 45,horizontalalignment='right')
```

Out

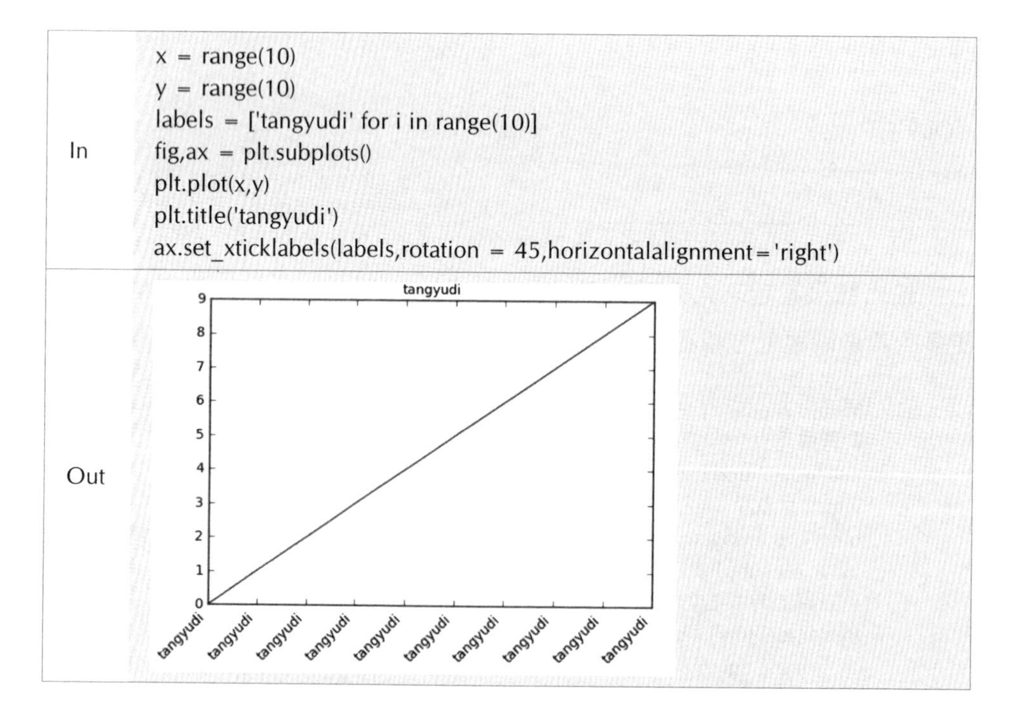

橫著寫不下，也可以斜著寫，這些都可以自訂設定。在繪製多個線條或多個類別資料時，之前我們用顏色來區別，但是還沒有列出顏色和類別的對應關係，此時就需要使用 legend() 函數來指定：

In

```
x = np.arange(10)
for i in range(1,4):
    plt.plot(x, i*x**2, label = 'Group %d' %i)
plt.legend(loc= 'best')
```

Out

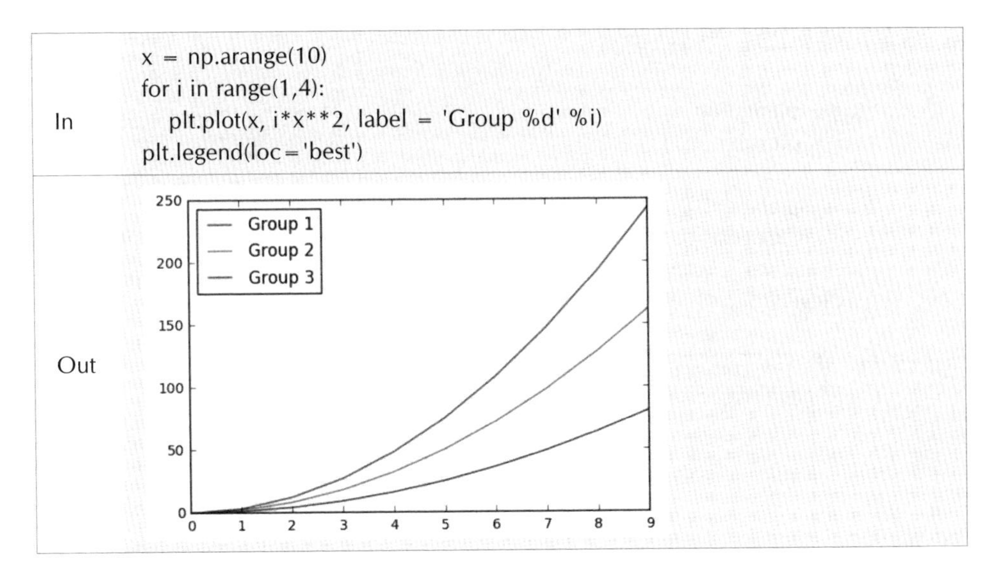

其中 loc='best' 相當於讓工具套件自己找一個合適的位置來顯示圖表中顏色所對應的類別，當然其位置也可以自己指定，那麼都有哪些可選項呢？別忘了 help 函數，可以直接列印出所有可調參數：

In

```
print(help (plt.legend))
```

Out

```
Legend((line1, line2, line3), ('label1', 'label2', label3))
Parameters
----------
loc: int or string or pair of floats, default: 'upper right'
The location of the legend. Possible codes are:
===============   ===============
Location String   Location Code
===============   ===============
'best'          0
'upper right'     1
'upper left'      2
'lower left'      3
'lower right'      4
'right'         5
'center left'     6
'center right'     7
'lower center'    8
```

loc 參數中還可以指定特殊位置：

In	`fig = plt.figure()`
	`ax = plt.subplot(111)`
	
	`x = np.arange(10)`
	`for i in range(1,4):`
	`    plt.plot(x, i*x**2, label = 'Group %d' %i)`
	`ax.legend(loc = 'upper center', bbox_to_anchor = (0.5,1.15) , ncol=3)`

Out	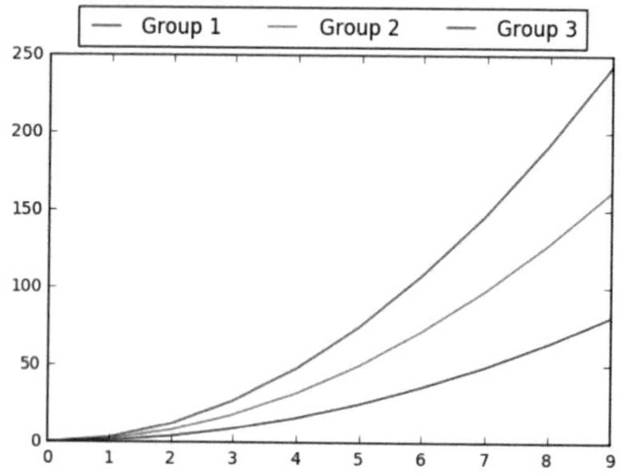 Group 1 Group 2 Group 3 250 200 150 100 50 0 0 1 2 3 4 5 6 7 8 9

大師說：在 Matplotlib 中，繪製一個圖表還是比較容易的，只需要傳入資料即可，但是想把圖表展示得完美就得慢慢調整了，其中能涉及的參數還是比較多的。最偷懶的方法就是尋找一個繪圖的模板，然後把所需資料傳入即可，在 Matplotlib 官網和 Sklearn 官網的實例中均有繪好的圖表，這些都可以作為平時的累積。

4.1.3 風格設定

首先可以檢視一下 Matplotlib 有哪些能呼叫的風格，程式如下：

In

```
plt.style.available
```

Out

```
['dark_background',
 'seaborn-talk',
 'seaborn-bright',
 'seaborn-ticks',
 'bmh',
 'ggplot',
 'seaborn-darkgrid',
 'classic',
 'fivethirtyeight',
 'seaborn-deep',
 'seaborn-colorblind',
 'seaborn-muted',
 'seaborn-pastel',
 'seaborn-notebook',
 'seaborn-paper',
 'seaborn-dark-palette'
 'seaborn-whitegrid',
 'seaborn-white',
 'grayscale',
 'seaborn-dark',
 'seaborn-poster']
```

預設的風格程式如下：

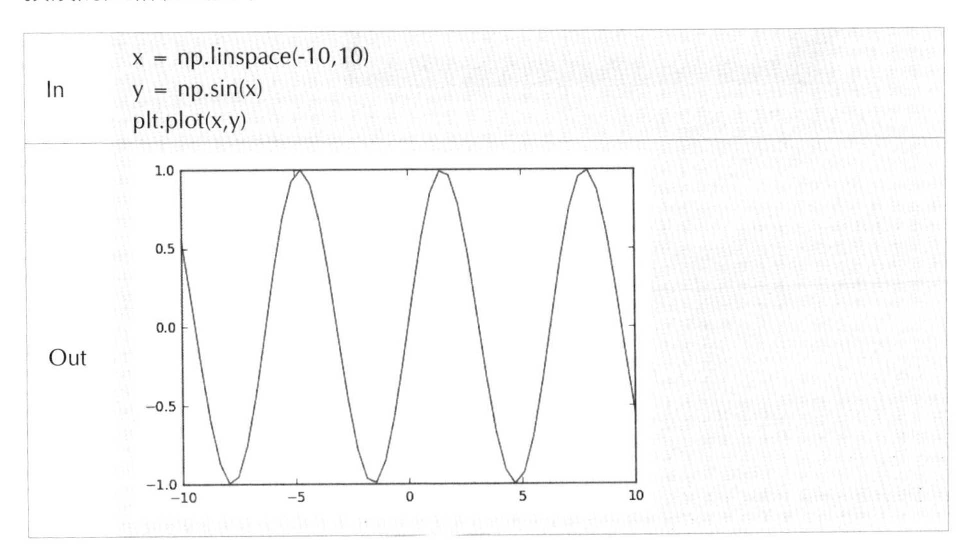

可以透過 plt.style.use() 函數來改變目前風格，再來嘗試幾種：

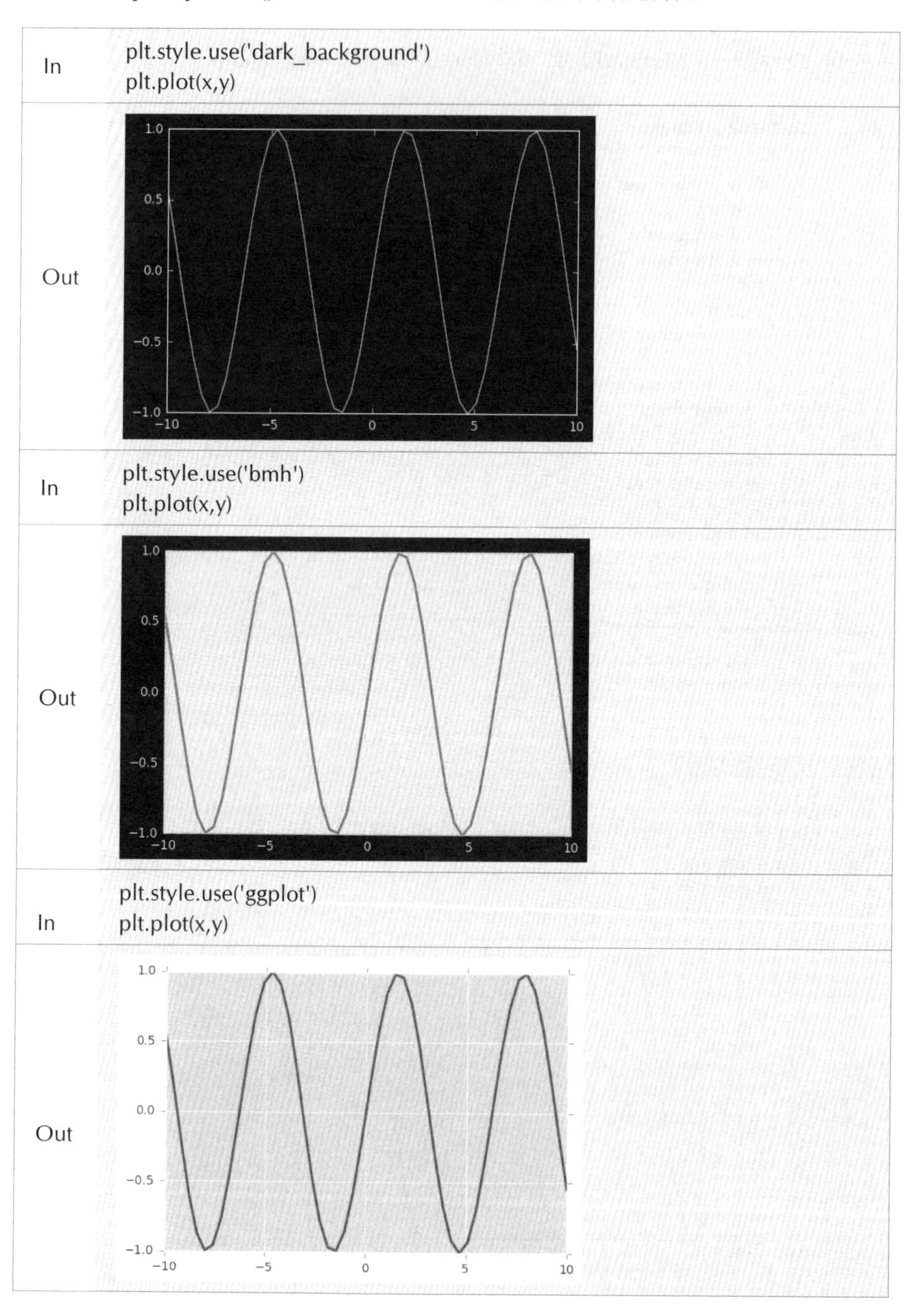

上述程式展示了幾種常用的風格，個人而言還是覺得預設的風格最清晰、簡潔，大家可以根據自己的喜好選擇對應的繪圖風格。

4.2 常用圖表繪製

對於不同的工作，就要根據實際需求選擇不同類型的圖表，如橫條圖、聚合線圖、箱形圖等，在表現形式上各不相同，但是其各自的繪製方法基本一致。

4.2.1 橫條圖

在比較資料特徵的時候，橫條圖是最常用的方法，在 Matplotlib 中的呼叫方法也很簡單：

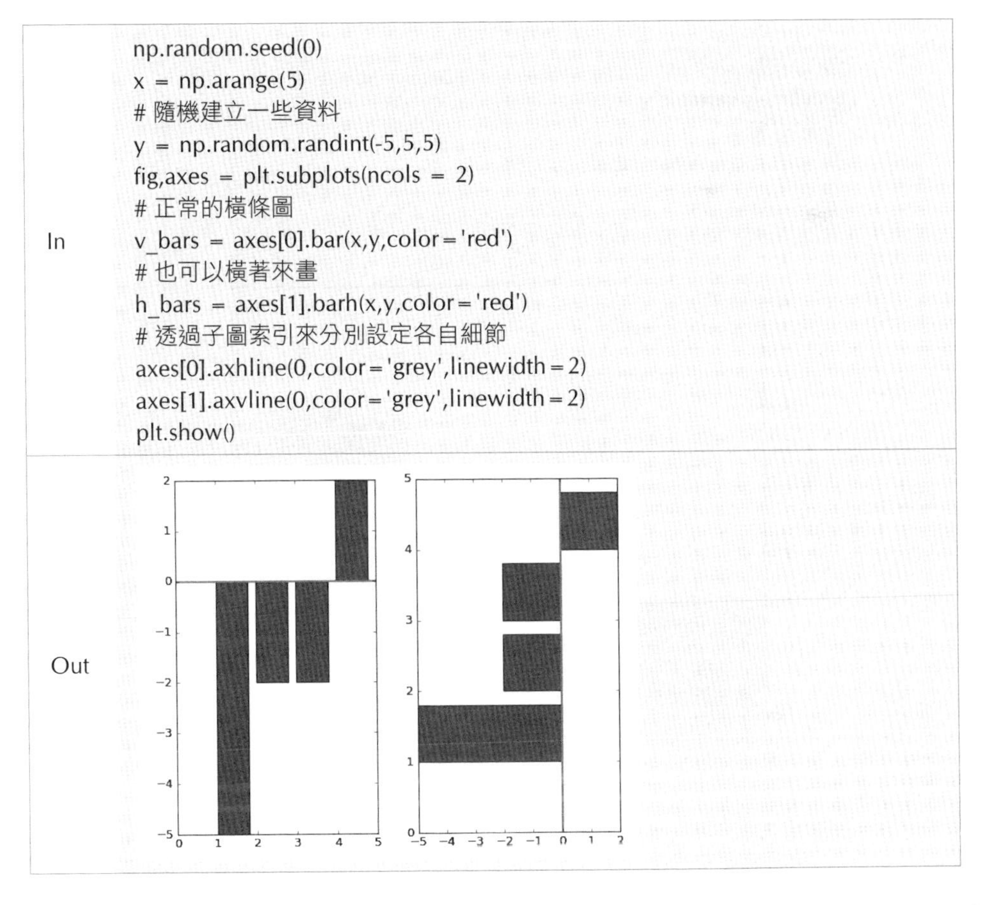

In

```
np.random.seed(0)
x = np.arange(5)
# 隨機建立一些資料
y = np.random.randint(-5,5,5)
fig,axes = plt.subplots(ncols = 2)
# 正常的橫條圖
v_bars = axes[0].bar(x,y,color='red')
# 也可以橫著來畫
h_bars = axes[1].barh(x,y,color='red')
# 透過子圖索引來分別設定各自細節
axes[0].axhline(0,color='grey',linewidth=2)
axes[1].axvline(0,color='grey',linewidth=2)
plt.show()
```

Out

在繪圖過程中，有時需要考慮誤差棒，以表示資料或實驗的偏離情況，做法也很簡單，在 bar() 函數中，已經有現成的 yerr 和 xerr 參數，直接設定值即可：

In

```
# 數值
mean_values = [1,2,3]
# 誤差棒
variance = [0.2,0.4,0.5]
# 名字
bar_label = ['bar1','bar2','bar3']
# 指定位置
x_pos = list(range(len(bar_label)))
# 帶有誤差棒的橫條圖
plt.bar(x_pos, mean_values, yerr = variance, alpha = 0.3)
# 可以自己設定 x 軸 y 軸的設定值範圍
max_y = max(zip(mean_values, variance))
plt.ylim([0,(max_y[0]+max_y[1])*1.2])
#y 軸標籤
plt.ylabel('variable y')
#x 軸標籤
plt.xticks(x_pos,bar_label)
plt.show()
```

Out

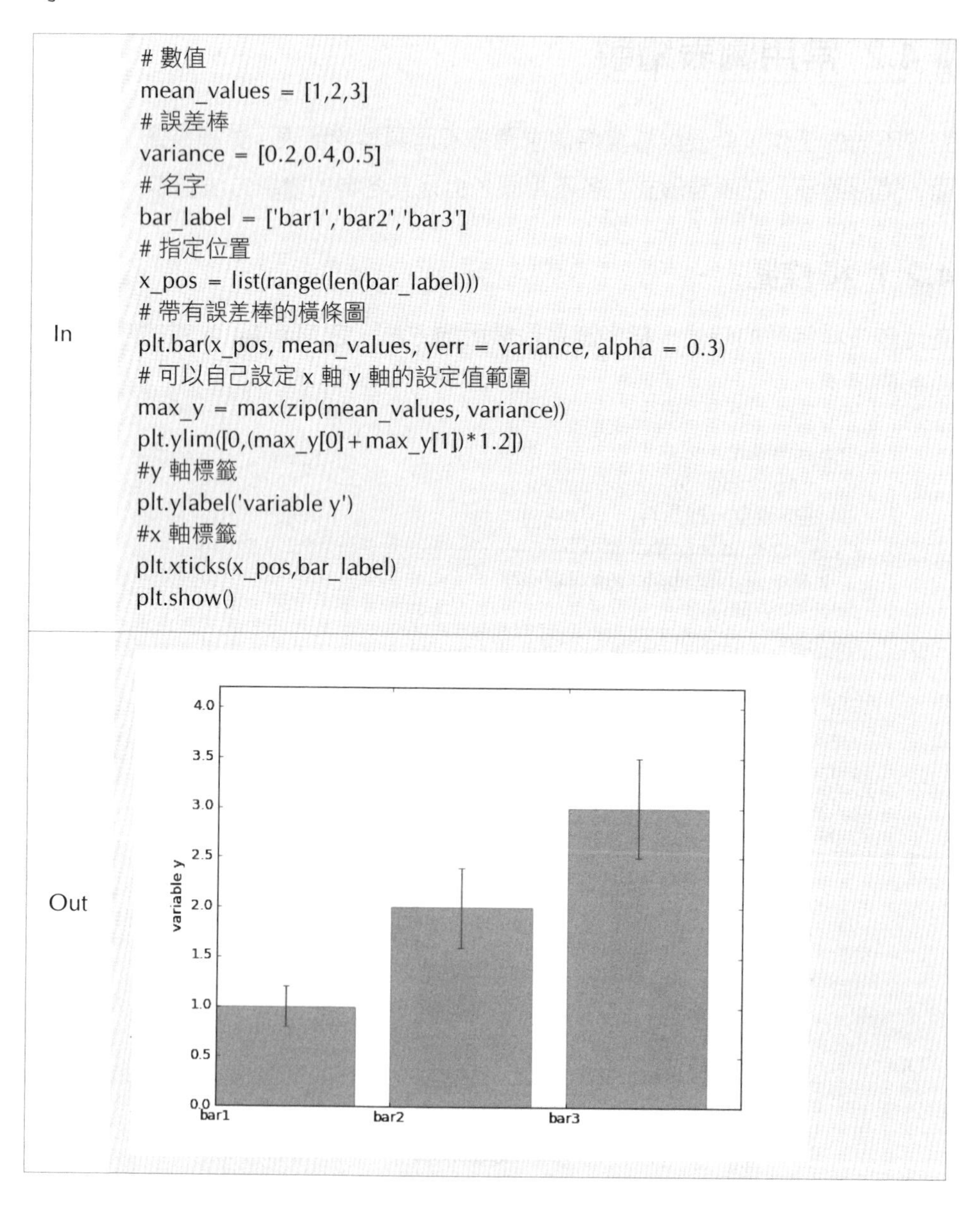

既然是進行資料的比較分析，也可以加入更多比較細節，先把橫條圖繪製出來，細節都可以慢慢增加：

In

```
# 資料
data = range(200, 225, 5)
# 要比較的類別名稱
bar_labels = ['a', 'b', 'c', 'd', 'e']
# 指定畫圖區域大小
fig = plt.figure(figsize=(10,8))
# 一會要橫著畫，所以在 y 軸上找每個起始位置
y_pos = np.arange(len(data))
# 在 y 軸寫上各個類別名字
plt.yticks(y_pos, bar_labels, fontsize=16)
# 繪製橫條圖，指定顏色和透明度
bars = plt.barh(y_pos,data,alpha = 0.5,color='g')
# 畫一條分隔號，至少需要 3 個參數，即 x 軸位置 [ 也就是在哪畫 (min(data))、y 軸的起始位置和終止位置
plt.vlines(min(data),-1,len(data)+0.5,linestyle = 'dashed')
# 在對應位置寫上註釋，這裡寫了隨意計算的結果
for b,d in zip(bars,data): plt.text(b.get_width()+b.get_width()*0.05, b.get_y()+b.get_height()/2,'{0:.2%}'.format(d/min(data)))
plt.show()
```

Out

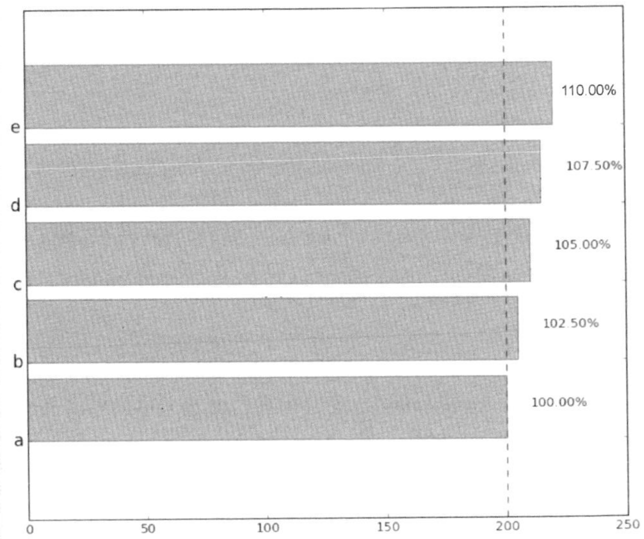

如果想把橫條圖畫得更個性一些，也可以讓各種線條看起來不同：

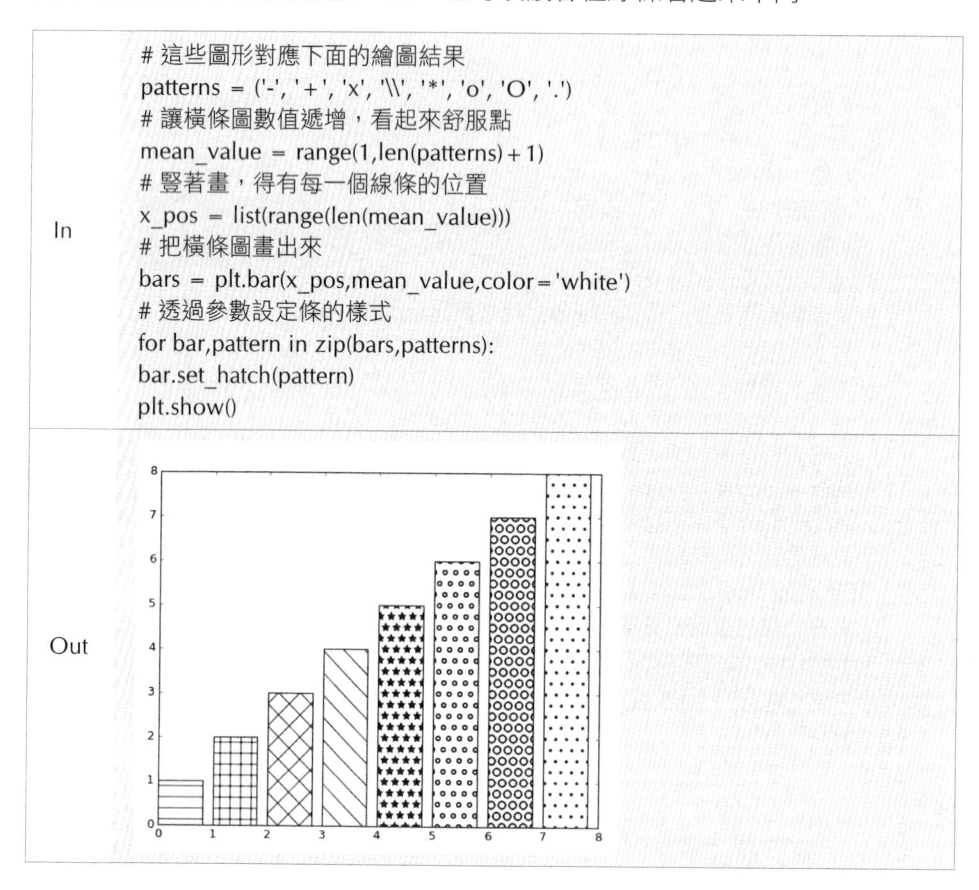

In

```
# 這些圖形對應下面的繪圖結果
patterns = ('-', '+', 'x', '\\', '*', 'o', 'O', '.')
# 讓橫條圖數值遞增，看起來舒服點
mean_value = range(1,len(patterns)+1)
# 豎著畫，得有每一個線條的位置
x_pos = list(range(len(mean_value)))
# 把橫條圖畫出來
bars = plt.bar(x_pos,mean_value,color='white')
# 透過參數設定條的樣式
for bar,pattern in zip(bars,patterns):
bar.set_hatch(pattern)
plt.show()
```

Out

4.2.2 箱形圖

箱形圖 (boxplot) 主要由最小值 (min)、下四分位數 (Q1)、中位數 (median)、上四分位數 (Q3)、最大值 (max) 五部分組成。當然也可以按照自己的喜好加入其他指標，程式如下：

In

```
tang_data = [np.random.normal(0,std,100) for std in range(1,4)]
fig = plt.figure(figsize = (8,6))
plt.boxplot(tang_data,sym='s',vert=True)
plt.xticks([y+1 for y in range(len(tang_data))],['x1','x2','x3'])
plt.xlabel('x')
plt.title('box plot')
```

Out

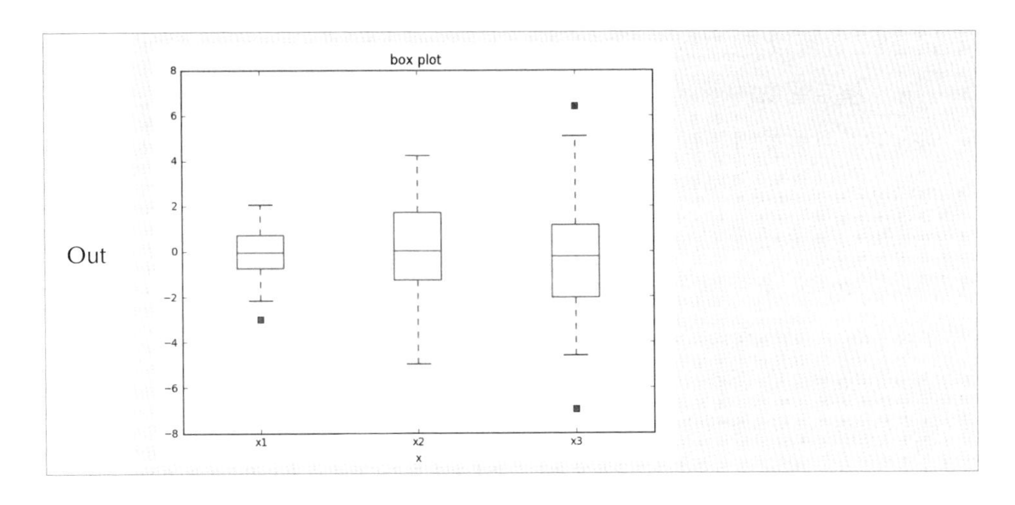

在每一個小箱形圖中，從下到上就分別對應之前說的 5 個組成部分，計算方法如下：

- IQR=Q3–Q1，即上四分位數與下四分位數之間的差；
- min=Q1–1.5×IQR，正常範圍的下限；
- max=Q3+1.5×IQR，正常範圍的上限。

其中的方塊代表異數或離群點，離群點就是超出上限或下限的資料點，所以用箱形圖可以很方便地觀察離群點的情況。

boxplot() 函數就是主要繪圖部分，其他細節部分都是通用的。sym 參數用來展示異數的符號，可以用正方形，也可以用加號，這取決於你的喜好。vert 參數表示是否要豎著畫，它與橫條圖一樣，也可以橫著畫。可選參數還是比較多的，如果大家想看完整的參數，最直接的辦法就是：

In	print (help(plt.boxplot))
Out	plt.boxplot(x, notch=None, sym=None, vert=None, positions=None, widths=None, patch_artist=None, meanline=None, showmeans=None, showcaps=None, showbox=None, showfliers=None, boxprops=None, labels=None, flierprops= None, medianprops=None, meanprops=None, capprops=None, whiskerprops= None)

- x：指定要繪製箱線圖的資料。

- notch：是否以凹口的形式展現箱線圖，預設非凹口。
- sym：指定異數的形狀，預設為 + 號顯示。
- vert：是否需要將箱線圖垂直置放，預設垂直置放。
- positions：指定箱線圖的位置，預設為 [0,1,2⋯]。
- widths：指定箱線圖的寬度，預設為 0.5。
- patch_artist：是否填充箱體的顏色。
- meanline：是否用線的形式表示平均值，預設用點來表示。
- showmeans：是否顯示平均值，預設不顯示。
- showcaps：是否顯示箱線圖頂端和末端的兩條線，預設顯示。
- showbox：是否顯示箱線圖的箱體，預設顯示。
- showfliers：是否顯示例外值，預設顯示。
- boxprops：設定箱體的屬性，如邊框色、填充色等。
- labels：為箱線圖增加標籤，類似圖例的作用。
- filerprops：設定例外值的屬性，如異數的形狀、大小、填充色等。
- medianprops：設定中位數的屬性，如線的類型、粗細等。
- meanprops：設定平均值的屬性，如點的大小、顏色等。
- capprops：設定箱線圖頂端和末端線條的屬性，如顏色、粗細等。

可以發現，boxplot 函數竟然有這麼多參數可供選擇，所以畫出來一個基本圖形很容易，但是想做得完美就很難了。

大師說：我覺得大家還是把重點放到後續的機器學習演算法和實戰建模中，對於這些視覺化的操作先熟悉一下就好，畢竟大家不是美工嘛。

還有一種圖形與箱形圖長得有點相似，叫作小提琴圖 (violinplot)。繪製方法也相同，可以比較一下：

In

```
# 橫著畫兩個圖來比較
fig,axes = plt.subplots(nrows=1,ncols=2,figsize=(12,5))
# 隨機建立一些資料
tang_data = [np.random.normal(0,std,100) for std in range(6,10)]
# 左邊畫小提琴圖
axes[0].violinplot(tang_data,showmeans=False,showmedians=True)
```

```
# 設定圖形標題
axes[0].set_title('violin plot')
# 右邊畫箱形圖
axes[1].boxplot(tang_data)
axes[1].set_title('box plot')

for ax in axes:
    # 為了比較更清晰一些，把網格畫出來
    ax.yaxis.grid(True)
    # 指定 x 軸畫的位置
    ax.set_xticks([y+1 for y in range(len(tang_data))])
    # 設定 x 軸上指定的名字
    ax.set_xticklabels(['x1','x2','x3','x4'])
```

Out

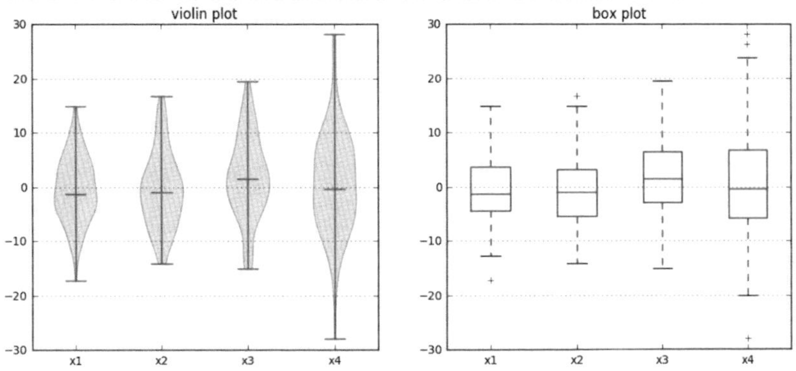

小提琴圖給人以「胖瘦」的感覺，越「胖」表示目前位置的資料點分佈越密集，越「瘦」則表示此處資料點比較稀疏。小提琴圖沒有展示出離群點，而是從資料的最小值、最大值開始展示。

4.2.3 長條圖與散點圖

長條圖 (Histogram) 可以更清晰地表示資料的分佈情況，還是先畫一個來看看：

In

```
data = np.random.normal(0,20,1000)
bins = np.arange(-100,100,5)
plt.hist(data,bins=bins)
plt.xlim([min(data)-5,max(data)+5])
plt.show()
```

Out

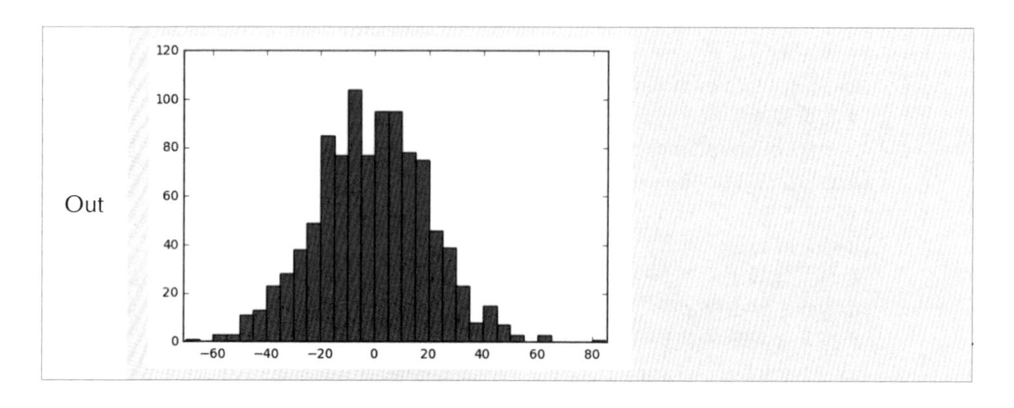

畫長條圖的時候，需要指定一個 bins，也就是按照什麼區間來劃分，例如 np.arange(−10,10,5) = array([−10, −5, 0, 5])。

如果想同時展示不同類別資料的分佈情況，也可以分別繪製，但是要更透明一些，否則就會堆疊在一起：

In

```
import random
# 隨機建置些資料
data1 = [random.gauss(15,10) for i in range(500)]
# 兩個類別來比較
data2 = [random.gauss(5,5) for i in range(500)]
# 指定區間
bins = np.arange(-50,50,2.5)
# 分別繪製，透明一點
plt.hist(data1,bins=bins,label='class 1',alpha = 0.3)
plt.hist(data2,bins=bins,label='class 2',alpha = 0.3)
# 用不同顏色表示不同類別
plt.legend(loc='best')
plt.show()
```

Out

class 1
class 2

散點圖就更常見啦，只要有資料就能繪製，通常還可以用散點圖來表示特徵之間的相關性，呼叫 scatter() 函數即可：

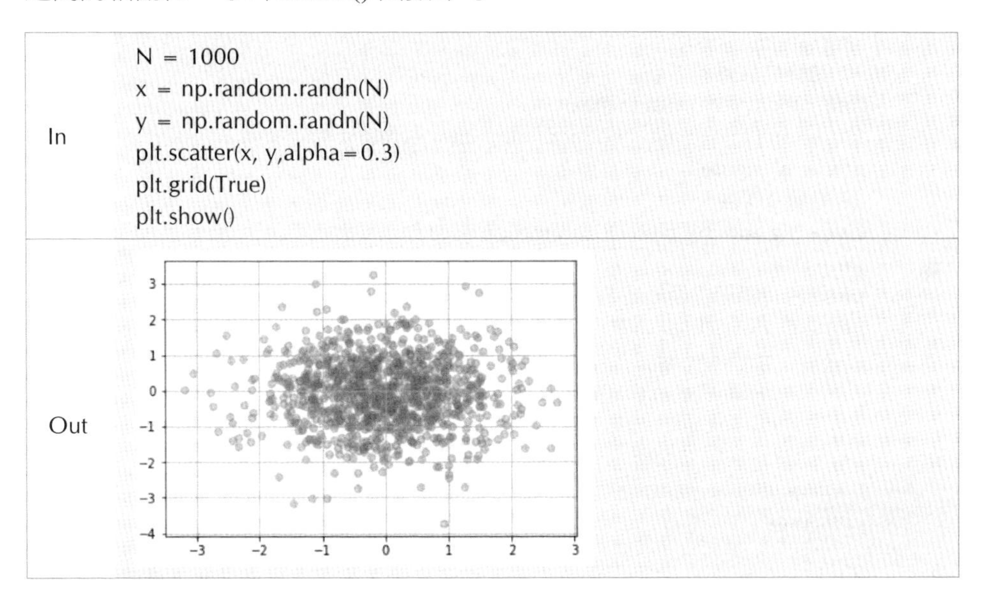

In

```
N = 1000
x = np.random.randn(N)
y = np.random.randn(N)
plt.scatter(x, y,alpha=0.3)
plt.grid(True)
plt.show()
```

Out

4.2.4 3D 圖

如果要展示 3D 資料情況，就需要用到 3D 圖：

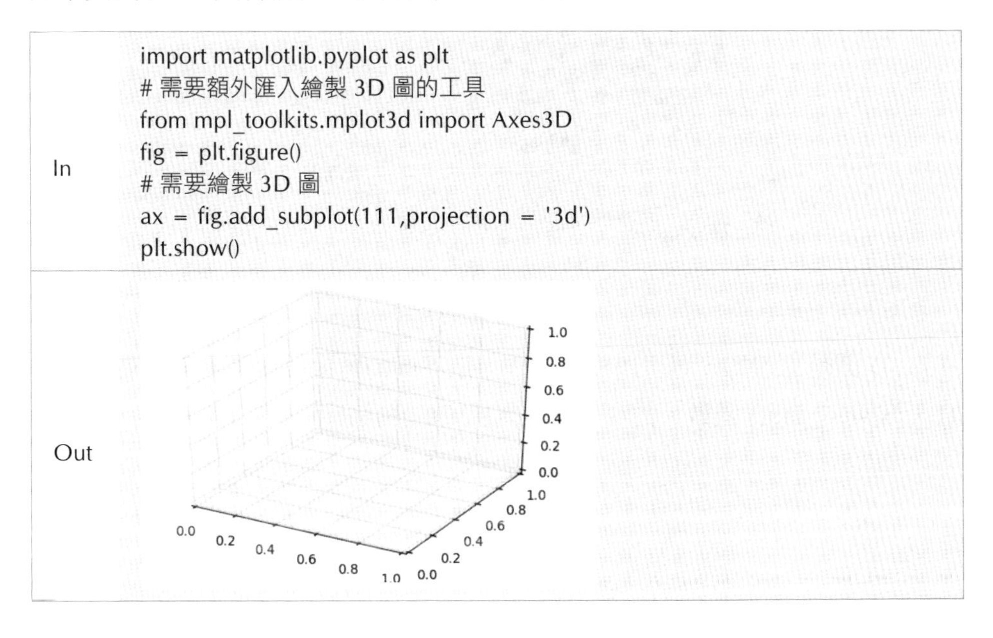

In

```
import matplotlib.pyplot as plt
# 需要額外匯入繪製 3D 圖的工具
from mpl_toolkits.mplot3d import Axes3D
fig = plt.figure()
# 需要繪製 3D 圖
ax = fig.add_subplot(111,projection = '3d')
plt.show()
```

Out

這樣就形成了一個空白的 3D 圖，接下來只需要往裡面填充資料即可：

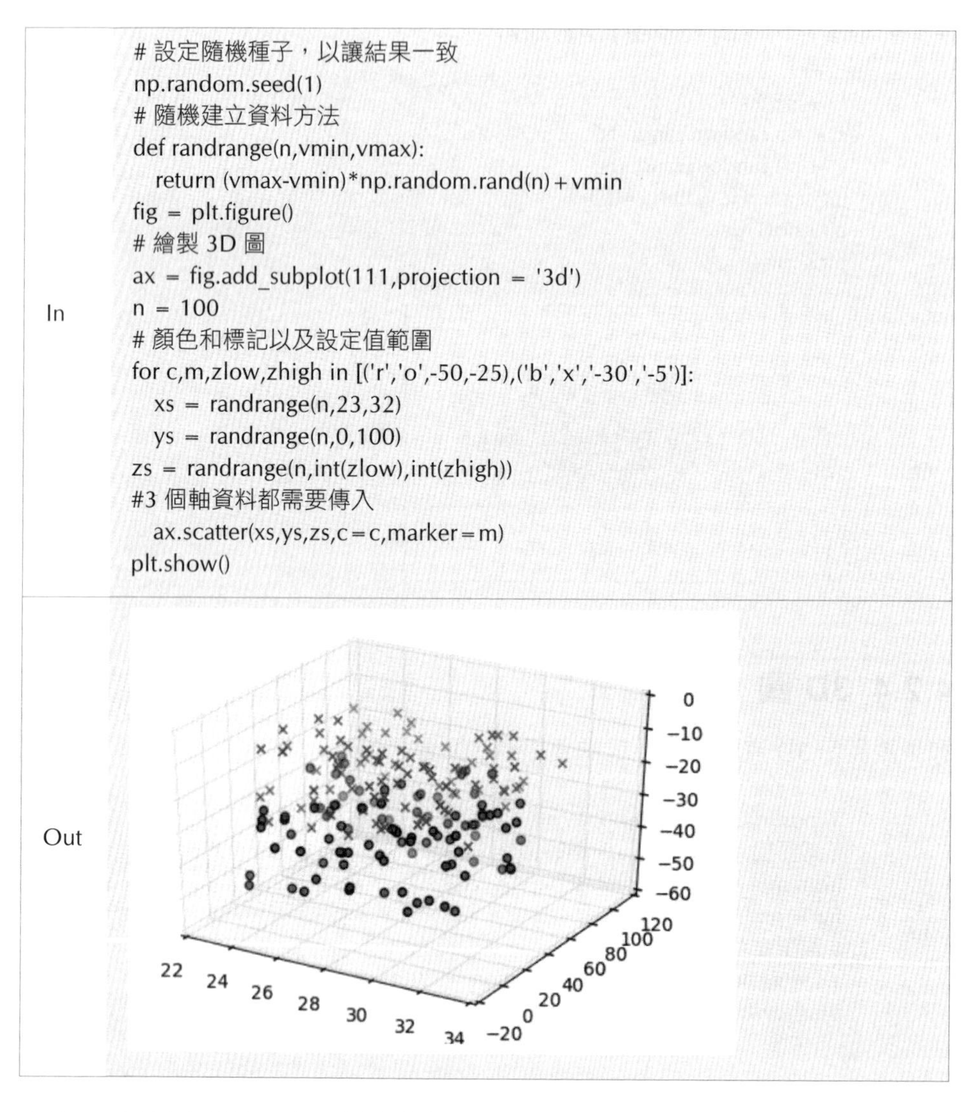

In

```
# 設定隨機種子，以讓結果一致
np.random.seed(1)
# 隨機建立資料方法
def randrange(n,vmin,vmax):
    return (vmax-vmin)*np.random.rand(n)+vmin
fig = plt.figure()
# 繪製 3D 圖
ax = fig.add_subplot(111,projection = '3d')
n = 100
# 顏色和標記以及設定值範圍
for c,m,zlow,zhigh in [('r','o',-50,-25),('b','x','-30','-5')]:
    xs = randrange(n,23,32)
    ys = randrange(n,0,100)
zs = randrange(n,int(zlow),int(zhigh))
#3 個軸資料都需要傳入
    ax.scatter(xs,ys,zs,c=c,marker=m)
plt.show()
```

Out

由於 3D 圖是立體的，還可以旋轉操作，以不同的角度觀察結果，只需在最後加入 ax.view_init() 函數，並在其中設定旋轉的角度即可（見圖 4-2）。

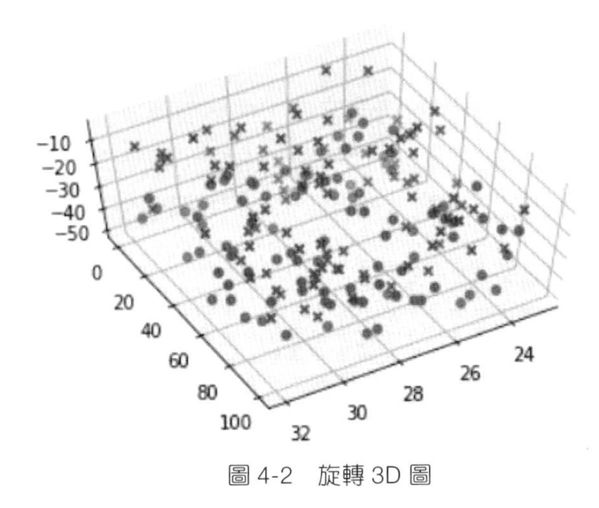

圖 4-2 旋轉 3D 圖

其他圖表的 3D 圖繪製方法相同，只需要呼叫各自的繪圖函數即可：

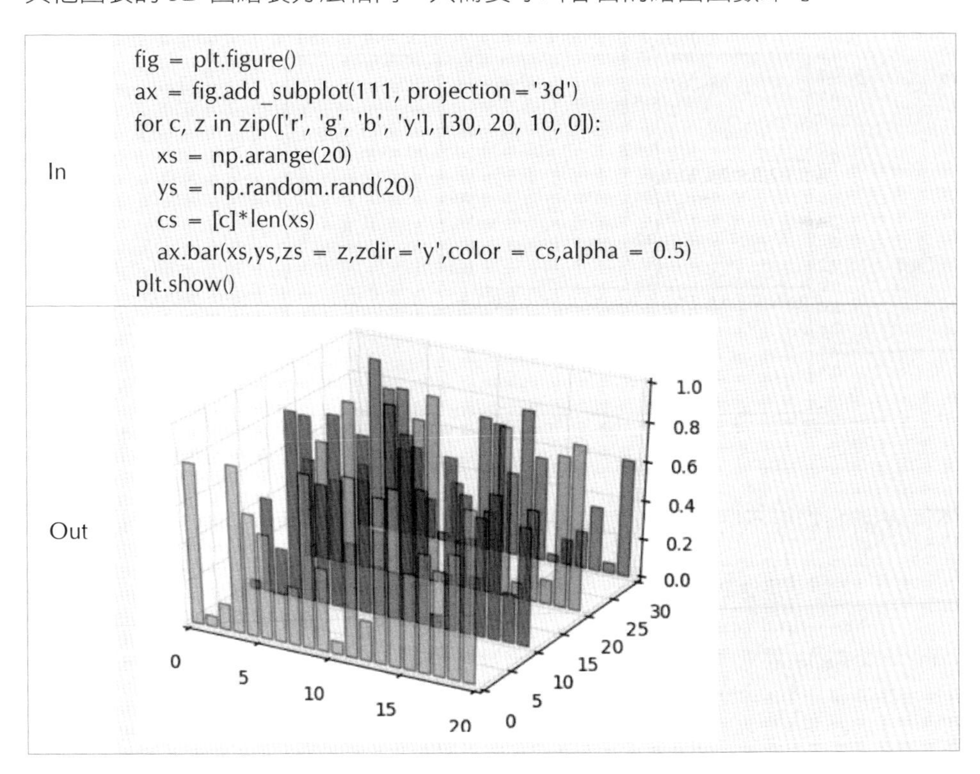

In

```
fig = plt.figure()
ax = fig.add_subplot(111, projection='3d')
for c, z in zip(['r', 'g', 'b', 'y'], [30, 20, 10, 0]):
    xs = np.arange(20)
    ys = np.random.rand(20)
    cs = [c]*len(xs)
    ax.bar(xs,ys,zs = z,zdir='y',color = cs,alpha = 0.5)
plt.show()
```

Out

4.2.5 版面配置設定

幾種基本的繪圖方法都給大家進行了示範，把多個圖表歸納在一起進行比較也是很常見的方法，之前說明了呼叫子圖的方法，但是看起來各個部分都是同樣的大小，沒有突出某一主題，使用時也可以自訂子圖的版面配置：

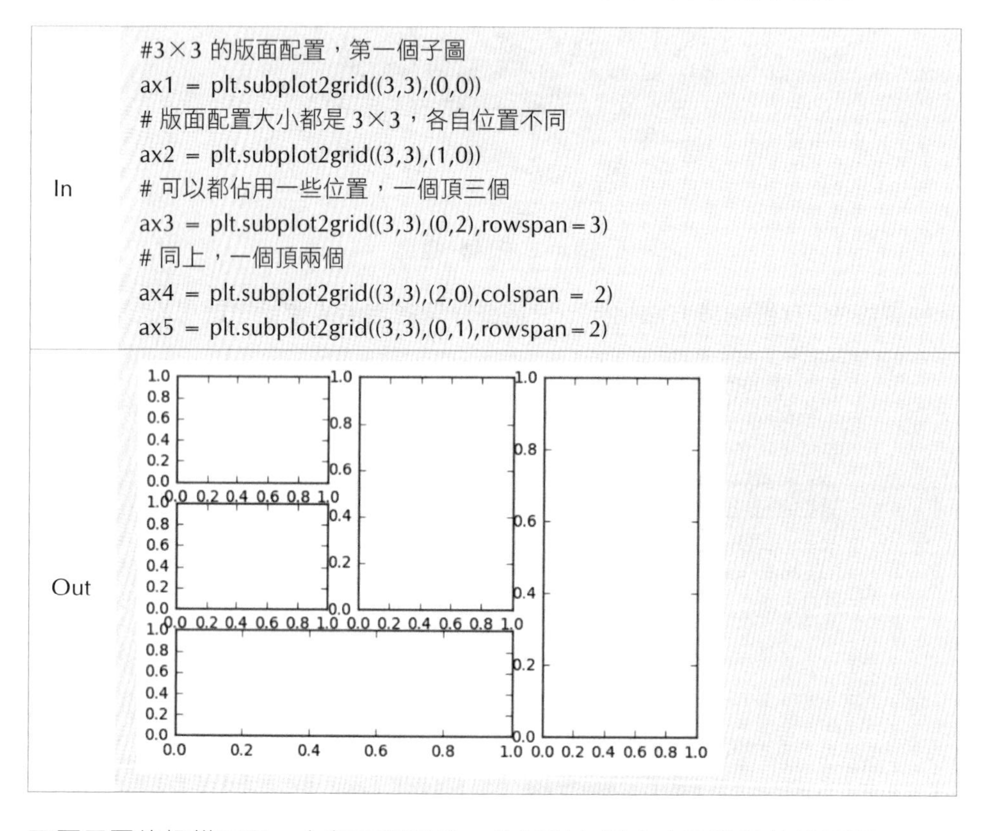

In

```
#3×3 的版面配置，第一個子圖
ax1 = plt.subplot2grid((3,3),(0,0))
# 版面配置大小都是 3×3，各自位置不同
ax2 = plt.subplot2grid((3,3),(1,0))
# 可以都佔用一些位置，一個頂三個
ax3 = plt.subplot2grid((3,3),(0,2),rowspan=3)
# 同上，一個頂兩個
ax4 = plt.subplot2grid((3,3),(2,0),colspan = 2)
ax5 = plt.subplot2grid((3,3),(0,1),rowspan=2)
```

Out

不同子圖的規模不同，在版面配置時，也可以在圖表中再巢狀結構子圖：

In

```
# 隨便建立點資料
x = np.linspace(0,10,1000)
# 因為要畫兩幅圖，所以要有兩份資料
y2 = np.sin(x**2)
y1 = x**2
```

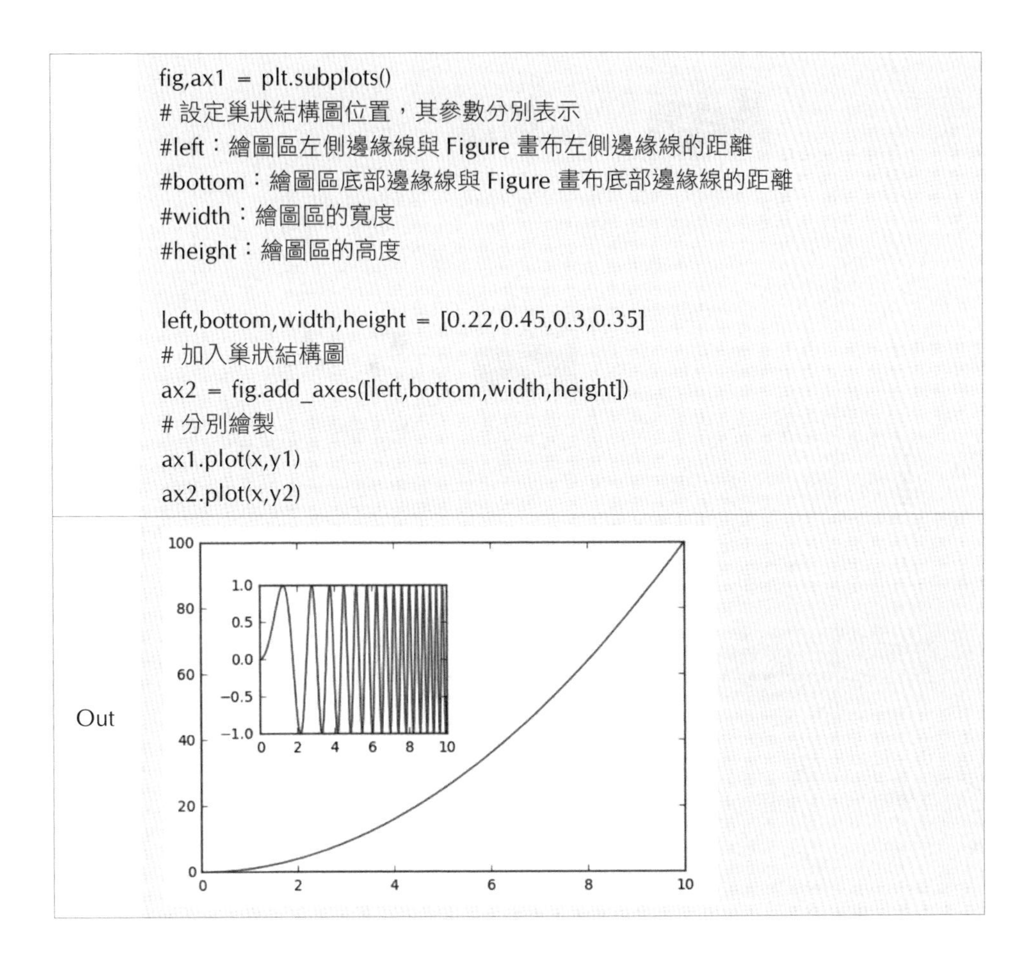

```
fig,ax1 = plt.subplots()
# 設定巢狀結構圖位置，其參數分別表示
#left：繪圖區左側邊緣線與 Figure 畫布左側邊緣線的距離
#bottom：繪圖區底部邊緣線與 Figure 畫布底部邊緣線的距離
#width：繪圖區的寬度
#height：繪圖區的高度

left,bottom,width,height = [0.22,0.45,0.3,0.35]
# 加入巢狀結構圖
ax2 = fig.add_axes([left,bottom,width,height])
# 分別繪製
ax1.plot(x,y1)
ax2.plot(x,y2)
```

Out

本章歸納

本章介紹了視覺化函數庫 Matplotlib 的基本使用方法，繪製圖表還是比較方便的，只需 1 行核心程式就夠了，如果想畫得更精緻，就要用各種參數慢慢嘗試。其實在進行繪圖展示的時候很少有人自己從頭去寫，基本上都是拿一個差不多的範本，再把實際需要的資料傳進去，現在推薦大家──sklearn 工具套件的官方實例（見圖 4-3），裡面有很多視覺化展示結果，畫得比較精緻，而且都和機器學習相關，需要時直接取一個範本即可。

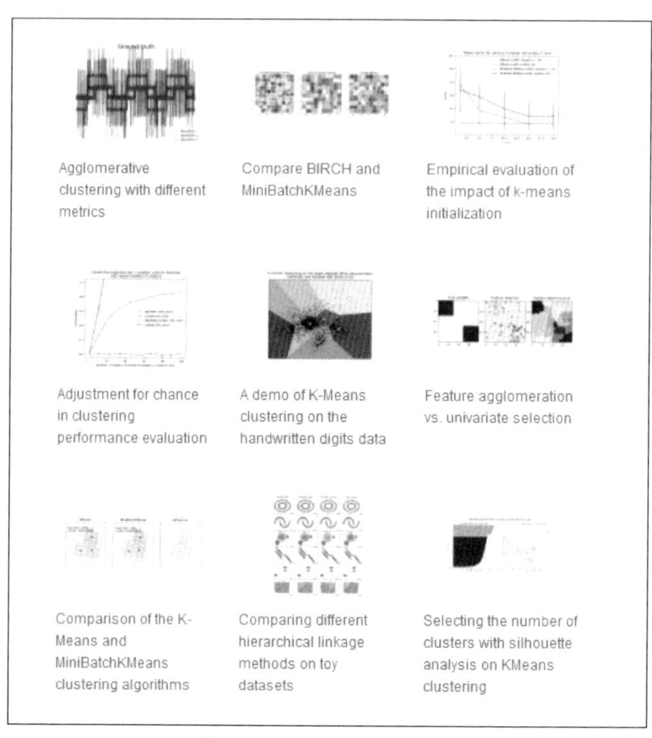
Agglomerative clustering with different metrics
Compare BIRCH and MiniBatchKMeans
Empirical evaluation of the impact of k-means initialization
Adjustment for chance in clustering performance evaluation
A demo of K-Means clustering on the handwritten digits data
Feature agglomeration vs. univariate selection
Comparison of the K-Means and MiniBatchKMeans clustering algorithms
Comparing different hierarchical linkage methods on toy datasets
Selecting the number of clusters with silhouette analysis on KMeans clustering

圖 4-3　視覺化展示範本

Chapter

05

回歸演算法

在實際工作中經常需要預測一個指標，例如去銀行貸款，銀行會根據個人資訊傳回一個貸款金額，這就是回歸問題。還有一種情況就是銀行會不會發放貸款的問題，也就是分類問題。回歸演算法是機器學習中經典的演算法之一，本章主要介紹線性回歸與邏輯回歸演算法，分別對應回歸與分類問題，並結合梯度下降最佳化方法進行參數求解。

5.1 線性回歸演算法

線性回歸是回歸演算法中最簡單、實用的演算法之一，在機器學習中很多基礎知識都是通用的，掌握一個演算法相當於掌握一種想法，其他演算法中會繼續沿用的這個想法。

假設某個人去銀行準備貸款，銀行首先會了解這個人的基本資訊，例如年齡、薪水等，然後輸入銀行的評估系統中，以此決定是否發放貸款以及確定貸款的額度，那麼銀行是如何進行評估的呢？下面詳細介紹銀行評估系統的建模過程。假設表 5-1 是銀行貸款資料，相當於歷史資料。

表 5-1　銀行貸款資料

薪水	年齡	額度
4000	25	20000
8000	30	70000
5000	28	35000
7500	33	50000
12000	40	85000

銀行評估系統要做的就是以歷史資料建立一個合適的回歸模型，只要有新資料傳入模型中，就會傳回一個合適的預測結果值。在這裡，薪水和年齡都是所需的資料特徵指標，分別用 x_1 和 x_2 表示，貸款額度就是最後想要得到的預測結果，也可以叫作標籤，用 y 表示。其目的是獲得 x_1、x_2 與 y 之間的關聯，一旦找到它們之間合適的關係，這個問題就解決了。

5.1.1 線性回歸方程式

目標明確後，資料特徵與輸出結果之間的關聯能夠輕易獲得嗎？在實際資料中，並不是所有資料點都整齊地排列成一條線，如圖 5-1 所示。

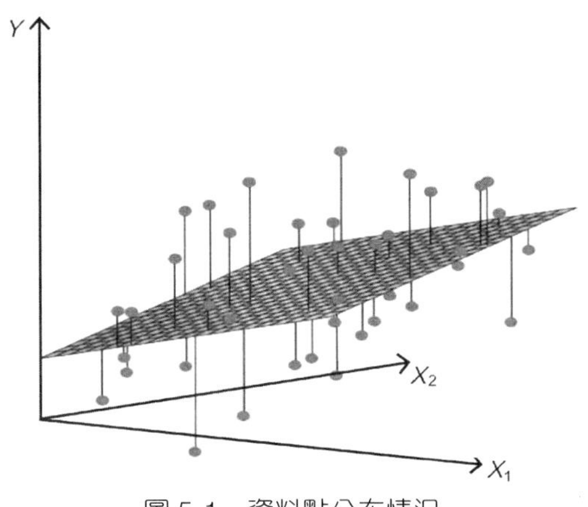

圖 5-1　資料點分布情況

小數點代表輸入資料，也就是使用者實際獲得的貸款金額，表示真實值。平面代表模型預測的結果，表示預測值。可以觀察到實際貸款金額是由資料特徵 x_1 和 x_2 共同決定的，由於輸入的特徵資料都會對結果產生影響，因此需要知道 x_1 和 x_2 對 y 產生多大影響。我們可以用參數 θ 來表示這個含義，假設 θ_1 表示年齡的參數，θ_2 表示薪水的參數，擬合的平面計算式如下：

$$h_\theta(x) = \theta_0 + \theta_1 x_1 + \theta_2 x_2 = \sum_{i=0}^{n} \theta_i x_i = \theta^{\mathrm{T}} x \tag{5.1}$$

既然已經列出回歸方程式，那麼找到最合適的參數 θ 這個問題也就解決了。

再強調一點，θ_0 為偏置項，但是在式（5.1）中並沒有 $\theta_0 x_0$ 項，那麼如何進行整合呢？

大師說：在進行數值計算時，為了使得整體能用矩陣的形式表達，即使沒有 x_0 項也可以手動增加，只需要在資料中加入一列 x_0 並且使其值全部為 1 即可，結果不變。

5.1.2 誤差項分析

看到這裡，大家有沒有發現一個問題──回歸方程式的預測值和樣本點的真實值並不是一一對應的，如圖 5-1 所示。說明資料的真實值和預測值之間是有差異的，這個差異項通常稱作誤差項 ε。它們之間的關係可以這樣解釋：在樣本中，每一個真實值和預測值之間都會存在一個誤差。

$$y^{(i)} = \theta^{\mathrm{T}} x^{(i)} + \varepsilon^{(i)} \tag{5.2}$$

其中，i 為樣本編號；$\theta^{\mathrm{T}} x^{(i)}$ 為預測值；$y^{(i)}$ 為真實值。

關於這個誤差項，它的故事就多啦，接下來所有的分析與推導都是由此產生的。先把下面這句看起來有點複雜的解釋搬出來：誤差 ε 是獨立且具有相同的分佈，並且服從平均值為 0 方差為 θ^2 的高斯分佈。突然搞出這麼一串描述，可能大家有點不明所以，下面分別解釋一下。

所謂獨立，舉例來說，張三和李四一起來貸款，他倆沒關係也互不影響，這就是獨立關係，銀行會平等對待他們（張三來銀行跟銀行工作人員說：「後面那是我兄弟，你們得多貸給他點錢。」銀行會理他嗎？）。

相同分佈是指符合同樣的規則，例如張三和李四分別去土地銀行和第一銀行，這就很難進行比較分析了，因為不同銀行的規則不同，需在相同銀行的條件下來建立這個回歸模型。

高斯分佈用於描述正常情況下誤差的狀態，銀行貸款時可能會多給點，也可能會少給點，但是絕大多數情況下這個浮動不會太大，例如多或少三五百元。極少情況下浮動比較大，例如突然多給 20 萬，這種可能性就不大。圖 5-2 是高斯分佈曲線，可以發現在平均值兩側較近地方的可能性較大，越偏離的情況可能性就越小。

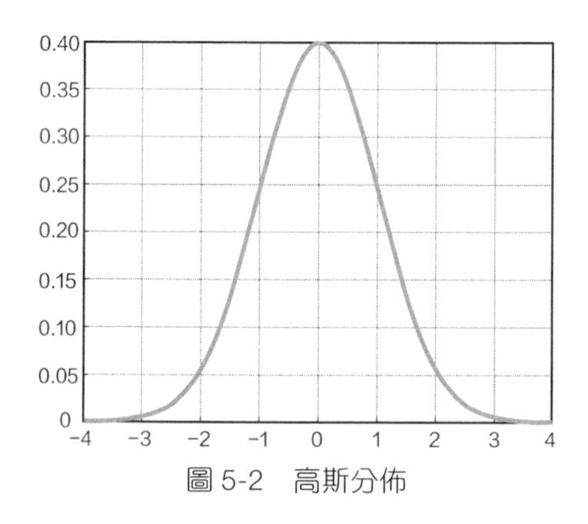

圖 5-2　高斯分佈

這些基礎知識不是線性回歸特有的，基本所有的機器學習演算法的出發點都在此，由此也可以展開分析，資料盡可能取自相同的源頭，當拿到一份資料集時，建模之前一定要進行洗牌操作，也就是打亂其順序，讓各自樣本的相關性最低。

大師說：高斯分佈也就是常態分佈，是指資料正常情況下的樣子，機器學習中會經常用到這個概念。

5.1.3 似然函數求解

現在已經對誤差項有一定認識了，接下來要用它來實際做點事了，高斯分佈的運算式為：

$$p(\varepsilon^{(i)})=\frac{1}{\sqrt{2\pi}\sigma}\exp\left(-\frac{(\varepsilon^{(i)})^2}{2\sigma^2}\right) \tag{5.3}$$

大家應該對這個公式並不陌生，但是回歸方程式中要求的是參數 θ，這裡好像並沒有它的影子，沒關係來轉換一下，將 $y^{(i)}=\theta^{\mathrm{T}}x^{(i)}+\varepsilon^{(i)}$ 代入式（5.3），可得：

$$p(y^{(i)}\mid x^{(i)};\theta)=\frac{1}{\sqrt{2\pi}\sigma}\exp\left(-\frac{(y^{(i)}-\theta^{\mathrm{T}}x^{(i)})^2}{2\sigma^2}\right) \tag{5.4}$$

該怎麼了解這個公式呢？先來給大家介紹一下似然函數：假設參加超市的抽獎活動，但是事前並不知道中獎的機率是多少，觀察一會兒發現，前面連著 10 個參與者都獲獎了，即前 10 個樣本資料都獲得了相同的結果，那麼接下來就會有 100% 的信心認為自己也會中獎。因此，如果超市中獎這件事受一組參數控制，似然函數就是透過觀察樣本資料的情況來選擇最合適的參數，進一步獲得與樣本資料相似的結果。

現在解釋一下式（5.4）的含義，基本想法就是找到最合適的參數來擬合資料點，可以把它當作是參數與資料組合後獲得的跟標籤值一樣的可能性大小（如果預測值與標籤值一模一樣，那就做得很完美了）。對於這個可能性來說，大點好還是小點好呢？當然是大點因為獲得的預測值跟真實值越接近，表示回歸方程式做得越好。所以就有了相當大似然估計，找到最好的參數 θ，使其與 X 組合後能夠成為 Y 的可能性越大越好。

下面列出似然函數的定義：

$$L(\theta)=\prod_{i=1}^{m}p(y^{(i)}\mid x^{(i)};\theta)=\prod_{i=1}^{m}\frac{1}{\sqrt{2\pi}\sigma}\exp\left(-\frac{(y^{(i)}-\theta^{\mathrm{T}}x^{(i)})^2}{2\sigma^2}\right) \tag{5.5}$$

其中，i 為目前樣本，m 為整個資料集樣本的個數。

此外，還要考慮，建立的回歸模型是滿足部分樣本點還是全部樣本點呢？應該是盡可能滿足資料集整體，所以需要考慮所有樣本。那麼如何解決乘法問題呢？一旦資料量較大，這個公式就會相當複雜，這就需要對似然函數進行對數轉換，讓計算簡便一些。

如果對式（5.5）做轉換，獲得的結果值可能跟原來的目標值不一樣了，但是在求解過程中希望獲得極值點，而非極值，也就是能使 $L(\theta)$ 越大的參數 θ，所以當進行轉換操作時，保障極值點不變即可。

大師說：在對數中，可以將乘法轉換成加法，即 $\log(A\cdot B)=\log A+\log B$。

對式（5.5）兩邊計算其對數結果，可得：

$$\begin{aligned}\log L(\theta)&=\log\prod_{i=1}^{m}\frac{1}{\sqrt{2\pi}\sigma}\exp\left(-\frac{(y^{(i)}-\theta^{\mathrm{T}}x^{(i)})^2}{2\sigma^2}\right)\\&=\sum_{i=1}^{m}\log\frac{1}{\sqrt{2\pi}\sigma}\exp\left(-\frac{(y^{(i)}-\theta^{\mathrm{T}}x^{(i)})^2}{2\sigma^2}\right)\\&=m\log\frac{1}{\sqrt{2\pi}\sigma}-\frac{1}{\sigma}\times\frac{1}{2}\sum_{i=1}^{m}(y^{(i)}-\theta^{\mathrm{T}}x^{(i)})^2\end{aligned} \tag{5.6}$$

一路走到這裡，公式轉換了很多，別忘了要求解的目標依舊是使得式（5.6）取得極大值時的極值點（參數和資料組合之後，成為真實值的可能性越大越好）。先來觀察一下，在減號兩側可以分成兩部分，左邊部分 $\log\frac{1}{\sqrt{2\pi}\sigma}$ 可以當作一個常數項，因為它與參數 θ 沒有關係。對右邊部分 $\frac{1}{\sigma}\times\frac{1}{2}\sum_{i=1}^{m}(y^{(i)}-\theta^{\mathrm{T}}x^{(i)})^2$ 來說，由於有平方項，其值必然恆為正。整體來看就是要使得一個常數項減去一個恆正的公式的值越大越好，由於常數項不變，那就只能讓右邊部分 $\frac{1}{\sigma}\times\frac{1}{2}\sum_{i=1}^{m}(y^{(i)}-\theta^{\mathrm{T}}x^{(i)})^2$ 越小越好，$\frac{1}{\sigma}$ 可以認為是一個常數，故只需讓 $\frac{1}{2}\sum_{i=1}^{m}(y^{(i)}-\theta^{\mathrm{T}}x^{(i)})^2$ 越小越好，這就是最小平方法。

雖然最後獲得的公式看起來既簡單又好了解，就是讓預測值和真實值越接近越好，但是其中蘊含的基本思維還是比較有學習價值的，對於了解其他演算法也是有幫助的。

大師說：在數學推導過程中，建議大家了解每一步的目的，這在面試或翻閱資料時都是有幫助的。

5.1.4 線性回歸求解

搞定目標函數後，下面説明求解方法，列出目標函數列如下：

$$J(\theta)=\frac{1}{2}\sum_{i=1}^{m}(h_\theta(x^{(i)})-y^{(i)})^2=\frac{1}{2}(X\theta-y)^{\mathrm{T}}(X\theta-y) \tag{5.7}$$

既然要求極值（使其獲得最小值的參數 θ），對式（5.7）計算其偏導數即可：

$$\begin{aligned}\nabla_\theta J(\theta)&=\nabla_\theta\left(\frac{1}{2}(X\theta-y)^{\mathrm{T}}(X\theta-y)\right)\\&=\nabla_\theta\left(\frac{1}{2}(\theta^{\mathrm{T}}X^{\mathrm{T}}-y^{\mathrm{T}})(X\theta-y)\right)\\&=\nabla_\theta\left(\frac{1}{2}(\theta^{\mathrm{T}}X^{\mathrm{T}}X\theta-\theta^{\mathrm{T}}X^{\mathrm{T}}y-y^{\mathrm{T}}X\theta+y^{\mathrm{T}}y)\right)\\&=\nabla_\theta(2X^{\mathrm{T}}X\theta-X^{\mathrm{T}}y-(y^{\mathrm{T}}X)^{\mathrm{T}})\\&=X^{\mathrm{T}}X\theta-X^{\mathrm{T}}y=0\\&\Rightarrow\theta=(X^{\mathrm{T}}X)^{-1}X^{\mathrm{T}}y\end{aligned} \tag{5.8}$$

經過一系列的矩陣求導計算就獲得最後的結果（關於矩陣求導知識，了解即可），但是，如果式（5.8）中矩陣不可逆會怎麼樣？顯然那就得不到結果了。

其實大家可以把線性回歸的結果當作一個數學上的巧合，真的就是剛好能得出這樣一個值。但這和機器學習的思維卻有點矛盾，本質上是希望機器不斷地進行學習，越來越聰明，才能找到最適合的參數，但是機器學習是一個最佳化的過程，而非直接求解的過程。

5.2 梯度下降演算法

機器學習的核心思維就是不斷最佳化尋找更合適的參數，當指定一個目標函數之後，自然就是想辦法使真實值和預測值之間的差異越小越好，那麼該怎麼去做這件事呢？可以先來想一想下山問題（見圖 5-3）。

為什麼是下山呢？因為在這裡把目標函數比作山，到底是上山還是下山問題，取決於你最佳化的目標是越大越好（上山）還是越小越好（下山），而基於最小平方法判斷是下山問題。

那該如何下山呢？看起有兩個因素可控制——方向與步進值，首先需要知道沿著什麼方向走，並且按照該方向前進，在山頂大致一看很多條路可以下山，是不是隨便選擇一個差不多的方向呢？這好像有點隨意，隨便散散步就下山了。但是現在情況有點緊急，目標函數不會讓你慢慢散步下去，而是希望能夠快速準確地到達山坡最低點，這該怎麼辦呢？別著急——梯度下降演算法來了。

圖 5-3　下山問題

5.2.1 下山方向選擇

首先需要明確的是什麼方向能夠使得下山最快，那必然是最陡峭的，也就是目前位置梯度的反方向（目標函數 $J(\theta)$ 關於參數 θ 的梯度是函數上升最快的方向，此時是一個下山問題，所以是梯度的反方向）。當沿著梯度方向下山的時候，位置也在不斷發生變化，所以每前進一小步之後，都需要停下來再觀察一下接下來的梯度變成什麼方向，每次前進都沿著下山最快的也就是梯度的反方向進行（見圖 5-4）。

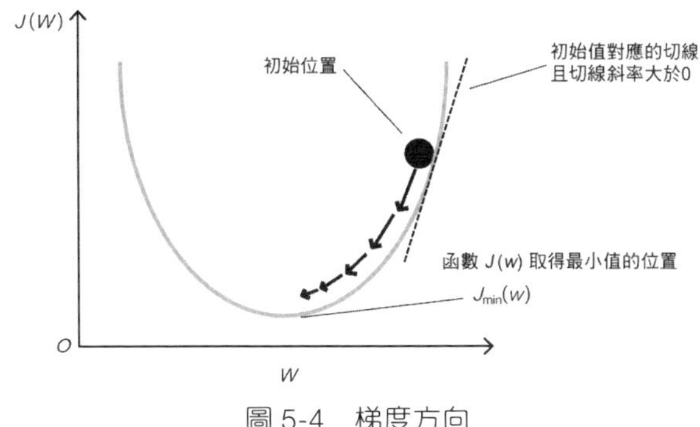

圖 5-4　梯度方向

到這裡相信大家已經對梯度下降有了一個直觀的認識了，歸納一下，就是當要求一個目標函數極值的時候，按照機器學習的思維直接求解看起來並不容易，可以逐步求其最佳解。首先確定最佳化的方向（也就是梯度），再去實際走那麼一步（也就是下降），反覆執行這樣的步驟，就慢慢完成了梯度下降工作，每次最佳化一點，累計起來就是一個大成績。

大師說：在梯度下降過程中，通常每一步都走得很小心，也就是每一次更新的步進值都要盡可能小，才能保障整體的穩定，因為如果步進值過大，可能偏離合適的方向。

5.2.2 梯度下降最佳化

還記得要最佳化的目標函數吧：$J(\theta)=\frac{1}{2m}\sum_{i=1}^{m}(h_\theta(x^{(i)})-y^{(i)})^2$，目標就是找到最合適的參數 θ，使得目標函數值最小。這裡 x 是資料，y 是標籤，都是固定的，所以只有參數 θ 會對最終結果產生影響，此外，還需注意參數 θ 並不是一個值，可能是很多個參數共同決定了最後的結果，如圖 5-5 所示。

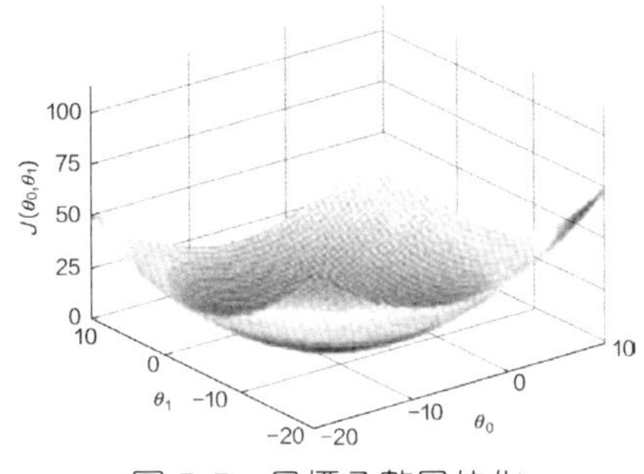

圖 5-5　目標函數最佳化

當進行最佳化的時候，該怎麼處理這些參數呢？其中 θ_0 與 θ_1 分別和不同的資料特徵進行組合（例如薪水和年齡），按照之前的想法，既然 x_1 和 x_2 是相互獨立的，那麼在參數最佳化的時候自然需要分別考慮 θ_0 和 θ_1 的情況，在實際計算中，需要分別對 θ_0 和 θ_1 求偏導，再進行更新。

下面歸納一下梯度下降演算法。

第①步：找到目前最合適的方向，對於每個參數都有其各自的方向。

第②步：走一小步，走得越快，方向偏離越多，可能就走錯路了。

第③步：按照方向與步伐去更新參數。

第④步：重複第 1 步 ~ 第 3 步。

首先要明確目標函數，可以看出多個參數都會對結果產生影響，那麼要做的就是在各個參數上去尋找其對應的最合適的方向，接下來就是去走那麼一小步，為什麼是一小步呢？因為目前求得的方向只是暫態最合適的方向，並不表示這個方向一直都是正確的，這就要求不斷進行嘗試，每走一小步都要尋找接下來最合適的方向。

5.2.3 梯度下降策略比較

原理還是比較容易了解的，接下來就要看實際應用了，這裡假設目標函數仍然是 $J(\theta)=\frac{1}{2m}\sum_{i=1}^{m}(h_\theta(x^{(i)})-y^{(i)})^2$。

在梯度下降演算法中有 3 種常見的策略：批次梯度下降、隨機梯度下降和小量梯度下降，這 3 種策略的基本思維都是一致的，只是在計算過程中選擇樣本的數量有所不同，下面分別進行討論。

（1）批量梯度下降。此時需要考慮所有樣本資料，每一次反覆運算最佳化計算在公式中都需要把所有的樣本計算一遍，該方法容易獲得最佳解，因為每一次反覆運算的時候都會選擇整體最佳的方向。方法雖好，但也存在問題，如果樣本數量非常大，就會導致反覆運算速度非常慢，下面是批次梯度下降的計算公式：

$$\frac{\partial J(\theta)}{\partial \theta_j}=-\frac{1}{m}\sum_{i=1}^{m}\left(h_\theta(x^{(i)})-y^{(i)}\right)x_j^{(i)}=0 \Rightarrow \theta_j^{'}=\theta_j+\alpha\frac{1}{m}\sum_{i=1}^{m}\left(y^{(i)}-h_\theta(x^{(i)})\right)x_j^{(i)} \quad (5.9)$$

細心的讀者應該會發現，在更新參數的時候取了一個負號，這是因為現在要求解的是一個下山問題，即沿著梯度的反方向去前進。其中 $\frac{1}{m}$ 表示對所選擇的樣本求其平均損失，i 表示選擇的樣本資料，j 表示特徵。例如 θ_j 表示薪水所對應的參數，在更新時資料也需選擇薪水這一列，這是一一對應的關係。在更新時還有關係數α，其含義就是更新幅度的大小，也就是之前討論的步進值，下節還會詳細討論其作用。

（2）隨機梯度下降。考慮批次梯度下降速度的問題，如果每次僅使用一個樣本，反覆運算速度就會大幅提升。那麼新的問題又來了，速度雖快，卻不一定每次都朝著收斂的方向，因為只考慮一個樣本有點太絕對了，要是拿到的樣本是異數或錯誤點可能還會導致結果更差。下面是隨機梯度下降的計算公式，它與批次梯度下降的計算公式的區別僅在於選擇樣本數量：

$$\theta_j^{'} = \theta_j + \alpha\left(y^{(i)} - h_\theta(x^{(i)})\right)x_j^{(i)} \tag{5.10}$$

（3）小量梯度下降。綜合考慮批次和隨機梯度下降的優缺點，是不是感覺它們都太絕對了，要麼全部，要麼一個，如果在整體樣本資料中選出一批不是更好嗎？可以是 10 個、100 個、1000 個，但是程式設計師應該更喜歡 16、32、64、128 這些數字，所以通常見到的小量梯度下降都是這種值，其實並沒有特殊的含義。下面我們來看一下選擇 10 個樣本資料進行更新的情況：

$$\theta_j^{'} = \theta_j + \alpha\frac{1}{10}\sum_{k=i}^{i+9}\left(y^{(k)} - h_\theta(x^{(k)})\right)x_j^{(i)} \tag{5.11}$$

本節比較了不同梯度下降的策略，實際中最常使用的是小量梯度下降，通常會把選擇的樣本個數叫作 batch，也就是 32、64、128 這些數，那麼數值的大小對結果有什麼影響呢？可以說，在時間和硬體規格允許的條件下，盡可能選擇更大的 batch，這會使得反覆運算最佳化結果更好一些。

5.2.4 學習率對結果的影響

選擇合適的更新方向，這只是一方面，下面還需要走走看，可以認為步進值就是學習率（更新參數值的大小），通常都會選擇較小的學習率，以及較多的反覆運算次數，正常的學習曲線走勢如圖 5-6 所示。

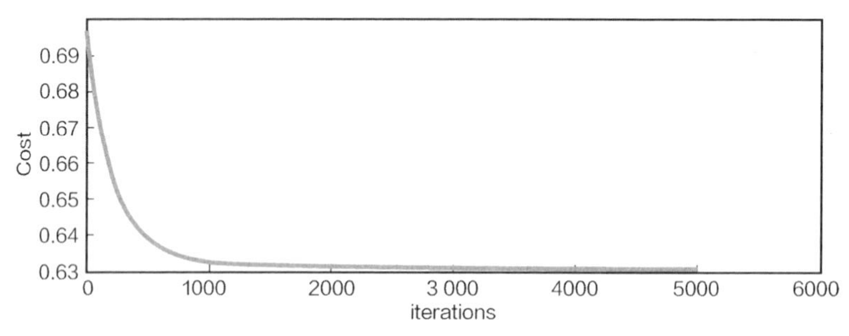

圖 5-6　正常反覆運算最佳化時曲線形狀

由圖 5-6 可見，隨著反覆運算的進行，目標函數會逐漸降低，直到達到飽和收斂狀態，這裡只需觀察反覆運算過程中曲線的形狀變化，實際數值還是需要結合實際資料。

如果選擇較大的學習率，會對結果產生什麼影響呢？此時學習過程可能會變得不平穩，因為這一步可能跨越太大了，偏離了正確的方向，如圖 5-7 所示。

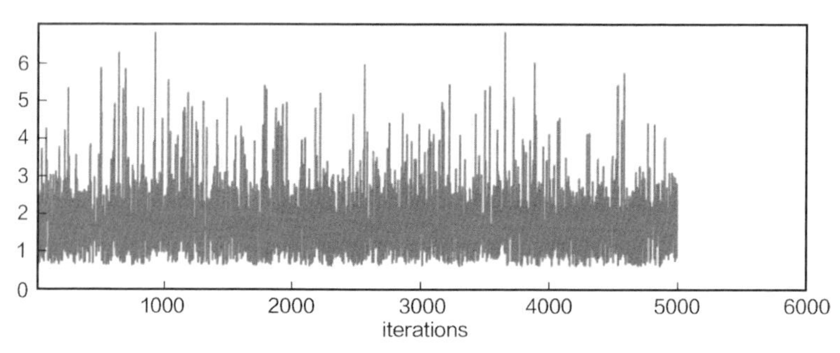

圖 5-7　較大學習率對結果的影響

在反覆運算過程中出現不平穩的現象，目標函數始終無法達到收斂狀態，甚至學習效果越來越差，這很可能是學習率過大或選擇樣本資料過小以及資料前置處理問題所導致的。

學習率通常設定得較小，但是學習率太小又會使得反覆運算速度很慢，那麼，如何尋找一個適中的值呢（見圖 5-8）？

如圖 5-8 所示，較大的學習率並不會使得目標函數降低，較小的學習率看起來還不錯，可以選擇較多的反覆運算次數來保障達到收斂狀態，所以，在實際中寧肯花費更多時間，也不要做無用功。

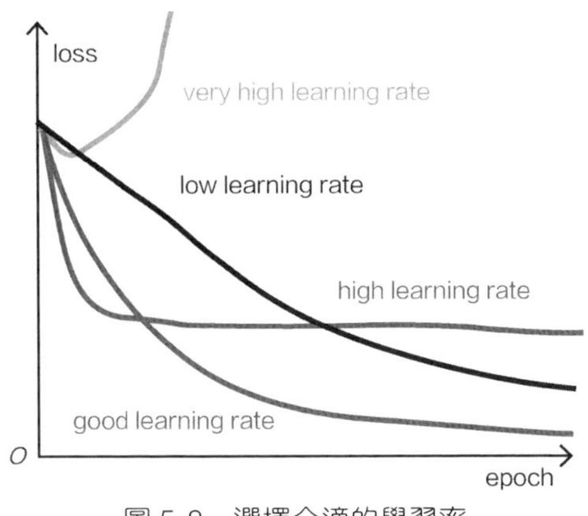

圖 5-8　選擇合適的學習率

大師說：學習率的選擇是機器學習工作中非常重要的一部分，調參過程同樣也是反覆進行實驗，以選擇最合適的各項參數，通用的做法就是從較小的學習率開始嘗試，如果遇到不平穩現象，那就調小學習率。

5.3 邏輯回歸演算法

接下來再來討論一下邏輯回歸演算法，可能會認為邏輯回歸演算法是線性回歸演算法的升級，還是屬於回歸任務吧？其實並不是這樣的，邏輯回歸本質上是一個經典的二分類問題，要做的工作性質發生了變化，也就是一個是否或說 0/1 問題，有了線性回歸的基礎，只需稍作改變，就能完成分類工作。

5.3.1 原理推導

先來回顧一下線性回歸演算法獲得的結果：輸入特徵資料，輸出一個實際的值，可以把輸出值當作一個得分值。此時如果想做一個分類工作，要判斷一個輸入資料是正例還是負例，就可以比較各自的得分值，如果正例的得分值高，那麼就說明這個輸入資料屬於正例類別。

舉例來說，在圖 5-9 中分別計算目前輸入屬於貓和狗類別的得分值，透過其大小確定最後的分類結果。但是在分類工作中用數值來表示結果還是不太恰當，如果能把得分值轉換成機率值，就變得容易了解。假設正例的機率值是 0.02，那麼負例就是 1–0.02=0.98（見圖 5-10）。

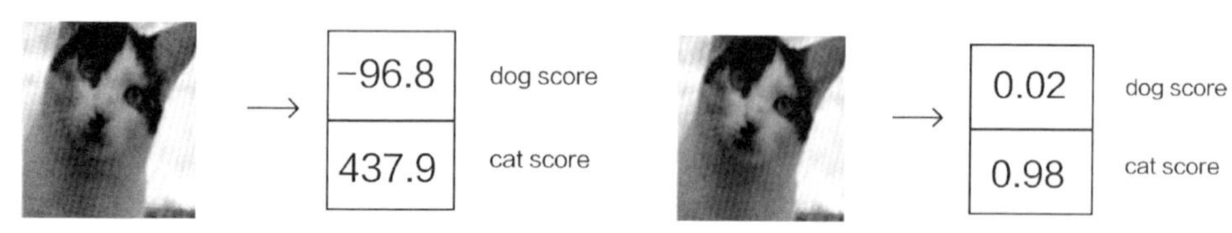

圖 5-9　預測類別得分值　　圖 5-10　預測類別機率值

那麼如何獲得這個機率值呢？先來介紹下 Sigmoid 函數，定義如下：

$$g(z)=\frac{1}{1+\mathrm{e}^{-z}} \tag{5.12}$$

在 Sigmoid 函數中，引數 z 可以取任意實數，其結果值域為 [0,1]，相當於輸入一個任意大小的得分值，獲得的結果都在 [0,1] 之間，剛好可以把它當作分類結果的機率值。

判斷最後分類結果時，可以選擇以 0.5 為設定值來進行正負例類別劃分，例如輸入資料所對應最後的結果為 0.7，因 0.7 大於 0.5，就歸為正例（見圖 5-11）。後續在案例實戰中還會詳細進行比較分析。

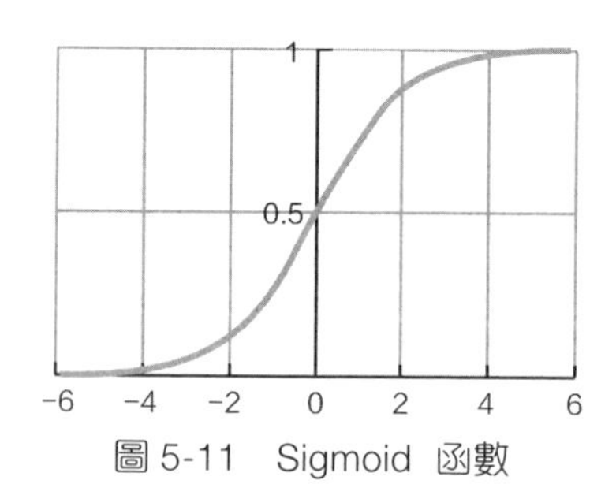

圖 5-11　Sigmoid 函數

下面整理一下計算流程，首先獲得得分值，然後透過 Sigmoid 函數轉換成機率值，公式如下：

$$h_\theta(x)=g(\theta^{\mathrm{T}}x)=\frac{1}{1+\mathrm{e}^{-\theta^{\mathrm{T}}x}}$$

$$\theta_0+\theta_1x_1+\cdots+\theta_nx_n=\sum_{i=1}^{n}\theta_ix_i=\theta^{\mathrm{T}}x \tag{5.13}$$

這個公式與線性回歸方程式有點相似，僅多了 Sigmoid 函數這一項。x 依舊是特徵資料，θ 依舊是每個特徵所對應的參數。下面對正例和負例情況分別進行分析。

$$\begin{cases} P(y=1 \mid x;\theta) = h_\theta(x) \\ P(y=0 \mid x;\theta) = 1-h_\theta(x) \end{cases} \quad (5.14)$$

由於是二分類工作，當正例機率為 $h_\theta(x)$ 時，負例機率必為 $1-h_\theta(x)$。對於標籤的選擇，當 y=1 時為正例，y=0 時為負例。為什麼選擇 0 和 1 呢？其實只是一個代表，為了好化簡。在推導過程中，如果分別考慮正負例情況，計算起來十分麻煩，也可以將它們合併起來：

當 y=0 時，$P(y=0 \mid x;\theta) = (h_\theta(x))^y(1-h_\theta(x))^{1-y} = 1-h_\theta(x)$。

當 y=1 時，$P(y \mid x;\theta) = (h_\theta(x))^y(1-h_\theta(x))^{1-y} = h_\theta(x)$。

$$\begin{cases} P(y=1 \mid x;\theta) = h_\theta(x) \\ P(y=0 \mid x;\theta) = 1-h_\theta(x) \end{cases} \Rightarrow P(y \mid x;\theta) = (h_\theta(x))^y(1-h_\theta(x))^{1-y} \quad (5.15)$$

式（5.15）將兩個式子合二為一，用一個通項來表示，目的是為了更方便後續的求解推導。

5.3.2 邏輯回歸求解

邏輯回歸該如何進行求解呢？之前在推導線性回歸的時候得出了目標函數，然後用梯度下降方法進行優化求解，這裡似乎只多一項 Sigmoid 函數，求解的方式還是一樣的。首先獲得似然函數：

$$L(\theta) = \prod_{i=1}^{m} P(y_i \mid x_i;\theta) = \prod_{i=1}^{m} (h_\theta(x_i))^{y_i}(1-h_\theta(x_i))^{1-y_i} \quad (5.16)$$

對上式兩邊取對數，進行化簡，結果如下：

$$l(\theta) = \log L(\theta) = \sum_{i=1}^{m} (y_i \log h_\theta(x_i) + (1-y_i)\log(1-h_\theta(x_i))) \quad (5.17)$$

這裡有一點區別，之前在最小平方法中求的是極小值，自然用梯度下降，但是現在要求的目標卻是相當大值（相當大似然估計），通常在機器學習最佳化中需要把上升問題轉換成下降問題，只需取目標函數的相反數即可：

$$J(\theta) = -\frac{1}{m} l(\theta) \tag{5.18}$$

此時，只需求目標函數的極小值，按照梯度下降的方法，照樣去求偏導：

$$\begin{aligned}
\frac{\delta}{\delta\theta_j} J(\theta) &= -\frac{1}{m}\sum_{i=1}^{m}\left(y_i \frac{1}{h_\theta(x_i)}\frac{\delta}{\delta\theta_j}h_\theta(x_i) - (1-y_i)\frac{1}{1-h_\theta(x_i)}\frac{\delta}{\delta\theta_j}h_\theta(x_i)\right) \\
&= -\frac{1}{m}\sum_{i=1}^{m}\left(y_i \frac{1}{g(\theta^{\mathrm{T}} x_i)} - (1-y_i)\frac{1}{1-g(\theta^{\mathrm{T}} x_i)}\right)\frac{\delta}{\delta\theta_j} g(\theta^{\mathrm{T}} x_i) \\
&= -\frac{1}{m}\sum_{i=1}^{m}\left(y_i \frac{1}{g(\theta^{\mathrm{T}} x_i)} - (1-y_i)\frac{1}{1-g(\theta^{\mathrm{T}} x_i)}\right) g(\theta^{\mathrm{T}} x_i)(1-g(\theta^{\mathrm{T}} x_i))\frac{\delta}{\delta\theta_j}\theta^{\mathrm{T}} x_i \\
&= -\frac{1}{m}\sum_{i=1}^{m}\left(y_i(1-g(\theta^{\mathrm{T}} x_i)) - (1-y_i) g(\theta^{\mathrm{T}} x_i)\right) x_i^j \\
&= -\frac{1}{m}\sum_{i=1}^{m}\left(y_i - g(\theta^{\mathrm{T}} x_i)\right) x_i^j \\
&= \frac{1}{m}\sum_{i=1}^{m}\left(h_\theta(x_i) - y_i\right) x_i^j
\end{aligned} \tag{5.19}$$

上式直接列出了求偏導的結果，計算量其實並不大，但有幾個標的容易弄混，這裡再來強調一下，索引 i 表示樣本，也就是反覆運算過程中，選擇的樣本編號；索引 j 表示特徵編號，也是參數編號，因為參數 θ 和資料特徵是一一對應的關係。觀察可以發現，對 θ_j 求偏導，最後獲得的結果也是乘以 x_j，這表示要對哪個參數進行更新，需要用其對應的特徵資料，而與其他特徵無關。

獲得上面這個偏導數後，就可以對參數進行更新，公式如下：

$$\theta_j = \theta_j - \alpha \frac{1}{m}\sum_{i=1}^{m}(h_\theta(x_i) - y_i) x_i^j \tag{5.20}$$

這樣就獲得了在邏輯回歸中每一個參數該如何進行更新，求解方法依舊是反覆運算最佳化的方法。找到最合適的參數 θ，工作也就完成了。最後來歸納一下邏輯回歸的優點。

1. 簡單實用，在機器學習中並不是一味地選擇複雜的演算法，簡單高效才是王道。
2. 結果比較直觀，參數值的意義可以了解，便於分析。
3. 簡單的模型，泛化能力更強，更通用。

基於這些優點，有了以下的說法：遇到分類問題都是先考慮邏輯回歸演算法，能解決問題根本不需要複雜的演算法。這足以看出其在機器學習中的地位，常常簡單的方法也能獲得不錯的結果，還能大幅降低其過擬合風險，何樂而不為呢？

本章歸納

本章說明了機器學習中兩大核心演算法：線性回歸與邏輯回歸，分別應用於回歸與分類工作中。在求解過程中，機器學習的核心思維就是最佳化求解，不斷尋找最合適的參數，梯度下降演算法也由此而生。在實際訓練模型時，還需考慮各種參數對結果的影響，在後續實戰案例中，這些都需要透過實驗來進行調節。在原理推導過程中，有關很多細小基礎知識，這些並不是某一個演算法所特有的，在後續的演算法學習過程中還會看到它們的影子，慢慢大家就會發現機器學習中的各種策略了。

Chapter

06

邏輯回歸專案實戰——信用卡詐騙檢測

現在大家已經熟悉了邏輯回歸演算法，接下來就要真刀實槍地用它來做些實際工作。本章從實戰的角度出發，以真實資料集為背景，一步步說明如何使用 Python 工具套件進行實際資料分析與建模工作。

6.1 資料分析與前置處理

假設有一份信用卡交易記錄，遺憾的是資料經過了脫敏處理，只知道其特徵，卻不知道每一個欄位代表什麼含義，沒關係，就當作是一個個資料特徵。在資料中有兩種類別，分別是正常交易資料和例外交易資料，欄位中有明確的識別符號。要做的工作就是建立邏輯回歸模型，以對這兩種資料進行分類，看起來似乎很容易，但實際應用時會出現各種問題等待解決。

熟悉工作目標後，第一個想法可能是直接把資料傳到演算法模型中，獲得輸出結果就好了。其實並不是這樣，在機器學習建模工作中，要做的事情還是很多的，包含資料前置處理、特徵分析、模型調參等，每一步都會對最終的結果產生影響。既然如此，就要處理好每一步，其中會有關機器學習中很多細節，這些都是非常重要的，基本上所有實戰工作都會有關這些問題，所以大家也可以把這份解決方案當作一個策略。

大師說：學習過程也是累積的過程，建議讀者開啟本章 Notebook 程式，跟著教學一步步實作，最後轉化成自己的方法。

6.1.1 資料讀取與分析

先把工作所需的工具套件匯入進來，有了這些武器，處理資料就輕鬆多了：

In
```
import pandas as pd
import matplotlib.pyplot as plt
import numpy as np
# 魔法指令，在 Notebook 進行畫圖展示用的
%matplotlib inline
```

信用卡交易記錄資料是一個 .csv 檔案，裡面包含近 30 萬筆資料，規模很大，首先使用 Pandas 工具套件讀取資料（見圖 6-1）：

In
```
data = pd.read_csv("creditcard.csv")
data.head()
```

Out

預設展示資料前 5 行記錄

	Time	V1	V2	V3	V4	V5	V6	V7	V8	V9	...
0	0.0	-1.359807	-0.072781	2.536347	1.378155	-0.338321	0.462388	0.239599	0.098698	0.363787	...
1	0.0	1.191857	0.266151	0.166480	0.448154	0.060018	-0.082361	-0.078803	0.085102	-0.255425	...
2	1.0	-1.358354	-1.340163	1.773209	0.379780	-0.503198	1.800499	0.791461	0.247676	-1.514654	...
3	1.0	-0.966272	-0.185226	1.792993	-0.863291	-0.010309	1.247203	0.237609	0.377436	-1.387024	...
4	2.0	-1.158233	0.877737	1.548718	0.403034	-0.407193	0.095921	0.592941	-0.270533	0.817739	...

5 rows × 31 columns

如圖 6-1 所示，原始資料為個人交易記錄，該資料集總共有 31 列，其中資料特徵有 30 列，Time 列暫時不考慮，Amount 列表示貸款的金額，Class 列表示分類結果，若 Class 為 0 代表該筆交易記錄正常，若 Class 為 1 代表交易例外。

V21	V22	V23	V24	V25	V26	V27	V28	Amount	Class
-0.018307	0.277838	-0.110474	0.066928	0.128539	-0.189115	0.133558	-0.021053	149.62	0
-0.225775	-0.638672	0.101288	-0.339846	0.167170	0.125895	-0.008983	0.014724	2.69	0
0.247998	0.771679	0.909412	-0.689281	-0.327642	-0.139097	-0.055353	-0.059752	378.66	0
-0.108300	0.005274	-0.190321	-1.175575	0.647376	-0.221929	0.062723	0.061458	123.50	0
-0.009431	0.798278	-0.137458	0.141267	-0.206010	0.502292	0.219422	0.215153	69.99	0

圖 6-1　信用卡交易記錄資料集

拿到這樣一份原始資料之後，直觀感覺就是資料已經是處理好的特徵，只需要建模工作即可。但是，上述輸出結果只展示了前 5 筆交易記錄並且發現全部是正常交易資料，在實際生活中似乎正常交易也佔絕大多數，例外交易僅佔一少部分，那麼，在整個資料集中，樣本分佈是否均衡呢？也就是說，在 Class 列中，正常資料和例外資料的比例是多少？繪製一份圖表更能清晰說明：

In

```
count_classes = pd.value_counts(data['Class'], sort = True).sort_index()
count_classes.plot(kind = 'bar')
plt.title("Fraud class histogram")
plt.xlabel("Class")
plt.ylabel("Frequency")
```

Out

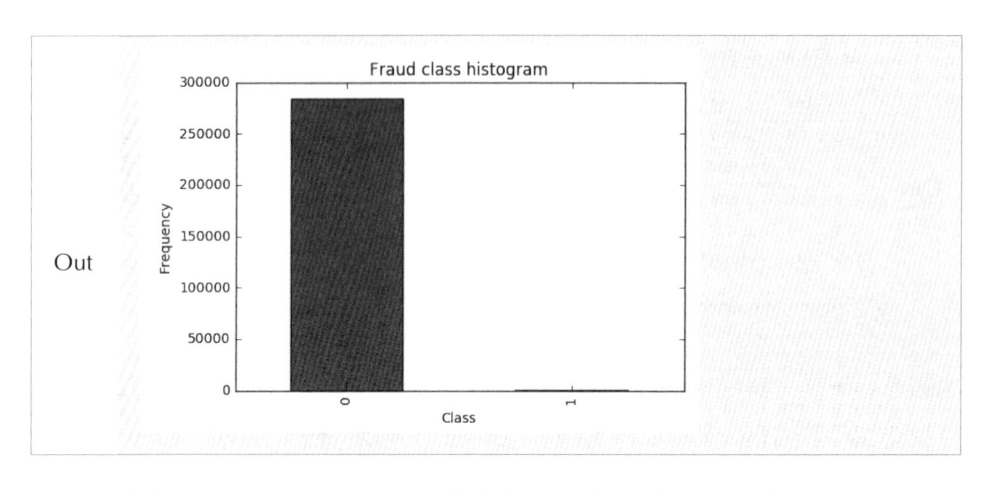

上述程式首先計算出 Class 列中各個指標的個數，也就是 0 和 1 分別有多少個。為了更直觀地顯示，資料繪製成橫條圖，從上圖中可以發現，似乎只有 0 沒有 1（仔細觀察，其實是 1 的比例太少），說明資料中絕大多數是正常資料，例外資料極少。

這個問題看起來有點嚴峻，資料極度不平衡會對結果造成什麼影響呢？模型會不會一邊倒呢？認為所有資料都是正常的，完全不管那些例外的，因為例外資料微乎其微，這種情況出現的可能性很大。我們的工作目標就是找到例外資料，如果模型不重視例外資料，結果就沒有意義了，所以，首先要做的就是改進不平衡資料。

大師說：在機器學習工作中，載入資料後，首先應當觀察資料是否存在問題，先把問題處理掉，再考慮特徵分析與建模工作。

6.1.2 樣本不均衡解決方案

那麼，如何解決資料標籤不平衡問題呢？首先，造成資料標籤不平衡的最根本的原因就是它們的個數相差懸殊，如果能讓它們的個數相差不大，或者比例接近，這個問題就解決了。基於此，提出以下兩種解決方案。

（1）下取樣。既然例外資料比較少，那就讓正常樣本和例外樣本一樣少。例如正常樣本有 30W 個，例外樣本只有 500 個，若從正常樣本中隨機選出 500

個，它們的比例就均衡了。雖然下取樣的方法看似很簡單，但是也存在瑕疵，即使原始資料很豐富，下取樣過後，只利用了其中一小部分，這樣對結果會不會有影響呢？

（2）過取樣。不想放棄任何有價值的資料，只能讓例外樣本和正常樣本一樣多，怎麼做到呢？例外樣本若只有 500 個，此時可以對資料進行轉換，假造出來一些例外資料，資料產生也是現階段常見的一種策略。雖然資料產生解決了例外樣本數量的問題，但是例外資料畢竟是造出來的，會不會存在問題呢？

這兩種方案各有優缺點，到底哪種方案效果更好呢？需要進行實驗比較。

大師說：在開始階段，應當多提出各種解決和比較方案，盡可能先把全域規劃制定完整，如果只是想一步做一步，會做大量重複性操作，降低效率。

6.1.3 特徵標準化

既然已經有了解決方案，是不是應當按照制訂的計畫準備開始建模工作呢？千萬別心急，還差好多步呢，首先要對資料進行前置處理，可能大家覺得機器學習的核心就是對資料建模，其實建模只是其中一部分，通常更多的時間和精力都用於資料處理中，例如資料清洗、特徵分析等，這些並不是小的細節，而是十分重要的核心內容。目的都是使得最後的結果更好，我經常說：「資料特徵決定結果的上限，而模型的最佳化只決定如何接近這個上限。」

V21	V22	V23	V24	V25	V26	V27	V28	Amount	Class
-0.018307	0.277838	-0.110474	0.066928	0.128539	-0.189115	0.133558	-0.021053	149.62	0
-0.225775	-0.638672	0.101288	-0.339846	0.167170	0.125895	-0.008983	0.014724	2.69	0
0.247998	0.771679	0.909412	-0.689281	-0.327642	-0.139097	-0.055353	-0.059752	378.66	0
-0.108300	0.005274	-0.190321	-1.175575	0.647376	-0.221929	0.062723	0.061458	123.50	0
-0.009431	0.798278	-0.137458	0.141267	-0.206010	0.502292	0.219422	0.215153	69.99	0

圖 6-2　資料特徵

觀察圖 6-2 可以發現，Amount 列的數值變化幅度很大，而 V1 ～ V28 列的特徵資料的數值都比較小，此時 Amount 列的數值相對來說比較大。這會產生什麼影響呢？模型對數值是十分敏感的，它不像人類能夠了解每一個指標的具體含義，可能會認為數值大的資料相對更重要（此處僅是假設）。但是在資料中，並沒有強調 Amount 列更重要，而是應當同等對待它們，因此需要改善一下。

特徵標準化就是希望資料經過處理後獲得的每一個特徵的數值都在較小範圍內浮動，公式如下：

$$Z = \frac{X - X_{\text{mean}}}{\text{std}(X)} \tag{6.1}$$

其中，Z 為標準化後的資料；X 為原始資料；X_{mean} 為原始資料的平均值；$\text{std}(X)$ 為原始資料的標準差。

如果把式（6.1）的過程進行分解，就會更加清晰明了。首先將資料的各個維度減去其各自的平均值，這樣資料就是以原點為中心對稱。其中數值浮動較大的資料，其標準差也必然更大；數值浮動較小的資料，其標準差也會比較小。再將結果除以各自的標準差，就相當於讓大的資料壓縮到較小的空間中，讓小的資料能夠伸張一些，對於圖 6-3 所示的二維資料，就獲得其標準化之後的結果，以原點為中心，各個維度的設定值範圍基本一致。

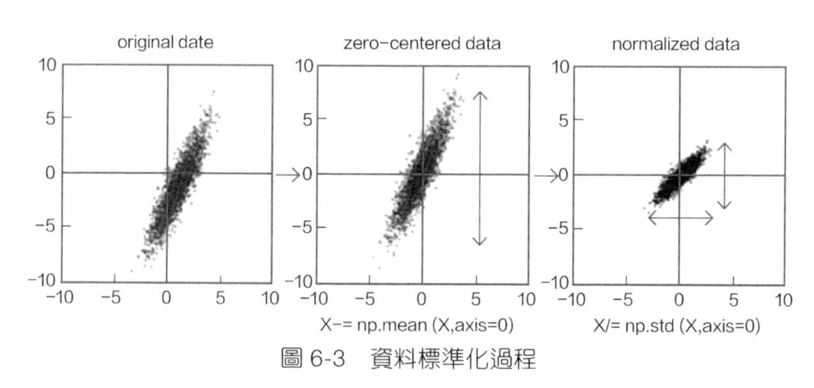

圖 6-3 資料標準化過程

接下來，很多資料處理和機器學習建模工作都會用到 sklearn 工具套件，這裡先做簡單介紹，該工具套件提供了幾乎所有常用的機器學習演算法，僅需一兩行程式，即可完成建模工作，計算也比較高效。不僅如此，還提供了非常豐富的資料前置處理與特徵分析模組，方便大家快速上手處理資料特徵。它是 Python 中非常實用的機器學習建模工具套件，在後續的實戰工作中，都會出現它的身影。

sklearn 工具套件提供了在機器學習中最核心的三大模組（Classification、Regression、Clustering）的實現方法供大家呼叫，還包含資料降維（Dimensionality reduction）、模型選擇（Model selection）、資料預處理（Preprocessing）等模組，功能十分豐富，如圖 6-4 所示。在初學階段，大家還可以參考 Examples 模組，基本上所有演算法和函數都搭配對應的實例程式供大家參考（見圖 6-5）。

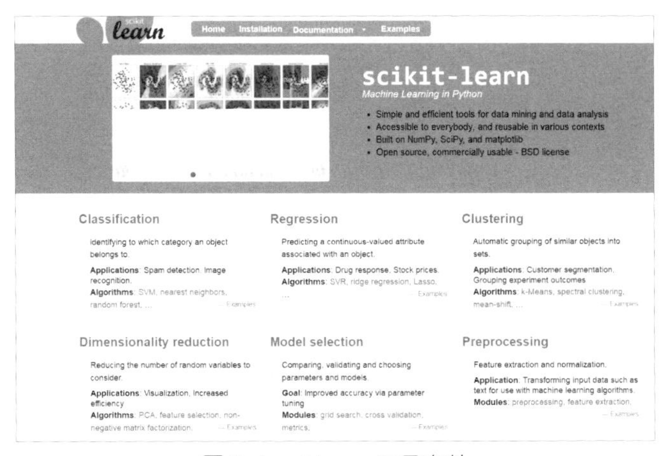

圖 6-4　sklearn 工具套件

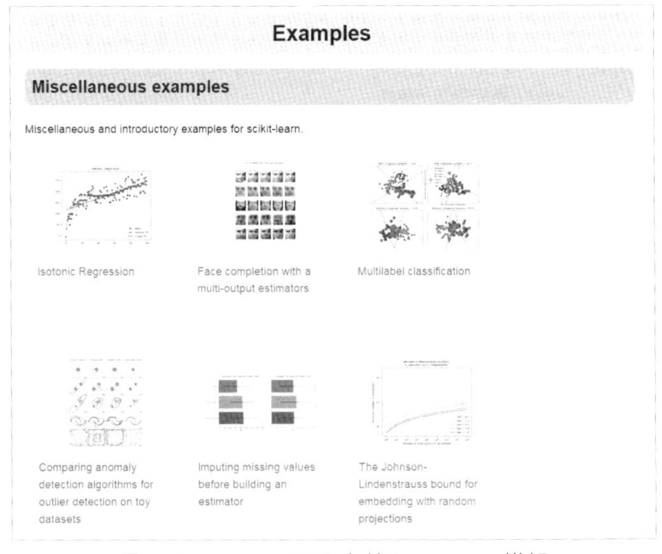

圖 6-5　sklearn 工具套件 Examples 模組

sklearn 工具套件還提供了很多實際應用的實例，並且搭配對應的程式與視覺化展示方法，簡直就是一條龍服務，非常適合大家學習與了解，如圖 6-6 所示。

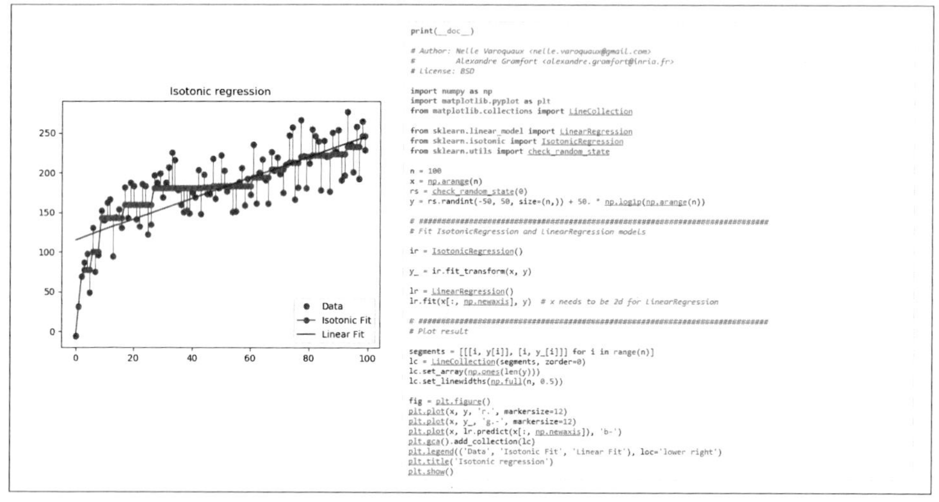


```python
print(__doc__)

# Author: Nelle Varoquaux <nelle.varoquaux@gmail.com>
#         Alexandre Gramfort <alexandre.gramfort@inria.fr>
# License: BSD

import numpy as np
import matplotlib.pyplot as plt
from matplotlib.collections import LineCollection

from sklearn.linear_model import LinearRegression
from sklearn.isotonic import IsotonicRegression
from sklearn.utils import check_random_state

n = 100
x = np.arange(n)
rs = check_random_state(0)
y = rs.randint(-50, 50, size=(n,)) + 50. * np.log1p(np.arange(n))

# ##############################################################################
# Fit IsotonicRegression and LinearRegression models

ir = IsotonicRegression()

y_ = ir.fit_transform(x, y)

lr = LinearRegression()
lr.fit(x[:, np.newaxis], y)  # x needs to be 2d for LinearRegression

# ##############################################################################
# Plot result

segments = [[[i, y[i]], [i, y_[i]]] for i in range(n)]
lc = LineCollection(segments, zorder=0)
lc.set_array(np.ones(len(y)))
lc.set_linewidths(np.full(n, 0.5))

fig = plt.figure()
plt.plot(x, y, 'r.', markersize=12)
plt.plot(x, y_, 'g.-', markersize=12)
plt.plot(x, lr.predict(x[:, np.newaxis]), 'b-')
plt.gca().add_collection(lc)
plt.legend(('Data', 'Isotonic Fit', 'Linear Fit'), loc='lower right')
plt.title('Isotonic regression')
plt.show()
```

圖 6-6　Examples 範例程式

大師說： sklearn 最常用的是其 API 文件，如圖 6-7 所示，無論執行建模還是前置處理工作，都需先熟悉其函數功能再使用。

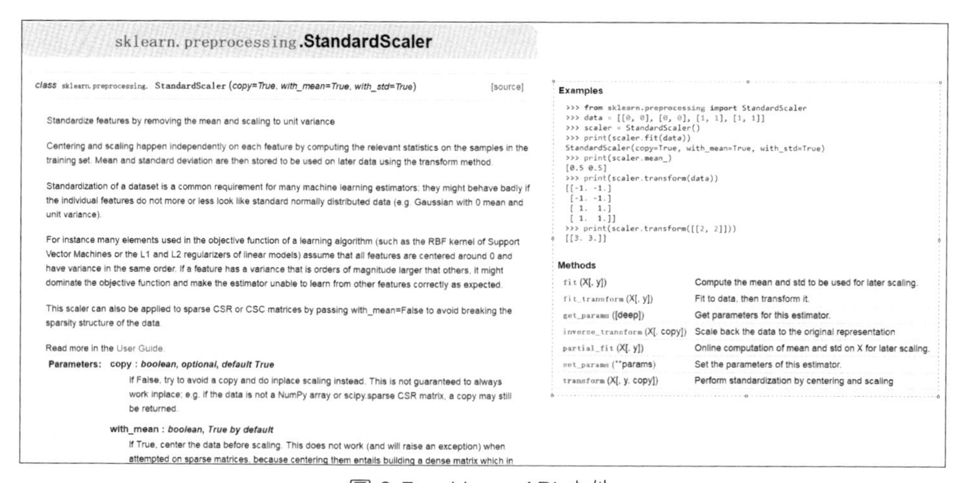

sklearn. preprocessing **.StandardScaler**

class sklearn.preprocessing. StandardScaler (*copy=True, with_mean=True, with_std=True*) [source]

Standardize features by removing the mean and scaling to unit variance

Centering and scaling happen independently on each feature by computing the relevant statistics on the samples in the training set. Mean and standard deviation are then stored to be used on later data using the transform method.

Standardization of a dataset is a common requirement for many machine learning estimators: they might behave badly if the individual features do not more or less look like standard normally distributed data (e.g. Gaussian with 0 mean and unit variance).

For instance many elements used in the objective function of a learning algorithm (such as the RBF kernel of Support Vector Machines or the L1 and L2 regularizers of linear models) assume that all features are centered around 0 and have variance in the same order. If a feature has a variance that is orders of magnitude larger that others, it might dominate the objective function and make the estimator unable to learn from other features correctly as expected.

This scaler can also be applied to sparse CSR or CSC matrices by passing with_mean=False to avoid breaking the sparsity structure of the data.

Read more in the User Guide.

Parameters: copy : ***boolean, optional, default True***

If False, try to avoid a copy and do inplace scaling instead. This is not guaranteed to always work inplace; e.g. if the data is not a NumPy array or scipy.sparse CSR matrix, a copy may still be returned.

with_mean : ***boolean, True by default***

If True, center the data before scaling. This does not work (and will raise an exception) when attempted on sparse matrices, because centering them entails building a dense matrix which in

Examples

```
>>> from sklearn.preprocessing import StandardScaler
>>> data = [[0, 0], [0, 0], [1, 1], [1, 1]]
>>> scaler = StandardScaler()
>>> print(scaler.fit(data))
StandardScaler(copy=True, with_mean=True, with_std=True)
>>> print(scaler.mean_)
[0.5 0.5]
>>> print(scaler.transform(data))
[[-1. -1.]
 [-1. -1.]
 [ 1.  1.]
 [ 1.  1.]]
>>> print(scaler.transform([[2, 2]]))
[[3. 3.]]
```

Methods

fit (X[, y])	Compute the mean and std to be used for later scaling.
fit_transform (X[, y])	Fit to data, then transform it.
get_params ([deep])	Get parameters for this estimator.
inverse_transform (X[, copy])	Scale back the data to the original representation
partial_fit (X[, y])	Online computation of mean and std on X for later scaling.
set_params (**params)	Set the parameters of this estimator.
transform (X[, y, copy])	Perform standardization by centering and scaling

圖 6-7　sklearn API 文件

使用 sklearn 工具套件來完成特徵標準化操作，程式如下：

In

```
# 先匯入所需模組
from sklearn.preprocessing import StandardScaler
data['normAmount'] = StandardScaler().fit_transform(data['Amount'].
values.reshape(-1, 1))
data = data.drop(['Time','Amount'],axis=1)
data.head()
```

Out

V23	V24	V25	V26	V27	V28	Class	normAmount
-0.110474	0.066928	0.128539	-0.189115	0.133558	-0.021053	0	0.244964
0.101288	-0.339846	0.167170	0.125895	-0.008983	0.014724	0	-0.342475
0.909412	-0.689281	-0.327642	-0.139097	-0.055353	-0.059752	0	1.160686
-0.190321	-1.175575	0.647376	-0.221929	0.062723	0.061458	0	0.140534
-0.137458	0.141267	-0.206010	0.502292	0.219422	0.215153	0	-0.073403

上述程式使用 StandardScaler 方法對資料進行標準化處理，呼叫時需先導入該模組，然後進行 fit_transform 操作，相當於執行公式（6.1）。reshape(−1, 1) 的含義是將傳入資料轉換成一列的形式（需按照函數輸入要求做）。最後用 drop 操作去掉無用特徵。上述輸出結果中的 normAmount 列就是標準化處理後的結果，可見數值都在較小範圍內浮動。

大師說：資料前置處理過程非常重要，絕大多數工作都需要對特徵資料進行標準化操作（或其他前置處理方法，如歸一化等）。

6.2 下取樣方案

下取樣方案的實現過程比較簡單，只需要對正常樣本進行取樣，獲得與例外樣本一樣多的個數即可，代碼如下：

In

```
# 不包含標籤的就是特徵
X = data.ix[:, data.columns != 'Class']
# 標籤
y = data.ix[:, data.columns == 'Class']
number_records_fraud = len(data[data.Class == 1])
# 獲得所有例外樣本的索引
fraud_indices = np.array(data[data.Class == 1].index)
```

```
# 獲得所有正常樣本的索引
normal_indices = data[data.Class == 0].index
# 在正常樣本中，隨機取樣出指定個數的樣本，並取其索引
random_normal_indices=np.random.choice(normal_indices, number_
records_fraud, replace = False)
random_normal_indices = np.array(random_normal_indices)
# 有了正常和例外樣本後把它們的索引都拿到手
under_sample_indices =np.concatenate([fraud_indices, random_normal_
indices])
# 根據索引獲得下取樣所有樣本點
under_sample_data = data.iloc[under_sample_indices,:]
X_undersample = under_sample_data.ix[:, under_sample_data.columns !=
'Class']
y_undersample=under_sample_data.ix[:, under_sample_data.columns==
'Class']
# 列印下取樣策略後正負樣本比例
print(" 正常樣本所佔整體比例：", len(under_sample_data[under_sample_
data. Class==0])/len(under_sample_data))
print(" 異常樣本所佔整體比例：", len(under_sample_data[under_sample_
data. Class==1])/len(under_sample_data))
print(" 下取樣策略整體樣本數量：", len(under_sample_data))
```

Out

```
正常樣本所佔整體比例：0.5
例外樣本所佔整體比例：0.5
下取樣策略整體樣本數量：984
```

整體流程比較簡單，首先計算例外樣本的個數並取其索引，接下來在正常樣本中隨機選擇指定個數樣本，最後把所有樣本索引連接在一起即可。上述輸出結果顯示，執行下取樣方案後，一共有 984 筆資料，其中正常樣本和例外樣本各佔 50%，此時資料滿足平衡標準。

6.2.1 交換驗證

獲得輸入資料後，接下來劃分資料集，在機器學習中，使用訓練集完成建模後，還需知道這個模型的效果，也就是需要一個測試集，以幫助完成模型測試工作。不僅如此，在整個模型訓練過程中，也會有關一些參數調整，所以，還需要驗證集，幫助模型進行參數的調整與選擇。

突然出現很多種集合，感覺很容易弄混，再來歸納一下。

首先把資料分成兩部分，左邊是訓練集，右邊是測試集，如圖 6-8 所示。訓練集用於建立模型，例如以梯度下降來反覆運算最佳化，這裡需要的資料就是由訓練集提供的。測試集是當所有建模工作都完成後使用的，需要強調一點，測試集十分寶貴，在建模的過程中，不能加入任何與測試集有關的資訊，否則就相當於透題，評估結果就不會準確。可以自己設定訓練集和測試集的大小和比例，8 ： 2、9 ： 1 都是常見的切分比例。

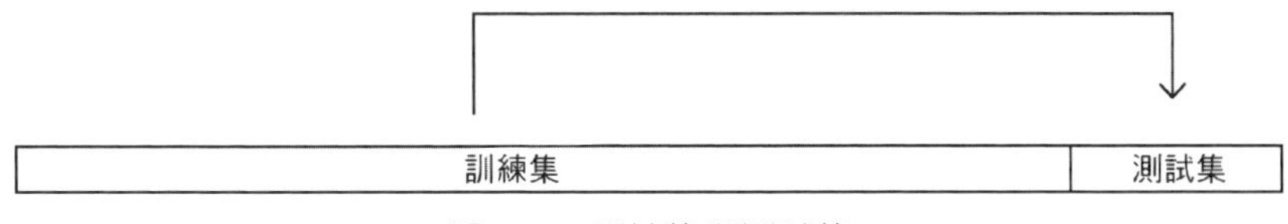

圖 6-8　訓練集與測試集

接下來需要對資料集再進行處理，如圖 6-9 所示，可以發現測試集沒有任何變化，僅把訓練集劃分成很多份。這樣做的目的在於，建模嘗試過程中，需要調整各種可能影響結果的參數，因此需要知道每一種參數方案的效果，但是這裡不能用測試集，因為建模工作還沒有全部完成，所以驗證集就是在建模過程中評估參數用的，那麼單獨在訓練集中找出來一份做驗證集（例如 fold5）不就可以了嗎，為什麼要劃分出來這麼多小份呢？

訓練集					測試集
fold 1	fold 2	fold 3	fold 4	fold 5	測試集

圖 6-9　驗證集劃分

大師說：在這個實戰工作中，有關非常多的細節基礎知識，這些基礎知識是通用的，任何實戰都能用上。

如果只是單獨找出來一份，恰好這一份資料比較簡單，那麼最終的結果可能會偏高；如果選出來的這一份裡面有一些錯誤點或離群點，獲得的結果可能就會偏低。無論哪種情況，評估結果都會出現一定偏差。

為了解決這個問題，可以把訓練集切分成多份，例如將訓練集分成 10 份，如圖 6-10 所示。在驗證某一次結果時，需要把整個過程分成 10 步，第一步用前

9 份當作訓練集，最後一份當作驗證集，獲得一個結果，依此類推，每次都依次用另外一份當作驗證集，其他部分當作訓練集。這樣經過 10 步之後，就獲得 10 個結果，每個結果分別對應其中每一小份，組合在一起剛好包含原始訓練集中所有資料，再對最後獲得的 10 個結果進行平均，就獲得最後模型評估的結果。這個過程就叫作交換驗證。

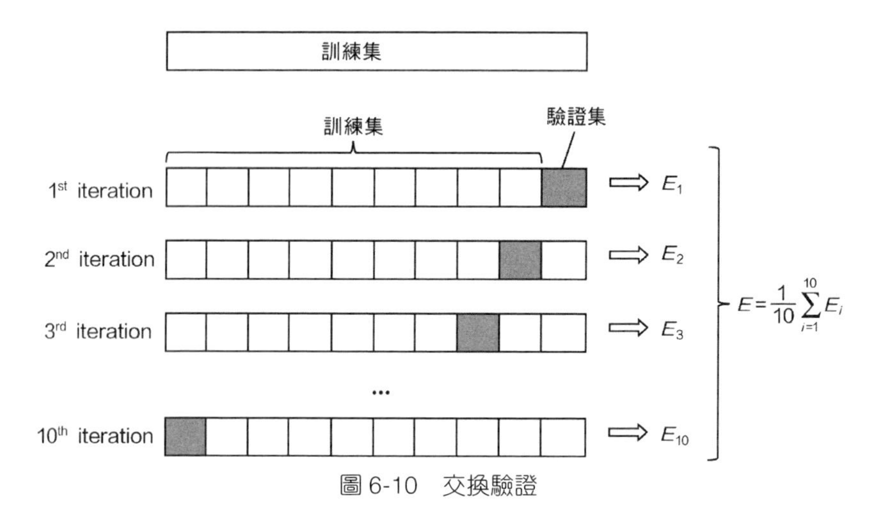

圖 6-10　交換驗證

交換驗證看起來有些複雜，但是能對模型進行更好的評估，使得結果更準確，從後續的實驗中，大家會發現，用不同驗證集評估的時候，結果差異很大，所以這個策略是必須要做的。在 sklearn 工具套件中，已經實現好資料集切分的功能，這裡需先將資料集劃分成訓練集和測試集，切分驗證集的工作等到建模的時候再做也來得及，程式如下：

In

```
# 匯入資料集切分模組
from sklearn.cross_validation import train_test_split
# 對整個資料集進行劃分，X 為特徵資料，Y 為標簽，test_size 為測試集比例，random_
state 為隨機種子，目的是使得每次隨機的結果都能一樣
X_train, X_test, y_train, y_test=train_test_split(X, y, test_size = 0.3, random_
state = 0)
print(" 原始訓練集包含樣本數量：", len(X_train))
print(" 原始測試集包含樣本數量：", len(X_test))
print(" 原始樣本總數：", len(X_train)+len(X_test))
```

	# 下取樣資料集進行劃分 X_train_undersample,X_test_undersample,y_train_undersample,y_test_undersample=train_test_split(X_undersample,y_undersample,test_ size=0.3, random_state = 0) print(" 下取樣訓練集包含樣本數量 : ", len(X_train_undersample)) print(" 下取樣測試集包含樣本數量 : ", len(X_test_undersample)) print(" 下取樣樣本總數 : ", len(X_train_undersample)+len(X_test_undersample))
Out	原始訓練集包含樣本數量： 199364 原始測試集包含樣本數量： 85443 原始樣本總數： 284807 下取樣訓練集包含樣本數量： 688 下取樣測試集包含樣本數量： 296 下取樣樣本總數： 984

透過輸出結果可以發現，在切分資料集時做了兩件事：首先對原始資料集進行劃分，然後對下取樣資料集進行劃分。我們最初的目標不是要用下取樣資料集建模嗎，為什麼又對原始資料進行切分操作呢？這裡先留一個伏筆，後續將慢慢揭曉。

6.2.2 模型評估方法

接下來，沒錯，還沒到實際建模工作，還需要考慮模型的評估方法，為什麼建模之前要考慮整個過程呢？

因為建模是一個過程，需要優先考慮如何評估其價值，而非僅提供一堆模型參數值。準確率是分類問題中最常使用的參數，用於說明在整體中做對了多少。下面舉一個與這份資料集相似的實例：醫院中有 1000 個病人，其中 10 個罹癌，990 個沒有罹癌，需要建立一個模型來區分他們。假設模型認為病人都沒有罹癌，只有 10 個人分類有錯，因此獲得的準確率高達 990/1000，也就是 0.99，看起來是十分不錯的結果。但是建模的目的是找出患有癌症的病人，即使一個都沒找到，準確率也很高。這說明對於不同的問題，需要指定特定的評估標準，因為不同的評估方法會產生非常大的差異。

大師說：選擇合適的評估方法非常重要，因為評估方法是為整個實驗提供決策的服務的，所以一定要基於實際工作與資料集進行選擇。

在這個問題中，癌症患者與非癌症患者人數比例十分不均衡，那麼，該如何建模呢？既然已經明確建模的目標是為了檢測到癌症患者（例外樣本），應當把重點放在他們身上，可以考慮模型在例外樣本中檢測到多少個。對上述問題來說，一個癌症病人都沒檢測到，表示召回率（Recall ）為 0。這裡提到了召回率，先通俗了解一下：就是觀察指定目標，針對這個目標統計你取得了多大成績，而非針對整體而言。

如果直接列出計算公式，了解起來可能有點吃力，現在先來解釋一下在機器學習以及資料科學領域中常用的名詞，了解了這些名詞，就很容易了解這些評估方法。

下面還是由一個問題來引用，假如某個班級有男生 80 人，女生 20 人，共計 100 人，目標是找出所有女生。現在某次實驗挑選出 50 個人，其中 20 人是女生，另外還錯誤地把 30 個男生也當作女生挑選出來（這裡把女生當作正例，男生當作負例）。

表 6-1 列出了 TP、TN、FP、FN 四個關鍵字的解釋，這裡告訴大家一個竅門，不需要死記硬背，從詞表面的意思上也可以理解它們。

表 6-1　TP、TN、FP、FN 解釋

	相關（Relevant），正類別	無關（NonRelevant），負類別
被檢索到（Retrieved）	True Positives（TP 正類別判斷為正類別，實例中就是正確的判斷「這位是女生」）	False Positives（FP 負類別判斷為正類別，「存偽」，實例中就是分明是男生卻判斷為女生）
未被檢索到（Not Retrieved）	False Negatives（FN 正類別判斷為負類別，「去真」，實例中就是，分明是女生判斷為男生）	True Negatives（TN 負類別判定為負類別，也就是一個男生被判斷為男生）

（1）TP。首先，第一個詞是 True，這就表明模型預測結果正確，再看 Positive，指預測成正例，組合在一起就是首先模型預測正確，即將正例預測

成正例。傳回來看題目，選出來的 50 人中有 20 個是女生，那麼 TP 值就是 20，這 20 個女生被當作女生選出來。

（2）FP。FP 表明模型預測結果錯誤，並且被當作 Positive（也就是正例）。在題目中，就是錯把男生當作女生選出來。在這裡目標是選女生，選出來的 50 人中有 30 個卻是男的，因此 FP 等於 30。

（3）FN。同理，首先預測結果錯誤，並且被當作負例，也就是把女生錯當作男生選出來，題中並沒有這個現象，所以 FN 等於 0。

（4）TN。預測結果正確，但把負例當作負例，將男生當作男生選出來，題中有 100 人，選出認為是女生的 50 人，剩下的就是男生了，所以 TN 等於 50。

上述評估分析中常見的 4 個指標只需要掌握其含義即可。下面來看看透過這 4 個指標能得出什麼結論。

- 準確率（Accuracy）：表示在分類問題中，做對的佔整體的百分比。

$$\mathrm{Accuracy} = \frac{\mathrm{TP} + \mathrm{TN}}{\mathrm{TP} + \mathrm{TN} + \mathrm{FP} + \mathrm{FN}} \tag{6.2}$$

- 召回率（Recall）：表示在正例中有多少能預測到，覆蓋面的大小。

$$\mathrm{Recall} = \frac{\mathrm{TP}}{\mathrm{TP} + \mathrm{FN}} \tag{6.3}$$

- 精確度（Precision）：表示被分為正例中實際為正例的比例。

$$P = \frac{\mathrm{TP}}{\mathrm{TP} + \mathrm{FP}} \tag{6.4}$$

上面介紹了 3 種比較常見的評估指標，下面回到信用卡分類問題，想一想在這份檢測工作中，應當使用哪一個評估指標呢？由於目的是檢視有多少例外樣本能被檢測出來，所以應當使用召回率進行模型評估。

6.2.3 正規化懲罰

本小節討論的是正規化懲罰，這個名字看起來有點不自然，好好的模型為什麼要懲罰呢？先來解釋一下過擬合的含義。

建模的出發點就是盡可能多地滿足樣本資料，在圖 6-11 中，圖 6-11（a）中直線看起來有點簡單，沒有滿足大部分資料樣本點，這種情況就是欠擬合，究其原因，可能由於模型本身過於簡單所導致。再來看圖 6-11（b），比圖 6-11（a）所示模型稍微複雜些，可以滿足大多數樣本點，這是一個比較不錯的模型。但是透過觀察可以發現，還是沒有抓住所有樣本點，這只是一個大致輪廓，那麼如果能把模型做得更複雜，豈不是更好？再來看圖 6-11（c），這是一個非常複雜的回歸模型，竟然把所有樣本點都抓到了，給人的第一感覺是模型十分強大，但是也會存在一個問題——模型是在訓練集上獲得的，測試集與訓練集卻不完全一樣，一旦進行測試，效果可能不盡如人意。

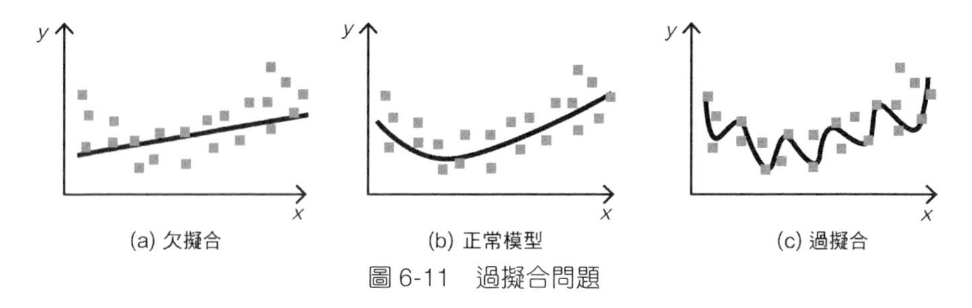

圖 6-11　過擬合問題

在機器學習中，通常都是先用簡單的模型進行嘗試，如果達不到要求，再做複雜一點的，而非先用最複雜的模型來做，雖然訓練集的準確度可以達到 99% 甚至更高，但是實際應用的效果卻很差，這就是過擬合。

我們在機器學習工作中經常會遇到過擬合現象，最常見的情況就是隨著模型複雜程度的提升，訓練集效果越來越好，但是測試集效果反而越來越差，如圖 6-12 所示。

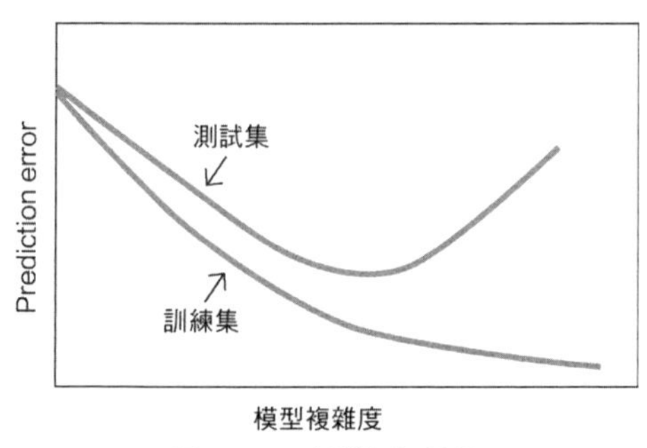

圖 6-12　過擬合現象

對同一演算法來說，模型的複雜程度由誰來控制呢？當然就是其中要求解的參數（例如梯度下降中最佳化的參數），如果在訓練集上獲得的參數值忽高忽低，就很可能導致過擬合，所以正規化懲罰就是為解決過擬合準備的，即懲罰數值較大的加權參數，讓它們對結果的影響小一點。

還是舉一個實例來看看其作用，假設有一筆樣本資料是 x:[1,1,1,1]，現在有兩個模型：

- θ_1：[1,0,0,0]
- θ_2：[0.25,0.25,0.25,0.25]

可以發現，模型參數 θ_1、θ_2 與資料 x 組合之後的結果都為 1（也就是對應位置相乘求和的結果）。這是不是表示兩個模型的效果相同呢？再觀察發現，兩個參數本身具有很大的差異，θ_1 只有第一個位置有值，相當於只注重資料中第一個特徵，其他特徵完全不考慮；而 θ_2 會同等對待資料中的所有特徵。雖然它們的結果相同，但是，如果讓大家來選擇，大概都會選擇第二個，因為它比較均衡，沒有那麼絕對。

在實際建模中，也需要進行這樣的篩選，選擇泛化能力更強的也就是都趨於穩定的加權參數。那麼如何把控參數呢？此時就需要一個懲罰項，以懲罰那些類似 θ_1 模型的參數，懲罰項會與目標函數組合在一起，讓模型在反覆運算過程中就開始重視這個問題，而非建模完成後再來調整，常見的有 L1 和 L2 正規化懲罰項：

- L1 正規化：

$$J = J_0 + \alpha \sum_w |w| \tag{6.5}$$

- L2 正規化：

$$J = J_0 + \alpha \sum_w w^2 \tag{6.6}$$

兩種正規化懲罰方法都對加權參數進行了處理，既然加到目標函數中，目的就是不讓個別加權太大，以致對局部產生較大影響，也就是過擬合的結果。在 L1 正規化中可以對 $|w|$ 求累加和，但是只直接計算絕對值求累加和的話，

例如上述實例中 θ_1 和 θ_2 的結果仍然相同，都等於 1，並沒有作出區分。這時候 L2 正規化就登場了，它的懲罰力道更大，對加權參數求平方和，目的就是讓大的更大，相對懲罰也更多。θ_1 的 L2 懲罰為 1，θ_2 的 L2 懲罰只有 0.25，表明 θ_1 帶來的損失更大，在模型效果一致的前提下，當然選擇整體效果更優的 θ_2 組模型。

細心的讀者可能還會發現，在懲罰項的前面還有一個 α 係數，它表示正規化懲罰的力道。以一種極端情況舉例說明：如果 α 值比較大，表示要非常嚴格地對待加權參數，此時正規化懲罰的結果會對整體目標函數產生較大影響。如果 α 值較小，表示懲罰的力道較小，不會對結果產生太大影響。

大師說：最後結果的定論是由測試集決定的，訓練集上的效果僅供參考，因為過擬合現象十分常見。

6.3 邏輯回歸模型

歷盡千辛萬苦，現在終於到建模的時候了，這裡需要把上面考慮的所有內容都結合在一起，再用工具套件建立一個基礎模型就非常簡單，困難在於怎樣獲得最佳的結果，其中每一環節都會對結果產生不同的影響。

6.3.1 參數對結果的影響

在邏輯回歸演算法中，有關的參數比較少，這裡僅對正規化懲罰力道進行調參實驗，為了比較分析交換驗證的效果，對不同驗證集分別進行建模與評估分析，程式如下：

In

```
def printing_Kfold_scores(x_train_data,y_train_data):
    fold = KFold(len(y_train_data),5,shuffle=False)
    # 定義不同的正規化懲罰力道
    c_param_range = [0.01,0.1,1,10,100]
    # 展示結果用的表格
    results_table=pd.DataFrame(index=range(len(c_param_range),2),
columns = ['C_parameter','Mean recall score'])
```

```
  results_table['C_parameter'] = c_param_range
  # k-fold 表示 K 折的交叉驗證，這裡會得到兩個索引集合：訓練集 =
indices[0], 驗證集 = indices[1]
  lnj = 0
  # 循環檢查不同的參數
  for c_param in c_param_range:
    print('-------------------------------------------')
    print(' 正規化懲罰力道 : ', c_param)
    print('-------------------------------------------')
    print('')
    recall_accs = []
    # 一步步分解來執行交換驗證
    for iteration, indices in enumerate(fold,start=1):
      # 指定演算法模型，並且指定參數
      lr = LogisticRegression(C = c_param, penalty = 'l1')
        # 訓練模型，注意不要給錯索引，訓練的時候傳入的一定是訓練集，
所以 X 和 Y 的索引都是 0
    lr.fit
(x_train_data.iloc[indices[0],:],y_train_data.iloc[indices[0],:].values.ravel())
    # 建立好模型後，預測模型結果，這裡用的就是驗證集，索引為 1
y_pred_undersample = lr.predict(x_train_data.iloc[indices[1],:].values)
    # 預測結果明確後，就可以進行評估，這裡 recall_score 需要傳入預測值
和真實值
      recall_acc=recall_score(y_train_data.iloc[indices[1],:].values,y_
pred_undersample)
    # 一會還要算平均，所以把每一步的結果都先儲存起來
    recall_accs.append(recall_acc)
    print('Iteration ', iteration,': 召回率 = ', recall_acc)
  # 當執行完所有的交換驗證後，計算平均結果
  lnresults_table.loc[j,'Mean recall score'] = np.mean(recall_accs)
  j + = 1 print('')
  print(' 平均召回率 ', np.mean(recall_accs))
  print('')
  # 找到最好的參數，哪一個 Recall 高，自然就是最好的
  best_c=results_table.loc[results_table['Meanrecallscore'].astype('float32').
idxmax()]['C_parameter']

  # 列印最好的結果 print('**************************************')
  print(' 效果最好的模型所選參數 = ', best_c)
  print('**************************************************')
  return best_c
best_c = printing_Kfold_scores(X_train_undersample,y_train_undersample)
```

上述程式中，KFold 用於選擇交換驗證的折數，這裡選擇 5 折，即把訓練集平均分成 5 份。c_param 是正則化懲罰的力道，也就是正規化懲罰公式中的。為了觀察不同懲罰力道對結果的影響，在建模的時候，巢狀結構兩層 for 迴圈，首先選擇不同的懲罰力道參數，然後對於每一個參數都進行 5 折的交換驗證，最後獲得其驗證集的召回率結果。在 sklearn 工具套件中，所有演算法的建模呼叫方法都是類似的，首先選擇需要的演算法模型，然後 .fit() 傳入實際資料進行反覆運算，最後用 .predict() 進行預測。

上述程式可以產生圖 6-13 的輸出。先來單獨看正規化懲罰的力道 C 為 0.01 時，透過交換驗證分別獲得 5 次實驗結果，可以發現，即使在相同參數的情況下，交換驗證結果的差異還是很大，其值在 0.93 ～ 1.0 之間浮動，但是千萬別小看這幾個百分點，建模都是圍繞著一步步小的提升逐步最佳化的，所以交換驗證非常有必要。

```
-------------------------------------------
正規化懲罰力度:  0.01
-------------------------------------------

Iteration  1 : 召回率 =  0.958904109589
Iteration  2 : 召回率 =  0.931506849315
Iteration  3 : 召回率 =  1.0
Iteration  4 : 召回率 =  0.972972972973
Iteration  5 : 召回率 =  0.984848484848

平均召回率  0.969646483345

-------------------------------------------
正規化懲罰力度:  0.1
-------------------------------------------

Iteration  1 : 召回率 =  0.849315068493
Iteration  2 : 召回率 =  0.86301369863
Iteration  3 : 召回率 =  0.949152542373
Iteration  4 : 召回率 =  0.945945945946
Iteration  5 : 召回率 =  0.893939393939

平均召回率  0.900273329876

-------------------------------------------
正規化懲罰力度:  1
-------------------------------------------

Iteration  1 : 召回率 =  0.849315068493
Iteration  2 : 召回率 =  0.904109589041
Iteration  3 : 召回率 =  0.966101694915
Iteration  4 : 召回率 =  0.945945945946
Iteration  5 : 召回率 =  0.909090909091

平均召回率  0.914912641497

-------------------------------------------
正規化懲罰力度:  10
-------------------------------------------

Iteration  1 : 召回率 =  0.849315068493
Iteration  2 : 召回率 =  0.904109589041
Iteration  3 : 召回率 =  0.966101694915
Iteration  4 : 召回率 =  0.932432432432
Iteration  5 : 召回率 =  0.909090909091

平均召回率  0.912209938795

-------------------------------------------
正規化懲罰力度:  100
-------------------------------------------

Iteration  1 : 召回率 =  0.849315068493
Iteration  2 : 召回率 =  0.904109589041
Iteration  3 : 召回率 =  0.983050847458
Iteration  4 : 召回率 =  0.945945945946
Iteration  5 : 召回率 =  0.909090909091

平均召回率  0.918302472006

*********************************************
效果最好的模型所選參數 =  0.01
*********************************************
```

圖 6-13　下取樣資料集邏輯回歸評估分析

在 sklearn 工具套件中，*C* 參數的意義正好是倒過來的，例如 *C*=0.01 表示正規化力道比較大，而 *C*=100 則表示力道比較小。看起來有點像陷阱，但既然工具套件這樣定義了，也只好按照其要求做，所以一定要參考其 API 文件（見圖 6-14）。

再來比較分析不同參數獲得的結果，直接觀察交換驗證最後的平均召回率值就可以，不同參數的情況下，獲得的結果各不相同，差異還是存在的，所以在建模的時候調參必不可少，可能大家都覺得應該按照經驗值去做，但更多的時候，經驗值只能提供一個大致的方向，實際的探索還是透過大量的實驗進行分析。

Parameters: **penalty :** ***str, 'l1' or 'l2', default: 'l2'***

Used to specify the norm used in the penalization. The 'newton-cg', 'sag' and 'lbfgs' solvers support only l2 penalties.

New in version 0.19: l1 penalty with SAGA solver (allowing 'multinomial' + L1)

dual : ***bool, default: False***

Dual or primal formulation. Dual formulation is only implemented for l2 penalty with liblinear solver. Prefer dual=False when n_samples > n_features.

tol : ***float, default: 1e-4***

Tolerance for stopping criteria.

C : ***float, default: 1.0***

Inverse of regularization strength; must be a positive float. Like in support vector machines, smaller values specify stronger regularization.

fit_intercept : ***bool, default: True***

Specifies if a constant (a.k.a. bias or intercept) should be added to the decision function.

intercept_scaling : ***float, default 1.***

Useful only when the solver 'liblinear' is used and self.fit_intercept is set to True. In this case, x becomes [x, self.intercept_scaling], i.e. a "synthetic" feature with constant value equal to intercept_scaling is appended to the instance vector. The intercept becomes `intercept_scaling * synthetic_feature_weight`.

Note! the synthetic feature weight is subject to l1/l2 regularization as all other features. To lessen the effect of regularization on synthetic feature weight (and therefore on the intercept) intercept_scaling has to be increased.

圖 6-14　參數 API 文件

現在已經完成建模和基本的調參工作，只看這個 90% 左右的結果，感覺還不錯，但是，如果想知道模型的實際表現，需要再深入分析。

6.3.2 混淆矩陣

預測結果明確之後，還可以更直觀地進行展示，這時候混淆矩陣就派上用場了（見圖 6-15）。

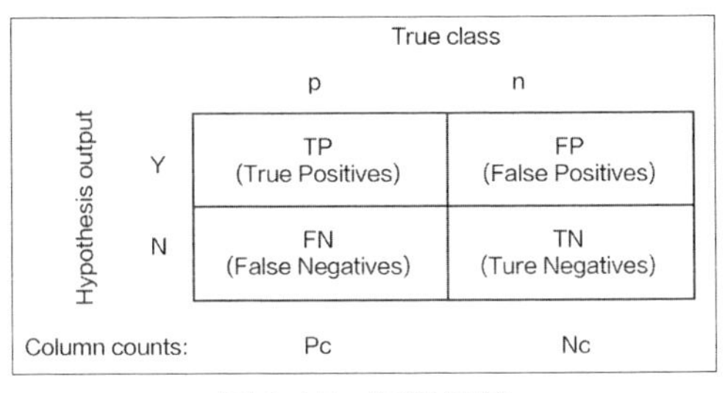

圖 6-15　混淆矩陣

混淆矩陣中用到的指標值前面已經解釋過，既然已經訓練好模型，就可以展示其結果，這裡用到 Matplotlib 工具套件，大家可以把下面的程式當成一個混淆矩陣範本，用的時候，只需傳入自己的資料即可：

In

```
def plot_confusion_matrix(cm, classes,
                          title='Confusion matrix',
                          cmap=plt.cm.Blues):
    """
    繪製混淆矩陣
    """
    plt.imshow(cm, interpolation='nearest', cmap=cmap)
    plt.title(title)
    plt.colorbar()
    tick_marks = np.arange(len(classes))
    plt.xticks(tick_marks, classes, rotation=0)
    plt.yticks(tick_marks, classes)

    thresh = cm.max() / 2.
    for i, j in itertools.product(range(cm.shape[0]), range(cm.shape[1])):
        plt.text(j, i, cm[i, j],
                 horizontalalignment="center",
                 color="white" if cm[i, j] > thresh else "black")

    plt.tight_layout()
    plt.ylabel('True label')
    plt.xlabel('Predicted label')
```

定義好混淆矩陣的畫法之後，需要傳入實際預測結果，呼叫之前的邏輯回歸模型，獲得測試結果，再把資料的真實標籤值傳進去即可：

In

```
lr = LogisticRegression(C = best_c, penalty = 'l1')
lr.fit(X_train_undersample,y_train_undersample.values.ravel())
y_pred_undersample = lr.predict(X_test_undersample.values)
# 計算所需值
cnf_matrix = confusion_matrix(y_test_undersample,y_pred_undersample)
np.set_printoptions(precision=2)
print(" 召回率：", cnf_matrix[1,1]/(cnf_matrix[1,0]+cnf_matrix[1,1]))
# 繪製
class_names = [0,1]
plt.figure()
```

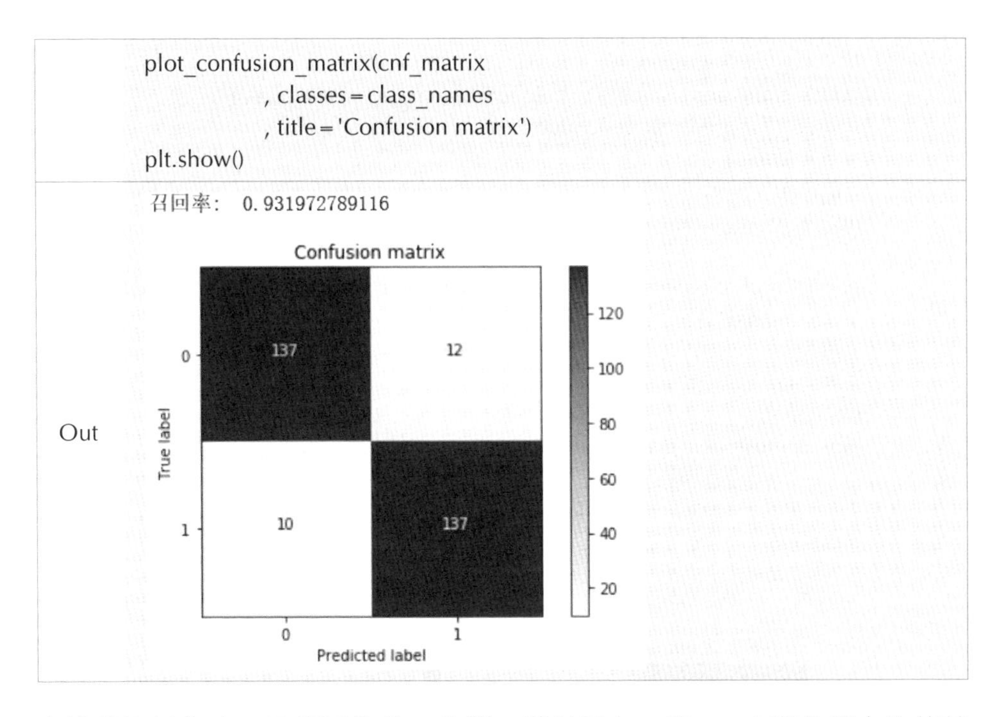

在這份資料集中，目標工作是二分類，所以只有 0 和 1，主對角線上的值就是預測值和真實值一致的情況，深色區域代表模型預測正確（真實值和預測值一致），其餘位置代表預測錯誤。數值 10 代表有 10 個樣本資料本來是例外的，模型卻將它預測成為正常，相當於「漏檢」。數值 12 代表有 12 個樣本資料本來是正常的，卻把它當成例外的識別出來，相當於「誤殺」。

最後獲得的召回率值約為 0.9319，看起來是一個還不錯的指標，但是還有沒有問題呢？用下取樣的資料集進行建模，並且測試集也是下取樣的測試集，在這份測試集中，例外樣本和正常樣本的比例基本均衡，因為已經對資料集進行過處理。但是實際的資料集並不是這樣的，相當於在測試時用理想情況來代替真實情況，這樣的檢測效果可能會偏高，所以，值得注意的是，在測試的時候，需要使用原始資料的測試集，才能最具代表性，只需要改變傳入的測試資料即可，程式如下：

In

```
lr = LogisticRegression(C = best_c, penalty = 'l1')
lr.fit(X_train_undersample,y_train_undersample.values.ravel())
y_pred = lr.predict(X_test.values)
# 計算所需值
cnf_matrix = confusion_matrix(y_test,y_pred)
np.set_printoptions(precision=2)

print("Recall metric in the testing dataset: ", cnf_matrix[1,1]/(cnf_matrix[1,0]
+cnf_matrix[1,1]))
# 繪製
class_names = [0,1]
plt.figure()
plot_confusion_matrix(cnf_matrix
                      , classes=class_names
                      , title='Confusion matrix')
plt.show()
```

Out

```
召回率: 0.925170068027
```

Confusion matrix

True label \ Predicted label	0	1
0	77347	7949
1	11	136

還記得在切分資料集的時候，我們做了兩手準備嗎？不僅對下取樣資料集進行切分，而且對原始資料集也進行了切分。這時候就派上用場了，得到的召回率值為 0.925，雖然有所下降，但是整體來說還是可以的。

在實際的測試中，不僅需要考慮評估方法，還要注重實際應用情況，再深入混淆矩陣中，看看還有哪些實際問題。上圖中左下角的數值為 11，看起來沒有問題，說明有 11 個漏檢的，只比之前的 10 個多 1 個而已。但是，右上角有一個數字格外顯眼——7949，表示有 7949 個樣本被誤殺。好像之前用下取樣資料集進行測試的時候沒有注意到這一點，因為只有 20 個樣本被誤殺。但是，在實際的測試集中卻出現了這樣的事：整個測試集一共只有 100 多個例外樣本，模型卻誤殺掉 7949 個，有點誇張了，根據實際業務需求，後續肯定要對檢測出來的例外樣本做一些處理，例如凍結帳號、電話詢問等，如果誤殺掉這麼多樣本，實際業務也會出現問題。

大師說：在測試中還需綜合考慮，不僅要看模型實際的指標值（例如召回率、精度等），還需要從實際問題角度評估模型到底可不可取。

問題已經很嚴峻，模型現在出現了大問題，該如何改進呢？是對模型調整參數，不斷最佳化演算法呢？還是在資料層面做一些處理呢？一般情況下，建議大家先從資料下手，因為對資料做轉換要比最佳化演算法模型更容易，獲得的效果也更突出。不要忘了之前提出的兩種方案，而且過取樣方案還沒有嘗試，會不會發生一些變化呢？下面就來揭曉答案。

6.3.3 分類設定值對結果的影響

回想一下邏輯回歸演算法原理，透過 Sigmoid 函數將得分值轉換成機率值，那麼，怎麼獲得實際的分類結果呢？預設情況下，模型都是以 0.5 為界限來劃分類別：

$$\begin{cases} \text{正例} \ p > 0.5 \\ \text{負例} \ p < 0.5 \end{cases} \tag{6.7}$$

可以說 0.5 是一個經驗值，但是並不是固定不變的，實作時可以根據自己的標準來指定該設定值大小。如果設定值設定得大一些，相當於要求變得嚴格，只有非常例外的樣本，才能當作例外；如果設定值設定得比較小，相當於寧肯錯殺也不肯放過，只要有一點例外就通通抓起來。

在 sklearn 工具套件中既可以用 .predict() 函數獲得分類結果，相當於以 0.5 為預設設定值，也可以用 .predict_proba() 函數獲得其機率值，而不進行類別判斷，程式如下：

In	# 用之前最好的參數來進行建模
	lr = LogisticRegression(C = 0.01, penalty = 'l1')
	# 訓練模型，還是用下取樣的資料集
	lr.fit(X_train_undersample,y_train_undersample.values.ravel())
	# 獲得預測結果的機率值
	y_pred_undersample_proba = lr.predict_proba(X_test_undersample.values)
	# 指定不同的設定值
	thresholds=[0.1,0.2,0.3,0.4,0.5,0.6,0.7,0.8,0.9]
	plt.figure(figsize=(10,10))
	j = 1
	# 用混淆矩陣進行展示
	for i in thresholds:
	# 比較預測機率與指定設定值
	  y_test_predictions_high_recall = y_pred_undersample_proba[:,1] > i
	
	  plt.subplot(3,3,j)
	  j += 1
	  cnf_matrix = confusion_matrix(y_test_undersample,y_test_predictions_high_recall)
	  np.set_printoptions(precision=2)
	  print("Recall metric in the testing dataset: ", cnf_matrix[1,1]/(cnf_matrix[1,0]+cnf_matrix[1,1]))
	  class_names = [0,1]
	  plot_confusion_matrix(cnf_matrix
	        , classes=class_names
	        , title='Threshold >= %s'%i)

Out	指定設定值為 : 0.1 時測試集召回率： 1.0 指定設定值為 : 0.2 時測試集召回率： 1.0 指定設定值為 : 0.3 時測試集召回率： 1.0 指定設定值為 : 0.4 時測試集召回率： 0.993197278912 指定設定值為 : 0.5 時測試集召回率： 0.931972789116 指定設定值為 : 0.6 時測試集召回率： 0.877551020408 指定設定值為 : 0.7 時測試集召回率： 0.829931972789 指定設定值為 : 0.8 時測試集召回率： 0.748299319728 指定設定值為 : 0.9 時測試集召回率： 0.585034013605

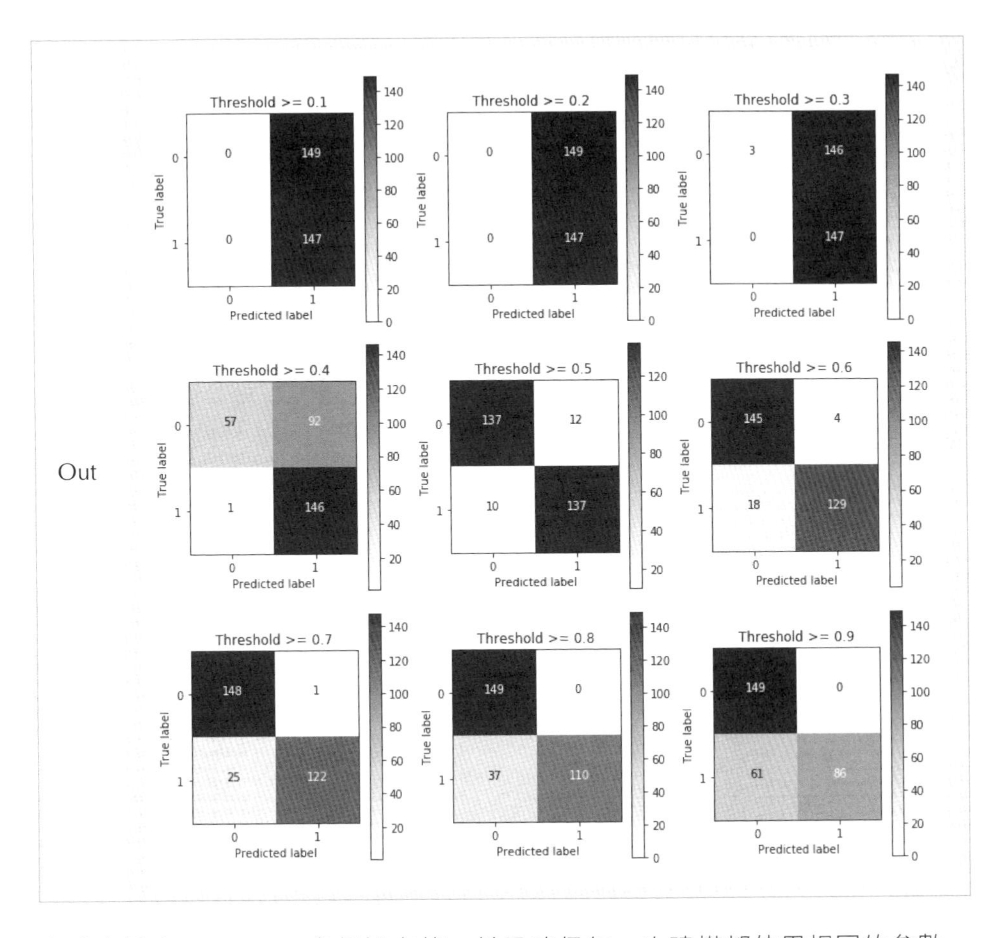

程式中設定 0.1 ～ 0.9 多個設定值，並且確保每一次建模都使用相同的參數，將獲得的機率值與指定設定值進行比較來完成分類工作。

現在觀察一下輸出結果，當設定值比較小的時候，可以發現召回率指標非常高，第一個子圖竟然把所有樣本都當作例外的，但是誤殺率也是很高的，實際意義並不大。隨著設定值的增加，召回率逐漸下降，也就是漏檢的逐步增多，而誤殺的慢慢減少，這是正常現象。當設定值趨於中間範圍時，看起來各有優缺點，當設定值等於 0.5 時，召回率偏高，但是誤殺的樣本個數有點多。當設定值等於 0.6 時，召回率有所下降，但是誤殺樣本數量明顯減少。那麼，究竟選擇哪一個設定值比較合適呢？這就需要從實際業務的角度出發，看一看實際問題中，到底需要模型更符合哪一個標準。

6.4 過取樣方案

在下取樣方案中，雖然獲得較高的召回率，但是誤殺的樣本數量實在太多了，下面就來看看用過取樣方案是否可解決這個問題。

6.4.1 SMOTE 資料產生策略

如何才能讓例外樣本與正常樣本一樣多呢？這裡需要對少數樣本進行產生，這可不是複製貼上，一模一樣的樣本是沒有用的，需要採用一些策略，最常用的就是 SMOTE 演算法（見圖 6-16），其流程如下。

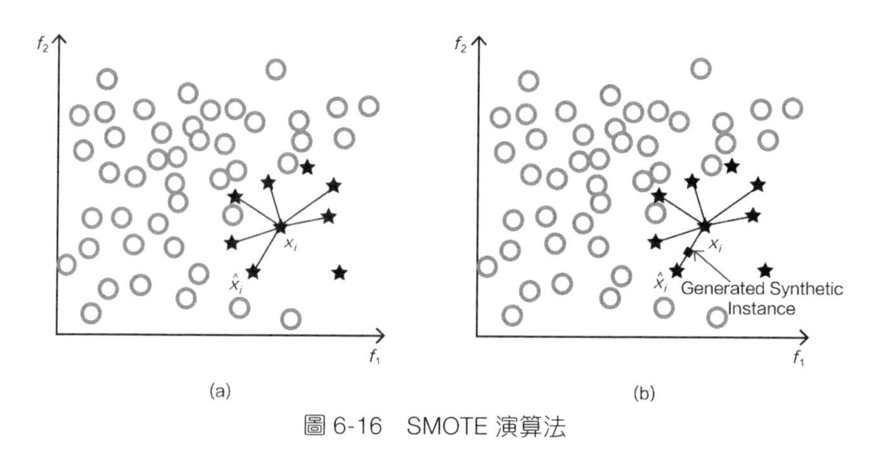

圖 6-16　SMOTE 演算法

第①步：對於少數類別中每一個樣本 x，以歐式距離為標準，計算它到少數類別樣本集中所有樣本的距離，經過排序，獲得其近鄰樣本。

第②步：根據樣本不平衡比例設定一個取樣倍率 N，對於每一個少數樣本 x，從其近鄰開始依次選擇 N 個樣本。

第③步：對於每一個選出的近鄰樣本，分別與原樣本按照以下的公式建置新的樣本資料。

$$x_{\text{new}} = x + \text{rand}(0,1) \times (\tilde{x} - x) \tag{6.8}$$

歸納一下：對於每一個例外樣本，首先找到離其最近的同類樣本，然後在它們之間的距離上，取 0 ～ 1 中的隨機小數作為比例，再加到原始資料點上，就獲得新的例外樣本。對於 SMOTE 演算法，可以使用 imblearn 工具套件完成這個操作，首先需要安裝該工具套件，可以直接在命令列中使用 pip install imblearn 完成安裝操作。再把 SMOTE 演算法載入進來，只需要將特徵資料和標籤傳進去，接下來就獲得 20W+ 個例外樣本，完成過取樣方案。

In
```
from imblearn.over_sampling import SMOTE
oversampler=SMOTE(random_state=0)
os_features,os_labels=oversampler.fit_sample(features_train,labels_train)
```

6.4.2 過取樣應用效果

過取樣方案的效果究竟怎樣呢？同樣使用邏輯回歸演算法來看看：

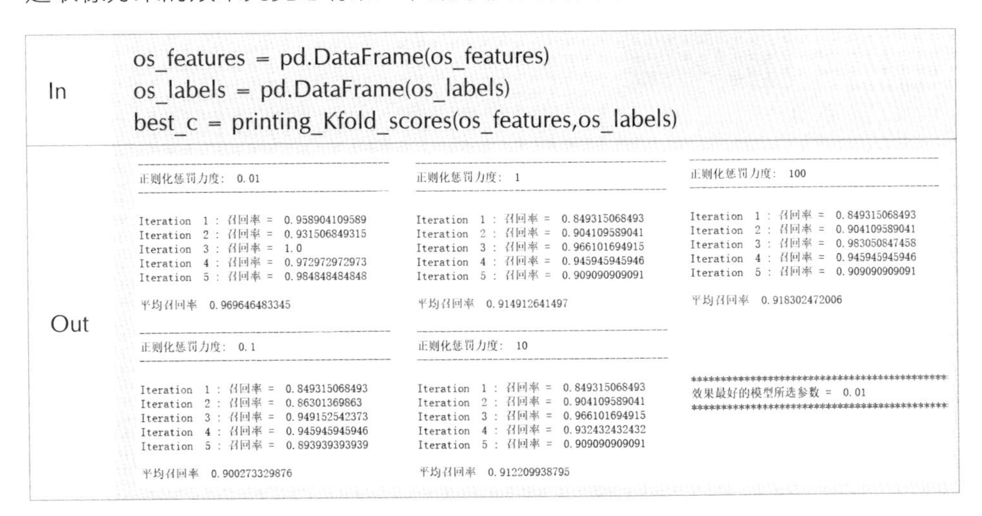

In
```
os_features = pd.DataFrame(os_features)
os_labels = pd.DataFrame(os_labels)
best_c = printing_Kfold_scores(os_features,os_labels)
```

Out
```
正则化惩罚力度:  0.01

Iteration  1 : 召回率 =  0.958904109589
Iteration  2 : 召回率 =  0.931506849315
Iteration  3 : 召回率 =  1.0
Iteration  4 : 召回率 =  0.972972972973
Iteration  5 : 召回率 =  0.984848484848

平均召回率  0.969646483345

正则化惩罚力度:  0.1

Iteration  1 : 召回率 =  0.849315068493
Iteration  2 : 召回率 =  0.86301369863
Iteration  3 : 召回率 =  0.949152542373
Iteration  4 : 召回率 =  0.945945945946
Iteration  5 : 召回率 =  0.893939393939

平均召回率  0.900273329876

正则化惩罚力度:  1

Iteration  1 : 召回率 =  0.849315068493
Iteration  2 : 召回率 =  0.904109589041
Iteration  3 : 召回率 =  0.966101694915
Iteration  4 : 召回率 =  0.945945945946
Iteration  5 : 召回率 =  0.909090909091

平均召回率  0.914912641497

正则化惩罚力度:  10

Iteration  1 : 召回率 =  0.849315068493
Iteration  2 : 召回率 =  0.904109589041
Iteration  3 : 召回率 =  0.966101694915
Iteration  4 : 召回率 =  0.932432432432
Iteration  5 : 召回率 =  0.909090909091

平均召回率  0.912209938795

正则化惩罚力度:  100

Iteration  1 : 召回率 =  0.849315068493
Iteration  2 : 召回率 =  0.904109589041
Iteration  3 : 召回率 =  0.983050847458
Iteration  4 : 召回率 =  0.945945945946
Iteration  5 : 召回率 =  0.909090909091

平均召回率  0.918302472006

*********************************************
效果最好的模型所选参数 =  0.01
*********************************************
```

在訓練集上的效果還不錯，再來看看其測試結果的混淆矩陣：

In
```
lr = LogisticRegression(C = best_c, penalty = 'l1')
lr.fit(os_features,os_labels.values.ravel())
y_pred = lr.predict(features_test.values)
# 計算混淆矩陣
cnf_matrix = confusion_matrix(labels_test,y_pred)
np.set_printoptions(precision=2)
```

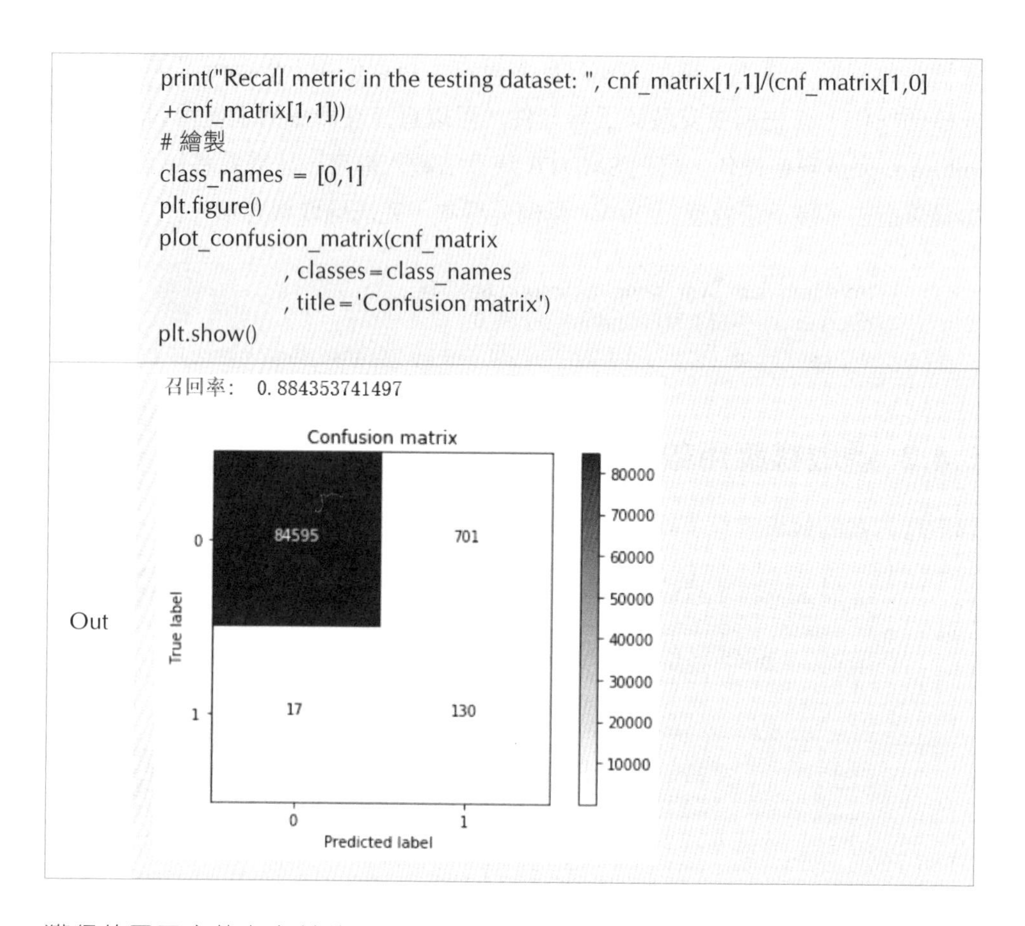

獲得的召回率值與之前的下取樣方案相比有所下降，畢竟在例外樣本中，很多都是假冒的，不能與真實資料相媲美。值得欣慰的是，這回模型的誤殺比例大幅下降，原來誤殺比例佔到所有測試樣本的 10%，現在只佔不到 1%，實際應用效果有很大提升。

經過比較可以明顯發現，過取樣的整體效果優於下取樣（還得依據實際應用效果實際分析），因為可利用的資料資訊更多，使得模型更符合實際的工作需求。但是，對不同的工作與資料來源來說，並沒有一成不變的答案，任何結果都需要透過實驗證明，所以，當大家遇到問題時，最好的解決方案是透過大量實驗進行分析。

專案歸納

1. 在做工作之前，一定要檢查資料，看看資料有什麼問題。在此專案中，透過對資料進行觀察，發現其中有樣本不均衡的問題，針對這些問題，再來選擇解決方案。

2. 針對問題提出兩種方法：下取樣和過取樣。透過兩條路線進行比較實驗，任何實際問題出現後，通常都是先獲得一個基礎模型，然後對各種方法進行比較，找到最合適的，所以在工作開始之前，一定要多動腦筋，做多手準備，獲得的結果才有可選擇的空間。

3. 在建模之前，需要對資料進行各種前置處理操作，例如資料標準化、遺漏值填充等，這些都是必要的，由於資料本身已經指定特徵，此處還沒有有關特徵工程這個概念，後續實戰中會逐步引用，其實資料前置處理工作是整個工作中最重、最苦的工作階段，資料處理得好壞對結果的影響最大。

4. 先選好評估方法，再進行建模實驗。建模的目的就是為了獲得結果，但是不可能一次就獲得最好的結果，一定要嘗試很多次，所以一定要有一個合適的評估方法，可以選擇通用的，例如召回率、準確率等，也可以根據實際問題自己指定合適的評估指標。

5. 選擇合適的演算法，本例中選擇邏輯回歸演算法，詳細分析其中的細節，之後還會說明其他演算法，並不一定非要用邏輯回歸完成這個工作，其他演算法效果可能會更好。但是有一點希望大家能夠了解，就是在機器學習中，並不是越複雜的演算法越實用，反而越簡單的演算法應用越廣泛。邏輯回歸就是其中一個典型的代表，簡單實用，所以任何分類問題都可以把邏輯回歸當作一個待比較的基礎模型。

6. 模型的調參也是很重要的，透過實驗發現，不同的參數可能會對結果產生較大的影響，這一步也是必須的，後續實戰中還會再來強調調參的細節。使用工具套件時，建議先查閱其 API 文件，知道每一個參數的意義，再來進行實驗。

7. 獲得的預測結果一定要和實際工作結合在一起，有時候雖然獲得的評估指標還不錯，但是在實際應用中卻出現問題，所以測試環節也是必不可少的。

Chapter

07

決策樹

決策樹演算法是機器學習中最經典的演算法之一。大家可能聽過一些高深的演算法，例如在競賽中大殺四方的 Xgboost、各種整合策略等，其實它們都是以樹模型來建立為基礎的，掌握基本的樹模型後，再去了解整合演算法就容易多了，本章介紹樹模型的建置方法以及其中有關的剪枝策略。

7.1 決策樹原理

先來看一下決策樹能完成什麼樣的工作。假設一個家庭中有 5 名成員：爺爺、奶奶、媽媽、小男孩和小女孩。現在想做一個調查：這 5 個人中誰喜歡玩遊戲，這裡使用決策樹示範這個過程，如圖 7-1 所示。

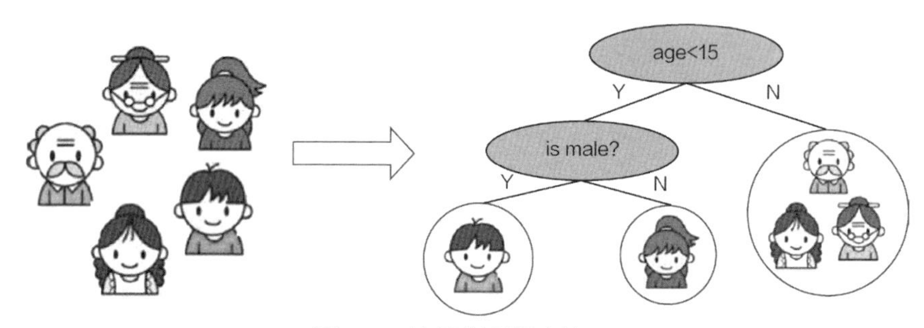

圖 7-1 決策樹分類方法

開始的時候，所有人都屬於一個集合。第一步，依據年齡確定哪些人喜歡玩遊戲，可以設定一個條件，如果年齡大於 15 歲，就不喜歡玩遊戲；如果年齡小於 15 歲，則可能喜歡玩遊戲。這樣就把 5 個成員分成兩部分，一部分是右邊分支，包含爺爺、奶奶和媽媽；另一部分是左邊分支，包含小男孩和小女孩。此時可以認為左邊分支的人喜歡玩遊戲，還有待採擷。右邊分支的人不喜歡玩遊戲，已經淘汰出局。

對於左邊這個分支，可以再進行細分，也就是進行第二步劃分，這次劃分的條件是性別。如果是男性，就喜歡玩遊戲；如果是女性，則不喜歡玩遊戲。這樣就把小男孩和小女孩這個集合再次分成左右兩部分。左邊為喜歡玩遊戲的小男孩，右邊為不喜歡玩遊戲的小女孩。這樣就完成了一個決策工作，劃分過程看起來就像是一棵大樹，輸入資料後，從樹的根節點開始一步步往下劃分，最後一定能達到一個不再分裂的位置，也就是最後的結果。

下面請大家思考一個問題：在用決策樹的時候，演算法是先把資料按照年齡進行劃分，然後再按照性別劃分，這個順序可以顛倒嗎？為什麼要有一個先後的順序呢？這個答案其實也就是決策樹建置的核心。

7.1.1 決策樹的基本概念

熟悉決策樹分類過程之後，再來解釋一下其中有關的基本概念。首先就是樹模型的組成，開始時所有資料都聚集在根節點，也就是起始位置，然後透過各種條件判斷合適的前進方向，最後到達不可再分的節點，因而完成整個生命週期。決策樹的組成如圖 7-2 所示。

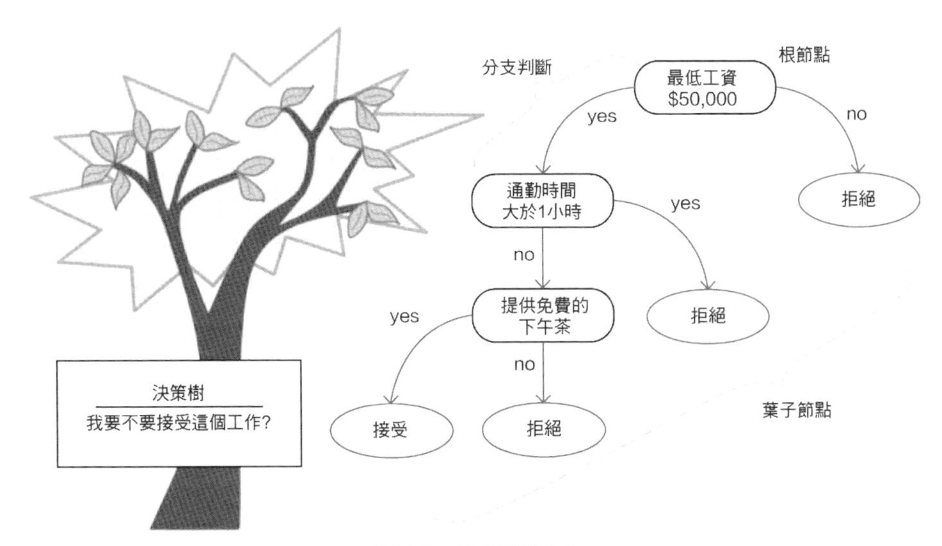

圖 7-2　決策樹組成

- 根節點：資料的聚集地，第一次劃分資料集的地方。
- 非葉子節點與分支：代表中間過程的各個節點。
- 葉子節點：資料最後的決策結果。

剛才完成的決策過程其實是已經建立好了一個樹模型，只需要把資料傳進去，透過決策樹獲得預測結果，也就是測試階段，這步非常簡單。決策樹的核心還是在訓練階段，需要一步步把一個完美的決策樹建置出來。那麼問題來了，怎樣的決策樹才是完美的呢？訓練階段需要考慮的問題比較多，例如根節點選擇什麼特徵來劃分？如果按照年齡劃分，年齡的判斷設定值應該設定成多少？下一個節點按照什麼特徵來劃分？一旦解決這些問題，一個完美的樹模型就建置出來了。

7.1.2 衡量標準

歸納上面所提到的問題，歸根到底就是什麼特徵能夠把資料集劃分得更好，也就是哪個特徵最好用，就把它放到最前面，因為它的效果最好，當然應該先把最厲害的拿出來。就像是參加比賽，一定先上最厲害的隊員（決策樹中可沒有田忌賽馬的故事）。那麼資料中有那麼多特徵，怎麼分辨其能力呢？這就需要列出一個合理的判斷標準，對每個特徵進行評估，獲得一個合適的能力值。

這裡要介紹的衡量標準就是熵值，大家可能對熵有點陌生，先來解釋一下熵的含義，然後再去研究其數學公式吧。

熵指物體內部的混亂程度，怎麼了解混亂程度呢？可以分別想像兩個場景：第一個場景是，當你來到商品批發市場，市場裡有很多商品，看得人眼花繚亂，這麼多商品，好像哪個都想買，但是又比較糾結買哪個，因為可以選擇的商品實在太多。

根據熵的定義，熵值越高，混亂程度越高。這個雜貨市場夠混亂，那麼在這個場景中熵值就較高。但是，模型是希望同一種別的資料放在一起，不同類別的資料分開。那麼，如果各種類別資料都混在一起，劃分效果一定就不好，所以熵值高表示資料沒有分開，還是混雜在一起，這可不是模型想要的。

第二個場景是當你來到一個蘋果手機專賣店，這一進去，好像沒得選，只能買蘋果手機。這個時候熵值就很低，因為這裡沒有三星、華為等，選擇的不確定性就很低，混亂程度也很低。

如果資料劃分後也能像蘋果專賣店一樣，同一種別的都聚集在一起，就達到了分類的目的，解釋過後，來看一下熵的公式：

$$H(X) = -\sum_{i=1}^{n} p_i \times \log\, p_i \qquad (7.1)$$

對於一個多分類問題，需要考慮其中每一個類別。式中，n 為總共的類別數量，也就是整體的熵值是由全部類別所共同決定的；p_i 為屬於每一類別的機率。式（7.1）引用了對數函數，它的作用是什麼呢？先來觀察一下圖 7-3。

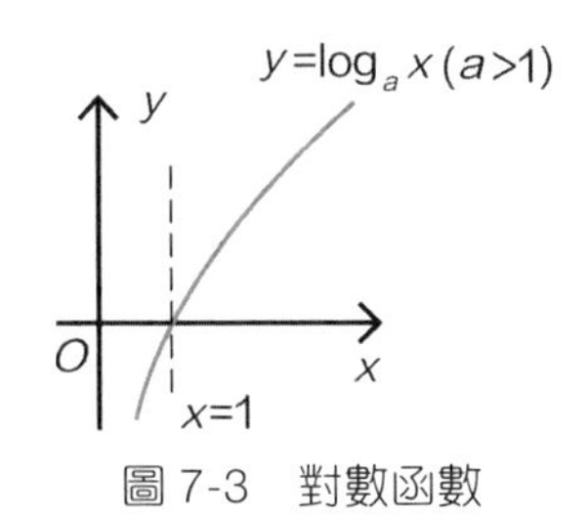

圖 7-3　對數函數

如果一個節點中所有資料都屬於同一種別，此時機率 p_i 值就為 1。在對數圖中，當 x=1 時對應的輸出值剛好為 0，此時熵值也就為 0。因為資料都是一個類別的，沒有任何混亂程度，熵值就為最低，也就是 0。

再舉一個極端的實例，如果一個節點裡面的資料都分屬於不同的類別，例如 10 個資料屬於各自的類別，這時候機率 p_i 值就很低，因為每一個類別取到的機率都很小，觀察圖 7-3 可以發現，當 x 設定值越接近於 0 點，其函數值的絕對值就越大。

由於機率值只對應對數函數中 [0,1] 這一部分，剛好其值也都是負數，所以還需在熵的公式最前面加上一個負號，目的就是負負得正，將熵值轉換成正的。並且隨著機率值的增大，對數函數結果越來越接近於 0，可以用其表示資料分類的效果。

下面再透過一個資料實例了解一下熵的概念：假設 A 集合為 [1,1,1,1,1,1,1,1,2,2]、B 集合為 [1,2,3,4,5,6,7,8,9,10]。在分類工作中，A 集合裡面的資料相對更純，取到各自類別的機率值相對較大，此時熵值就偏低，表示透過這次劃分的結果還不錯。反觀 B 集合，由於裡面什麼類別都有，魚龍混雜，取到各自類別的機率值都較低，由於對數函數的作用，其熵值必然偏高，也就是這次劃分做得並不好。

再來說一說拋硬幣的事，把硬幣扔向天空後落地的時候，結果基本就是對半開，正反各佔 50%，這也是一個二分類工作最不確定的時候，由於無法確定結果，其熵值必然最大。但是，如果非常確定一件事發生或者不發生時，熵值就很小，熵值變化情況如圖 7-4 所示。

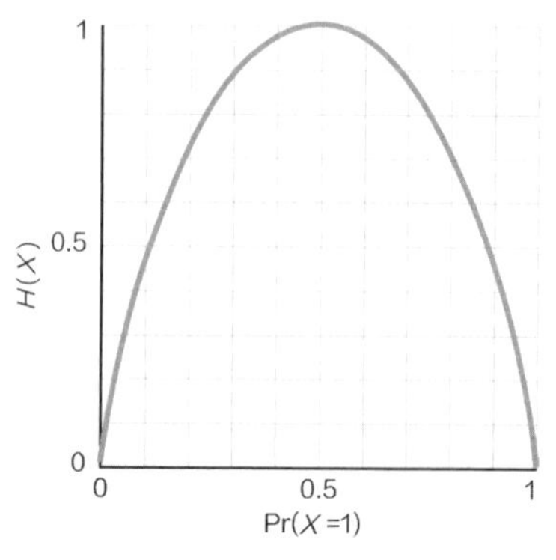

圖 7-4　熵值變化情況

- 當 p=0 或 p =1 時，$H(p)$=0，隨機變數完全沒有不確定性。
- 當 p=0.5 時，$H(p)$=1（式（7.1）中的對數以 2 為底），此時隨機變數的不確定性最大。

在建置分類決策樹時，不僅可以使用熵值作為衡量標準，還可以使用 Gini 係數，原理基本一致，公式如下：

$$\text{Gini}(p)=\sum_{k=1}^{K}p_k(1-p_k)=1-\sum_{k=1}^{K}p_k^2 \tag{7.2}$$

7.1.3 資訊增益

既然熵值可以衡量資料劃分的效果，那麼，在建置決策樹的過程中，如何利用熵值呢？這就要說到資訊增益了，明確這個指標後，決策樹就可以動工了。

資料沒有進行劃分前，可以獲得其本身的熵值，在劃分成左右節點之後，照樣能分別對其節點求熵值。比較資料劃分前後的熵值，目標就是希望熵值能夠降低，如果劃分之後的熵值比之前小，就說明這次劃分是有價值的，資訊增益公式如下：

$$\text{Gain}(S,A)=\text{Entropy}(S)-\sum\nolimits_{v\in\text{Values}}(A)\frac{S_v}{|S|}\text{Entropy}(S_v) \tag{7.3}$$

這裡計算了劃分前後熵值的變化，右項中的實際解釋留到下節的計算實例中更容易了解。

歸納一下，目前已經可以計算經過劃分後資料集的熵值轉換情況，回想一下最初的問題，就是要找到最合適的特徵。那麼在建立決策樹時，基本出發點就是去檢查資料集中的所有特徵，看看到底哪個特徵能夠使得熵值下降最多，資訊增益最大的就是要找的根節點。接下來就要在剩下的特徵中再找到使得資訊增益最大的特徵，依此類推，直到建置完成整個樹模型。

7.1.4 決策樹建置實例

下面透過一個實例來看一下決策樹的建置過程，這裡有 14 筆資料，表示大師在各種天氣狀況下是否去打球。資料中有 4 個特徵，用來描述當天的天氣狀況，最後一列的結果就是分類的標籤，如表 7-1 所示。

表 7-1　天氣資料集

outlook	temperature	humidity	windy	play
sunny	hot	high	FALSE	no
sunny	hot	high	TRUE	no
overcast	hot	high	FALSE	yes
rainy	mild	high	FALSE	yes
rainy	cool	normal	FALSE	yes
rainy	cool	normal	TRUE	no
overcast	cool	normal	TRUE	yes
sunny	mild	high	FALSE	no
sunny	cool	normal	FALSE	yes
rainy	mild	normal	FALSE	yes
sunny	mild	normal	TRUE	yes
overcast	mild	high	TRUE	yes
overcast	hot	normal	FALSE	yes
rainy	mild	high	TRUE	no

資料集包括 14 天的打球情況（用 yes 或者 no 表示），所給的資料特徵有 4 種天氣狀況（outlook、temperature、humidity、windy）：

- outlook 表示天氣狀況，有 3 種設定值，分別是 sunny、rainy、overcast。
- temperature 表示氣溫，有 3 種設定值，分別是 hot、cool、mild。
- humidity 表示潮濕度，有 2 種設定值，分別是 high、normal。
- windy 表示是否有風，有 2 種設定值，分別是 TRUE、FALSE。

目標就是建置一個決策樹模型，現在資料集中有 4 個特徵，所以要考慮的第一個問題就是，究竟用哪一個特徵當作決策樹的根節點，可以有 4 種劃分方式（見圖 7-5）。

1. 基於天氣的劃分

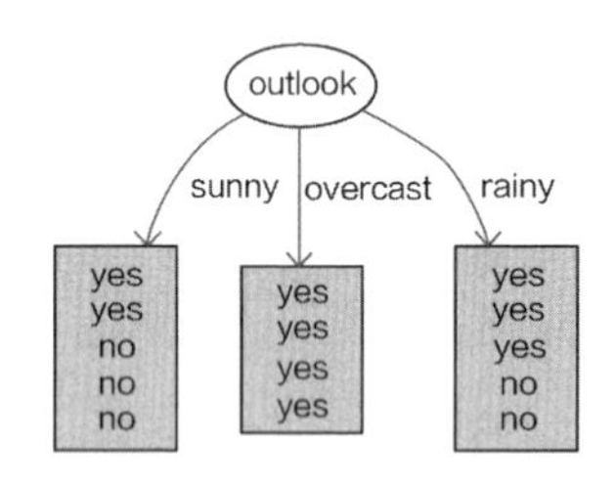

2. 基於溫度的劃分

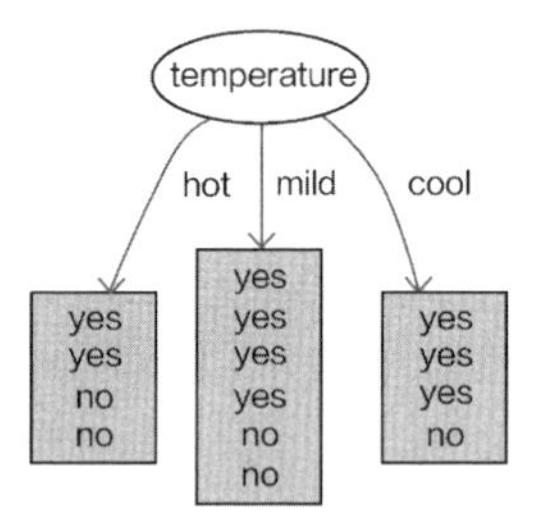

3. 基於濕度的劃分

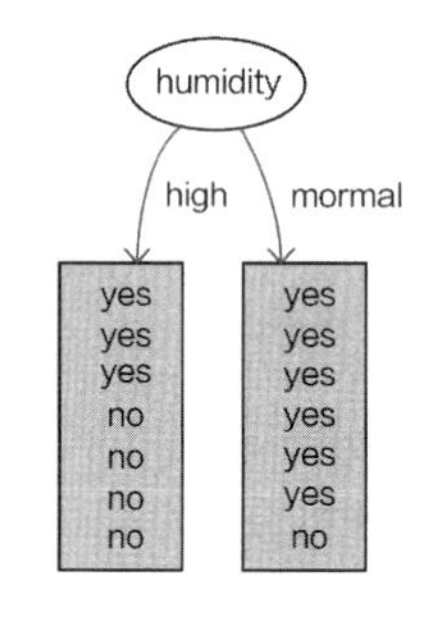

4. 基於有風的劃分

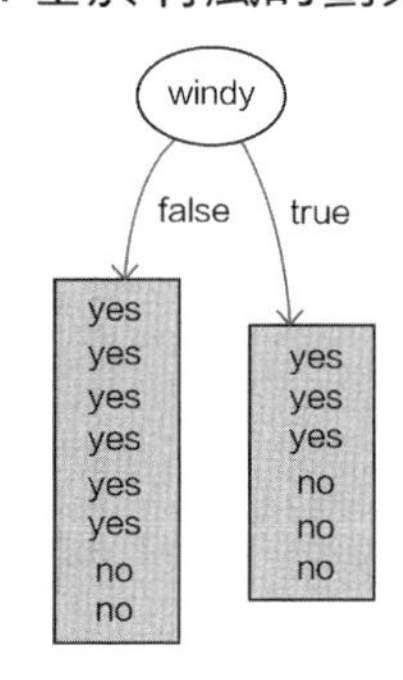

圖 7-5　4 種特徵劃分

根據上圖的劃分情況，需要從中選擇一種劃分當作根節點，如何選擇呢？這就要用到前面介紹的資訊增益。

在歷史資料中，大師有 9 天打球，5 天不打球，所以此時還未經過劃分的資料集熵值應為：

$$-\frac{9}{14}\log_2\frac{9}{14}-\frac{5}{14}\log_2\frac{5}{14}=0.940$$

為了找到最好的根節點，需要對 4 個特徵逐一分析，先從 outlook 特徵開始。

當 outlook = sunny 時，總共對應 5 筆資料，其中有 2 天出去打球，3 天不打球，則熵值為 0.971（計算方法同上）。

當 outlook = overcast 時，總共對應 4 筆資料，其中 4 天出去打球，此時打球的可能性就為 100%，所以其熵值為 0。

當 outlook = rainy 時，總共對應 5 筆資料，其中有 3 天出去打球，2 天不打球，則熵值為 0.971。

outlook 設定值為 sunny、overcast、rainy 的機率分別為 5/14、4/14、5/14，最後經過 outlook 節點劃分後，熵值計算以下（相當於加權平均）：

$$5/14 \times 0.971+4/14 \times 0+5/14 \times 0.971=0.693$$

以 outlook 作為根節點，系統的熵值從初始的 0.940 下降到 0.693，增益為 0.247。用同樣的方式可以計算出其他特徵的資訊增益，以 temperature、humidity、windy 分別作為根節點的資訊增益為 gain(temperature)=0.029，gain(humidity)=0.152，gain(windy)=0.048。這相當於檢查所有特徵，接下來只需選擇資訊增益最大的特徵，把它當作根節點拿出即可。

根節點確定後，還需按順序繼續建置決策樹，接下來的方法也是類似的，在剩下的 3 個特徵中繼續尋找資訊增益最大的即可。所以，決策樹的建置過程就是不斷地尋找目前的最佳特徵的過程，如果不做限制，會檢查所有特徵。

7.1.5 連續值問題

上一小節使用的是離散屬性的特徵，如果資料是連續的特徵該怎麼辦呢？例如對於身高、體重等指標，這個時候不僅需要找到最合適的特徵，還需要找到最合適的特徵切分點。在圖 7-1 所範例子中，也可以按照年齡 30 歲進行劃分，這個 30 也是需要指定的指標，因為不同的數值也會對結果產生影響。

如何用連續特徵 x =[60,70,75,85,90,95,100,120,125,220] 選擇最合適的切分點呢？需要不斷進行嘗試，也就是不斷二分的過程，如圖 7-6 所示。

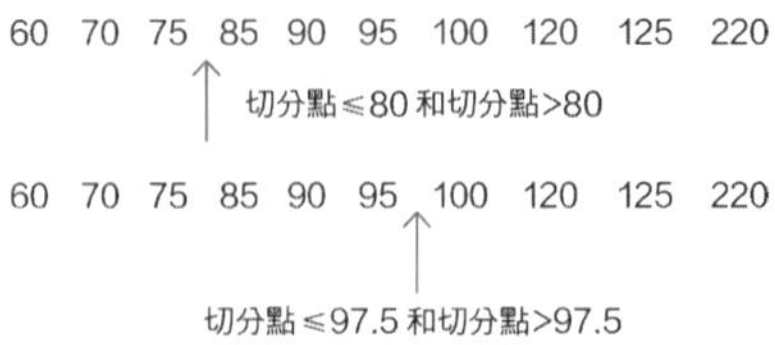

60 70 75 85 90 95 100 120 125 220

↑ 切分點≤80 和切分點>80

60 70 75 85 90 95 100 120 125 220

↑

切分點≤97.5 和切分點>97.5

圖 7-6　連續值切分

資料 x 一共有 9 個可以切分的點，需要都計算一遍，這一過程也是連續值的離散化過程。對於每一個切分點的選擇，都去計算目前資訊增益值的大小，最後選擇資訊增益最大的那個切分點，當作實際建置決策樹時選擇的切分點。

在這樣一份資料中，看起來一一嘗試是可以的，但是，如果連續值資料過於龐大怎麼辦呢？也可以人為地選擇合適的切分點，並不是非要檢查所有的資料點。舉例來說，將資料集劃分成 N 塊，這就需要檢查 N 次，其實無非就是效率問題，如果想做得更完美，一定需要更多的嘗試，這些都是可以控制的。

7.1.6 資訊增益率

在決策樹演算法中，經常會看到一些有意思的編號，例如 ID3、C4.5，相當於對決策樹演算法進行了升級。以資訊增益為基礎的建置方法就是 ID3，那麼還有哪些問題需要改進呢？可以想像這種特徵，樣本編號為 ID，由於每一個樣本的編號都是唯一的，如果用該特徵來計算資訊增益，可能獲得的結果就是它能把所有樣本都分開，因為每一個節點裡面只有一個樣本，此時資訊增益最大。但是類似 ID 這樣的特徵卻沒有任何實際價值，所以需要對資訊增益的計算方法進行改進，使其能夠更進一步地應對屬性值比較分散的類似 ID 特徵。

為了避免這個不足，科學家們提出了升級版演算法，俗稱 C4.5，使用資訊增益比率（gain ratio）作為選擇分支的準則去解決屬性值比較分散的特徵。「率」這個詞一看就是要做除法，再來看看 ID 這樣的特徵，由於設定值可能性太多, 本身熵值已經足夠大，如果將此項作為分母，將資訊增益作為分子，此時即使資訊增益比較大，但由於其本身熵值更大，那麼整體的資訊增益率就會變得很小。

7.1.7 回歸問題求解

熵值可以用來評估分類問題，那麼決策樹是不是只能做分類工作呢？當然不止如此，回歸工作照樣能解決，只需要將衡量標準轉換成其他方法即可。

在劃分資料集時，回歸工作跟分類工作的目標相同，一定還是希望類似的數值劃分在一起，舉例來說，有一批遊戲玩家的儲值資料 [100,150,130,120,90,15000,16000,14500,13800]，有的玩家儲得多，有的玩家儲得少。決策樹在劃分時一定希望區別對待這兩種玩家，用來衡量不同樣本之間差異最好的方法就是方差。在選擇根節點時，分類工作要使得熵值下降最多，回歸工作只需找方差最小的即可。

最後的預測結果也是類似，分類工作中，某一葉子節點取眾數（哪種類別多，該葉子節點的最後預測類別就是多數類別的）；回歸工作中，只需取平均值當作最後的預測結果即可。

大師說：分類工作關注的是類別，可以用熵值表示劃分後的混亂程度；回歸工作關注的則是實際的數值，劃分後的集合方差越小，把同類歸納在一起的可能性越大。

7.2 決策樹剪枝策略

討論了如何建立決策樹，下面再來考慮另一個問題：如果不限制樹的規模，決策樹是不是可以無限地分裂下去，直到每個葉子節點只有一個樣本才停止？在理想情況下，這樣做能夠把訓練集中所有樣本完全分開。此時每個樣本各自佔領一個葉子節點，但是這樣的決策樹是沒有意義的，因為完全過擬合，在實際測試集中效果會很差。

所以，需要額外注意限制樹模型的規模，不能讓它無限制地分裂下去，這就需要對決策樹剪枝。試想，社區中的樹木是不是經常修剪才能更美觀？決策樹演算法也是一樣，目的是為了建模預測的效果更好，那麼如何進行剪枝呢？還是需要一些策略。

7.2.1 剪枝策略

通常情況下，剪枝方案有兩種，分別是預剪枝（Pre-Pruning）和後剪枝（Post-Pruning）。雖然這兩種剪枝方案的目標相同，但在做法上還是有區別。預剪枝是在決策樹建立的過程中進行，一邊建置決策樹一邊限制其規模。後剪枝是在決策樹產生之後才開始，先一口氣把決策樹建置完成，然後再慢慢收拾它。

（1）預剪枝。在建置決策樹的同時進行剪枝，目的是限制決策樹的複雜程度，常用的停止條件有樹的層數、葉子節點的個數、資訊增益設定值等指標，這些都是決策樹演算法的輸入參數，當決策樹的建置達到停止條件後就會自動停止。

（2）後剪枝。決策樹建置完成之後，透過一定的標準對其中的節點進行判斷，可以自己定義標準，例如常見的衡量標準：

$$C_\alpha(T) = C(T) + \alpha\left|T_{\text{leaf}}\right| \tag{7.4}$$

式（7.4）與正規化懲罰相似，只不過這裡懲罰的是樹模型中葉子節點的個數。式中，$C(T)$ 為目前的熵值；T_{leaf} 為葉子節點個數，要綜合考慮熵值與葉子節點個數。分裂的次數越多，樹模型越複雜，葉子節點也就越多，熵值也會越小；分裂的次數越少，樹模型越簡單，葉子節點個數也就越少，但是熵值就會偏高。最後的平衡點還在於係數（它的作用與正規化懲罰中的係數相同），其值的大小決定了模型的趨勢偏好哪一邊。對於任何一個節點，都可以透過比較其經過剪枝後值與未剪枝前值的大小，以決定是否進行剪枝操作。

後剪枝做起來較麻煩，因為首先需要建置出完整的決策樹模型，然後再一點一點比對。相對而言，預剪枝就方便多了，直接用各種指標限制決策樹的生長，也是當下最流行的一種決策樹剪枝方法。

大師說：現階段在建立決策樹時，預剪枝操作都是必不可少的，其中有關的參數也較多，需要大量的實驗來選擇一組最合適的參數，對後剪枝操作來說，簡單了解即可。

7.2.2 決策樹演算法有關參數

決策樹模型建立的時候，需要的參數非常多，它不像邏輯回歸那樣可以直接拿過來用。絕大多數參數都是用來控制樹模型的規模的，目的就是盡可能降低過擬合風險，下面以 Sklearn 工具套件中的參數為例進行闡述（見表 7-2）。

表 7-2　Sklearn 工具套件中的參數

參數	DecisionTreeClassifier	DecisionTreeRegressor
criterion	可以使用 "gini" 或者 "entropy"，前者代表基尼係數，後者代表資訊增益。sklearn 工具套件中預設使用基尼係數	可以使用 "mse" 或 "mae"，前者是均方差，後者是和平均值之差的絕對值之和。基本都是使用均方差進行計算
splitter	特徵劃分點選擇標準，可以使用 "best" 或 "random"。前者表示在特徵的所有劃分點中找出最佳的劃分點。後者是隨機的在部分劃分點中找局部最佳的劃分點，一般情況下，還是用 best 先來試一試，如果樣本資料量非常大，可以考慮使用 "random" 方法	
max_features	劃分時考慮的最大特徵數，可以使用很多種類型的值，預設是 "None"，表示劃分時考慮所有的特徵數；也可以指定成 "log2"、"sqrt" 或實際數值，一般情況下，使用預設的 "None" 就可以，只有特徵特別多時，才考慮進行限制	
max_depth	決策樹的最大深度，預設不會限制子樹的深度。基本上在訓練模型時，都會選擇限制其最大深度，也是後續要重點調參的	
min_samples_split	內部節點再劃分所需最小樣本數，這個值限制了子樹繼續劃分的條件，如果某節點的樣本數少於 min_samples_split，則不會繼續再嘗試選擇最佳特徵進行劃分。預設值為 2，也是調參中需要重點考慮的物件	
min_samples_leaf	葉子節點最少樣本數，這個值限制了葉子節點最少的樣本數，如果某葉子節點數目小於該參數，則會和兄弟節點一起被剪枝	
min_weight_fraction_leaf	葉子節點最小的樣本加權和，這個值限制了葉子節點所有樣本加權和的最小值，如果小於這個值，則會和兄弟節點一起被剪枝。預設是 0，就是不考慮加權問題。樣本資料分布不均勻時可以考慮使用	
max_leaf_nodes	最大葉子節點數，透過限制最大葉子節點數，可以防止過擬合，預設是 "None"，即不限制最大的葉子節點數	

<table>
<tr><th>參數</th><th>DecisionTreeClassifier</th><th>DecisionTreeRegressor</th></tr>
<tr><td>class_weight</td><td>指定樣本各種別的加權，主要是為了防止訓練集某些類別的樣本過多，導致訓練的決策樹過於偏向這些類別。如果使用 "balanced"，則演算法會自己計算加權，樣本數少的類別所對應的樣本加權會高</td><td>不適用於回歸樹</td></tr>
<tr><td>min_impurity_split</td><td colspan="2">節點劃分最小不純度，這個值限制了決策樹的增長，如果某節點的不純度（如基尼係數、資訊增益、均方差、絕對差）小於這個設定值，則該節點不再產生子節點，即為葉子節點</td></tr>
</table>

針對 sklearn 工具套件中的樹模型，介紹了一下其參數的含義，後續工作中，就要使用這些參數來建立模型，只不過不僅可以建立一棵「樹」，還可以使用一片「森林」，等弄明白整合演算法之後再繼續實戰。

本章歸納

本章介紹了決策樹演算法的建置方法，在分類工作中，以熵值為衡量標準來選擇合適的特徵，從根節點開始建立樹模型；在回歸工作中，以方差為標準進行特徵選擇。還需注意樹模型的複雜程度，通常使用預剪枝策略來控制其規模。決策樹演算法現階段已經融入各種整合演算法中，後續章節還會以樹模型為基礎，繼續提升整體演算法的效果。

Chapter

08

整合演算法

整合學習（ensemble learning）是目前非常流行的機器學習策略，基本上所有問題都可以借用其思維來得到效果上的提升。基本出發點就是把演算法和各種策略集中在一起，說穿了就是搞不定大家一起上！整合學習既可以用於分類問題，也可以用於回歸問題，在機器學習領域會經常看到它的身影，本章就來探討一下幾種經典的整合策略，並結合其應用進行解讀。

8.1 bagging 演算法

整合演算法有 3 個核心的思維：bagging、boosting 和 stacking，這幾種整合策略還是非常好了解的，下面向大家逐一介紹。

8.1.1 平行的整合

bagging 即 boostrap aggregating，其中 boostrap 是一種有放回的抽樣方法，抽樣策略是簡單的隨機抽樣。其原理很直接，把多個基礎模型放到一起，最後再求平均值即可，這裡可以把決策書當作基礎模型，其實基本上所有整合策略都是以樹模型為基礎的，公式如下：

$$f(x)=\frac{1}{M}\sum_{m=1}^{M}f_m(x) \tag{8.1}$$

首先對資料集進行隨機取樣，分別訓練多個樹模型，最後將其結果整合在一起即可，思維還是非常容易了解的，其中最具代表性的演算法就是隨機森林。

8.1.2 隨機森林

隨機森林是機器學習中十分常用的演算法，也是 bagging 整合策略中最實用的演算法之一。那麼隨機和森林分別是什麼意思呢？森林應該比較好了解，分別建立了多個決策樹，把它們放到一起不就是森林嗎？這些決策樹都是為了解決同一工作建立的，最後的目標也都是一致的，最後將其結果來平均即可，如圖 8-1 所示。

想要得到多個決策樹模型並不難，只需要多次建模就可以。但是，需要考慮一個問題，如果每一個樹模型都相同，那麼最後平均的結果也相同。為了使得最後的結果能夠更好，通常希望每一個樹模型都是有個性的，整個森林才能呈現出多樣性，這樣再求它們的平均，結果應當更穩定有效。

如何才能保障多樣性呢？如果輸入的資料是固定的，模型的參數也是固定的，那麼，獲得的結果就是唯一的，如何解決這個問題呢？此時就需要隨機森林中的另一部分——隨機。這個隨機一般叫作二重隨機性，因為要隨機兩種方案，下面分別介紹。

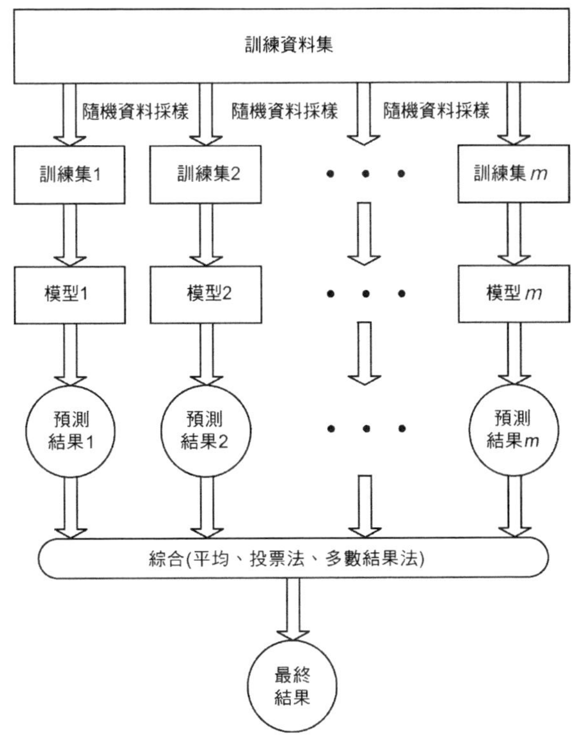

圖 8-1　bagging 整合策略

首先是資料取樣的隨機，訓練資料取自整個資料集中的一部分，如果每一個樹模型的輸入資料都是不同的，例如隨機取出 80% 的資料樣本當作第一棵樹的輸入資料，再隨機取出 80% 的樣本資料當作第二棵樹的輸入資料，並且還是有放回的取樣，這就保障兩棵樹的輸入是不同的，既然輸入資料不同，獲得的結果必然也會有所差異，這是第一重隨機。

如果只在資料層面上做文章，那麼多樣性一定不夠，還需考慮一下特徵，如果對不同的樹模型選擇不同的特徵，結果的差異就會更大。舉例來說，對第一棵樹隨機選擇所有特徵中的 60% 來建模，第二棵再隨機選擇其中 60% 的特徵來建模，這樣就把差異放大了，這就是第二重隨機。

如圖 8-2 所示，由於二重隨機性使得建立出來的多個樹模型各不相同，即使是同樣的工作目標，在各自的結果上也會出現一定的差異，隨機森林的目的就是要透過大量的基礎樹模型找到最穩定可靠的結果，如圖 8-3 所示，最後的預測結果由全部樹模型共同決定。

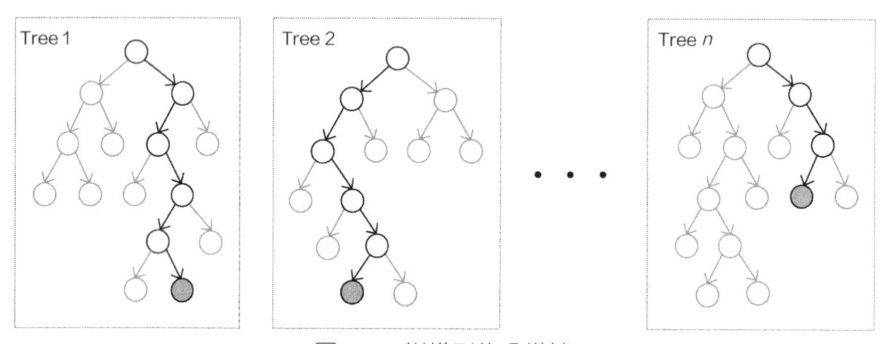

圖 8-2　樹模型的多樣性

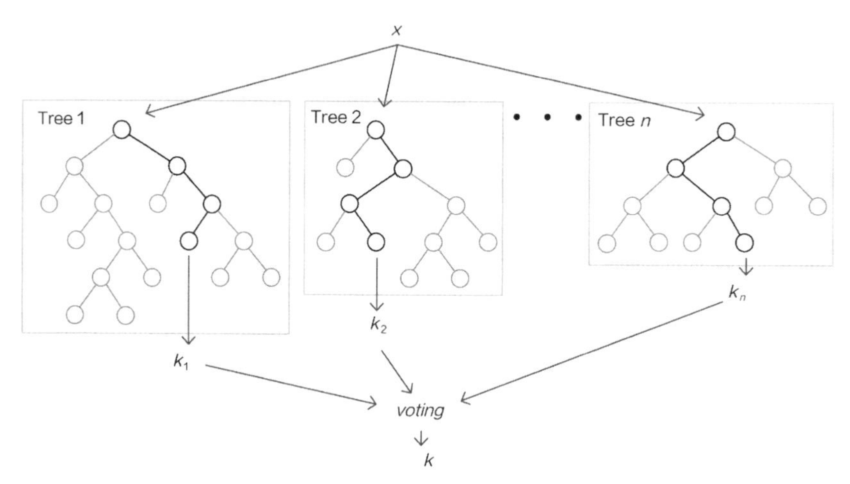

圖 8-3　隨機森林預測結果

解釋隨機森林的概念之後，再把它們組合起來歸納如下。

1. 隨機森林首先是一種並聯的思維，同時建立多個樹模型，它們之間是不會有任何影響的，使用相同參數，只是輸入不同。
2. 為了滿足多樣性的要求，需要對資料集進行隨機取樣，其中包含樣本隨機取樣與特徵隨機取樣，目的是讓每一棵樹都有個性。

3. 將所有的樹模型組合在一起。在分類工作中，求眾數就是最後的分類結果；在回歸工作中，直接求平均值即可。

對隨機森林來說，還需討論一些細節問題，例如樹的個數是越多越好嗎？樹越多代表整體的能力越強，但是，如果建立太多的樹模型，會導致整體效率有所下降，還需考慮時間成本。在實際問題中，樹模型的個數一般取 100 ～ 200 個，繼續增加下去，效果也不會發生明顯改變。圖 8-4 是隨機森林中樹模型個數對結果的影響，可以發現，隨著樹模型個數的增加，在初始階段，準確率上升很明顯，但是隨著樹模型個數的繼續增加，準確率逐漸趨於穩定，並開始上下浮動。這都是正常現象，因為在建置決策樹的時候，它們都是相互獨立的，很難保障把每一棵樹都加起來之後會比原來的整體更好。當樹模型個數達到一定數值後，整體效果趨於穩定，所以樹模型個數也不用特別多，夠用即可。

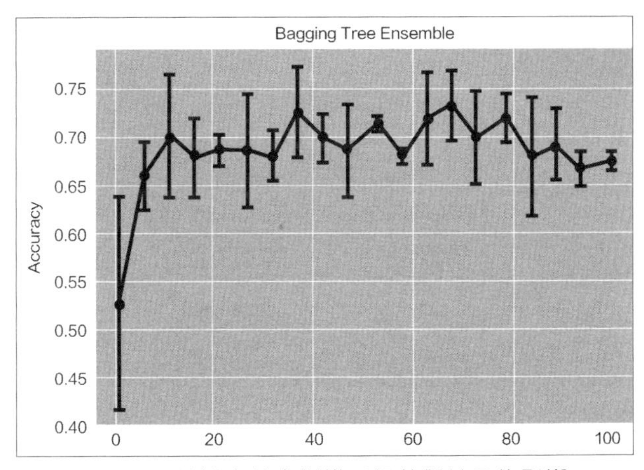

圖 8-4　隨機森林中樹模型個數對結果的影響

在整合演算法中，還有一個很實用的參數——特徵重要性，如圖 8-5 所示。先不用管每一個特徵是什麼，特徵重要性就是在資料中每一個特徵的重要程度，也就是在樹模型中，哪些特徵被利用得更多，因為樹模型會優先選擇最佳價值的特徵。在整合演算法中，會綜合考慮所有樹模型，如果一個特徵在大部分基礎樹模型中都被使用並且接近根節點，它自然比較重要。

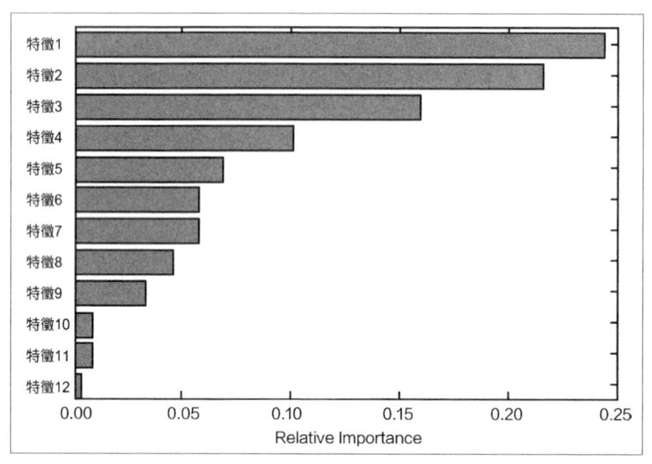

圖 8-5　特徵重要性

當使用樹模型時，可以非常清晰地獲得整個分裂過程，方便進行視覺化分析，如圖 8-6 所示，這也是其他演算法望塵莫及的，在下一章的實戰工作中將展示繪製樹模型的視覺化結果的過程。

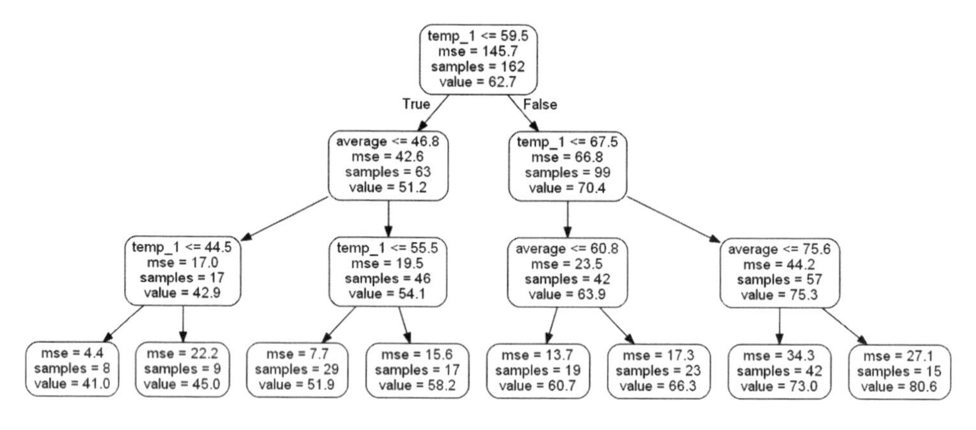

圖 8-6　樹模型視覺化展示

最後再來歸納一下 bagging 整合策略的特點。

1. 並聯形式，可以快速地獲得各個基礎模型，它們之間不會相互干擾，但是其中也存在問題，不能確保加進來的每一個基礎樹模型都對結果產生促進作用，可能有個別樹模型反而拉後腿。

2. 可以進行視覺化展示，樹模型本身就具有這個優勢，每一個樹模型都具有實際意義。
3. 相當於半自動進行特徵選擇，總是會先用最好的特徵，這在特徵工程中某種程度上省時省力，適用於較高維度的資料，並且還可以進行特徵重要性評估。

8.2 boosting 演算法

上一節介紹的 bagging 思維是，先平行訓練一堆基礎樹模型，然後求平均。這就出現了一個問題：如果每一個樹模型都比較弱，整體平均完還是很弱，那麼怎樣才能使模型的整體戰鬥力更強呢？這回輪到 boosting 演算法登場了，boosting 演算法可以說是目前比較厲害的一種策略。

8.2.1 串列的整合

boosting 演算法的核心思維就在於要使得整體的效果越來越好，整體隊伍是非常優秀的，一般效果的樹模型想加入進來是不行的，只要最強的樹模型。怎麼才能做到呢？先來看一下 boosting 演算法的基本公式：

$$F_n(x) = F_{m-1}(x) + \text{argmin}_h \sum_{i=1}^{n} L(y_i, F_{m-1}(x_i) + h(x_i)) \tag{8.2}$$

通俗的解釋就是把 $F_{m-1}(x)$ 當作前一輪獲得的整體，這個整體中可能已經包含多個樹模型，當再往這個整體中加入一個樹模型的時候，需要滿足一個條件——新加入的 $h(x_i)$ 與前一輪的整體組合完之後，效果要比之前好。怎麼評估這個好壞呢？就是看整體模型的損失是不是有所下降。

boosting 演算法是一種串聯方式，如圖 8-7 所示，先有第一個樹模型，然後不斷往裡加入一個個新的樹模型，但是有一個前提，就是新加入的樹模型要使得其與之前的整體組合完之後效果更好，說明要求更嚴格。最後的結果與 bagging 也有明顯的區別，這裡不需要再取平均值，而是直接把所有樹模型的結果加在一起。那麼，為什麼這麼做呢？

$$
\begin{aligned}
\hat{y}_i^{(0)} &= 0 \\
\hat{y}_i^{(1)} &= f_1(x_i) = \hat{y}_i^{(0)} + f_1(x_i) \\
\hat{y}_i^{(2)} &= f_1(x_i) + f_2(x_i) = \hat{y}_i^{(1)} + f_2(x_i) \\
&\cdots \\
\hat{y}_i^{(t)} &= \sum_{k=1}^{t} f_k(x_i) = \hat{y}_i^{(t-1)} + f_t(x_i)
\end{aligned}
$$

加入一個新的函數

第 t 輪的模型預測　　保留前面 t-1 輪的模型預測

圖 8-7　提升思維

回到銀行貸款的工作中，假設資料的真實值等於 1000，首先對樹 *A* 進行預測，獲得值 950，看起來還不錯。接下來樹 *B* 登場了，這時出現一個關鍵點，就是它在預測的時候，並不是要繼續預測銀行可能貸款多少，而是想辦法彌補樹 A 還有多少沒做好，也就是 1000−950=50，可以把 50 當作殘差，這就是樹 B 要預測的結果，假設獲得 30。現在需要把樹 *A* 和樹 *B* 組合成為一個整體，它們一起預測得 950+30=980。接下來樹 *C* 要完成的就是剩下的殘差（也就是 20），那麼最後的結果就是樹 *A*、*B*、*C* 各自的結果加在一起得 950+30+18=998，如圖 8-8 所示。說到這裡，相信大家已經有點感覺了，boosting 演算法好像開啟作弊外掛了，為了達到目標不擇手段！沒錯，這就是 boosting 演算法的基本出發點。

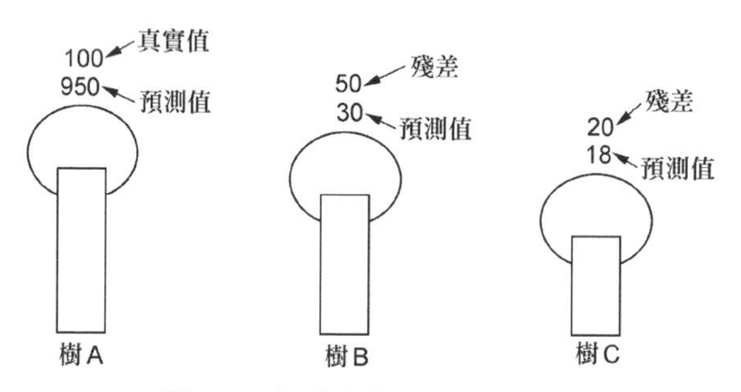

圖 8-8　提升演算法中的樹模型

8.2.2 Adaboost 演算法

下面再來介紹一下 boosting 演算法中的典型代表——Adaboost 演算法。簡單來說，Adaboost 演算法還是按照 boosting 演算法的思維，要建立多個基礎模型，一個個地串聯在一起。

圖 8-9 是 Adaboost 演算法的建模流程。當獲得第一個基礎樹模型之後，在資料集上有些樣本分得正確，有些樣本分得錯誤。此時需要考慮這樣一個問題，為什麼會分錯呢？是不是因為這些樣本比較難以判斷嗎？那麼更應當注重這些難度較大的，也就是需要給樣本不同的加權，做對的樣本，加權相對較低，因為已經做得很好，不需要太多額外的關注；做錯的樣本加權就要增大，讓模型能更重視它。依此類推，每一次劃分資料集時，都會出現不同的錯誤樣本，繼續重新調整加權，以對資料集不斷進行劃分即可。每一次劃分都相當於獲得一個基礎的樹模型，它們要的目標就是優先解決之前還沒有劃分正確的樣本。

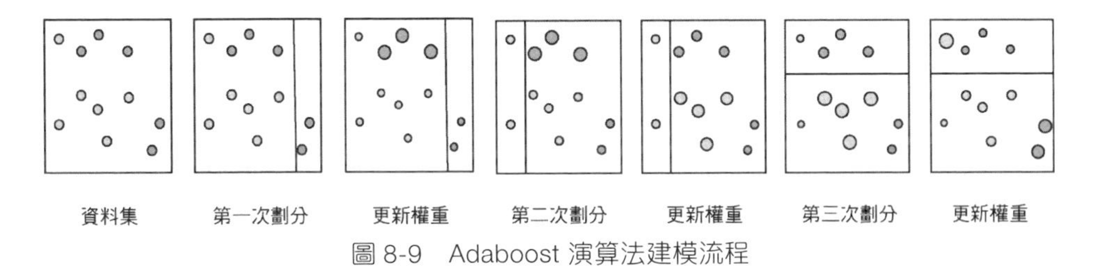

圖 8-9　Adaboost 演算法建模流程

圖 8-10 是 Adaboost 演算法需要把之前的基礎模型都串在一起獲得最後結果，但是這裡引用了係數，相當於每一個基礎模型的重要程度，因為不同的基礎模型都會獲得其各自的評估結果，例如準確率，在把它們串在一起的時候，也不能同等對待，效果好的讓它多發揮作用，效果一般的，讓它參與一下即可，這就是係數的作用。

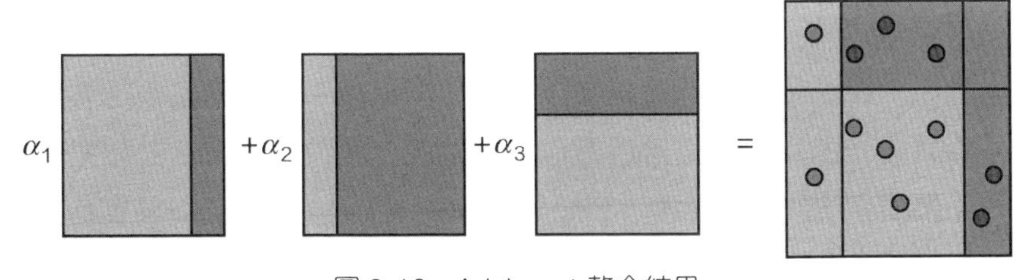

圖 8-10　Adaboost 整合結果

Adaboost 演算法整體計算流程如圖 8-11 所示，在訓練每一個基礎樹模型時，需要調整資料集中每個樣本的加權分佈，由於每次的訓練資料都會發生改變，這就使得每次訓練的結果也會有所不同，最後再把所有的結果累加在一起。

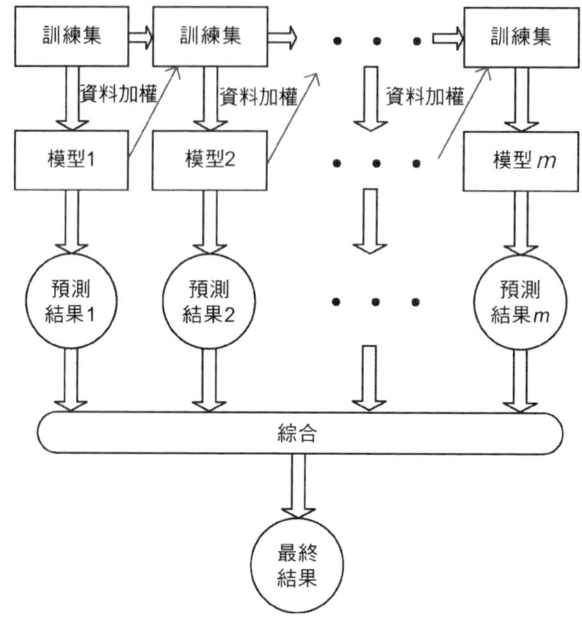

圖 8-11 Adaboost 演算法計算流程

8.3 stacking 模型

前面討論了 bagging 和 boosting 演算法，它們都是用相同的基礎模型進行不同方式的組合，而 stacking 模型與它們不同，它可以使用多個不同算法模型一起完成一個任務，先來看看它的整體流程，如圖 8-12 所示。

首先選擇 m 個不同分類器分別對資料進行建模，這些分類器可以是各種機器學習演算法，例如樹模型、邏輯回歸、支援向量機、神經網路等，各種演算法分別獲得各自的結果，這可以當作第一階段。再把各演算法的結果（例如獲得了 4 種演算法的分類結果，二分類中就是 0/1 值）當作資料特徵傳入第二階段的總分類器中，此處只需選擇一個分類器即可，獲得最後結果。

其實就是把無論多少維度的特徵資料傳入各種演算法模型中，例如有 4 個演算法模型，獲得的結果組合在一起就可以當作一個 4 維結果，再將其傳入到第二階段中獲得最後的結果。

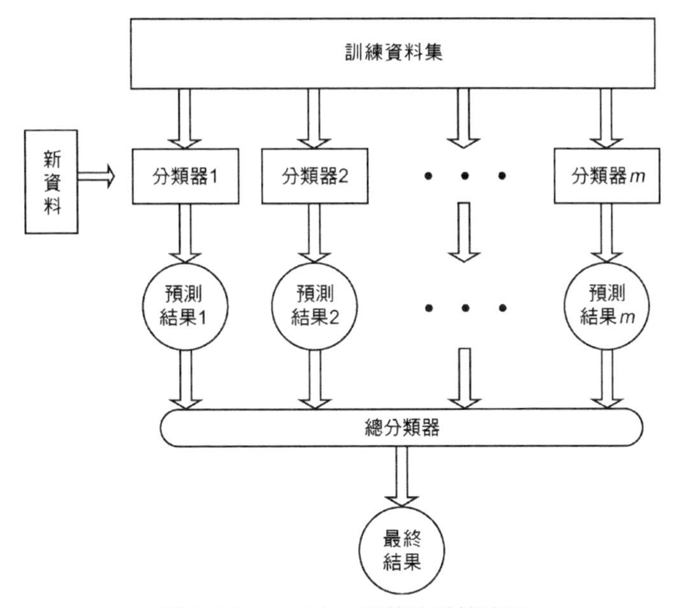

圖 8-12　stacking 演算法計算流程

圖 8-13 是 stacking 策略的計算細節，其中 Model1 可以當作是第一階段中的演算法，它與交換驗證原理相似，先將資料分成多份，然後各自獲得一個預測結果。那麼為什麼這麼做呢？直接拿原始資料進行訓練不可以嗎？其實在機器學習中，一直都遵循一個原則，就是不希望訓練集對接下來任何測試過程產生影響。在第二階段中，需要把上一步獲得的結果當作特徵再進行建模，以獲得最後結果，如果在第一階段中直接使用全部訓練集結果，相當於第二階段中再訓練的時候，已經有一個先驗知識，最後結果可能出現過擬合的風險。

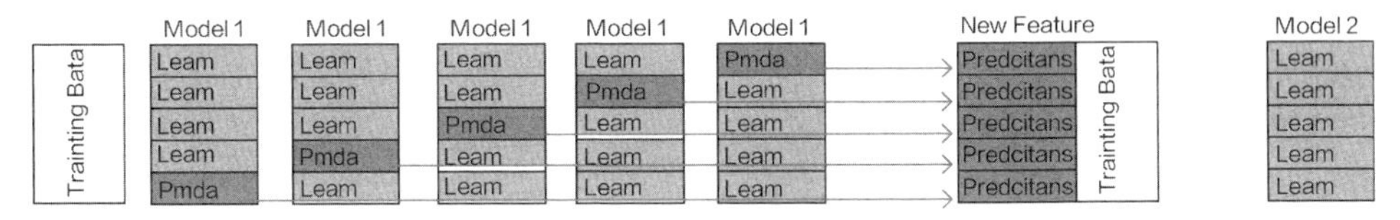

圖 8-13　stacking 策略計算細節

借助於交換驗證的思維，在第一階段中，剛好可以避免重複使用訓練集的問題，這個時候獲得的結果特徵就是不帶有訓練集資訊的結果。第二階段就用 Model2 指代，只需簡單完成一次建模工作即可。

本章歸納

本章介紹了機器學習中非常實用的策略——整合演算法，分別說明了其中三大核心模組：bagging、boosting 和 stacking。雖然都是整合策略，但不同演算法的重點還是有所差異，在實際應用中，演算法本身並沒有高低之分，還需根據不同工作選擇最合適的方法。

Chapter

09

隨機森林專案實戰——氣溫預測

上一章已經説明過隨機森林的基本原理，本章將從實戰的角度出發，借助 Python 工具套件完成氣溫預測工作，其中有關多個模組，主要包含隨機森林建模、特徵選擇、效率比較、參數最佳化等。

9.1 隨機森林建模

氣溫預測的工作目標就是使用一份天氣相關資料來預測某一天的最高溫度，屬於回歸工作，首先觀察一下資料集：

In

```
# 資料讀取
import pandas as pd

features = pd.read_csv('data/temps.csv')
features.head(5)
```

Out

	year	month	day	week	temp_2	temp_1	average	actual	friend
0	2016	1	1	Fri	45	45	45.6	45	29
1	2016	1	2	Sat	44	45	45.7	44	61
2	2016	1	3	Sun	45	44	45.8	41	56
3	2016	1	4	Mon	44	41	45.9	40	53
4	2016	1	5	Tues	41	40	46.0	44	41

輸出結果中標頭的含義如下。

- year,moth,day,week：分別表示的實際的時間。
- temp_2：前天的最高溫度值。
- temp_1：昨天的最高溫度值。
- average：在歷史中，每年這一天的平均最高溫度值。
- actual：就是標籤值，當天的真實最高溫度。
- friend：這一列可能是湊熱鬧的，你的朋友猜測的可能值，不管它就好。該專案實戰主要完成以下 3 項工作。

1. 使用隨機森林演算法完成基本建模工作：包含資料前置處理、特徵展示、完成建模並進行視覺化展示分析。
2. 分析資料樣本數與特徵個數對結果的影響：在保障演算法一致的前提下，增加資料樣本個數，觀察結果變化。重新考慮特徵工程，引用新特徵後，觀察結果走勢。
3. 對隨機森林演算法進行調參，找到最合適的參數：掌握機器學習中兩種經典調參方法，對目前模型選擇最合適的參數。

9.1.1 特徵視覺化與前置處理

拿到資料之後，一般都會看看資料的規模，做到心中有數：

In

```
print(' 資料維度 :', features.shape)
```

Out

```
資料維度 : (348, 9)
```

輸出結果顯示該資料一共有 348 筆記錄，每個樣本有 9 個特徵。如果想進一步觀察各個指標的統計特性，可以用 .describe() 展示：

In

```
# 統計指標
features.describe()
```

Out

	year	month	day	temp_2	temp_1	average	actual	friend
count	348.0	348.000000	348.000000	348.000000	348.000000	348.000000	348.000000	348.000000
mean	2016.0	6.477011	15.514368	62.511494	62.560345	59.760632	62.543103	60.034483
std	0.0	3.498380	8.772982	11.813019	11.767406	10.527306	11.794146	15.626179
min	2016.0	1.000000	1.000000	35.000000	35.000000	45.100000	35.000000	28.000000
25%	2016.0	3.000000	8.000000	54.000000	54.000000	49.975000	54.000000	47.750000
50%	2016.0	6.000000	15.000000	62.500000	62.500000	58.200000	62.500000	60.000000
75%	2016.0	10.000000	23.000000	71.000000	71.000000	69.025000	71.000000	71.000000
max	2016.0	12.000000	31.000000	92.000000	92.000000	77.400000	92.000000	95.000000

輸出結果展示了各個列的數量，如果有資料缺失，數量就會有所減少。由於各列的統計數量值都是 348，所以表明資料集中並不存在遺漏值，並且平均值、標準差、最大值、最小值等指標都在這裡顯示。

對於時間資料，也可以進行格式轉換，原因在於有些工具套件在繪圖或計算的過程中，用標準時間格式更方便：

In

```
# 處理時間資料
import datetime
# 分別獲得年、月、日
years = features['year']
months = features['month']
days = features['day']
# datetime 格式
dates = [str(int(year)) + '-' + str(int(month)) + '-' + str(int(day))foryear
, month, day in zip(years, months, days)]
dates = [datetime.datetime.strptime(date, '%Y-%m-%d') for date in dates]
dates[:5]
```

Out
```
[datetime.datetime(2016, 1, 1, 0, 0),
 datetime.datetime(2016, 1, 2, 0, 0),
 datetime.datetime(2016, 1, 3, 0, 0),
 datetime.datetime(2016, 1, 4, 0, 0),
 datetime.datetime(2016, 1, 5, 0, 0)]
```

為了更直觀地觀察資料，最簡單有效的辦法就是畫圖展示，首先匯入 Matplotlib 工具套件，再選擇一個合適的風格（其實風格差異並不是很大）：

In
```
# 準備畫圖
import matplotlib.pyplot as plt
%matplotlib inline
# 指定預設風格
plt.style.use('fivethirtyeight')
```

開始版面配置，需要展示 4 項指標，分別為最高氣溫的標籤值、前天、昨天、朋友預測的氣溫最高值。既然是 4 個圖，不妨採用 2×2 的規模，這樣會更清晰，對每個圖指定好其圖題和座標軸即可：

In
```
# 設定版面配置
fig, ((ax1, ax2), (ax3, ax4)) = plt.subplots(nrows=2, ncols=2, figsize = (10,10))
fig.autofmt_xdate(rotation = 45)
# 標籤值
ax1.plot(dates, features['actual'])
ax1.set_xlabel(''); ax1.set_ylabel('Temperature'); ax1.set_title('Max Temp')
# 昨天的最高溫度值
ax2.plot(dates, features['temp_1'])
ax2.set_xlabel(''); ax2.set_ylabel('Temperature'); ax2.set_title ('Previous Max
Temp')
# 前天的最高溫度值
ax3.plot(dates, features['temp_2'])
ax3.set_xlabel('Date'); ax3.set_ylabel('Temperature'); ax3.set_title('Two Days
Prior Max Temp')
# 朋友預測的最高溫度值
ax4.plot(dates, features['friend'])
ax4.set_xlabel('Date'); ax4.set_ylabel('Temperature'); ax4.set_title('Friend
Estimate')
plt.tight_layout(pad=2)
```

上述程式可以產生圖 9-1 的輸出。

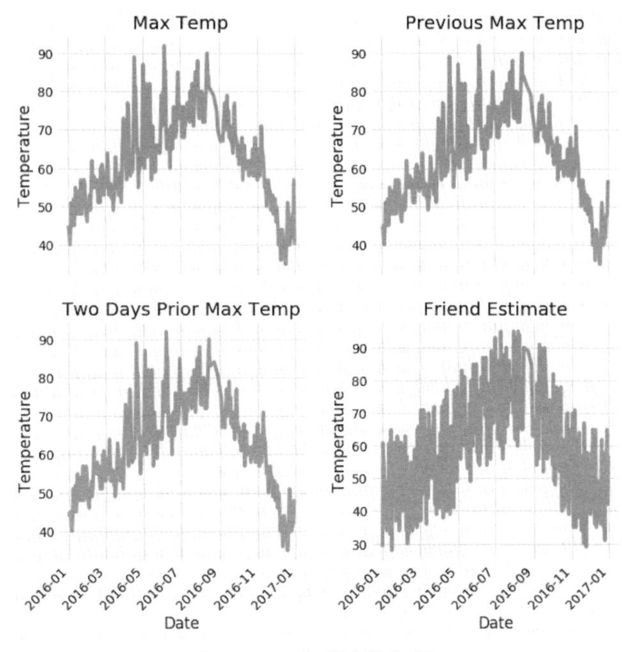

圖 9-1　各項特徵指標

由圖可見，各項指標看起來還算正常（由於是國外的天氣資料，在統計標準上有些區別）。接下來，考慮資料前置處理的問題，原始資料中的 week 列並不是一些數值特徵，而是表示星期幾的字串，電腦並不認識這些資料，需要轉換一下。

圖 9-2 是常用的轉換方式，稱作 one-hot encoding 或獨熱編碼，目的就是將屬性值轉換成數值。對應的特徵中有幾個可選屬性值，就建置幾列新的特徵，並將其中符合的位置標記為 1，其他位置標記為 0。

week
Mon
Tue
Wed
Thu
Fri

→

Mon	Tue	Wed	Thu	Fri
1	0	0	0	0
0	1	0	0	0
0	0	1	0	0
0	0	0	1	0
0	0	0	0	1

圖 9-2　特徵編碼

既可以用 Sklearn 工具套件中現成的方法完成轉換，也可以用 Pandas 中的函數，綜合比較後覺得用 Pandas 中的 .get_dummies() 函數最容易：

In

```
# 獨熱編碼
features = pd.get_dummies(features)
features.head(5)
```

Out

	year	month	day	temp_2	temp_1	average	actual	friend	week_Fri	week_Mon	week_Sat	week_Sun	week_Thurs	week_Tues	week_Wed
0	2016	1	1	45	45	45.6	45	29	1	0	0	0	0	0	0
1	2016	1	2	44	45	45.7	44	61	0	0	1	0	0	0	0
2	2016	1	3	45	44	45.8	41	56	0	0	0	1	0	0	0
3	2016	1	4	44	41	45.9	40	53	0	1	0	0	0	0	0
4	2016	1	5	41	40	46.0	44	41	0	0	0	0	0	1	0

完成資料集中屬性值的前置處理工作後，預設會把所有屬性值都轉換成獨熱編碼的格式，並且自動增加後綴，這樣看起來更清晰。

其實也可以按照自己的方式設定編碼特徵的名字，在使用時，如果遇到一個不太熟悉的函數，想看一下其中的細節，一個更直接的方法，就是在 Notebook 中直接呼叫 help 工具來看一下它的 API 文件，下面傳回的就是 get_dummies 的細節介紹，不只有各個參數說明，還有一些小實例，建議大家在使用的過程中一定要養成多練多查的習慣，掌握尋找解決問題的方法也是一個很重要的技能：

In

```
print (help(pd.get_dummies))
```

Out

```
Help on function get_dummies in module pandas.core.reshape.reshape:

get_dummies(data, prefix=None, prefix_sep='_', dummy_na=False,
columns=None, sparse=False, drop_first=False, dtype=None)
  Convert categorical variable into dummy/indicator variables

  Parameters
  ----------
  data : array-like, Series, or DataFrame
  prefix : string, list of strings, or dict of strings, default None
    String to append DataFrame column names.
    Pass a list with length equal to the number of columns
    when calling get_dummies on a DataFrame. Alternatively, 'prefix'
    can be a dictionary mapping column names to prefixes.
  prefix_sep : string, default '_'
```

```
    If appending prefix, separator/delimiter to use. Or pass a
    list or dictionary as with 'prefix.'
dummy_na : bool, default False
    Add a column to indicate NaNs, if False NaNs are ignored.
columns : list-like, default None
    Column names in the DataFrame to be encoded.
    If 'columns' is None then all the columns with
    'object' or 'category' dtype will be converted.
sparse : bool, default False
    Whether the dummy columns should be sparse or not.  Returns
    SparseDataFrame if 'data' is a Series or if all columns are included.
    Otherwise returns a DataFrame with some SparseBlocks.
drop_first : bool, default False
    Whether to get k-1 dummies out of k categorical levels by removing the
    first level.

    .. versionadded:: 0.18.0

dtype : dtype, default np.uint8
    Data type for new columns. Only a single dtype is allowed.

    .. versionadded:: 0.23.0

Returns
-------
dummies : DataFrame or SparseDataFrame

Examples
--------
>>> import pandas as pd
>>> s = pd.Series(list('abca'))

>>> pd.get_dummies(s)
   a  b  c
0  1  0  0
1  0  1  0
2  0  0  1
3  1  0  0

>>> s1 = ['a', 'b', np.nan]

>>> pd.get_dummies(s1)
   a  b
```

```
0 1 0
1 0 1
2 0 0

>>> pd.get_dummies(s1, dummy_na=True)
  a b NaN
0 1 0   0
1 0 1   0
2 0 0   1

>>> df = pd.DataFrame({'A': ['a', 'b', 'a'], 'B': ['b', 'a', 'c'],
...                    'C': [1, 2, 3]})

>>> pd.get_dummies(df, prefix=['col1', 'col2'])
  C  col1_a  col1_b  col2_a  col2_b  col2_c
0  1       1       0       0       1       0
1  2       0       1       1       0       0
2  3       1       0       0       0       1

>>> pd.get_dummies(pd.Series(list('abcaa')))
  a b c
0 1 0 0
1 0 1 0
2 0 0 1
3 1 0 0
4 1 0 0

>>> pd.get_dummies(pd.Series(list('abcaa')), drop_first=True)
  b c
0 0 0
1 1 0
2 0 1
3 0 0
4 0 0

>>> pd.get_dummies(pd.Series(list('abc')), dtype=float)
    a   b   c
0 1.0 0.0 0.0
1 0.0 1.0 0.0
2 0.0 0.0 1.0

See Also
--------
Series.str.get_dummies
```

特徵前置處理完成之後，還要把資料重新組合一下，特徵是特徵，標籤是標籤，分別在原始資料集中分析一下：

In

```
# 資料與標籤
import numpy as np
# 標籤
labels = np.array(features['actual'])
# 在特徵中去掉標籤 In
features= features.drop('actual', axis = 1)
# 名字單獨儲存，以備後患
feature_list = list(features.columns)
# 轉換成合適的格式
features = np.array(features)
```

在訓練模型之前，需要先對資料集進行切分：

In

```
# 資料集切分
from sklearn.model_selection import train_test_split
train_features, test_features, train_labels, test_labels = train_test_
split(features, labels, test_size = 0.25,random_state = 42)
print(' 訓練集特徵 :', train_features.shape)
print(' 訓練集標籤 :', train_labels.shape)
print(' 測試集特徵 :', test_features.shape)
print(' 測試集標籤 :', test_labels.shape)
```

Out

```
訓練集特徵 : (261, 14)
訓練集標籤 : (261,)
測試集特徵 : (87, 14)
測試集標籤 : (87,)
```

9.1.2 隨機森林回歸模型

萬事俱備，開始建立隨機森林模型，首先匯入工具套件，先建立 1000 棵樹模型試試，其他參數暫用預設值，然後深入調參工作：

In

```
# 匯入演算法
from sklearn.ensemble import RandomForestRegressor
# 建模
rf = RandomForestRegressor(n_estimators= 1000, random_state=42)
# 訓練
```

```
rf.fit(train_features, train_labels)
# 預測結果
predictions = rf.predict(test_features)
# 計算誤差
errors = abs(predictions - test_labels)
# mean absolute percentage error (MAPE)
mape = 100 * (errors / test_labels)
print ('MAPE:',np.mean(mape))
```

Out

```
MAPE: 6.00942279601
```

由於資料樣本數非常小，所以很快可以獲得結果，這裡選擇先用 MAPE 指標進行評估，也就是平均絕對百分誤差。其實對於回歸工作，評估方法還是比較多的，下面列出幾種，都很容易實現，也可以選擇其他指標進行評估。

$$\mathrm{RMSE} = \sqrt{\frac{1}{n}\sum_{t=1}^{n}(\mathrm{observed}_t - \mathrm{predicted}_t)^2}$$

$$\mathrm{MSE} = \frac{1}{n}\sum_{t=1}^{n}(\mathrm{observed}_t - \mathrm{predicted}_t)^2 \qquad (9.1)$$

$$\mathrm{MAPE} = \sum_{t=1}^{n}\left|\frac{\mathrm{observed}_t - \mathrm{predicted}_t}{\mathrm{observed}_t}\right| \times \frac{100^{2}}{n}$$

9.1.3 樹模型視覺化方法

獲得隨機森林模型後，現在介紹怎麼利用工具套件對樹模型進行視覺化展示，首先需要安裝 Graphviz 工具，其設定過程如下。

第①步：下載安裝。

登入網站 https://graphviz.gitlab.io/_pages/Download/Download_windows.html，如圖 9-3 所示。

下載 graphviz-2.38.msi，完成後雙擊這個 msi 檔案，然後一直點擊 next 按鈕，即可安裝 Graphviz 軟件（注意：一定要記住安裝路徑，因為後面設定環境變數會用到路徑資訊，系統預設的安裝路徑是 C:\Program Files (x86)\Graphviz2.38）。

圖 9-3 Graphviz 官網

第②步：設定環境變數。

將 Graphviz 安裝目錄下的 bin 資料夾增加到 Path 環境變數中。

用滑鼠點擊【控制台】→【系統及安全性】→【系統】指令，出現如圖 9-4 所示的對話方塊。

圖 9-4 【系統】對話方塊

點擊【進階系統設定】指令，出現如圖 9-5 所示的對話方塊。

點擊【環境變數】按鈕，將 Graphviz 軟體的安裝路徑（預設是 "C:\Program Files (x86)\Graphviz2.38\bin"）增加到【編輯系統變數】對話方塊中，如圖 9-6 所示。

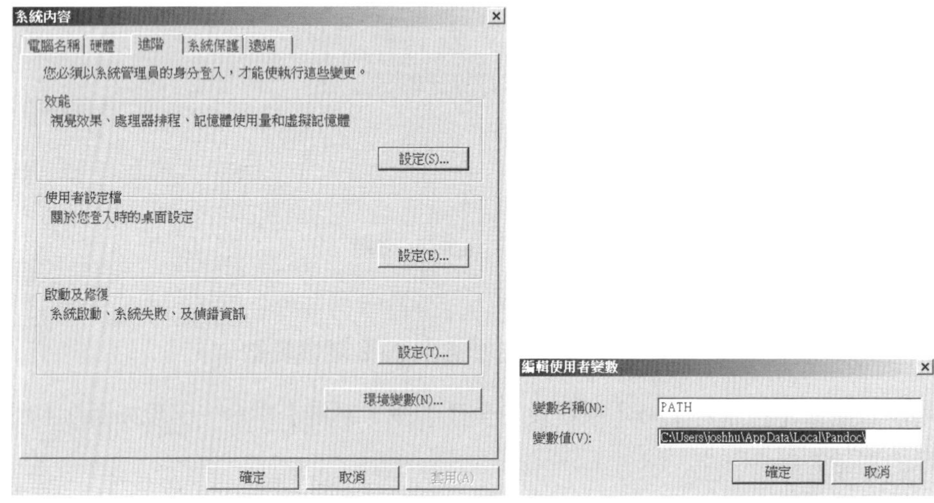

圖 9-5 【進階系統設定】對話方塊　　圖 9-6　設定環境變數

第③步：驗證安裝。

進入 Windows 命令列介面，輸入 "dot–version" 指令，然後按住 Enter 鍵，如果顯示 Graphviz 的相關版本資訊，則說明安裝設定成功，如圖 9-7 所示。

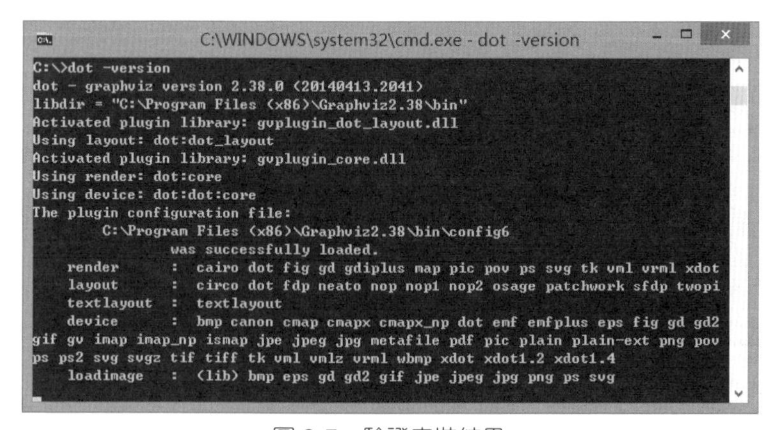

圖 9-7　驗證安裝結果

最後還需安裝 graphviz、pydot 和 pydotplus 外掛程式，在命令列中輸入相關指令即可，程式如下：

In
```
Pip install graphviz
Pip install pydot
Pip install pydotplus
```

上述工具套件安裝完成之後，就可以繪製決策樹模型：

In
```
# 匯入所需工具套件
from sklearn.tree import export_graphviz
import pydot #pip install pydot
# 拿到其中的一棵樹
tree = rf.estimators_[5]
# 匯出 dot 檔案 In
export_graphviz(tree, out_file='tree.dot', feature_names = feature_list,
rounded = True, precision = 1)
# 繪圖
(graph,) = pydot.graph_from_dot_file('tree.dot')
# 展示
graph.write_png('tree.png');
```

執行完上述程式，會在指定的目錄下（如果只指定其名字，會在程式所在路徑下）產生一個 tree.png 檔案，這就是繪製好的一棵樹的模型，如圖 9-8 所示。樹模型看起來有點太大，觀察起來不太方便，可以使用參數限制決策樹的規模，還記得剪枝策略嗎？預剪枝方案在這裡可以派上用場。

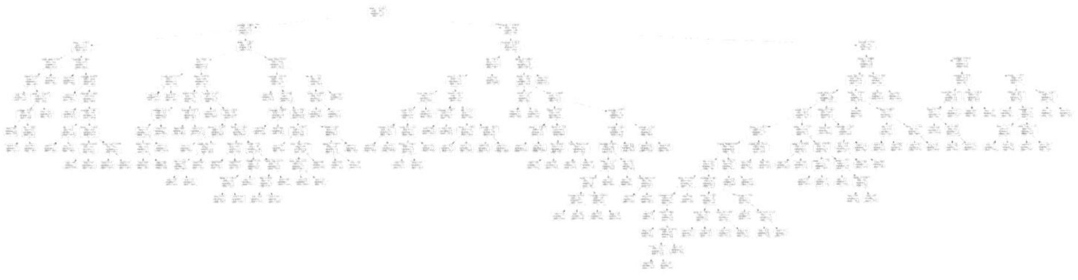

圖 9-8　樹模型視覺化展示

```
# 限制一下樹模型
rf_small = RandomForestRegressor(n_estimators=10, max_depth = 3,
random_state=42)
rf_small.fit(train_features, train_labels)
# 分析一棵樹
tree_small = rf_small.estimators_[5]
# 儲存
export_graphviz(tree_small, out_file = 'small_tree.dot', feature_names =
feature_list, rounded = True, precision = 1)
(graph,) = pydot.graph_from_dot_file('small_tree.dot')
graph.write_png('small_tree.png');
```

圖 9-9 對產生的樹模型中各項指標的含義進行了標識，看起來還是比較好了解，其中非葉子節點中包含 4 項指標：所選特徵與切分點、評估結果、此節點樣本數量、節點預測結果（回歸中就是平均）。

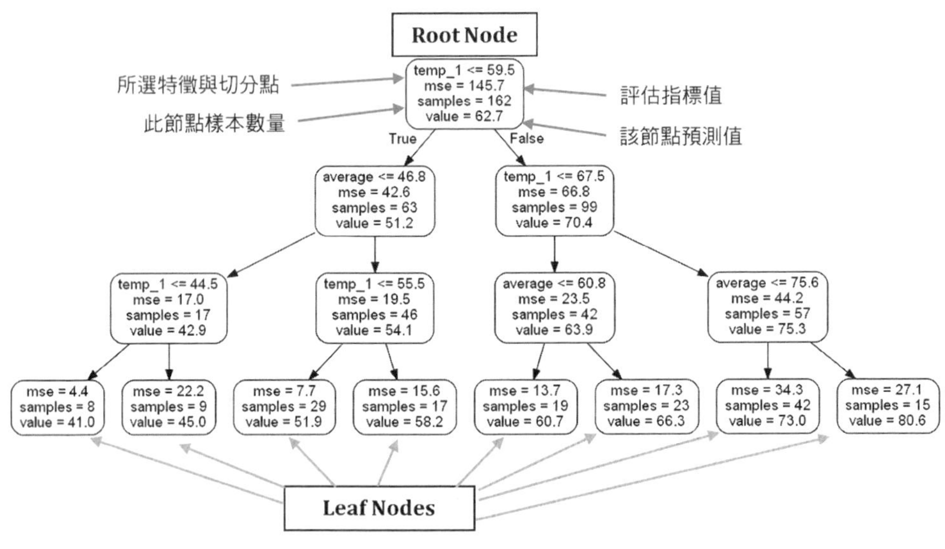

圖 9-9　樹模型視覺化中各項指標含義

9.1.4 特徵重要性

說明隨機森林演算法的時候，曾提到使用整合演算法很容易獲得其特徵重要性，在 sklearn 工具套件中也有現成的函數，呼叫起來非常容易：

In

```
# 獲得特徵重要性
importances = list(rf.feature_importances_)
# 轉換格式
feature_importances = [(feature, round(importance, 2)) for feature, importance
in zip(feature_list, importances)]
# 排序
feature_importances = sorted(feature_importances, key = lambda x: x[1],
rev erse = True)
# 對應進行列印
[print('Variable: {:20} Importance: {}'.format(*pair)) for pair in feature_
importances]
```

Out

```
Variable: temp_1          Importance: 0.7
Variable: average         Importance: 0.19
Variable: day             Importance: 0.03
Variable: temp_2          Importance: 0.02
Variable: friend          Importance: 0.02
Variable: month           Importance: 0.01
Variable: year            Importance: 0.0
Variable: week_Fri        Importance: 0.0
Variable: week_Mon        Importance: 0.0
Variable: week_Sat        Importance: 0.0
Variable: week_Sun        Importance: 0.0
Variable: week_Thurs      Importance: 0.0
Variable: week_Tues       Importance: 0.0
Variable: week_Wed        Importance: 0.0
```

上述輸出結果分別列印了目前特徵及其所對應的特徵重要性，繪製成圖表分析起來更容易：

In

```
# 轉換成 list 格式
x_values = list(range(len(importances)))
# 繪圖
plt.bar(x_values, importances, orientation = 'vertical')
# x 軸名字
plt.xticks(x_values, feature_list, rotation='vertical')
# 圖題
plt.ylabel('Importance'); plt.xlabel('Variable'); plt.title('Variable Importances')
```

上述程式可以生成圖 9-10 的輸出，可以明顯發現，temp_1 和 average 這兩個特徵的重要性佔據總體的絕大部分，其他特徵的重要性看起來微乎其微。那麼，只用最厲害的特徵來建模，其效果會不會更好呢？其實並不能保障效果一定更好，但是速度一定更快，先來看一下結果：

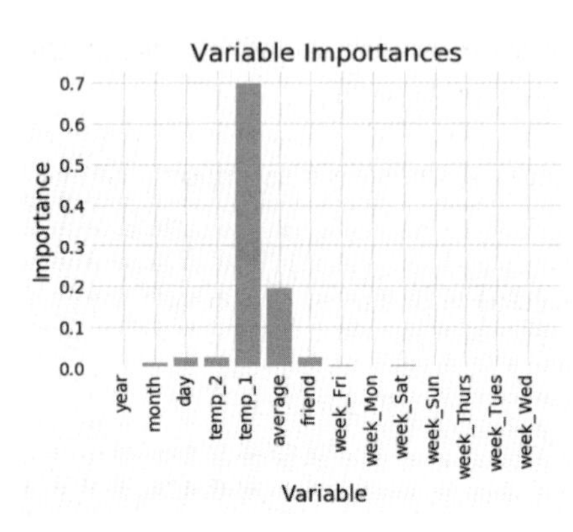

圖 9-10　隨機森林特徵重要性

In	# 選擇最重要的兩個特徵來試
	rf_most_important = RandomForestRegressor(n_estimators= 1000, random_state=42)
	# 拿到這兩個特徵
	important_indices = [feature_list.index('temp_1'), feature_list.index('average')]
	train_important = train_features[:, important_indices]
	test_important = test_features[:, important_indices]
	# 重新訓練模型
	rf_most_important.fit(train_important, train_labels)
	# 預測結果
	predictions = rf_most_important.predict(test_important)
	errors = abs(predictions - test_labels)
	# 評估結果
	print('Mean Absolute Error:', round(np.mean(errors), 2), 'degrees.')
	mape = np.mean(100 * (errors / test_labels))
	print('mape:', mape)

Out	mape: 6.2035840065

從損失值上觀察，並沒有下降，反而上升了，說明其他特徵還是有價值的，不能只憑特徵重要性就否定部分特徵資料，一切還要透過實驗進行判斷。

但是，當考慮時間效率的時候，就要好好斟酌一下是否應該剔除掉那些用處不大的特徵以加快建置模型的速度。到目前為止，已經獲得基本的隨機森林模型，並可以進行預測，下面來看看模型的預測值與真實值之間的差異：

In

```
# 日期資料
months = features[:, feature_list.index('month')]
days = features[:, feature_list.index('day')]
years = features[:, feature_list.index('year')]
# 轉換日期格式
dates = [str(int(year)) + '-' + str(int(month)) + '-' + str(int(day)) for year, month, day in zip(years, months, days)]
dates = [datetime.datetime.strptime(date, '%Y-%m-%d') for date in dates]
# 建立一個表格儲存日期和其對應的標籤數值
true_data = pd.DataFrame(data = {'date': dates, 'actual': labels})
# 同理，再建立一個表格儲存日期和其對應的模型預測值 months = test_features[:, feature_list.index('month')] days = test_features[:, feature_list.index('day')]
years = test_features[:, feature_list.index('year')]
test_dates = [str(int(year)) + '-' + str(int(month)) + '-' +str(int(day)) for year, month, day in zip(years, months, days)]
test_dates = [datetime.datetime.strptime(date, '%Y-%m-%d')fordateintest_dates]
predictions_data=pd.DataFrame(data={'date':test_dates,'prediction': predictions})
# 真實值
plt.plot(true_data['date'], true_data['actual'], 'b-', label = 'actual')
# 預測值
p lt.plot(predictions_data['date'], predictions_data['prediction'], 'ro', label= 'prediction') plt.xticks(rotation = '60'); plt.legend()
# 圖名
plt.xlabel('Date'); plt.ylabel('Maximum Temperature (F)'); plt.title('Actual and Predicted Values');
```

Out

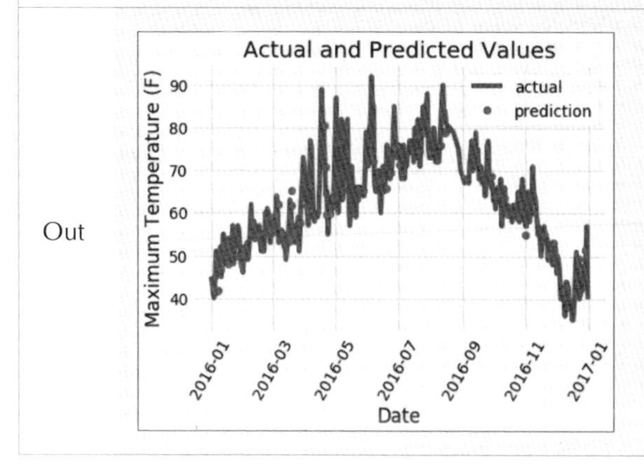

透過上述輸出結果的走勢可以看出，模型已經基本能夠掌握天氣變化情況，接下來還需要深入資料，考慮以下幾個問題。

1. 如果可利用的資料量增大，會對結果產生什麼影響呢？
2. 加入新的特徵會改進模型效果嗎？此時的時間效率又會怎樣？

9.2 資料與特徵對結果影響分析

帶著上節提出的問題，重新讀取規模更大的資料，工作還是保持不變，需要分別觀察資料量和特徵的選擇對結果的影響。

In

```
# 匯入工具套件
import pandas as pd
# 讀取資料
features = pd.read_csv('data/temps_extended.csv')
features.head(5)
```

Out

	year	month	day	weekday	ws_1	prcp_1	snwd_1	temp_2	temp_1	average	actual	friend
0	2011	1	1	Sat	4.92	0.00	0	36	37	45.6	40	40
1	2011	1	2	Sun	5.37	0.00	0	37	40	45.7	39	50
2	2011	1	3	Mon	6.26	0.00	0	40	39	45.8	42	42
3	2011	1	4	Tues	5.59	0.00	0	39	42	45.9	38	59
4	2011	1	5	Wed	3.80	0.03	0	42	38	46.0	45	39

In

```
print(' 資料規模 ',features.shape)
```

Out

```
資料規模 (2191, 12)
```

在新的資料中，資料規模發生了變化，資料量擴充到 2191 筆，並且加入了以下 3 個新的天氣特徵。

- ws_1：前一天的風速。
- prcp_1：前一天的降水。
- snwd_1：前一天的積雪深度。

既然有了新的特徵，就可繪圖進行視覺化展示。

In	# 設定整體版面配置
	fig, ((ax1, ax2), (ax3, ax4)) = plt.subplots(nrows=2, ncols=2, figsize = (15,10))
	fig.autofmt_xdate(rotation = 45)
	# 平均最高氣溫
	ax1.plot(dates, features['average'])
	ax1.set_xlabel(''); ax1.set_ylabel('Temperature (F)'); ax1.set_title('Historical Avg Max Temp')
	# 風速
	ax2.plot(dates, features['ws_1'], 'r-')
	ax2.set_xlabel(''); ax2.set_ylabel('Wind Speed (mph)'); ax2.set_title('Prior Wind Speed')
	# 降水
	ax3.plot(dates, features['prcp_1'], 'r-')
	ax3.set_xlabel('Date'); ax3.set_ylabel('Precipitation (in)'); ax3.set_title('Prior Precipitation')
	# 積雪
	ax4.plot(dates, features['snwd_1'], 'ro')
	ax4.set_xlabel('Date'); ax4.set_ylabel('Snow Depth (in)'); ax4.set_title('Prior Snow Depth')
	
	plt.tight_layout(pad=2)

Out	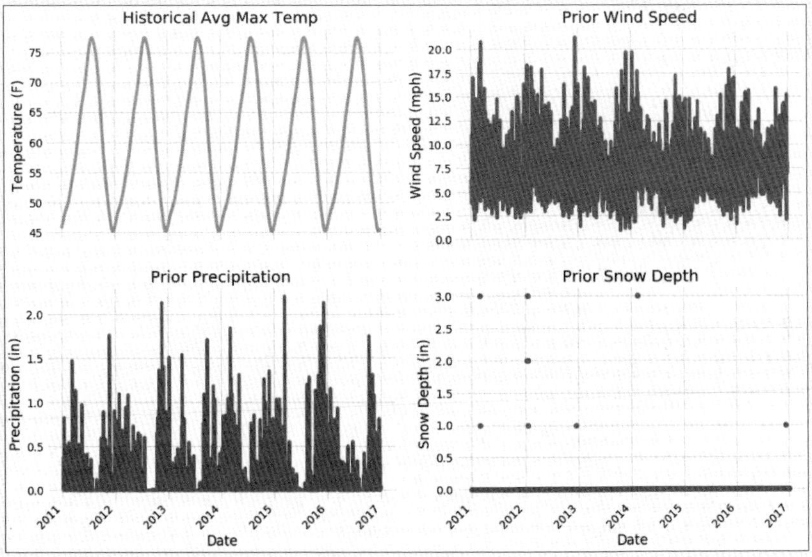 Historical Avg Max Temp / Prior Wind Speed / Prior Precipitation / Prior Snow Depth

加入 3 項新的特徵，看起來很好了解，視覺化展示的目的一方面是觀察特徵

情況，另一方面還需考慮其數值是否存在問題，因為通常拿到的資料並不是這麼乾淨的，當然這個實例的資料還是非常人性化的，直接使用即可。

9.2.1 特徵工程

在資料分析和特徵分析的過程中，出發點都是盡可能多地選擇有價值的特徵，因為初始階段能獲得的資訊越多，建模時可以利用的資訊也越多。隨著大家做機器學習專案的深入，就會發現一個現象：建模之後，又想到一些可以利用的資料特徵，再回過頭來進行資料的前置處理和症狀分析，然後重新進行建模分析。

反覆分析特徵後，最常做的就是進行實驗比較，但是如果資料量非常大，進行一次特徵分析花費的時間就相對較多，所以，建議大家在開始階段盡可能地增強前置處理與特徵分析工作，也可以多制定幾套方案進行比較分析。

舉例來說，在這份資料中有完整的日期特徵，顯然天氣的轉換與季節因素有關，但是，在原始資料集中，並沒有表現出季節特徵的指標，此時可以自己建立一個季節變數，將之當作新的特徵，無論對建模還是分析都會有幫助作用。

In

```
# 建立一個季節變數
seasons = []
for month in features['month']:
    if month in [1, 2, 12]:
        seasons.append('winter')
    elif month in [3, 4, 5]:
        seasons.append('spring')
    elif month in [6, 7, 8]:
        seasons.append('summer')
    elif month in [9, 10, 11]:
        seasons.append('fall')
# 有了季節特徵就可以分析更多東西
reduced_features = features[['temp_1', 'prcp_1', 'average', 'actual']]
reduced_features['season'] = seasons
```

有了季節特徵之後，如果想觀察一下不同季節時上述各項特徵的變化情況該怎麼做呢？這裡給大家推薦一個非常實用的繪圖函數 pairplot()，需要先安裝

seaborn 工具套件（pip install seaborn），它相當於是在 Matplotlib 的基礎上進行封裝，用起來更簡單方便：

In

```
# 匯入 seaborn 工具套件
import seaborn as sns
sns.set(style="ticks", color_codes=True);
# 選擇你喜歡的顏色範本
palette = sns.xkcd_palette(['dark blue', 'dark green', 'gold', 'orange'])
# 繪製 pairplot
sns.pairplot(reduced_features, hue = 'season', diag_kind = 'kde', palette=
palette, plot_kws=dict(alpha=0.7),diag_kws=dict(shade=True))
```

Out

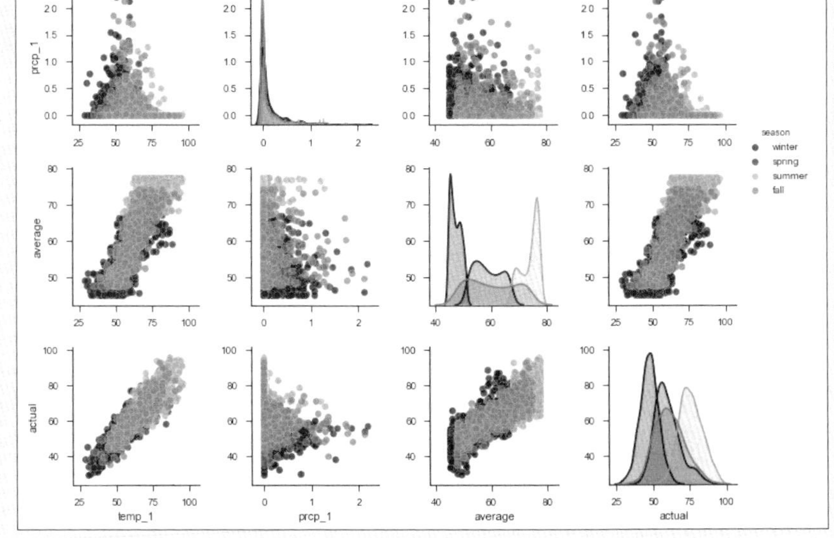

上述輸出結果顯示，x 軸和 y 軸都是 temp_1、prcp_1、average、actual 這 4 項指標，不同顏色的點表示不同的季節（透過 hue 參數來設定），在主對角線上 x 軸和 y 軸都是用相同特徵表示其在不同季節時的數值分佈情況，其他位置用散點圖來表示兩個特徵之間的關係，例如左下角 temp_1 和 actual 就呈現出很強的相關性。

9.2.2 資料量對結果影響分析

接下來就要進行一系列比較實驗，第一個問題就是當資料量增多時，使用同樣的方法建模，結果會不會發生改變呢？還是先切分新的資料集吧：

In
```
# 獨熱編碼
features = pd.get_dummies(features)
# 分析特徵和標籤
In labels = features['actual']
features = features.drop('actual', axis = 1)
# 特徵名字留著備用
feature_list = list(features.columns)
# 轉換成所需格式
import numpy as np
features = np.array(features)
labels = np.array(labels)
# 資料集切分
from sklearn.model_selection import train_test_split
train_features, test_features, train_labels, test_labels = train_test_split
(features, labels, test_size = 0.25, random_state = 0)
print(' 訓練集特徵 :', train_features.shape)
print(' 訓練集標籤 :', train_labels.shape)
print(' 測試集特徵 :', test_features.shape)
print(' 測試集標籤 :', test_labels.shape)
```

Out
```
訓練集特徵 : (1643, 17)
訓練集標籤 : (1643,)
測試集特徵 : (548, 17)
測試集標籤 : (548,)
```

新的資料集由 1643 個訓練樣本和 548 個測試樣本組成。為了進行比較實驗，還需使用相同的測試集來比較結果，由於重新開啟了一個新的 Notebook 程式片段，所以還需再對樣本較少的舊資料集再次執行相同的前置處理：

In
```
# 工具套件匯入
import pandas as pd
# 為了剔除特徵個數對結果的影響，這裡的特徵統一為只有舊資料集中的特徵
original_feature_indices = [feature_list.index(feature) for feature in
                feature_list if feature not in
                ['ws_1', 'prcp_1', 'snwd_1']]
```

In	`# 讀取舊資料集`
	`original_features = pd.read_csv('data/temps.csv')`
	`original_features = pd.get_dummies(original_features)`
	
	`import numpy as np`
	`# 資料和標籤轉換`
	`original_labels = np.array(original_features['actual'])`
	`original_features= original_features.drop('actual', axis = 1)`
	`original_feature_list = list(original_features.columns)`
	`original_features = np.array(original_features)`
	`# 資料集切分`
	`from sklearn.model_selection import train_test_split`
	`original_train_features, original_test_features, original_train_labels, original_test_labels = train_test_split(original_features, original_labels, test_size = 0.25, random_state = 42)`
	
	`# 同樣的樹模型進行建模`
	`from sklearn.ensemble import RandomForestRegressor`
	`# 同樣的參數與隨機種子`
	`rf = RandomForestRegressor(n_estimators= 100, random_state=0)`
	`# 這裡的訓練集使用的是舊資料集`
	`rf.fit(original_train_features, original_train_labels);`
	`# 為了測試效果能夠公平，統一使用一致的測試集，這裡選擇剛剛切分過的新資料集的測試集（548 個樣本）`
	`predictions = rf.predict(test_features[:,original_feature_indices])`
	`# 先計算溫度平均誤差`
	`errors = abs(predictions - test_labels)`
	`print(' 平均溫度誤差 :', round(np.mean(errors), 2), 'degrees.')`
	`# MAPE`
	`mape = 100 * (errors / test_labels)`
	`# 這裡的 Accuracy 是為了方便觀察，直接用 100 減去誤差，目標自然希望這個值能夠越大越好`
	`accuracy = 100 - np.mean(mape)`
	`print('Accuracy:', round(accuracy, 2), '%.')`

Out	平均溫度誤差 : 4.67 degrees. Accuracy: 92.2 %.

上述輸出結果顯示平均溫度誤差為 4.67，這是樣本數量較少時的結果，再來看看樣本數量增多時效果會提升嗎：

In	from sklearn.ensemble import RandomForestRegressor
	# 剔除掉新的特徵，保障資料特徵是一致的
	original_train_features = train_features[:,original_feature_indices]
	original_test_features = test_features[:, original_feature_indices]
	rf = RandomForestRegressor(n_estimators= 100 ,random_state=0)
	rf.fit(original_train_features, train_labels);
	# 預測
	baseline_predictions = rf.predict(original_test_features)
	# 結果
	baseline_errors = abs(baseline_predictions - test_labels)
	print(' 平均溫度誤差 :', round(np.mean(baseline_errors), 2), 'degrees.')
	# (MAPE)
	baseline_mape = 100 * np.mean((baseline_errors / test_labels))
	# accuracy
	baseline_accuracy = 100 - baseline_mape
	print('Accuracy:', round(baseline_accuracy, 2), '%.')

Out	平均溫度誤差 : 4.2 degrees. Accuracy: 93.12 %.

可以看到，當資料量增大之後，平均溫度誤差為 4.2，效果發生了一些提升，這也符合實際情況，在機器學習工作中，都是希望資料量能夠越大越好，一方面能讓機器學習得更充分，另一方面也會降低過擬合的風險。

9.2.3 特徵數量對結果影響分析

下面比較一下特徵數量對結果的影響，之前兩次比較沒有加入新的天氣特徵，這次把降水、風速、積雪 3 項特徵加入資料集中，看看效果怎樣：

In	# 準備加入新的特徵
	from sklearn.ensemble import RandomForestRegressor
	rf_exp = RandomForestRegressor(n_estimators= 100, random_state=0)
	rf_exp.fit(train_features, train_labels)
	# 同樣的測試集
	predictions = rf_exp.predict(test_features)
	# 評估
	errors = abs(predictions - test_labels)
	print(' 平均溫度誤差 :', round(np.mean(errors), 2), 'degrees.')
	# (MAPE)
	mape = np.mean(100 * (errors / test_labels))

	# 看一下提升了多少
	improvement_baseline = 100 * abs(mape - baseline_mape) / baseline_mape
	print(' 特徵增多後模型效果提升 :', round(improvement_baseline, 2), '%.')
	# accuracy
	accuracy = 100 - mape
	print('Accuracy:', round(accuracy, 2), '%.')

Out	平均溫度誤差 : 4.05 degrees. 特徵增多後模型效果提升 : 3.32 %. Accuracy: 93.35 %.

大師說：模型整體效果有了略微提升，可以發現在建模過程中，每一次改進都會使得結果發生部分提升，不要小看這些，累計起來就是大成績。

繼續研究特徵重要性這個指標，雖說只供參考，但是業界也有經驗值可供參考：

In	# 特徵名字
	importances = list(rf_exp.feature_importances_)
	# 名字，數值組合在一起
	feature_importances = [(feature, round(importance, 2)) for feature, importance in zip(feature_list, importances)]
	# 排序
	feature_importances = sorted(feature_importances, key = lambda x: x[1], reverse = True)
	# 列印結果
	[print('Variable: {:20} Importance: {}'.format(*pair)) for pair in feature_importances]

Out	特徵 : temp_1 重要性 : 0.85 特徵 : average 重要性 : 0.05 特徵 : ws_1 重要性 : 0.02 特徵 : friend 重要性 : 0.02 特徵 : year 重要性 : 0.01 特徵 : month 重要性 : 0.01 特徵 : day 重要性 : 0.01 特徵 : prcp_1 重要性 : 0.01 特徵 : temp_2 重要性 : 0.01 特徵 : snwd_1 重要性 : 0.0 特徵 : weekday_Fri 重要性 : 0.0 特徵 : weekday_Mon 重要性 : 0.0 特徵 : weekday_Sat 重要性 : 0.0 特徵 : weekday_Sun 重要性 : 0.0

```
特徵 : weekday_Thurs        重要性 : 0.0
特徵 : weekday_Tues         重要性 : 0.0
特徵 : weekday_Wed          重要性 : 0.0
```

對各個特徵的重要性排序之後，列印出其各自結果，排在前面的依舊是 temp_1 和 average，風速 ws_1 雖然也上榜了，但是影響還是略小，好長一串資料看起來不方便，還是用圖表顯示更清晰明了。

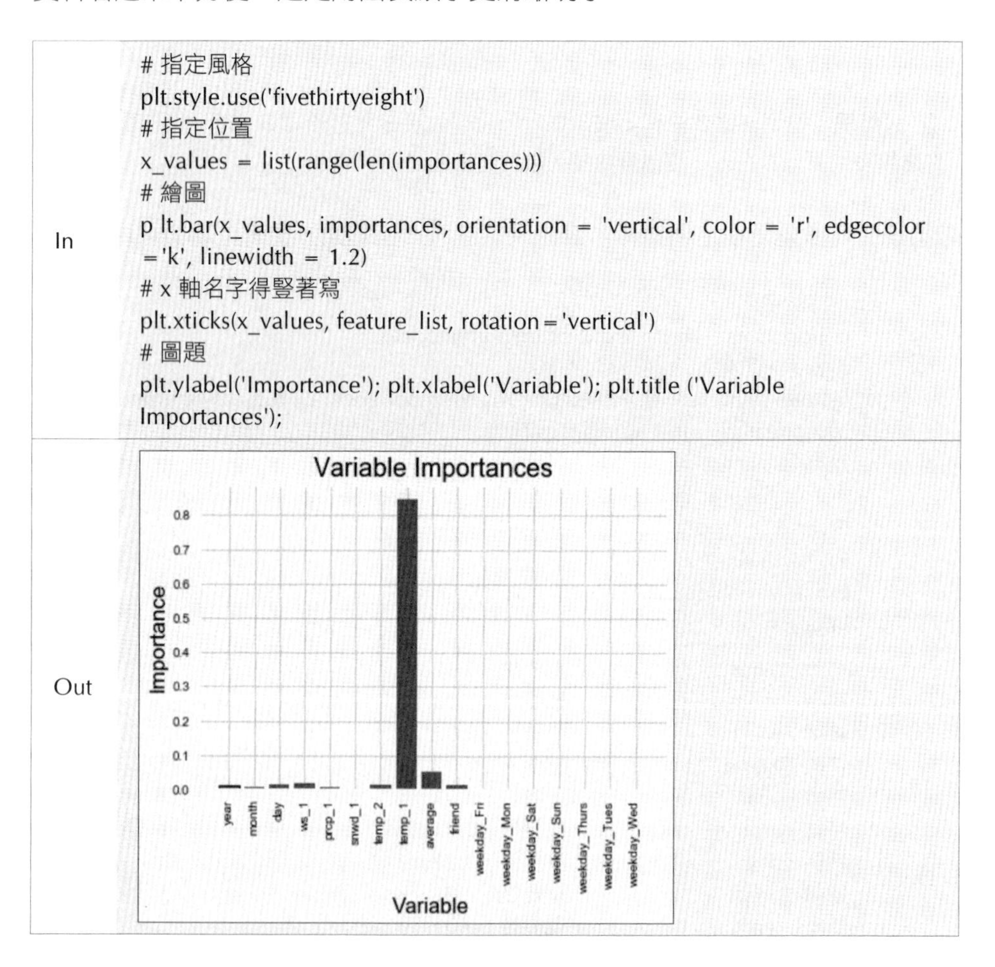

In

```
# 指定風格
plt.style.use('fivethirtyeight')
# 指定位置
x_values = list(range(len(importances)))
# 繪圖
p lt.bar(x_values, importances, orientation = 'vertical', color = 'r', edgecolor
= 'k', linewidth = 1.2)
# x 軸名字得豎著寫
plt.xticks(x_values, feature_list, rotation = 'vertical')
# 圖題
plt.ylabel('Importance'); plt.xlabel('Variable'); plt.title ('Variable
Importances');
```

Out

雖然能透過直條圖表示每個特徵的重要程度，但是實際選擇多少個特徵來建模還是有些模糊。此時可以使用 cumsum() 函數，先把特徵按照其重要性進行排序，再算其累計值，例如 cumsum([1,2,3,4]) 表示獲得的結果就是其累加值

(1,3,6,10)。然後設定一個設定值，通常取 95%，看看需要多少個特徵累加在一起之後，其特徵重要性的累加值才能超過該設定值，就將它們當作篩選後的特徵：

In

```
# 對特徵進行排序
sorted_importances = [importance[1] for importance in feature_importances]
sorted_features = [importance[0] for importance in feature_importances]
# 累計重要性
cumulative_importances = np.cumsum(sorted_importances)
# 繪製聚合線圖
plt.plot(x_values, cumulative_importances, 'g-')
# 畫一條 y=0.95 的紅色虛線
plt.hlines(y = 0.95, xmin=0, xmax=len(sorted_importances), color = 'r',
linestyles = 'dashed')
# X 軸
plt.xticks(x_values, sorted_features, rotation = 'vertical')
# Y 軸和圖題
plt.xlabel('Variable'); plt.ylabel('Cumulative Importance')
plt.title('Cumulative Importances')
```

Out

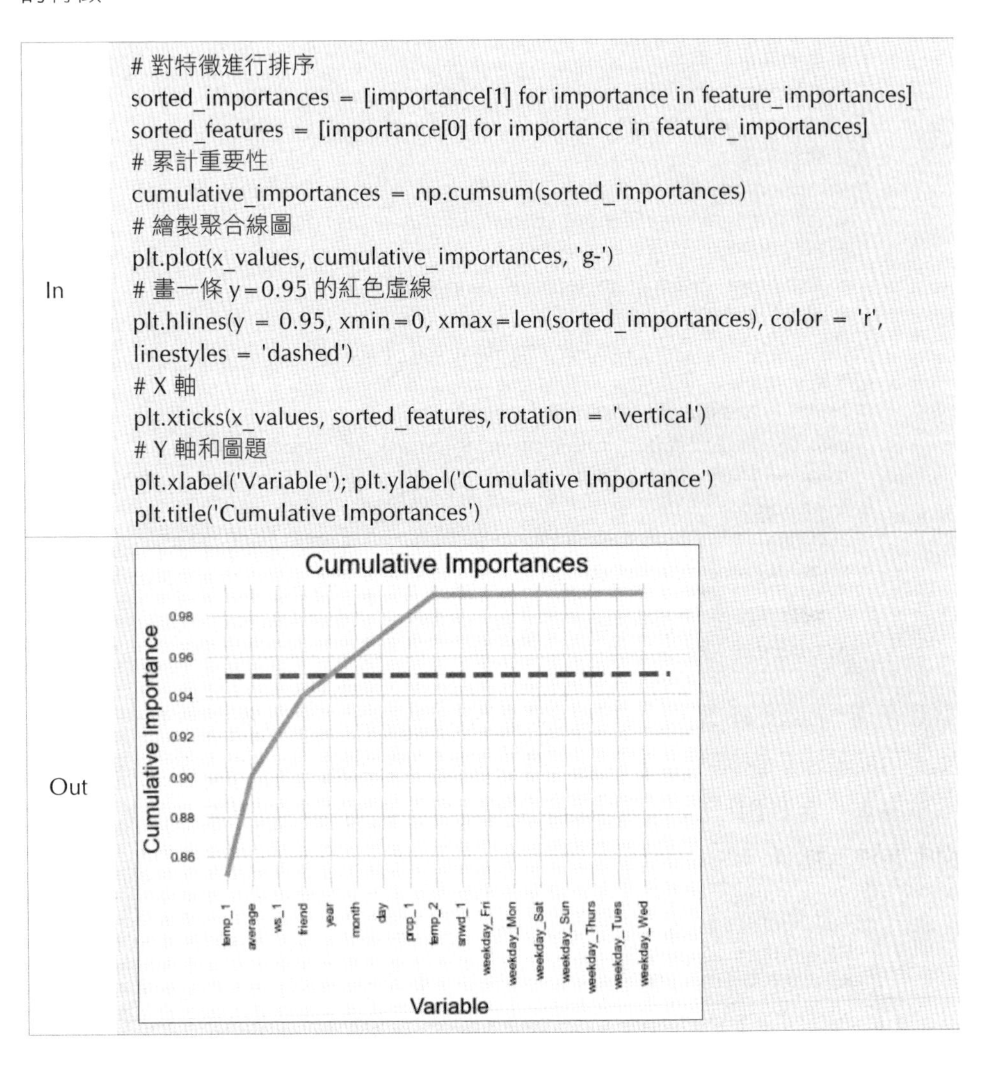

由輸出結果可見，當第 5 個特徵出現的時候，其整體的累加值超過 95%，那麼接下來就可以進行比較實驗了，如果只用這 5 個特徵建模，結果會怎麼樣呢？時間效率又會怎樣呢？

In	`# 選擇這些特徵`
	`important_feature_names = [feature[0] for feature in feature_importances[0:5]]`
	`# 找到它們的名字`
	`important_indices = [feature_list.index(feature) for feature in important_feature_names]`
	`# 重新建立訓練集`
	`important_train_features = train_features[:, important_indices]`
	`important_test_features = test_features[:, important_indices]`
	`# 資料維度`
	`print('Important train features shape:', important_train_features.shape)`
	`print('Important test features shape:', important_test_features.shape)`
	`# 再訓練模型`
	`rf_exp.fit(important_train_features, train_labels)`
	`# 同樣的測試集`
	`predictions = rf_exp.predict(important_test_features)`
	`# 評估結果`
	`errors = abs(predictions - test_labels)`
	`print(' 平均溫度誤差 :', round(np.mean(errors), 2), 'degrees.')`
	`mape = 100 * (errors / test_labels)`
	`# accuracy`
	`accuracy = 100 - np.mean(mape)`
	`print('Accuracy:', round(accuracy, 2), '%.')`

Out	平均溫度誤差 : 4.12 degrees. Accuracy: 93.28 %.

看起來奇蹟並沒有出現，本以為效果可能會更好，但其實還是有一點點下降，可能是由於樹模型本身具有特徵選擇的被動技能，也可能是剩下 5% 的特徵確實有一定作用。雖然模型效果沒有提升，還可以再看看在時間效率的層面上有沒有進步：

In:

```
# 計算時間
import time
# 這次是用所有特徵
all_features_time = []
# 算一次可能不太準，來 10 次取個平均
for _ in range(10):
    start_time = time.time()
    rf_exp.fit(train_features, train_labels)
    all_features_predictions = rf_exp.predict(test_features)
    end_time = time.time()
    all_features_time.append(end_time - start_time)
```

	all_features_time = np.mean(all_features_time) print(' 使用所有特徵時建模與測試的平均時間消耗 :', round(all_features_time, 2), ' 秒 .')
Out	使用所有特徵時建模與測試的平均時間消耗 : 0.5 秒 .

當使用全部特徵的時候，建模與測試用的總時間為 0.5 秒，由於機器效能不同，可能導致執行的速度不一樣，在筆記型電腦上執行時間可能要稍微長一點。再來看看只選擇高特徵重要性資料的結果：

In
```
# 這次是用部分重要的特徵
reduced_features_time = []
# 算一次可能不太準，來 10 次取平均值
for _ in range(10):
    start_time = time.time()
    rf_exp.fit(important_train_features, train_labels)
    reduced_features_predictions = rf_exp.predict(important_test_features)
    end_time = time.time()
    reduced_features_time.append(end_time - start_time)
reduced_features_time = np.mean(reduced_features_time)
print(' 使用部分特徵時建模與測試的平均時間消耗 :', round(reduced_features_
time, 2), ' 秒 .')
```

Out
```
使用部分特徵時建模與測試的平均時間消耗 : 0.29 秒 .
```

唯一改變的就是輸入資料的規模，可以發現使用部分特徵時試驗的時間明顯縮短，因為決策樹需要檢查的特徵少了很多。下面把比較情況展示在一起，更方便觀察：

In
```
# 分別用預測值來計算評估結果
all_accuracy = 100 * (1- np.mean(abs(all_features_predictions - test_labels) /
test_labels))
reduced_accuracy = 100 * (1- np.mean(abs(reduced_features_predictions -
test_labels) / test_labels))
predictions - test_labels) / test_labels))

# 建立一個 df 來儲存結果
comparison = pd.DataFrame({'features': ['all (17)', 'reduced (5)'],
        'run_time':[round(all_features_time,2),round(reduced_features_time, 2)],
        'accuracy': [round(all_accuracy, 2), round(reduced_accuracy, 2)]})
comparison[['features', 'accuracy', 'run_time']]
```

Out

	features	accuracy	run_time
0	all (17)	93.35	0.50
1	reduced (5)	93.28	0.29

這裡的準確率只是為了觀察方便自己定義的，用於比較分析，結果顯示準確率基本沒發生明顯變化，但是在時間效率上卻有明顯差異。所以，當大家在選擇演算法與資料的同時，還需要根據實際業務實際分析，例如很多工都需要即時進行回應，這時候時間效率可能會比準確率更優先考慮。可以透過實際數值看一下各自效果的提升：

In

```
relative_accuracy_decrease = 100 * (all_accuracy - reduced_accuracy) /
all_accuracy
print(' 相對 accuracy 提升 :', round(relative_accuracy_decrease, 3), '%.')
relative_runtime_decrease = 100 * (all_features_time - reduced_features_
time) / all_features_time
print(' 相對時間效率提升 :', round(relative_runtime_decrease, 3), '%.')
```

Out

```
相對 accuracy 下降 : 0.074 %.
相對時間效率提升 : 40.637 %.
```

實驗結果顯示，時間效率的提升相對更大，而且基本保障模型效果。最後把所有的實驗結果整理到一起進行比較：

In

```
# 設定整體版面配置，還是一整行看起來好一些
fig, (ax1, ax2, ax3) = plt.subplots(nrows=1, ncols=3, figsize = (16,5),
sharex = True)
# X 軸
x_values = [0, 1, 2]
labels = list(model_comparison['model'])
plt.xticks(x_values, labels)
# 字型大小
fontdict = {'fontsize': 18}
fontdict_yaxis = {'fontsize': 14}
# 預測溫度和真實溫度差異比較
ax1.bar(x_values, model_comparison['error (degrees)'], color = ['b', 'r', 'g'],
edgecolor = 'k', linewidth = 1.5)
ax1.set_ylim(bottom = 3.5, top = 4.5)
ax1.set_ylabel('Error (degrees) (F)', fontdict = fontdict_yaxis);
ax1.set_title('Model Error Comparison', fontdict= fontdict)
```

```
# Accuracy 比較
ax2.bar(x_values, model_comparison['accuracy'], color = ['b', 'r', 'g'],
edgecolor = 'k', linewidth = 1.5)
ax2.set_ylim(bottom = 92, top = 94)
ax2.set_ylabel('Accuracy (%)', fontdict = fontdict_yaxis);
ax2.set_title('Model Accuracy Comparison', fontdict= fontdict)
# 時間效率比較
a x3.bar(x_values,  model_comparison['run_time (s)'], color = ['b', 'r', 'g'],
edgecolor = 'k', linewidth = 1.5)
ax3.set_ylim(bottom = 0, top = 1)
ax3.set_ylabel('Run Time (sec)', fontdict = fontdict_yaxis);
ax3.set_title('Model Run-Time Comparison', fontdict= fontdict);
```

Out

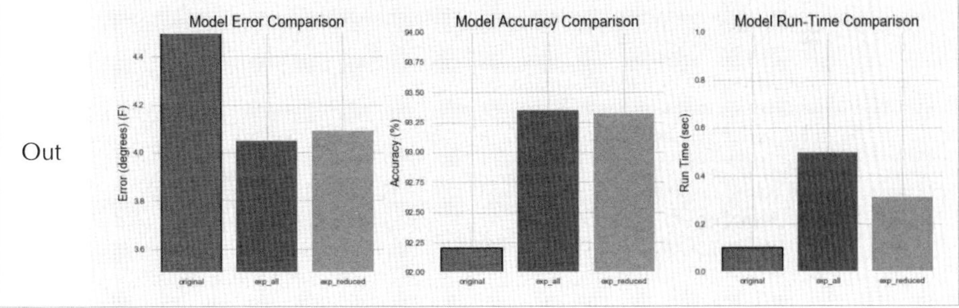

其中，original 代表舊資料，也就是資料量少且特徵少的那部份；exp_all 代表完整的新資料；exp_reduced 代表按照 95% 設定值選擇的部分重要特徵資料集。結果很明顯，資料量和特徵越多，效果會提升一些，但是時間效率會有所下降。

大師說：最後模型的決策需要透過實際業務應用來判斷，但是分析工作一定要做到位。

9.3 模型調參

之前比較分析的主要是資料和特徵層面，還有另一部分非常重要的工作等著大家去做，就是模型調參問題，在實驗的最後，看一下對樹模型來說，應當如何進行參數調節。

大師說：調參是機器學習必經的一步，很多方法和經驗並不是某一個演算法特有的，基本正常工作都可以用於參考。

先來列印看一下都有哪些參數可供選擇：

In

```
from sklearn.ensemble import RandomForestRegressor
rf = RandomForestRegressor(random_state = 42)
from pprint import pprint
# 列印所有參數
pprint(rf.get_params())
```

Out

```
{'bootstrap': True,
 'criterion': 'mse',
 'max_depth': None,
 'max_features': 'auto',
 'max_leaf_nodes': None,
 'min_impurity_decrease': 0.0,
 'min_impurity_split': None,
 'min_samples_leaf': 1,
 'min_samples_split': 2,
 'min_weight_fraction_leaf': 0.0,
 'n_estimators': 10,
 'n_jobs': 1,
 'oob_score': False,
 'random_state': 42,
 'verbose': 0,
 'warm_start': False}
```

關於參數的解釋，在決策樹演算法中已經作了介紹，當使用工具套件完成工作的時候，最好先檢視其 API 文檔，每一個參數的意義和其輸入數值型態一目了然，如圖 9-11 所示。

當大家需要尋找某些說明的時候，可以直接按住 Ctrl+F 組合鍵在瀏覽器中搜索關鍵字，舉例來說，要尋找 RandomForestRegressor，找到其對應位置點擊進去即可，如圖 9-12 所示。這裡不僅有演算法有關的每一個參數的說明，還有其可以呼叫的屬性和方法，通常最後還會有一個小實例，以幫助初學者完成基本工作，如圖 9-13 所示。

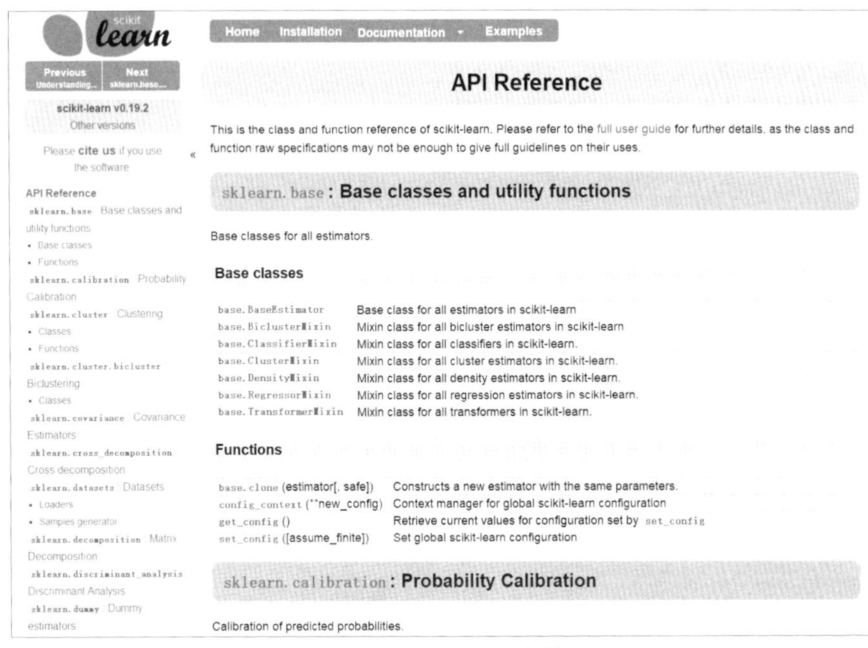

圖 9-11　sklearn 文件

圖 9-12　隨機森林參數解釋

Examples

```
>>> from sklearn.ensemble import RandomForestRegressor
>>> from sklearn.datasets import make_regression
>>>
>>> X, y = make_regression(n_features=4, n_informative=2,
...                        random_state=0, shuffle=False)
>>> regr = RandomForestRegressor(max_depth=2, random_state=0)
>>> regr.fit(X, y)
RandomForestRegressor(bootstrap=True, criterion='mse', max_depth=2,
           max_features='auto', max_leaf_nodes=None,
           min_impurity_decrease=0.0, min_impurity_split=None,
           min_samples_leaf=1, min_samples_split=2,
           min_weight_fraction_leaf=0.0, n_estimators=10, n_jobs=1,
           oob_score=False, random_state=0, verbose=0, warm_start=False)
>>> print(regr.feature_importances_)
[ 0.17339552  0.81594114  0.          0.01066333]
>>> print(regr.predict([[0, 0, 0, 0]]))
[-2.50699856]
```

Methods

apply (X)	Apply trees in the forest to X, return leaf indices.
decision_path (X)	Return the decision path in the forest
fit (X, y[, sample_weight])	Build a forest of trees from the training set (X, y).
get_params ([deep])	Get parameters for this estimator.
predict (X)	Predict regression target for X.
score (X, y[, sample_weight])	Returns the coefficient of determination R^2 of the prediction.
set_params (**params)	Set the parameters of this estimator.

圖 9-13　隨機森林範例程式

使用工具套件之前，不要心急，首先應了解函數的輸入和輸出的資料格式，然後列印其範例程式中的輸入觀察一番，接下來要使用時，按照其規定製作資料即可。

大師說：當資料量較大時，直接用工具套件中的函數觀察結果可能沒那麼直接，也可以自己先建置一個簡單的輸入來觀察結果，確定無誤後，再用完整資料執行。

9.3.1 隨機參數選擇

調參路漫漫，參數的可能組合結果實在太多，假設有 5 個參數待定，每個參數都有 10 種候選值，那麼一共有多少種可能呢（可不是 5×10 這麼簡單）？這個數字很大，實際業務中，由於資料量較大，模型相對複雜，所花費的時間並不少，幾小時能完成一次建模就不錯了。那麼如何選擇參數才是更合適的呢？如果依次檢查所有可能情況，那恐怕要到地老天荒了。

首先登場的是 RandomizedSearchCV（見圖 9-14），這個函數可以幫助大家在參數空間中，不斷地隨機選擇一組合適的參數來建模，並且求其交換驗證後的評估結果。

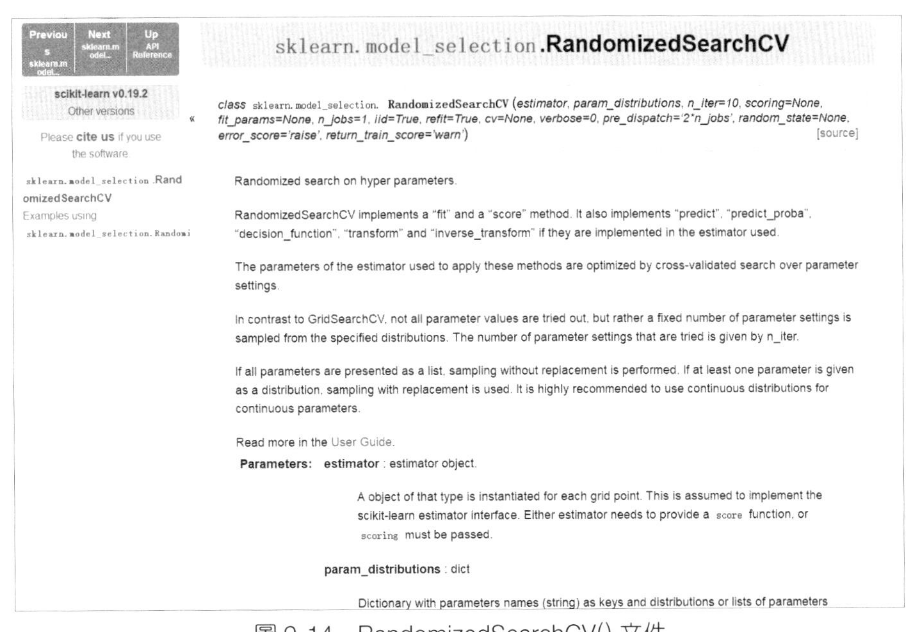
sklearn.model_selection.RandomizedSearchCV

class sklearn.model_selection.RandomizedSearchCV (estimator, param_distributions, n_iter=10, scoring=None, fit_params=None, n_jobs=1, iid=True, refit=True, cv=None, verbose=0, pre_dispatch='2*n_jobs', random_state=None, error_score='raise', return_train_score='warn') [source]

Randomized search on hyper parameters.

RandomizedSearchCV implements a "fit" and a "score" method. It also implements "predict", "predict_proba", "decision_function", "transform" and "inverse_transform" if they are implemented in the estimator used.

The parameters of the estimator used to apply these methods are optimized by cross-validated search over parameter settings.

In contrast to GridSearchCV, not all parameter values are tried out, but rather a fixed number of parameter settings is sampled from the specified distributions. The number of parameter settings that are tried is given by n_iter.

If all parameters are presented as a list, sampling without replacement is performed. If at least one parameter is given as a distribution, sampling with replacement is used. It is highly recommended to use continuous distributions for continuous parameters.

Read more in the User Guide.

Parameters: estimator : estimator object.

A object of that type is instantiated for each grid point. This is assumed to implement the scikit-learn estimator interface. Either estimator needs to provide a score function, or scoring must be passed.

param_distributions : dict

Dictionary with parameters names (string) as keys and distributions or lists of parameters

圖 9-14 RandomizedSearchCV() 文件

為什麼要隨機選擇呢？按順序一個個來應該更可靠，但是實在耗不起檢查尋找的時間，隨機就變成一種策略。相當於對所有可能的參數隨機進行測試，差不多能找到大致可行的位置，雖然感覺有點不可靠，但也是無奈之舉。該函數所需的所有參數解釋都在 API 文件中有詳細說明，準備好模型、資料和參數空間後，直接呼叫即可。

In

```
from sklearn.model_selection import RandomizedSearchCV
# 建立樹的個數
n_estimators = [int(x) for x in np.linspace(start = 200, stop = 2000, num = 10)]
# 最大特徵的選擇方式
max_features = ['auto', 'sqrt']
# 樹的最大深度
max_depth = [int(x) for x in np.linspace(10, 20, num = 2)]
max_depth.append(None)
# 節點最小分裂所需樣本個數
min_samples_split = [2, 5, 10]
# 葉子節點最小樣本數，任何分裂不能讓其子節點樣本數少於此值
min_samples_leaf = [1, 2, 4]
```

```
# 樣本取樣方法
bootstrap = [True, False]
# 隨機參數空間
random_grid = {'n_estimators': n_estimators,
        'max_features': max_features,
        'max_depth': max_depth,
        'min_samples_split': min_samples_split,
        'min_samples_leaf': min_samples_leaf,
        'bootstrap': bootstrap}
```

在這個工作中，只給大家舉例說明，考慮到篇幅問題，所選的參數的候選值並沒有列出太多。值得注意的是，每一個參數的設定值範圍都需要好好把控，因為如果參數範圍不恰當，最後的結果一定也不會好。可以參考一些經驗值或不斷透過實驗結果來調整合適的參數空間。

大師說：調參也是一個反覆的過程，並不是說機器學習建模工作就是從前往後進行，實驗結果確定之後，需要再回過頭來反覆比較不同的參數、不同的前置處理方案。

In

```
# 隨機選擇最合適的參數組合
rf = RandomForestRegressor()

rf_random = RandomizedSearchCV(estimator=rf, param_distributions
=random_grid,
              n_iter = 100, scoring='neg_mean_absolute_error',
              cv = 3, verbose=2, random_state=42, n_jobs=-1)
# 執行尋找操作
rf_random.fit(train_features, train_labels)
```

Out

```
Fitting 3 folds for each of 100 candidates, totalling 300 fits

[Parallel(n_jobs=-1)]: Done  17 tasks      | elapsed:    7.8s
[Parallel(n_jobs=-1)]: Done 138 tasks      | elapsed:   39.4s
[Parallel(n_jobs=-1)]: Done 300 out of 300 | elapsed:  1.4min finished

RandomizedSearchCV(cv=3, error_score='raise',
          estimator=RandomForestRegressor(bootstrap=True, criterion='mse', max_depth=None,
           max_features='auto', max_leaf_nodes=None,
           min_impurity_decrease=0.0, min_impurity_split=None,
           min_samples_leaf=1, min_samples_split=2,
           min_weight_fraction_leaf=0.0, n_estimators=10, n_jobs=1,
           oob_score=False, random_state=None, verbose=0, warm_start=False),
          fit_params=None, iid=True, n_iter=100, n_jobs=-1,
          param_distributions={'n_estimators': [200, 400, 600, 800, 1000, 1200, 1400, 1600, 1800, 2000], 'max_features': ['auto', 'sqr
t'], 'max_depth': [10, 20, None], 'min_samples_split': [2, 5, 10], 'min_samples_leaf': [1, 2, 4], 'bootstrap': [True, False]},
          pre_dispatch='2*n_jobs', random_state=42, refit=True,
          return_train_score='warn', scoring='neg_mean_absolute_error',
          verbose=2)
```

這裡先給大家解釋一下 RandomizedSearchCV 中常用的參數，API 文件中列出詳細的說明，建議大家養成查閱文件的習慣。

- estimator：RandomizedSearchCV 是一個通用的、並不是專為隨機森林設計的函數，所以需要指定選擇的演算法模型是什麼。
- distributions：參數的候選空間，上述程式中已經用字典格式列出了所需的參數分佈。
- n_iter：隨機尋找參數組合的個數，舉例來說，n_iter=100，代表接下來要隨機找 100 組參數的組合，在其中找到最好的。
- scoring：評估方法，按照該方法去找最好的參數組合。
- cv：交換驗證，之前已經介紹過。
- verbose：列印資訊的數量，根據自己的需求。
- random_state：隨機種子，為了使得結果能夠一致，排除掉隨機成分的干擾，一般都會指定成一個值，用你自己的幸運數字就好。
- n_jobs：多執行緒來跑這個程式，如果是 −1，就會用所有的，但是可能會有點卡。即使把 n_jobs 設定成 −1，程式執行得還是有點慢，因為要建立 100 次模型來選擇參數，並且帶有 3 折交換驗證，那就相當於 300 個工作。

RandomizedSearch 結果中顯示了工作執行過程中時間和目前的次數，如果資料較大，需要等待一段時間，只需簡單了解中間的結果即可，最後直接呼叫 rf_random.best_params_，就可以獲得在這 100 次隨機選擇中效果最好的那一組參數：

In	rf_random.best_params_
Out	{'bootstrap': True, 'max_depth': 10, 'max_features': 'auto', 'min_samples_leaf': 4, 'min_samples_split': 10, 'n_estimators': 1400}

完成 100 次隨機選擇後，還可以獲得其他實驗結果，在其 API 文件中列出了說明，這裡就不一一示範了，喜歡動手的讀者可以自己試一試。

接下來，比較經過隨機調參後的結果和用預設參數結果的差異，所有預設參數在 API 中都有說明，例如 n_estimators：integer, optional (default=10)，表示在隨機森林模型中，預設要建立樹的個數是 10。

大師說：一般情況下，參數都會有預設值，並不是沒有列出參數就不需要它，而是程式中使用其預設值。

既然要進行比較分析，還是先列出評估標準，這與之前的實驗一致：

In	`def evaluate(model, test_features, test_labels):`
	`    predictions = model.predict(test_features)`
	`    errors = abs(predictions - test_labels)`
	`    mape = 100 * np.mean(errors / test_labels)`
	`    accuracy = 100 - mape`
	`    print(' 平均氣溫誤差 .',np.mean(errors))`
	`    print('Accuracy = {:0.2f}%.'.format(accuracy))`
	`# 預設參數結果：`
	`base_model = RandomForestRegressor( random_state = 42)`
	`base_model.fit(train_features, train_labels)`
	`evaluate(base_model, test_features, test_labels)`

Out	平均氣溫誤差 . 3.91989051095 Accuracy = 93.36%.

In	`# 經過調參的新配方結果`
	`best_random = rf_random.best_estimator_`
	`evaluate(best_random, test_features, test_labels)`

Out	平均氣溫誤差 . 3.71143985958 Accuracy = 93.74%.

從上述比較實驗中可以看到模型的效果提升了一些，原來誤差為 3.92，調參後的誤差下降到 3.71。但是這是上限嗎？還有沒有進步空間呢？之前說明的時候，也曾說到隨機參數選擇是找到一個大致的方向，但一定還沒有做到完美，就像是員警抓捕犯罪嫌犯，首先獲得其大概位置，然後就要進行地毯式搜索。

9.3.2 網路參數搜索

接下來介紹下一位參賽選手 ──GridSearchCV()，它要做的事情就跟其名字一樣，進行網路搜索，也就是一個一個地檢查，不能放過任何一個可能的參數組合。就像之前說的組合有多少種，就全部走一遍，使用方法與

RandomizedSearchCV() 基本一致，只不過名字不同罷了。

In

```
from sklearn.model_selection import GridSearchCV
# 網路搜索的候選參數空間
param_grid = {
    'bootstrap': [True],
    'max_depth': [8,10,12],
    'max_features': ['auto'],
    'min_samples_leaf': [2,3, 4, 5,6],
    'min_samples_split': [3, 5, 7],
    'n_estimators': [800, 900, 1000, 1200]
}
# 選擇基本演算法模型
rf = RandomForestRegressor()
# 網路搜索
grid_search = GridSearchCV(estimator = rf, param_grid = param_grid,
                    scoring = 'neg_mean_absolute_error', cv = 3,
                    n_jobs = -1, verbose = 2)
# 執行搜索
grid_search.fit(train_features, train_labels)
```

Out

```
Fitting 3 folds for each of 180 candidates, totalling 540 fits

[Parallel(n_jobs=-1)]: Done  17 tasks      | elapsed:    5.6s
[Parallel(n_jobs=-1)]: Done 138 tasks      | elapsed:   31.4s
[Parallel(n_jobs=-1)]: Done 341 tasks      | elapsed:  1.3min
[Parallel(n_jobs=-1)]: Done 540 out of 540 | elapsed:  2.1min finished

GridSearchCV(cv=3, error_score='raise',
       estimator=RandomForestRegressor(bootstrap=True, criterion='mse', max_depth=None,
           max_features='auto', max_leaf_nodes=None,
           min_impurity_decrease=0.0, min_impurity_split=None,
           min_samples_leaf=1, min_samples_split=2,
           min_weight_fraction_leaf=0.0, n_estimators=10, n_jobs=1,
           oob_score=False, random_state=None, verbose=0, warm_start=False),
       fit_params=None, iid=True, n_jobs=-1,
       param_grid={'bootstrap': [True], 'max_depth': [8, 10, 12], 'max_features': ['auto'], 'min_samples_leaf': [2, 3, 4, 5, 6], 'min_s
amples_split': [3, 5, 7], 'n_estimators': [800, 900, 1000, 1200]},
       pre_dispatch='2*n_jobs', refit=True, return_train_score='warn',
       scoring='neg_mean_absolute_error', verbose=2)
```

在使用網路搜索的時候，值得注意的就是參數空間的選擇，是按照經驗值還是猜測選擇參數呢？之前已經有了一組隨機參數選擇的結果，相當於已經在大範圍的參數空間中獲得了大致的方向，接下來的網路搜索也應當以前面為基礎的實驗繼續進行，把隨機參數選擇的結果當作接下來進行網路搜索的依據。相當於此時已經掌握了犯罪嫌犯（最佳模型參數）的大致活動區域，要展開地毯式的抓捕了。

大師說：當資料量較大，沒辦法直接進行網路搜索調參時，也可以考慮交替使用隨機和網路搜索策略來簡化所需比較實驗的次數。

In	grid_search.best_params_：
Out	{'bootstrap': True, 'max_depth': 12, 'max_features': 'auto', 'min_samples_leaf': 6, 'min_samples_split': 7, 'n_estimators': 900}
In	best_grid = grid_search.best_estimator_ evaluate(best_grid, test_features, test_labels)
Out	平均氣溫誤差 . 3.6838716214 Accuracy = 93.78%.

經過再調整之後，演算法模型的效果又有了一點提升，雖然只是一小點，但是把每一小步累計在一起就是一個大成績。在用網路搜索的時候，如果參數空間較大，則檢查的次數太多，通常並不把所有的可能性都放進去，而是分成不同的團隊分別執行，就像是抓捕工作很難地毯式全部搜索到，但是分成幾個團隊守在重要路口也是可以的。

下面再來看看另外一網路拓樸路搜索的參賽選手，相當於每一組候選參數的重點會略微有些不同：

In

```
param_grid = {
    'bootstrap': [True],
    'max_depth': [12, 15, None],
    'max_features': [3, 4,'auto'],
    'min_samples_leaf': [5, 6, 7],
    'min_samples_split': [7,10,13],
    'n_estimators': [900, 1000, 1200]
}
# 選擇演算法模型
rf = RandomForestRegressor()
# 繼續尋找
grid_search_ad = GridSearchCV(estimator = rf, param_grid = param_grid,
                scoring = 'neg_mean_absolute_error', cv = 3,
                n_jobs = -1, verbose = 2)
grid_search_ad.fit(train_features, train_labels)
```

Out

```
Fitting 3 folds for each of 243 candidates, totalling 729 fits

[Parallel(n_jobs=-1)]: Done  17 tasks      | elapsed:    5.0s
[Parallel(n_jobs=-1)]: Done 138 tasks      | elapsed:   26.2s
[Parallel(n_jobs=-1)]: Done 341 tasks      | elapsed:  1.1min
[Parallel(n_jobs=-1)]: Done 624 tasks      | elapsed:  2.1min
[Parallel(n_jobs=-1)]: Done 729 out of 729 | elapsed:  2.5min finished

GridSearchCV(cv=3, error_score='raise',
       estimator=RandomForestRegressor(bootstrap=True, criterion='mse', max_depth=None,
           max_features='auto', max_leaf_nodes=None,
           min_impurity_decrease=0.0, min_impurity_split=None,
           min_samples_leaf=1, min_samples_split=2,
           min_weight_fraction_leaf=0.0, n_estimators=10, n_jobs=1,
           oob_score=False, random_state=None, verbose=0, warm_start=False),
       fit_params=None, iid=True, n_jobs=-1,
       param_grid={'bootstrap': [True], 'max_depth': [12, 15, None], 'max_features': [3, 4, 'auto'], 'min_samples_leaf': [5, 6, 7], 'mi
n_samples_split': [7, 10, 13], 'n_estimators': [900, 1000, 1200]},
       pre_dispatch='2*n_jobs', refit=True, return_train_score='warn',
       scoring='neg_mean_absolute_error', verbose=2)
```

In

```
grid_search_ad.best_params_:
```

Out

```
{'bootstrap': True,
 'max_depth': 15,
 'max_features': 4,
 'min_samples_leaf': 6,
 'min_samples_split': 10,
 'n_estimators': 1000}
```

In

```
best_grid_ad = grid_search_ad.best_estimator_
evaluate(best_grid_ad, test_features, test_labels)
```

Out

```
平均氣溫誤差 . 3.66263669806
Accuracy = 93.82%.
```

看起來第二組選手要比第一組厲害一點，經過這一番折騰之後，可以把最後選定的所有參數都列出來，平均氣溫誤差為 3.66 相當於到此最佳的結果：

In

```
print(' 最後模型參數 :\n')
pprint(best_grid_ad.get_params())
```

Out

```
最後模型參數 :
{'bootstrap': True,
 'criterion': 'mse',
 'max_depth': 15,
 'max_features': 4,
 'max_leaf_nodes': None,
 'min_impurity_decrease': 0.0,
 'min_impurity_split': None,
 'min_samples_leaf': 6,
 'min_samples_split': 10,
 'min_weight_fraction_leaf': 0.0,
 'n_estimators': 1000,
 'n_jobs': 1,
```

```
            'oob_score': False,
            'random_state': None,
            'verbose': 0,
            'warm_start': False}
```

在上述輸出結果中，不僅有剛才調整的參數，而且使用預設值的參數也一併顯示出來，方便大家進行分析工作，最後歸納一下機器學習中的調參工作。

1. 參數空間是非常重要的，它會對結果產生決定性的影響，所以在工作開始之前，需要選擇一個大致合適的區間，可以參考一些相同工作論文中的經驗值。

2. 隨機搜索相對更節省時間，尤其是在工作開始階段，並不知道參數在哪一個位置，效果可能更好時，可以把參數間隔設定得稍微大一些，用隨機方法確定一個大致的位置。

3. 網路搜索相當於地毯式搜索，需要檢查參數空間中每一種可能的組合，相對速度更慢，可以搭配隨機搜索一起使用。

4. 調參的方法還有很多，例如貝氏最佳化，這個還是很有意思的，跟大家簡單說一下，試想之前的調參方式，是不是每一個都是獨立地進行，不會對之後的結果產生任何影響？貝氏最佳化的基本思維在於，每一個最佳化都是在不斷累積經驗，這樣會慢慢獲得最後的解應當在的位置，相當於前一步結果會對後面產生影響，如果大家對貝氏最佳化有興趣，可以參考 Hyperopt 工具套件，用起來很簡便（見圖 9-15）。

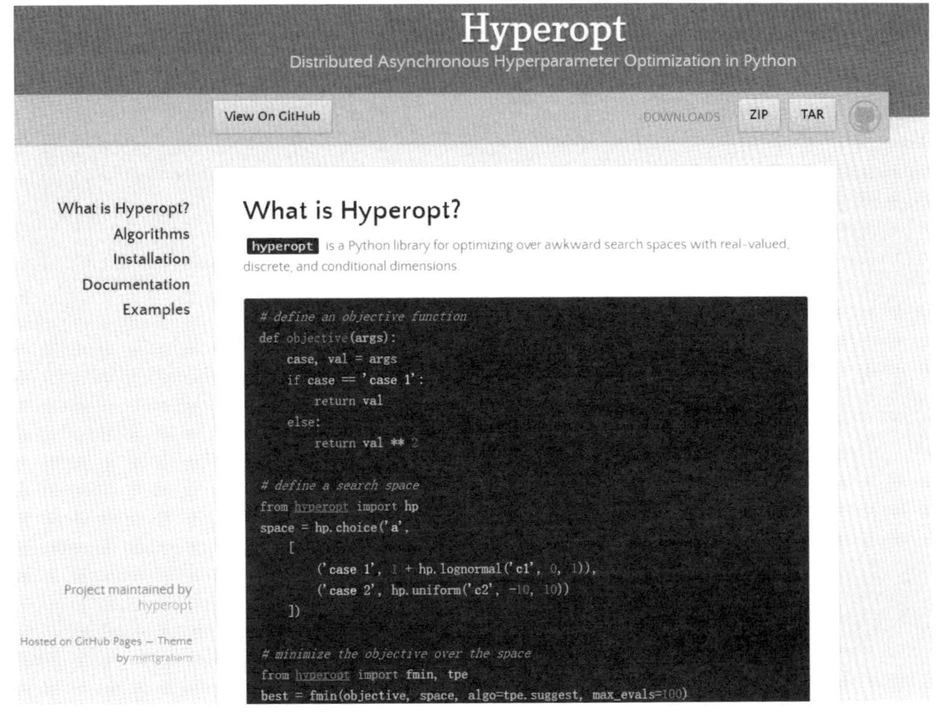

圖 9-15　Hyperopt 工具套件

專案歸納

在以隨機森林為基礎的氣溫預測實戰工作中，將整體模組分為 3 部分進行解讀，首先説明了基本隨機森林模型建置與視覺化方法。然後，比較資料量和特徵個數對結果的影響，建議在工作開始階段就盡可能多地選擇資料特徵和處理方案，方便後續進行比較實驗和分析。最後，調參過程也是機器學習中必不可少的一部分，可以根據業務需求和實際資料量選擇合適的策略。接下來趁熱打鐵，拿起 Notebook 程式，自己動手實戰一番吧。

Chapter

10

特徵工程

特徵工程是整個機器學習中非常重要的一部分，如何對資料進行特徵提取對最後結果的影響非常大。在建模過程中，一般會優先考慮演算法和參數，但是資料特徵才決定了整體結果的上限，而演算法和參數只決定了如何逼近這個上限。特徵工程其實就是要從原始資料中找到最有價值的資訊，並轉換成電腦所能讀懂的形式。本章結合數值資料與文字資料來分別說明如何進行數值特徵與文字特徵的分析。

10.1 數值特徵

實際資料中，最常見的就是數值特徵，本節介紹幾種常用的數值特徵提取方法與函數。首先還是讀取一份資料集，並取其中的部分特徵來做實驗，不用考慮資料特徵的實際含義，只進行特徵操作即可。

In
```
vg_df = pd.read_csv('datasets/vgsales.csv', encoding = "ISO-8859-1")
vg_df[['Name', 'Platform', 'Year', 'Genre', 'Publisher']].iloc[1:7]
```

Out

	Name	Platform	Year	Genre	Publisher
1	Super Mario Bros.	NES	1985.0	Platform	Nintendo
2	Mario Kart Wii	Wii	2008.0	Racing	Nintendo
3	Wii Sports Resort	Wii	2009.0	Sports	Nintendo
4	Pokemon Red/Pokemon Blue	GB	1996.0	Role-Playing	Nintendo
5	Tetris	GB	1989.0	Puzzle	Nintendo
6	New Super Mario Bros.	DS	2006.0	Platform	Nintendo

10.1.1 字串編碼

上述程式產生的資料中很多特徵指標都是字串，首先假設 Genre 列是最後的分類結果標籤，但是電腦可不認識這些字串，此時就需要將字元轉換成數值。

In
```
# 找到其中所有唯一的屬性值
genres = np.unique(vg_df['Genre'])
```

Out
```
array(['Action', 'Adventure', 'Fighting', 'Misc', 'Platform', 'Puzzle',
'Racing', 'Role-Playing', 'Shooter', 'Simulation', 'Sports','Strategy'],
dtype=object)
```

讀取資料後，最常見的情況就是很多特徵並不是數值型態，而是用字串來描述的，列印結果後發現，Genre 列一共有 12 個不同的屬性值，將其轉換成數值即可，最簡單的方法就是用數字進行對映：

In
```
from sklearn.preprocessing import LabelEncoder
gle = LabelEncoder()
genre_labels = gle.fit_transform(vg_df['Genre'])
genre_mappings = {index: label for index, label in enumerate(gle.classes_)}
```

Out

```
{0: 'Action',
 1: 'Adventure',
 2: 'Fighting',
 3: 'Misc',
 4: 'Platform',
 5: 'Puzzle',
 6: 'Racing',
 7: 'Role-Playing',
 8: 'Shooter',
 9: 'Simulation',
 10: 'Sports',
 11: 'Strategy'}
```

使用 sklearn 工具套件中的 LabelEncoder() 函數可以快速地完成映射工作，預設是從數值 0 開始，fit_transform() 是實際執行的操作，自動對屬性特徵進行對映操作。轉換完成之後，可以將新獲得的結果加入原始 DataFrame 中比較一下：

In

```
vg_df['GenreLabel'] = genre_labels
vg_df[['Name', 'Platform', 'Year', 'Genre', 'GenreLabel']].iloc[1:7]
```

Out

	Name	Platform	Year	Genre	GenreLabel
1	Super Mario Bros.	NES	1985.0	Platform	4
2	Mario Kart Wii	Wii	2008.0	Racing	6
3	Wii Sports Resort	Wii	2009.0	Sports	10
4	Pokemon Red/Pokemon Blue	GB	1996.0	Role-Playing	7
5	Tetris	GB	1989.0	Puzzle	5
6	New Super Mario Bros.	DS	2006.0	Platform	4

此時所有的字元型特徵就轉換成對應的數值，也可以自訂一份對映。

In

```
poke_df = pd.read_csv('datasets/Pokemon.csv', encoding='utf-8')
poke_df.head()
```

Out

Name	Type 1	Type 2	Total	HP	Attack	Defense	Sp. Atk	Sp. Def	Speed	Generation	Legendary
Bulbasaur	Grass	Poison	318	45	49	49	65	65	45	Gen 1	False
Ivysaur	Grass	Poison	405	60	62	63	80	80	60	Gen 1	False
Venusaur	Grass	Poison	525	80	82	83	100	100	80	Gen 1	False
VenusaurMega Venusaur	Grass	Poison	625	80	100	123	122	120	80	Gen 1	False
Charmander	Fire	NaN	309	39	52	43	60	50	65	Gen 1	False

In	`poke_df = poke_df.sample(random_state=1, frac=1).reset_index(drop=True)` `np.unique(poke_df['Generation'])`
Out	`array(['Gen 1', 'Gen 2', 'Gen 3', 'Gen 4', 'Gen 5', 'Gen 6'], dtype= object)`

這份資料集中同樣有多個屬性值需要對映，也可以自己動手寫一個 map 函數，對應數值就從 1 開始吧：

In

```
gen_ord_map = {'Gen 1': 1, 'Gen 2': 2, 'Gen 3': 3,
            'Gen 4': 4, 'Gen 5': 5, 'Gen 6': 6}

poke_df['GenerationLabel'] = poke_df['Generation'].map(gen_ord_map)
poke_df[['Name', 'Generation', 'GenerationLabel']].iloc[4:10]
```

Out

	Name	Generation	GenerationLabel
4	Octillery	Gen 2	2
5	Helioptile	Gen 6	6
6	Dialga	Gen 4	4
7	DeoxysDefense Forme	Gen 3	3
8	Rapidash	Gen 1	1
9	Swanna	Gen 5	5

對於簡單的對映操作，無論自己完成還是使用工具套件中現成的指令都非常容易，但是更多的時候，對這種屬性特徵可以選擇獨熱編碼，雖然操作稍微複雜些，但從結果上觀察更清晰：

In

```
from sklearn.preprocessing import OneHotEncoder, LabelEncoder

# 完成 LabelEncoder
gen_le = LabelEncoder()
gen_labels = gen_le.fit_transform(poke_df['Generation'])
poke_df['Gen_Label'] = gen_labels

poke_df_sub = poke_df[['Name', 'Generation', 'Gen_Label', 'Legendary']]

# 完成 OneHotEncoder
gen_ohe = OneHotEncoder()
gen_feature_arr = gen_ohe.fit_transform(poke_df[['Gen_Label']]).toarray()
gen_feature_labels = list(gen_le.classes_)
```

```
## 將轉換好的特徵組合到 dataframe 中
gen_features = pd.DataFrame(gen_feature_arr, columns=gen_feature_labels)
poke_df_ohe = pd.concat([poke_df_sub, gen_features], axis=1)
poke_df_ohe.head()
```

Out

	Name	Generation	Gen_Label	Legendary	Gen 1	Gen 2	Gen 3	Gen 4	Gen 5	Gen 6
0	CharizardMega Charizard Y	Gen 1	0	False	1.0	0.0	0.0	0.0	0.0	0.0
1	Abomasnow	Gen 4	3	False	0.0	0.0	0.0	1.0	0.0	0.0
2	Sentret	Gen 2	1	False	0.0	1.0	0.0	0.0	0.0	0.0
3	Litleo	Gen 6	5	False	0.0	0.0	0.0	0.0	0.0	1.0
4	Octillery	Gen 2	1	False	0.0	1.0	0.0	0.0	0.0	0.0

上述程式首先匯入了 OneHotEncoder 工具套件，對資料進行數值對映操作，又進行獨熱編碼。輸出結果顯示，獨熱編碼相當於先把所有可能情況進行展開，然後分別用 0 和 1 表示實際特徵情況，0 代表不是當前列特徵，1 代表是當前列特徵。例如，當 Gen_Label=3 時，對應的獨熱編碼就是，Gen4 為 1，其餘位置都為 0（注意原索引從 0 開始，Gen_Label=3，相當於第 4 個位置）。

上述程式看起來有點麻煩，那麼有沒有更簡單的方法呢？其實直接使用 Pandas 工具套件更方便：

In

```
gen_onehot_features = pd.get_dummies(poke_df['Generation'])
pd.concat([poke_df[['Name', 'Generation']], gen_onehot_features], axis=1).
iloc[4:10]
```

Out

	Name	Generation	Gen 1	Gen 2	Gen 3	Gen 4	Gen 5	Gen 6
4	Octillery	Gen 2	0	1	0	0	0	0
5	Helioptile	Gen 6	0	0	0	0	0	1
6	Dialga	Gen 4	0	0	0	1	0	0
7	DeoxysDefense Forme	Gen 3	0	0	1	0	0	0
8	Rapidash	Gen 1	1	0	0	0	0	0
9	Swanna	Gen 5	0	0	0	0	1	0

get_dummies() 函數可以完成獨熱編碼的工作，當特徵較多時，一個個命名太麻煩，此時可以直接指定一個字首用於標識：

In

```
gen_onehot_features = pd.get_dummies(poke_df['Generation'],prefix =
'one-hot')
pd.concat([poke_df[['Name', 'Generation']], gen_onehot_features],
axis=1).iloc[4:10]
```

Out

	Name	Generation	one-hot_Gen 1	one-hot_Gen 2	one-hot_Gen 3	one-hot_Gen 4	one-hot_Gen 5	one-hot_Gen 6
4	Octillery	Gen 2	0	1	0	0	0	0
5	Helioptile	Gen 6	0	0	0	0	0	1
6	Dialga	Gen 4	0	0	0	1	0	0
7	DeoxysDefense Forme	Gen 3	0	0	1	0	0	0
8	Rapidash	Gen 1	1	0	0	0	0	0
9	Swanna	Gen 5	0	0	0	0	1	0

現在所有執行獨熱編碼的特徵全部帶上 "one-hot" 字首了，比較發現還是 get_dummies() 函數更好用，1 行程式就能解決問題。

10.1.2 二值與多項式特徵

接下來開啟一份音樂資料集：

In

```
popsong_df = pd.read_csv('datasets/song_views.csv', encoding='utf-8')
popsong_df.head(10)
```

Out

	user_id	song_id	title	listen_count
0	b6b799f34a204bd928ea014c243ddad6d0be4f8f	SOBONKR12A58A7A7E0	You're The One	2
1	b41ead730ac14f6b6717b9cf8859d5579f3f8d4d	SOBONKR12A58A7A7E0	You're The One	0
2	4c84359a164b161496d05282707cecbd50adbfc4	SOBONKR12A58A7A7E0	You're The One	0
3	779b5908593756abb6ff7586177c966022668b06	SOBONKR12A58A7A7E0	You're The One	0
4	dd88ea94f605a63d9fc37a214127e3f00e85e42d	SOBONKR12A58A7A7E0	You're The One	0
5	68f0359a2f1cedb0d15c98d88017281db79f9bc6	SOBONKR12A58A7A7E0	You're The One	0
6	116a4c95d63623a967edf2f3456c90ebbf964e6f	SOBONKR12A58A7A7E0	You're The One	17
7	45544491ccfcdc0b0803c34f201a6287ed4e30f8	SOBONKR12A58A7A7E0	You're The One	0
8	e701a24d9b6c59f5ac37ab28462ca82470e27cfb	SOBONKR12A58A7A7E0	You're The One	68
9	edc8b7b1fd592a3b69c3d823a742e1a064abec95	SOBONKR12A58A7A7E0	You're The One	0

資料中包含不同使用者對歌曲的播放量，可以發現很多歌曲的播放量都是 0，表示該使用者還沒有播放過此音樂，這個時候可以設定一個二值特徵，以表示使用者是否聽過該歌曲：

In

```
# 拿到需要比較的特徵
watched = np.array(popsong_df['listen_count'])
# 進行比較
watched[watched >= 1] = 1
# 結果傳回到 dataframe 中
popsong_df['watched'] = watched
popsong_df.head(10)
```

Out

	user_id	song_id	title	listen_count	watched
0	b6b799f34a204bd928ea014c243ddad6d0be4f8f	SOBONKR12A58A7A7E0	You're The One	2	1
1	b41ead730ac14f6b6717b9cf8859d5579f3f8d4d	SOBONKR12A58A7A7E0	You're The One	0	0
2	4c84359a164b161496d05282707cecbd50adbfc4	SOBONKR12A58A7A7E0	You're The One	0	0
3	779b5908593756abb6ff7586177c966022668b06	SOBONKR12A58A7A7E0	You're The One	0	0
4	dd88ea94f605a63d9fc37a214127e3f00e85e42d	SOBONKR12A58A7A7E0	You're The One	0	0
5	68f0359a2f1cedb0d15c98d88017281db79f9bc6	SOBONKR12A58A7A7E0	You're The One	0	0
6	116a4c95d63623a967edf2f3456c90ebbf964e6f	SOBONKR12A58A7A7E0	You're The One	17	1
7	45544491ccfcdc0b0803c34f201a6287ed4e30f8	SOBONKR12A58A7A7E0	You're The One	0	0
8	e701a24d9b6c59f5ac37ab28462ca82470e27cfb	SOBONKR12A58A7A7E0	You're The One	68	1
9	edc8b7b1fd592a3b69c3d823a742e1a064abec95	SOBONKR12A58A7A7E0	You're The One	0	0

新加入的 watched 特徵表示歌曲是否被播放，同樣也可以使用 sklearn 工具套件中的 Binarizer 來完成二值特徵：

In

```
from sklearn.preprocessing import Binarizer
# 需要我們自己指定合適判斷設定值
bn = Binarizer(threshold=0.9)
pd_watched = bn.transform([popsong_df['listen_count']])[0]
popsong_df['pd_watched'] = pd_watched
popsong_df.head(10)
```

Out

	user_id	song_id	title	listen_count	watched	pd_watched
0	b6b799f34a204bd928ea014c243ddad6d0be4f8f	SOBONKR12A58A7A7E0	You're The One	2	1	1
1	b41ead730ac14f6b6717b9cf8859d5579f3f8d4d	SOBONKR12A58A7A7E0	You're The One	0	0	0
2	4c84359a164b161496d05282707cecbd50adbfc4	SOBONKR12A58A7A7E0	You're The One	0	0	0
3	779b5908593756abb6ff7586177c966022668b06	SOBONKR12A58A7A7E0	You're The One	0	0	0
4	dd88ea94f605a63d9fc37a214127e3f00e85e42d	SOBONKR12A58A7A7E0	You're The One	0	0	0
5	68f0359a2f1cedb0d15c98d88017281db79f9bc6	SOBONKR12A58A7A7E0	You're The One	0	0	0
6	116a4c95d63623a967edf2f3456c90ebbf964e6f	SOBONKR12A58A7A7E0	You're The One	17	1	1
7	45544491ccfcdc0b0803c34f201a6287ed4e30f8	SOBONKR12A58A7A7E0	You're The One	0	0	0
8	e701a24d9b6c59f5ac37ab28462ca82470e27cfb	SOBONKR12A58A7A7E0	You're The One	68	1	1
9	edc8b7b1fd592a3b69c3d823a742e1a064abec95	SOBONKR12A58A7A7E0	You're The One	0	0	0

特徵的轉換方法還有很多，還可以各種組合。接下來登場的就是多項式特徵，例如有 a、b 兩個特徵，那麼它的 2 次多項式為（$1,a,b,a^2,ab, b^2$），下面透過 sklearn 工具套件完成轉換操作：

In

```
poke_df = pd.read_csv('datasets/Pokemon.csv', encoding='utf-8')
atk_def = poke_df[['Attack', 'Defense']]
atk_def.head()
```

Out

	Attack	Defense
0	49	49
1	62	63
2	82	83
3	100	123
4	52	43

In

```
from sklearn.preprocessing import PolynomialFeatures

pf = PolynomialFeatures(degree = 2, interaction_only = False, include_
bias=False)
res = pf.fit_transform(atk_def)
res[:5]
```

Out

```
array([[   49.,    49.,   2401.,   2401.,   2401.],
       [   62.,    63.,   3844.,   3906.,   3969.],
       [   82.,    83.,   6724.,   6806.,   6889.],
       [  100.,   123., 10000., 12300., 15129.],
       [   52.,    43.,   2704.,   2236.,   1849.]])
```

PolynomialFeatures() 函數有關以下 3 個參數。

- degree：控制多項式的度，如果設定的數值越大，特徵結果也會越多。
- interaction_only：預設為 False。如果指定為 True，那麼不會有特徵自己和自己結合的項，例如上面的二次項中沒有 a^2 和 b^2。
- include_bias：預設為 True。如果為 True 的話，那麼會新增 1 列。為了更清晰地展示，可以加上操作的列名稱：

In

```
intr_features = pd.DataFrame(res, columns=['Attack', 'Defense', 'Attack^2',
'Attack x Defense', 'Defense^2'])
intr_features.head(5)
```

Out

	Attack	Defense	Attack^2	Attack x Defense	Defense^2
0	49.0	49.0	2401.0	2401.0	2401.0
1	62.0	63.0	3844.0	3906.0	3969.0
2	82.0	83.0	6724.0	6806.0	6889.0
3	100.0	123.0	10000.0	12300.0	15129.0
4	52.0	43.0	2704.0	2236.0	1849.0

10.1.3 連續值離散化

連續值離散化的操作非常實用，很多時候都需要對連續值特徵進行這樣的處理，效果如何還得實際透過測試集來觀察，但在特徵工程建置的初始階段，一定還是希望可行的路線越多越好。

In

```
fcc_survey_df= pd.read_csv('datasets/fcc_2016_coder_survey_subset.csv',
encoding='utf-8')
fcc_survey_df[['ID.x', 'EmploymentField', 'Age', 'Income']].head()
```

Out

	ID.x	EmploymentField	Age	Income
0	cef35615d61b202f1dc794ef2746df14	office and administrative support	28.0	32000.0
1	323e5a113644d18185c743c241407754	food and beverage	22.0	15000.0
2	b29a1027e5cd062e654a63764157461d	finance	19.0	48000.0
3	04a11e4bcb573a1261eb0d9948d32637	arts, entertainment, sports, or media	26.0	43000.0
4	9368291c93d5d5f5c8cdb1a575e18bec	education	20.0	6000.0

上述程式讀取了一份帶有年齡資訊的資料集，接下來要對年齡特徵進行離散化操作，也就是劃分成一個個區間，實際操作之前，可以觀察其分佈情況：

In

```
fig, ax = plt.subplots()
fcc_survey_df['Age'].hist(color='#A9C5D3')
ax.set_title('Developer Age Histogram', fontsize=12)
ax.set_xlabel('Age', fontsize=12)
ax.set_ylabel('Frequency', fontsize=12)
```

Out	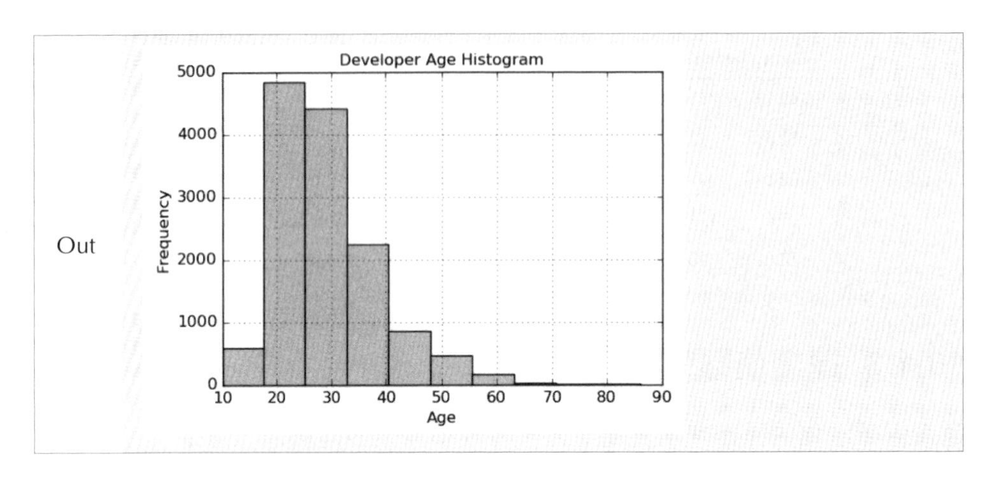

上述輸出結果顯示，年齡特徵的取值範圍在 10 ～ 90 之間。所謂離散化，就是將一段區間上的資料映射到一個組中，例如按照年齡大小可分成兒童、青年、中年、老年等。簡單起見，這裡直接按照相同間隔進行劃分：

Out

```
Age Range: Bin
---------------
 0 -  9 : 0
10 - 19 : 1
20 - 29 : 2
30 - 39 : 3
40 - 49 : 4
50 - 59 : 5
60 - 69 : 6
 ...
```

In

```
fcc_survey_df['Age_bin_round'] = np.array(np.floor(np.array(fcc_survey_
df['Age']) / 10.))
fcc_survey_df[['ID.x', 'Age', 'Age_bin_round']].iloc[1071:1076]
```

Out

	ID.x	Age	Age_bin_round
1071	6a02aa4618c99fdb3e24de522a099431	17.0	1.0
1072	f0e5e47278c5f248fe861c5f7214c07a	38.0	3.0
1073	6e14f6d0779b7e424fa3fdd9e4bd3bf9	21.0	2.0
1074	c2654c07dc929cdf3dad4d1aec4ffbb3	53.0	5.0
1075	f07449fc9339b2e57703ec7886232523	35.0	3.0

上述程式中，np.floor 表示向下取整數，舉例來說，對 3.3 取整數後，獲得的就是 3。這樣就完成了連續值的離散化，所有數值都劃分到對應的區間上。

還可以利用分位數進行分箱操作，換一個特徵試試，先來看看收入的情況：

In

```
fig, ax = plt.subplots()
fcc_survey_df['Income'].hist(bins=30, color='#A9C5D3')
ax.set_title('Developer Income Histogram', fontsize=12)
ax.set_xlabel('Developer Income', fontsize=12)
ax.set_ylabel('Frequency', fontsize=12)
```

Out

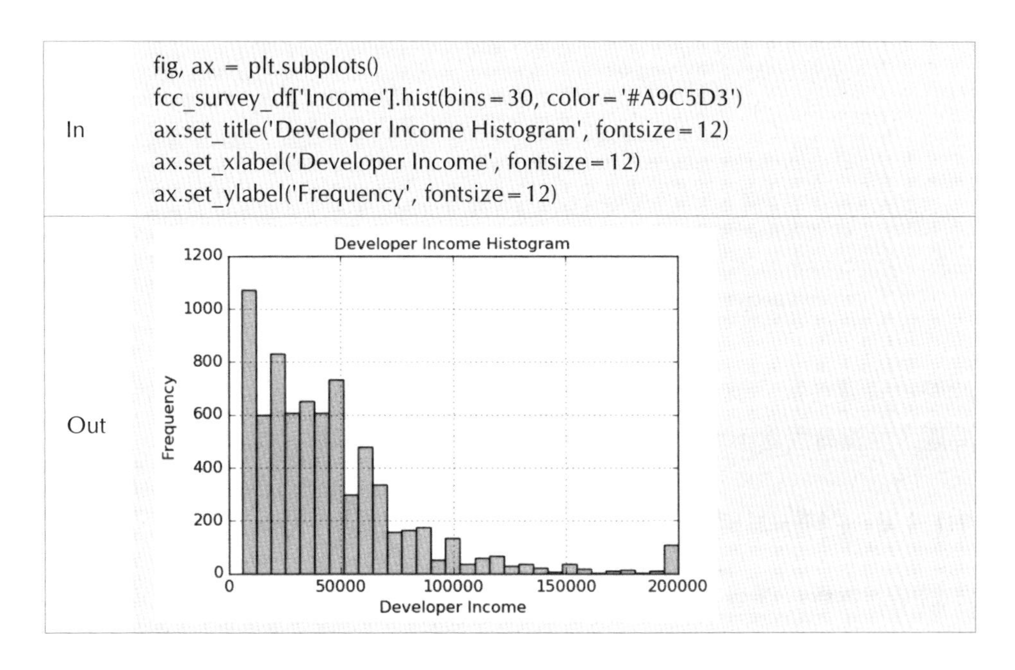

分位數就是按照比例來劃分，也可以自訂合適的比例：

In

```
quantile_list = [0, .25, .5, .75, 1.]
quantiles = fcc_survey_df['Income'].quantile(quantile_list)
```

Out

```
0.00    6000.0
0.25    20000.0
0.50    37000.0
0.75    60000.0
1.00    200000.0
Name: Income, dtype: float64
```

quantile 函數就是按照選擇的比例獲得對應的切分值，再應用到資料中進行離散化操作即可：

In	quantile_labels = ['0-25Q', '25-50Q', '50-75Q', '75-100Q'] fcc_survey_df['Income_quantile_range'] = pd.qcut(fcc_survey_df['Income'], q=quantile_list) fcc_survey_df['Income_quantile_label'] = pd.qcut(fcc_survey_df['Income'], q=quantile_list, labels=quantile_labels) fcc_survey_df[['ID.x','Age','Income','Income_quantile_range','Income_quantile_label']].iloc[4:9]

Out

	ID.x	Age	Income	Income_quantile_range	Income_quantile_label
4	9368291c93d5d5f5c8cdb1a575e18bec	20.0	6000.0	(5999.999, 20000.0]	0-25Q
5	dd0e77eab9270e4b67c19b0d6bbf621b	34.0	40000.0	(37000.0, 60000.0]	50-75Q
6	7599c0aa0419b59fd11ffede98a3665d	23.0	32000.0	(20000.0, 37000.0]	25-50Q
7	6dff182db452487f07a47596f314bddc	35.0	40000.0	(37000.0, 60000.0]	50-75Q
8	9dc233f8ed1c6eb2432672ab4bb39249	33.0	80000.0	(60000.0, 200000.0]	75-100Q

此時所有資料都完成了分箱操作，拿到實際資料後如何指定比例就得看實際問題，並沒有固定不變的規則，根據實際業務來判斷才是最科學的。

10.1.4 對數與時間轉換

拿到某列資料特徵後，其分佈可能是各種各樣的情況，但是，很多機器學習演算法希望預測的結果值能夠呈現高斯分佈，這就需要再轉換，最直接的就是對數轉換：

In

```
# 對數轉換，+1 是為了確保計算別出錯
fcc_survey_df['Income_log'] = np.log((1+ fcc_survey_df['Income'])) income_
log_mean = np.round(np.mean(fcc_survey_df['Income_log']), 2)
# 繪圖展示
fig, ax = plt.subplots()
fcc_survey_df['Income_log'].hist(bins=30, color='#A9C5D3')
plt.axvline(income_log_mean, color='r')
ax.set_title('Developer Income Histogram after Log Transform', fontsize=12)
ax.set_xlabel('Developer Income (log scale)', fontsize=12)
ax.set_ylabel('Frequency', fontsize=12)
ax.text(11.5, 450, r'$\mu$='+str(income_log_mean), fontsize=10)
```

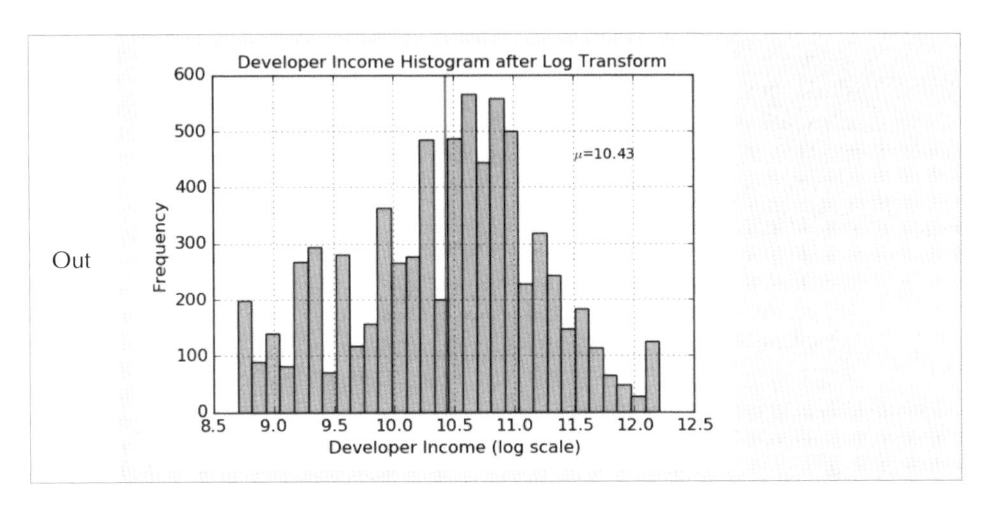

經過對數轉換之後，特徵分佈更接近高斯分佈，雖然還不夠完美，但還是有些進步的，有興趣的讀者還可以進一步了解 cox-box 轉換，目的都是相同的，只是在公式上有點區別。

時間相關資料也是可以分析出很多特徵，例如年、月、日、小時等，甚至上旬、中旬、下旬、工作時間、下班時間等都可以當作演算法的輸入特徵。

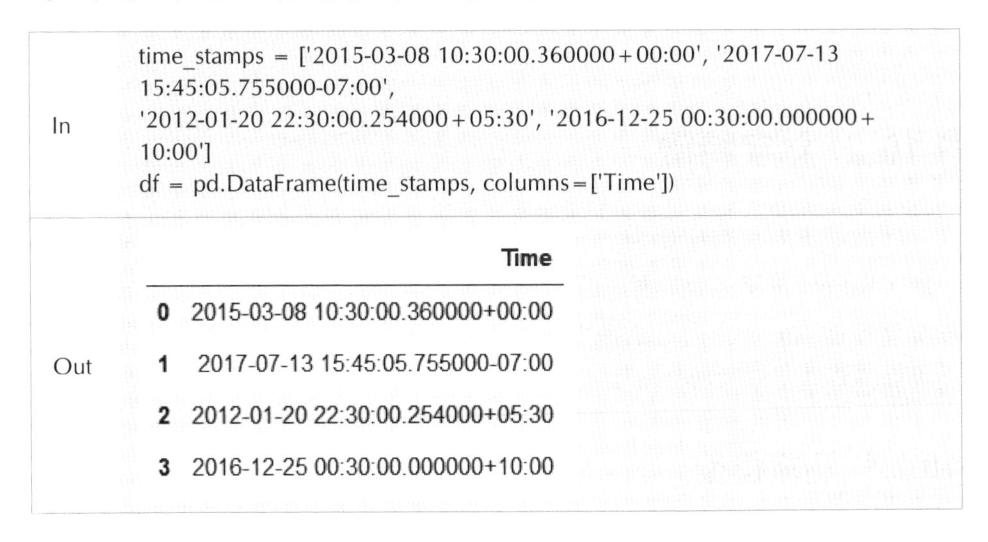

In

```
time_stamps = ['2015-03-08 10:30:00.360000+00:00', '2017-07-13
15:45:05.755000-07:00',
'2012-01-20 22:30:00.254000+05:30', '2016-12-25 00:30:00.000000+
10:00']
df = pd.DataFrame(time_stamps, columns=['Time'])
```

Out

	Time
0	2015-03-08 10:30:00.360000+00:00
1	2017-07-13 15:45:05.755000-07:00
2	2012-01-20 22:30:00.254000+05:30
3	2016-12-25 00:30:00.000000+10:00

接下來就要獲得各種細緻的時間特徵，如果用的是標準格式的資料，也可以直接呼叫其屬性，更方便一些：

In	ts_objs = np.array([pd.Timestamp(item) for item in np.array(df.Time)]) df['TS_obj'] = ts_objs df['Year'] = df['TS_obj'].apply(lambda d: d.year) df['Month'] = df['TS_obj'].apply(lambda d: d.month) df['Day'] = df['TS_obj'].apply(lambda d: d.day) df['DayOfWeek'] = df['TS_obj'].apply(lambda d: d.dayofweek) df['DayName'] = df['TS_obj'].apply(lambda d: d.weekday_name) df['DayOfYear'] = df['TS_obj'].apply(lambda d: d.dayofyear) df['WeekOfYear'] = df['TS_obj'].apply(lambda d: d.weekofyear) df['Quarter'] = df['TS_obj'].apply(lambda d: d.quarter) df[['Time', 'Year', 'Month', 'Day', 'Quarter', 'DayOfWeek', 'DayName', 'DayOfYear', 'WeekOfYear']]
Out	(見下表)

	Time	Year	Month	Day	Quarter	DayOfWeek	DayName	DayOfYear	WeekOfYear
0	2015-03-08 10:30:00.360000+00:00	2015	3	8	1	6	Sunday	67	10
1	2017-07-13 15:45:05.755000-07:00	2017	7	13	3	3	Thursday	194	28
2	2012-01-20 22:30:00.254000+05:30	2012	1	20	1	4	Friday	20	3
3	2016-12-25 00:30:00.000000+10:00	2016	12	25	4	6	Sunday	360	51

大師說：原始時間特徵確定後，竟然分出這麼多小特徵。當拿到實際時間資料後，還可以整合一些相關資訊，例如天氣情況，氣象台資料很輕鬆就可以拿到，對應的溫度、降雨等指標也就都有了。

10.2 文字特徵

文字特徵經常在資料中出現，一句話、一篇文章都是文字特徵。還是同樣的問題，電腦依舊不認識它們，所以首先要將其轉換成數值，也就是向量。關於文字特徵的分析方式，這裡先做簡單介紹，在下一章的新聞分類工作中，還會詳細解釋文字特徵分析操作。

10.2.1 詞袋模型

先來建置一個資料集，簡單起見就用英文表示，如果是中文資料，還需要先進行分詞操作，英文中預設就是分好詞的結果：

In

```
corpus = ['The sky is blue and beautiful.',
        'Love this blue and beautiful sky!',
        'The quick brown fox jumps over the lazy dog.',
        'The brown fox is quick and the blue dog is lazy!',
        'The sky is very blue and the sky is very beautiful today',
        'The dog is lazy but the brown fox is quick!'
]
labels = ['weather', 'weather', 'animals', 'animals', 'weather', 'animals']
corpus = np.array(corpus)
corpus_df = pd.DataFrame({'Document': corpus,
                'Category': labels})
corpus_df = corpus_df[['Document', 'Category']]
```

Out

	Document	Category
0	The sky is blue and beautiful.	weather
1	Love this blue and beautiful sky!	weather
2	The quick brown fox jumps over the lazy dog.	animals
3	The brown fox is quick and the blue dog is lazy!	animals
4	The sky is very blue and the sky is very beaut...	weather
5	The dog is lazy but the brown fox is quick!	animals

在自然語言處理中有一個非常實用的 NLTK 工具套件，使用前需要先安裝該工具套件，但是，安裝完之後，它相當於一個空架子，裡面沒有實際的功能，需要有選擇地安裝部分外掛程式（見圖 10-1）。

執行 nltk.download() 會跳出安裝介面，選擇需要的功能進行安裝即可。不僅如此，NLTK 工具套件還提供了很多資料集供我們練習使用，功能還是非常強大的。

對於文字資料，第一步一定要進行前置處理操作，基本的策略就是去掉各種特殊字元，還有一些用處不大的停用詞。

大師說：所謂停用詞就是該詞對最後結果影響不大，舉例來說，「我們」、「今天」、「但是」等詞語就屬於停用詞。

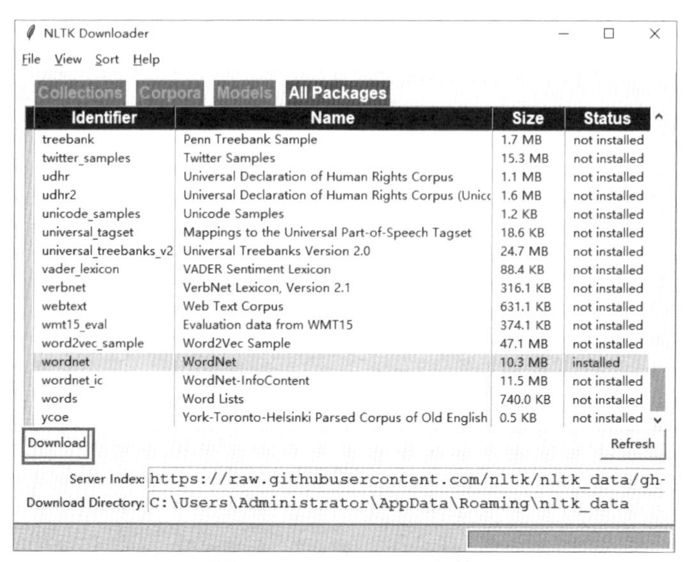

圖 10-1　NLTK 工具套件

In

```
# 載入停用詞
wpt = nltk.WordPunctTokenizer()
stop_words = nltk.corpus.stopwords.words('english')

def normalize_document(doc):
  # 去掉特殊字元
  doc = re.sub(r'[^a-zA-Z0-9\s]', '', doc, re.I)
  # 轉換成小寫
  doc = doc.lower()
  doc = doc.strip()
  # 分詞
  tokens = wpt.tokenize(doc)
  # 去停用詞
  filtered_tokens = [token for token in tokens if token not in stop_words]
  # 重新組合成文章
  doc = ' '.join(filtered_tokens)
return doc

norm_corpus = normalize_corpus(corpus)
```

Out

```
array(['sky blue beautiful',
'love blue beautiful sky',
  'quick brown fox jumps lazy dog',
'brown fox quick blue dog lazy',
  'sky blue sky beautiful today', 'dog lazy brown fox quick'])
```

像 the、this 等對整句話的主題沒有作用的詞也全部去掉，下面就要對文字進行特徵分析，也就是把每句話都轉換成數值向量。

In

```
from sklearn.feature_extraction.text import CountVectorizer
print (norm_corpus)
cv = CountVectorizer(min_df=0., max_df=1.)
cv.fit(norm_corpus)
print (cv.get_feature_names())
cv_matrix = cv.fit_transform(norm_corpus)
cv_matrix = cv_matrix.toarray()
```

Out

```
['sky blue beautiful' 'love blue beautiful sky'
 'quick brown fox jumps lazy dog' 'brown fox quick blue dog lazy'
 'sky blue sky beautiful today' 'dog lazy brown fox quick']

['beautiful', 'blue', 'brown', 'dog', 'fox', 'jumps', 'lazy', 'love', 'quick', 'sky',
'today']

array([[1, 1, 0, 0, 0, 0, 0, 0, 0, 1, 0],
       [1, 1, 0, 0, 0, 0, 0, 1, 0, 1, 0],
       [0, 0, 1, 1, 1, 1, 1, 0, 1, 0, 0],
       [0, 1, 1, 1, 1, 0, 1, 0, 1, 0, 0],
       [1, 1, 0, 0, 0, 0, 0, 0, 0, 2, 1],
       [0, 0, 1, 1, 1, 0, 1, 0, 1, 0, 0]], dtype=int64)
```

In

```
vocab = cv.get_feature_names()
pd.DataFrame(cv_matrix, columns=vocab)
```

Out

	beautiful	blue	brown	dog	fox	jumps	lazy	love	quick	sky	today
0	1	1	0	0	0	0	0	0	0	1	0
1	1	1	0	0	0	0	0	1	0	1	0
2	0	0	1	1	1	1	1	0	1	0	0
3	0	1	1	1	1	0	1	0	1	0	0
4	1	1	0	0	0	0	0	0	0	2	1
5	0	0	1	1	1	0	1	0	1	0	0

文章中出現多少個不同的詞，其向量的維度就是多大，再依照其出現的次數和位置，就可以把向量建置出來。上述程式只考慮單一詞，其實還可以把詞和詞之間的組合考慮進來，原理還是一樣的，接下來就要多考慮組合，從結果來看更直接：

In

```
bv = CountVectorizer(ngram_range=(2,2))
bv_matrix = bv.fit_transform(norm_corpus)
bv_matrix = bv_matrix.toarray()
vocab = bv.get_feature_names()
pd.DataFrame(bv_matrix, columns=vocab)
```

Out

	beautiful sky	beautiful today	blue beautiful	blue dog	blue sky	brown fox	dog lazy	fox jumps	fox quick	jumps lazy	lazy brown	lazy dog	love blue	quick blue	quick brown	sky beautiful	sky blue
0	0	0	1	0	0	0	0	0	0	0	0	0	0	0	0	0	1
1	1	0	1	0	0	0	0	0	0	0	0	0	1	0	0	0	0
2	0	0	0	0	0	1	0	1	0	1	0	1	0	0	1	0	0
3	0	0	0	1	0	1	1	0	1	0	0	0	0	1	0	0	0
4	0	1	0	0	1	0	0	0	0	0	0	0	0	0	0	1	1
5	0	0	0	0	0	1	1	0	1	0	1	0	0	0	0	0	0

上述程式設定了 ngram_range 參數，相當於要考慮詞的上下文，此處只考慮兩兩組合的情況，大家也可以將 ngram_range 參數設定成 (1,2)，這樣既包含一個詞也包含兩個片語合的情況。

詞袋模型的原理和操作都十分簡單，但是這樣做出來的向量是沒有靈魂的。無論是一句話還是一篇文章，都是有先後順序的，但在詞袋模型中，卻只考慮詞頻，並且每個詞的重要程度完全和其出現的次數相關，通常情況下，文章向量會是一個非常大的稀疏矩陣，並不利於計算。

詞袋模型的問題看起來還是很多，其優點也是有的，簡單方便。在實際建模工作中，還不能確定哪種特徵分析方法效果更好，所以，各種方法都需要嘗試。

10.2.2 常用文字特徵建置方法

文字特徵分析方法還很多，下面介紹一些常用的建置方法，在實際工作中，不僅可以選擇正常策略，也可以組合使用一些旁門左道。

（1）TF-IDF 特徵。雖然詞袋模型只考慮了詞頻，沒考慮詞本身的含義，但在 TF-IDF 中，會考慮每個詞的重要程度，後續再詳細說明 TF-IDF 關鍵字的分析方法，先來看看其能獲得的結果：

In

```
from sklearn.feature_extraction.text import TfidfVectorizer
tv = TfidfVectorizer(min_df=0., max_df=1., use_idf=True)
tv_matrix = tv.fit_transform(norm_corpus)
tv_matrix = tv_matrix.toarray()

vocab = tv.get_feature_names()
pd.DataFrame(np.round(tv_matrix, 2), columns=vocab)
```

Out

	beautiful	blue	brown	dog	fox	jumps	lazy	love	quick	sky	today
0	0.60	0.52	0.00	0.00	0.00	0.00	0.00	0.00	0.00	0.60	0.00
1	0.46	0.39	0.00	0.00	0.00	0.00	0.00	0.66	0.00	0.46	0.00
2	0.00	0.00	0.38	0.38	0.38	0.54	0.38	0.00	0.38	0.00	0.00
3	0.00	0.36	0.42	0.42	0.42	0.00	0.42	0.00	0.42	0.00	0.00
4	0.36	0.31	0.00	0.00	0.00	0.00	0.00	0.00	0.00	0.72	0.52
5	0.00	0.00	0.45	0.45	0.45	0.00	0.45	0.00	0.45	0.00	0.00

上述輸出結果顯示，每個詞都獲得一個小數結果，並且有大小之分，表明其在該篇文章中的重要程度，下一章的新聞分類工作還會詳細討論。

（2）**相似度特徵**。只要確定了特徵，並且全部轉換成數值資料，才可以計算它們之間的相似性，計算方法也比較多，這裡用餘弦相似性來舉例，sklearn 工具套件中已經有實現好的功能，直接將上例中 TF-IDF 特徵分析結果當作輸入即可：

In

```
from sklearn.metrics.pairwise import cosine_similarity

similarity_matrix = cosine_similarity(tv_matrix)
similarity_df = pd.DataFrame(similarity_matrix)
```

Out

	0	1	2	3	4	5
0	1.000000	0.753128	0.000000	0.185447	0.807539	0.000000
1	0.753128	1.000000	0.000000	0.139665	0.608181	0.000000
2	0.000000	0.000000	1.000000	0.784362	0.000000	0.839987
3	0.185447	0.139665	0.784362	1.000000	0.109653	0.933779
4	0.807539	0.608181	0.000000	0.109653	1.000000	0.000000
5	0.000000	0.000000	0.839987	0.933779	0.000000	1.000000

（3）**分群特徵**。分群就是把資料按堆劃分，最後每堆列出一個實際的標籤，需要先把資料轉換成數值特徵，然後計算其分群結果，其結果也可以當作離散型特徵（分群演算法會在第 16 章說明）。

In

```
from sklearn.cluster import KMeans

km = KMeans(n_clusters=2)
km.fit_transform(similarity_df)
cluster_labels = km.labels_
cluster_labels = pd.DataFrame(cluster_labels, columns=['ClusterLabel'])
pd.concat([corpus_df, cluster_labels], axis=1)
```

Out

	Document	Category	ClusterLabel
0	The sky is blue and beautiful.	weather	0
1	Love this blue and beautiful sky!	weather	0
2	The quick brown fox jumps over the lazy dog.	animals	1
3	The brown fox is quick and the blue dog is lazy!	animals	1
4	The sky is very blue and the sky is very beaut...	weather	0
5	The dog is lazy but the brown fox is quick!	animals	1

（4）**主題模型**。主題模型是無監督方法，輸入就是處理好的語料庫，可以獲得主題類型以及其中每一個詞的加權結果：

In

```
from sklearn.decomposition import LatentDirichletAllocation

lda = LatentDirichletAllocation(n_topics=2, max_iter=100, random_state=42)
dt_matrix = lda.fit_transform(tv_matrix)
features = pd.DataFrame(dt_matrix, columns=['T1', 'T2'])

tt_matrix = lda.components_
for topic_weights in tt_matrix:
    topic = [(token, weight) for token, weight in zip(vocab, topic_weights)]
    topic = sorted(topic, key=lambda x: -x[1])
    topic = [item for item in topic if item[1] > 0.6]
    print(topic)
```

Out	[('fox', 1.7265536238698524), ('quick', 1.7264910761871224), ('dog', 1.7264019823624879), ('brown', 1.7263774760262807), ('lazy', 1.7263567668213813), ('jumps', 1.0326450363521607), ('blue', 0.7770158513472083)] [('sky', 2.263185143458752), ('beautiful', 1.9057084998062579), ('blue', 1.7954559705805624), ('love', 1.1476805311187976), ('today', 1.0064979209198706)]

上述程式設定 n_topics=2，相當於要得到兩種主題，最後的結果就是各個主題不同關鍵字的加權，看起來這件事處理得還不錯，使用無監督的方法，也能獲得這麼多關鍵的指標。筆者認為，LDA 主題模型並不是很實用，獲得的效果通常也是一般，所以，並不建議大家用其進行特徵處理或建模工作，熟悉一下就好。

（5）**詞向量模型**。前面介紹的幾種特徵分析方法還是比較容易了解的，再來看看詞向量模型，也就是常說的 word2vec，其基本原理是以神經網路為基礎的。先來解釋一下，首先對每個詞進行初始化操作，舉例來說，每個詞都是長度為 10 的隨機向量。接下來，模型會對每個詞及其上下文進行預測，例如輸入是向量「回家」，輸出就是「吃飯」，所有的輸入資料和輸出標籤都是語料庫中的上下文，所以標籤並不需要特意指定。此時不只要透過最佳化演算法選擇合適的加權參數，例如梯度下降，輸入的向量也會隨之改變，也就是向量「回家」一開始是隨機的，在每次反覆運算過程中都會不斷改變，直到獲得一個合適的結果。

詞向量模型是現階段自然語言處理中最常使用的方法，並指定每個詞實際的空間含義，回顧一下，使用前面說明過的特徵分析方法獲得的向量都沒有實際意義，只是數值，但在詞向量模型中，每個詞在空間中都是有實際意義的，舉例來說，「喜歡」和「愛」這兩個詞在空間中比較接近，因為其表達的含義類似，但是它們和「手機」就離得比較遠，因為關係不大。說明完神經網路之後，在第 20 章的影評分類工作中有它的實際應用案例。當大家使用時，需首先將文字中每一個詞的向量建置出來，最常用的工具套件就是 Gensim，其中有語料庫：

In	from gensim.models import word2vec
	
	wpt = nltk.WordPunctTokenizer()
	tokenized_corpus = [wpt.tokenize(document) for document in norm_corpus]
	# 需要設定一些參數
	feature_size = 10 # 詞向量維度
	window_context = 10 # 滑動視窗
	min_word_count = 1 # 最小詞頻
	w2v_model = word2vec.Word2Vec(tokenized_corpus, size=feature_size,
	window=window_context, min_count = min_word_count)
	w2v_model.wv['sky']

Out	array([-0.04816568, 0.04963122, 0.00874943, 0.00916125, 0.03325154, 0.00704319, 0.02488039, 0.00937579, -0.02120486, 0.0023412], dtype=float32)

輸出結果就是輸入預料中的每一個詞都轉換成向量，詞向量的應用十分廣泛，現階段通常都是將其和神經網路結合在一起來搭配使用（後續案例就會看到其強大的戰鬥力）。

10.3 論文與 benchmark

在資料採擷工作中，特徵工程尤為重要，資料的欄位中可能包含各種各樣的資訊，如何分析出最有價值的特徵呢？大家第一個想到的可能是經驗方法，回顧一下之前處理其他資料的方法或一些通用的策略，但一定都不確定方法是否得當，而且要把每個想法都實作一遍也不太實際。這裡推薦大家一個策略，結合論文與 benchmark 來找解決方案，相信會事半功倍。

最好的方法就是從論文入手，大家也可以把論文當作是一個實際工作的解決方案，對於較複雜的工作，你可能沒有深入研究過，但是前人已經探索過其中的方法，論文就是他們對好的想法、實驗結果以及其中遇到各種問題的歸納。如果把他們的方法加以研究和改進，再應用到實際工作中，是不是看起來很棒？

但是，如何找到合適的論文作為參考呢？如果不是專門做某一領域，可能對這些資源並不是很熟悉，這裡給大家推薦 benchmark，翻譯過來叫作「基準」。其實它就是一個資料庫，裡面有某一領域的資料集，並且收錄很多該領域的論文，還有測試結果。

圖 10-2 所示為筆者曾經做過實驗的 benchmark，首頁就是它的整體介紹。舉例來說，對於一個人體關鍵點的影像識別工作，其中不僅提供了一份人體姿態的資料集，還收錄很多篇相關論文，通常能被 benchmark 收錄進來的論文都是被證明過效果非常不錯的。

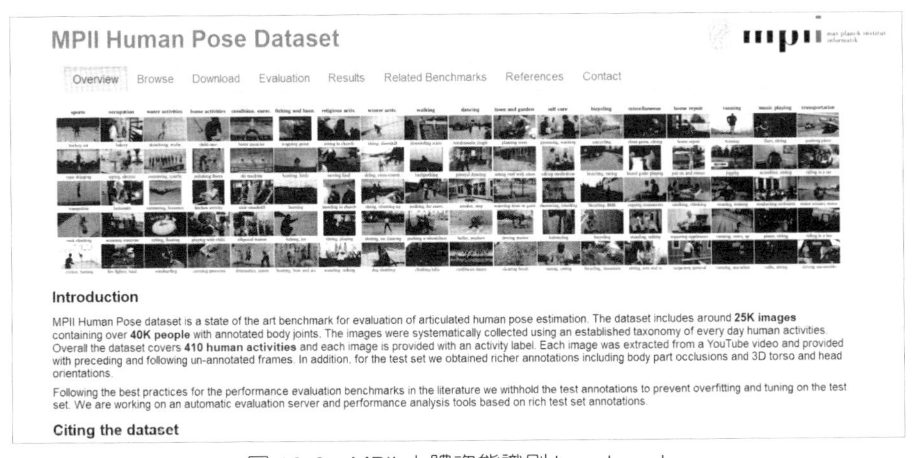

圖 10-2　MPII 人體姿態識別 benchmark

圖 10-3 中截取了其收錄的一部分論文，從 2013 ——2018 年的姿態識別經典論文都可以在此找到。如果大家熟悉電腦視覺領域，就能看出這些論文的發表等級非常高，右側有其實驗結果，包含頭部、肩膀、各個關節的識別效果。可以發現，隨著年份的增加，效果逐步提升，現在做得已經很成熟了。

大師說：對於不會選擇合適論文的同學，還是看經典論文，直接搜索出來的論文可能價值一般，benchmark 推薦的論文都是經典且有學習價值的。

圖 10-3　收錄論文結果

benchmark 還有一個特點，就是其收錄的論文很多都是有公開代碼的。圖 10-4、圖 10-5 就是打開的論文首頁，不僅有實驗的原始程式，還提供了訓練好的模型，無論是實際完成工作還是學習階段，都對大家有很大的幫助。假設你需要做一個人體姿態識別的工作，這時候你不只手裡有一份當下效果最好的識別程式，還有原作者訓練好的模型，直接部署到伺服器，不出一天你就可以說：工作基本完成了，目前來看沒有比這個效果更好的了（這為我們的工作提供了一條捷徑）。

在初學階段最好將理論與實作結合在一起，論文當然就是指導思維，告訴大家一步步該怎麼做，其提供的程式就是實作方法。筆者認為沒有原始程式的學習是非常痛苦的，因為論文當中很多細節都簡化了，估計很多同學也是這樣的想法，看程式反而能更直接地了解論文的思維。

大師說：如何應用原始程式呢？通常拿到的工作都是比較複雜的，直接看一行行程式都很費勁，最好的辦法就是一步步 debug，看看其中每一步完成了什麼，再結合論文就好了解了。

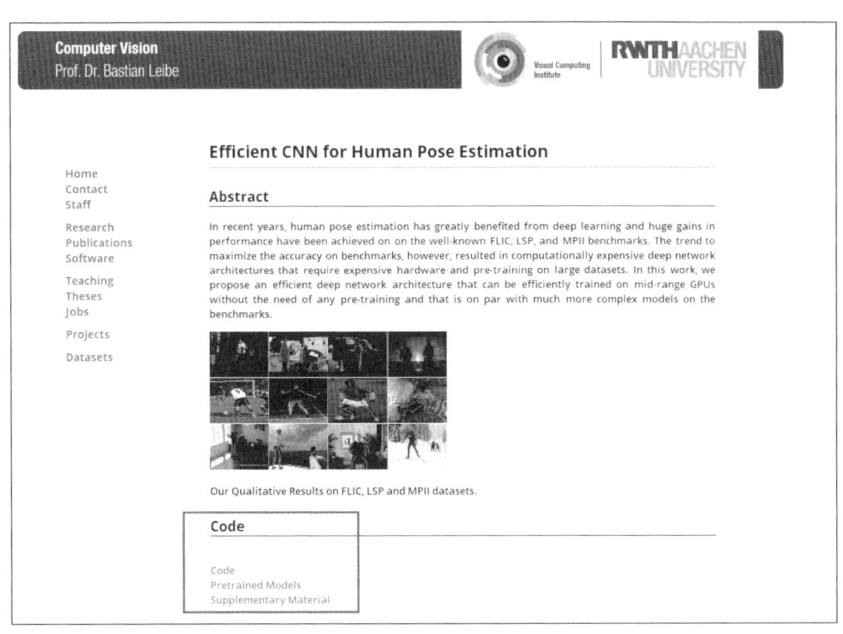

圖 10-4　論文公開原始程式（1）

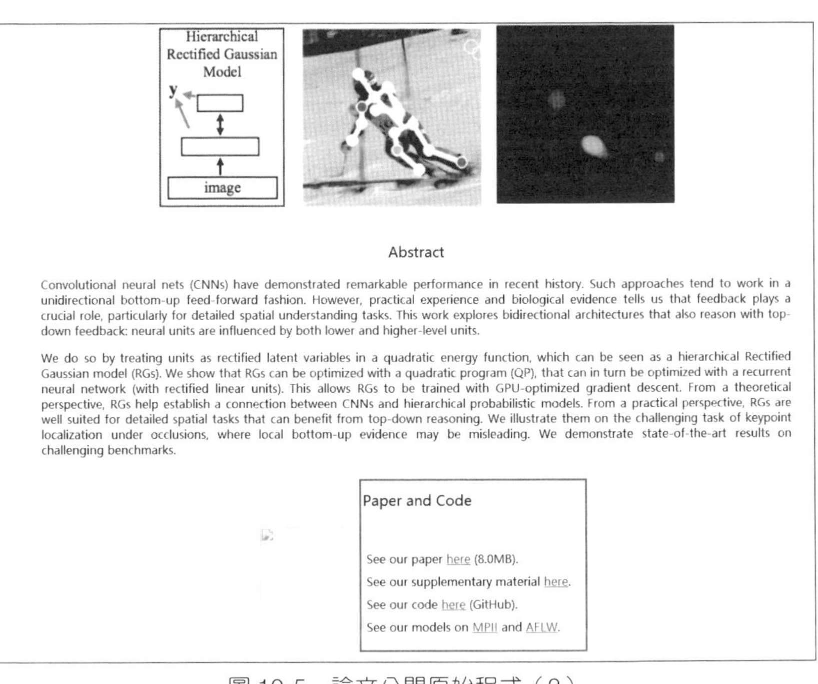

圖 10-5　論文公開原始程式（2）

本章歸納

本章介紹了特徵分析的常用方法，主要包含數值特徵和文字特徵，可以說不同的方法各有其優缺點。在工作起始階段，應當盡可能多地嘗試各種可能的分析方法，特徵多不要緊，實際建模的時候，可以透過實驗來篩選，但是少了就沒有辦法了，所以，在特徵工程階段，還是要多動腦筋，要提前考慮建模方案。因為一旦有關巨量資料，分析特徵可是一個漫長的工作，如果只是走一步看一步，效率就會大幅降低。

工作的時候，一定要結合論文，各種解決方案都要進行嘗試，最好的方法就是先學學別人是怎麼做的，再應用到自己的實際工作中。

Chapter

11

貝氏演算法專案實戰——新聞分類

本章介紹機器學習中非常經典的演算法——貝氏演算法，相信大家都聽說過貝氏這個偉大的數學家，接下來看一下貝氏演算法究竟能解決什麼問題。在分類工作中，數值特徵可以直接用演算法來建立模型，如果資料是文字資料該怎麼辦呢？本章結合貝氏演算法透過新聞資料集的分類工作來探索其中每一步細節。

11.1 貝氏演算法

貝氏 (Thomas Bayes，1701——1761 年)，英國數學家。所謂的貝氏定理源於他生前為解決一個「逆概」問題而寫的一篇文章。先透過一個小實例來了解一下什麼是正向和逆向機率。假設你的口袋裡面有 N 個白球、M 個黑球，你伸手進去隨便拿一個球，拿出黑球的機率是多大？

這個問題可以輕鬆地解決，但是，如果把這個問題反過來還那麼容易嗎？如果事先並不知道袋子裡面黑白球的比例，而是閉著眼睛摸出一個（或好幾個）球，觀察這些取出來的球的顏色之後，要對袋子裡面的黑白球的比例作推測。好像有一點繞，這就是逆向機率問題。接下來就由一個小實例帶大家走進貝氏演算法。

11.1.1 貝氏公式

直接看貝氏公式可能有點難以了解，先透過一個實際的例子來看看貝氏公式的來歷，假設一個學校中男生佔總數的 60%，女生佔總數的 40%。並且男生總是穿長褲，女生則一半穿長褲、一半穿裙子，接下來請聽題（見圖 11-1）。

圖 11-1　貝氏公式場景實例

1. 正向機率。隨機選取一個學生，他（她）穿長褲和穿裙子的機率是多大？這就簡單了，題目中已經告訴大家男生和女生對於穿著的機率。
2. 逆向機率。迎面走來一個穿長褲的學生，你只看得見他（她）穿的是否是長褲，而無法確定他（她）的性別，你能夠推斷出他（她）是女生的機率有多大嗎？這個問題似乎有點難度，好像沒辦法直接計算出來，但是否可以間接求解呢？來試一試吧。

下面透過計算這個小例子推導貝氏演算法，首先，假設學校裡面的總人數為 U，這個時候大家可能有疑問，原始條件中，並沒有告訴學校的總人數，只告訴了男生和女生的比例，沒關係，可以先進行假設，能不能用上還不一定。

此時穿長褲的男生的個數為：

$$U \times P(\text{Boy}) \times P(\text{Pants} \mid \text{Boy}) \tag{11.1}$$

式中，P(Boy) 為男生的機率，根據已知條件，其值為 60%；P(Pants|Boy) 為條件機率，即在男生這個條件下穿長褲的機率是多大，根據已知條件，所有男生都穿長褲，因此其值是 100%。條件都已知，所以穿長褲的男生數量是可求的。

同理，穿長褲的女生個數為：

$$U \times P(\text{Girl}) \times P(\text{Pants} \mid \text{Girl}) \tag{11.2}$$

式中，P(girl) 為女生的機率，根據已知條件，其值為 40%；P(Pants|Girl) 為條件機率，即在女生這個條件下穿長褲的機率是多大，根據已知條件，女生一半穿長褲、一半穿裙子，因此其值是 50%，所以穿長褲的女生數量也是可求的。

下面再來分析一下要求解的問題：迎面走來一個穿長褲的學生，你只看得見他（她）穿的是長褲，而無法確定他（她）的性別，你能夠推斷出他（她）是女生的機率是多大嗎？這個問題概括起來就是，首先是一個穿長褲的學生，這是第一個限定條件，接下來這個人還得是女生，也就是第二個條件。歸納起來就是：穿長褲的人裡面有多少是女生。

為了求解上述問題，首先需計算穿長褲的學生總數，應該是穿長褲的男生和穿長褲的女生總數之和：

$$U \times P(\text{Boy}) \times P(\text{Pants}|\text{Boy}) + U \times P(\text{Girl}) \times P(\text{Pants} \mid \text{Girl}) \tag{11.3}$$

大師說：此例類別只有兩種，所以只需考慮男生和女生即可，二分類這麼計算，多分類也是如此，舉一反三也是必備的基本功。

要想知道穿長褲的人裡面有多少女生，可以用穿長褲的女生人數佔穿長褲學生總數的比例確定：

$$P(\text{Girl}|\text{Pants}) = U \times P(\text{Girl}) \times P(\text{Pants} \mid \text{Girl}) / \text{穿長褲總數} \tag{11.4}$$

其中穿長褲總數在式（11.3）中已經確定，合併可得：

$$\frac{U \times P(\text{Girl}) \times P(\text{Pants}|\text{Girl})}{U \times P(\text{Boy}) \times P(\text{Pants}|\text{Boy}) + U \times P(\text{Girl}) \times P(\text{Pants}|\text{Girl})} \tag{11.5}$$

回到最開始的假設問題中，這個計算結果與總人數有關嗎？觀察式（11.5），可以發現分子和分母都含有總人數 U，因此可以消去，説明計算結果與校園內學生的總數無關。因此，穿長褲的人裡面有多少女生的結果可以由下式獲得：

$$P(\text{Girl}|\text{Pants}) = \frac{P(\text{Girl}) \times P(\text{Pants} \mid \text{Girl})}{P(\text{Boy}) \times P(\text{Pants}|\text{Boy}) + P(\text{Girl}) \times P(\text{Pants}|\text{Girl})} \tag{11.6}$$

分母表示男生中穿長褲的人數和女生中穿長褲的人數的總和，由於原始問題中，只有男生和女生兩種類別，既然已經把它們都考慮進來，再去掉總數 U 對結果的影響，就是穿長褲的機率，可得：

$$P(\text{Girl}|\text{Pants}) = P(\text{Girl}) \times P(\text{Pants} \mid \text{Girl}) / P(\text{Pants}) \tag{11.7}$$

現在這個問題似乎解決了，不需要計算實際的結果，只需觀察公式的表達即可，上面的實例中可以把穿長褲用 A 表示，女生用 B 表示。這就獲得貝氏公式的推導過程，最後公式可以概括為：

$$P(B|A) = P(B) \times P(A \mid B) / P(A) \tag{11.8}$$

估計貝氏公式給大家的印象是，只要把要求解的問題調換了一下位置，就能解決實際問題，但真的有這麼神奇嗎？還是透過兩個實例分析一下吧。

11.1.2 拼字校正實例

貝氏公式能解決哪類別問題呢？下面就以一個日常生活中經常遇到的問題為例，我們打字的時候是不是經常出現拼字錯誤（見圖 11-2），但是程式依舊會傳回正確拼字的字或敘述，這時候程式就會猜測：「這個使用者真正想輸入的單字是什麼呢？」

圖 11-2　打字時的拼字錯誤

舉例來說，使用者本來想輸入 "the"，但是由於打字錯誤，輸成 "tha"，那麼程式是否可猜出他到底想輸入哪個單字呢？可以用下式表示：

$$P(\text{猜測他想輸入的單字} \mid \text{他實際輸入的單字}) \quad (11.9)$$

舉例來說，使用者實際輸入的單字記為 D（D 代表一個實際的輸入，即觀測資料），那麼可以有很多種猜測：猜測 1，$P(h_1|D)$；猜測 2，$P(h_2|D)$；猜測 3，$P(h_3|D)$ 等。例如 h_1 可能是 the，h_2 可能是 than，h_3 可能是 then，到底是哪一個呢？也就是要比較它們各自的機率值大小，哪個可能性最高就是哪個。

先把上面的猜想統一為 $P(h|D)$，然後進行分析。直接求解這個公式好像難度有些大，有點無從下手，但是剛剛不是獲得貝氏公式嗎？轉換一下是否可好解一些呢？先來試試看：

$$P(h|D) = P(h) \times P(D \mid h) / P(D) \quad (11.10)$$

此時該如何了解這個公式呢？實際計算中，需要分別得出分子和分母的實際數值，才能比較最後結果的大小，對於不同的猜測 h_1、h_2、h_3……，分母 D 的機率 $P(D)$ 相同，因為都是相同的輸入資料，由於只是比較最後結果的大小，而非實際的值，所以這裡可以不考慮分母，也就是最後的結果只和分子成正比的關係，化簡可得：

$$P(h|D) \propto P(h) \times P(D \mid h) \quad (11.11)$$

大師說：很多機器學習演算法在求解過程中都是只關心極值點位置，而與最後結果的實際數值無關，這個套路會一直使用下去。

對於指定觀測資料，一個猜測出現可能性的高低取決於以下兩部分。

- $P(h)$：表示先驗機率，它的大小可以認為是事先已經計算好了的，例如有一個非常大的語料庫，裡面都是各種文章、新聞等，可以以巨量的文字為基礎進行詞頻統計。

  圖 11-3 用詞雲展示了一些詞語，其中每個詞的大小就是根據其詞頻大小進行設定。舉例來說，指定的語料函數庫中，單詞一共有 10000 個，其中候選詞 h_1 出現 500 次，候選詞 h_2 出現 1000 次，則其先驗概率分別為 500/10000、1000/10000。可以看到先驗機率對結果具有較大的影響。

圖 11-3　詞頻統計

  在貝氏演算法中，一直強調先驗的重要性，舉例來說，連續拋硬幣 100 次都是正面朝上，按照之前似然函數的思維，參數是由資料決定的，控制正反的參數此時就已經確定，下一次拋硬幣時，就會有 100% 的信心認為也是正面朝上。但是，貝氏演算法中就不能這麼做，由於在先驗機率中認為正反的比例 1:1 是公平的，所以，在下一次拋硬幣的時候，也不會獲得 100% 的信心。

- $P(D|h)$：表示這個猜測產生觀測資料的可能性大小，聽起來有點抽象，還是舉一個實例。例如猜想的這個詞 h 需要透過幾次增刪改查能獲得觀測結果 D，這裡可以認為透過一次操作的機率值要高於兩次，畢竟你寫錯一個字母的可能性高一些，一次寫錯兩個就是不可能的。

最後把它們組合在一起，就是最後的結果。例如，使用者輸入 "tlp"（觀測資料 D），那他到底輸入的是 "top"（猜想 h_1）還是 "tip"（猜想 h_2）呢？也就是：已知 h_1=top，h_2=tip，D=tlp，求 P(top|tlp) 和 P(tip|tlp) 到底哪個機率大。經過貝氏公式展開可得：

$$\begin{aligned} P(\text{top}|\text{tlp}) &= P(\text{top}) \times P(\text{tlp} \mid \text{top}) \\ P(\text{tip}|\text{tlp}) &= P(\text{tip}) \times P(\text{tlp} \mid \text{tip}) \end{aligned} \quad (11.12)$$

這個時候，看起來都是寫錯了一個詞，假設這種情況下，它們產生觀測資料的可能性相同，即 P(tlp|top)=P(tlp|tip)，那麼最後結果完全由 P(tip) 和 P(top) 決定，也就是之前討論的先驗機率。一般情況下，文字資料中 top 出現的可能性更高，所以其先驗機率更大，最後的結果就是 h_1:top。

講完這個實例之後，相信大家應該對貝氏演算法有了一定的了解，其中比較突出的一項就是先驗機率，這好像與之前講過的演算法有些不同，以前獲得的結果完全是由資料決定其中的參數，在這裡先驗機率也會對結果產生決定性的影響。

11.1.3 垃圾郵件分類

接下來再看一個日常生活中的實例——垃圾郵件分類問題。這裡不只要跟大家說明其處理問題的演算法流程，還要解釋另一個關鍵字——單純貝氏。貝氏究竟是怎麼個樸素法呢？從實際問題出發還是很好了解的。

當電子郵件接收一封郵件時，如何判斷它是一封正常的郵件還是垃圾郵件呢？在機器學習工作中就是一個經典的二分類問題（見圖 11-4）。

圖 11-4　郵件判斷

本例中用 D 表示收到的這封郵件，注意 D 並不是一個大郵件，而是由 N 個單字組成的整體。用 $h+$ 表示垃圾郵件，$h-$ 表示正常郵件。當收到一封郵

件後，只需分別計算它是垃圾郵件和正常郵件可能性是多少即可，也就是 $P(h+|D)$ 和 $P(h-|D)$。

根據貝氏公式可得：

$$
\begin{aligned}
P(h+|D) &= P(h+) \times P(D \mid h+) / P(D) \\
P(h-|D) &= P(h-) \times P(D \mid h-) / P(D)
\end{aligned}
\quad (11.13)
$$

$P(D)$ 同樣是這封郵件，同理，既然分母都是一樣的，比較分子就可以。

其中 $P(h)$ 依舊是先驗機率，$P(h+)$ 表示一封郵件是垃圾郵件的機率，$P(h-)$ 表示一封郵件是正常郵件的機率。這兩個先驗機率都是很容易求出來的，只需要在一個龐大的郵件函數庫裡面計算垃圾郵件和正常郵件的比例即可。例如郵件函數庫中包含 1000 封郵件，其中 100 封是垃圾郵件，剩下的 900 封是正常郵件，則 $P(h+)=100/1000=10\%$，$P(h-)=900/1000=90\%$。

$P(D|h+)$ 表示這封郵件是垃圾郵件的前提下剛好由 D 組成的機率，而 $P(D|h\ )$ 表示正常郵件剛好由 D 組成的機率。感覺似乎與剛剛說過的拼字校正工作差不多，但是這裡需要對 D 再深入分析一下，因為郵件中的 D 並不是一個單字，而是由很多單字按順序組成的整體。

D 既然是一封郵件，當然是文字語言，也就有先後順序之分。舉例來說，其中含有 N 個單字 $d_1,d_2\cdots d_n$，注意其中的順序不能改變，就像我們不能倒著說話一樣，因此：

$$
P(D|h+) = P(d_1, d_2, \cdots, d_n \mid h+) \quad (11.14)
$$

式中，$P(d_1,d_2,\cdots,d_n|h+)$ 為在垃圾郵件當中出現的與目前這封郵件一模一樣的機率是多大。這個公式有關這麼多單字，看起來有點棘手，需要對其再展開一下：

$$
P(d_1, d_2, \cdots, d_n|h+) = P(d_1|h+) \times P(d_2|d_1,\ h+) \times P(d_3|d_2,\ d_1,\ h+) \cdots \quad (11.15)
$$

式（11.15）表示在垃圾郵件中，第一個詞是 d_1；剛好在第一個詞是 d_1 的前提下，第二個詞是 d_2；又恰好在第一個詞是 d_1，第二個詞是 d_2 的前提下，第三個詞是 d_3，依此類推。這樣的問題看起來比較難以解決，因為需要考慮的實在太多，那麼該如何求解呢？

這裡有一個關鍵問題，就是需要考慮前後之間的關係，舉例來說，對於 d_2，要考慮它前面有 d_1，正因為如此，才使得問題變得如此煩瑣。為了簡化起見，如果 d_i 與 d_{i-1} 是相互獨立的，就不用考慮這麼多，此時 d_1 這個詞出現與否與 d_2 沒什麼關係。特徵之間（詞和詞之間）相互獨立，互不影響，此時 $P(d_2|d_1,h+)=P(d_2|h+)$。

這個時候在原有的問題上加上一層獨立的假設，就是單純貝氏，其實了解起來還是很簡單的，它強調了特徵之間的相互獨立，因此式（11.15）可以化簡為：

$$P(d_1,d_2,\cdots,d_n|h+) = P(d_1|h+)\times P(d_2|h+)\times P(d_3|h+)\times\cdots\times P(d_n|h+) \qquad (11.16)$$

對於式（11.16），只需統計 d_1 在垃圾郵件中出現的頻率即可。統計詞頻很容易，但是一定要注意，詞頻的統計是在垃圾郵件函數庫中，並不在所有的郵件函數庫中。例如 $P(d_1|h+)$ 和 $P(d_1|h\ )$ 就要分別計算 d_1 在垃圾郵件中的詞頻和在正常郵件中的詞頻，其值是不同的。像「銷售」、「教育訓練」這樣的詞在垃圾郵件中的詞頻會很高，貝氏演算法也是基於此進行分類工作。計算完這些機率之後，代入式（11.16）即可，透過其機率值大小，就可以判斷一封郵件是否屬於垃圾郵件。

11.2 新聞分類工作

下面要做一個新聞分類工作，也就是根據新聞的內容來判斷它屬於哪一個類別，先來看一下資料：

In

```
df_news = pd.read_table('./data/data.txt',names=['category','theme','URL','
content'],encoding='utf-8')
df_news = df_news.dropna()
df_news.head()
```

Out

	category	theme	content
830	财经	城商行存款利率上浮10% 银行吸储大战白热化	6月9日，央行降息第二天，小业主刘老板决定去一趟银行，把两周前到期的存款取出，转至一家城商行...
831	财经	保监会：不直接干预保险公司薪酬 但要合理确定	中新网7月23日电 据保监会网站消息，中国保监会近日发布《保险公司薪酬管理规范指引（试行）》...
832	财经	北京楼市量价齐涨 购房者观望情绪降低	自6月开始，北京的新房成交量大涨逾四成，同时北京二手房住宅签约总量在6月上半月也与上月同期相...
833	财经	中国版巴塞尔Ⅲ出台 将惠及小微企业	中国版"巴塞尔Ⅲ"出台V泄版"巴塞尔Ⅲ"明年开始实施 惠及小微企业；队继续收看经济信息联播。...
834	财经	名义负利率怎扭得起摆脱经济困境重任	近一周来，全球一些央行开始了 [illegible]。早先一点的是6月20日美联储...

由於原始資料都是由爬蟲爬下來的，所以看起來有些不整潔，需要清洗一番。這裡有幾個欄位特徵：

- Category: 目前新聞所屬的類別，一會要進行分類工作，這就是標籤。
- Theme: 新聞的主題，這個暫時不用，大家在練習的時候，也可以把它當作特徵。
- Content: 新聞的內容，也就是一篇文章，內容很豐富。

前 5 筆資料都是與財經有關，我們再來看看後 5 筆資料（見圖 11-5）。

	category	theme	content
0	汽车	新辉腾　４.２　Ｖ８　４座加长Ｉｎｄｉｖｉｄｕａｌ版２０１１款　最新报价	经销商　电话　试驾／订车Ｕ憬杭州滨江区江陵路１７８０号４００８－１１２２３３转５８６４＃保常...
1	汽车	９１８　Ｓｐｙｄｅｒ概念车	呼叫热线　４００８－１００－３００　服务邮箱　ｋｆ＠ｐｅｏｐｌｅｄａｉｌｙ.ｃｏｍ.ｃｎ
2	汽车	日内瓦亮相　ＭＩＮＩ性能版／概念车－１.６Ｔ引擎	ＭＩＮＩ品牌在二月曾经公布了最新的ＭＩＮＩ新概念车Ｃｌｕｂｖａｎ效果图，不过现在在日内瓦车展...
3	汽车	清仓大甩卖一汽夏利Ｎ５威志Ｖ２低至３.３９万	清仓大甩卖！一汽夏利Ｎ５、威志Ｖ２低至３.３９万＝日，启新中国一汽强势推出一汽夏利Ｎ５、威志...
4	汽车	大众敞篷家族新成员　高尔夫敞篷版实拍	在今年３月的日内瓦车展上，我们见到了高尔夫家族的新成员，高尔夫敞篷版，这款全新敞篷车受到了众...

圖 11-5　時尚類新聞

這些都與另一個主題一汽車相關，工作已經很明確，根據文章的內容進行類別的劃分。那麼如何做呢？之前看到的資料都是數值型，直接傳入演算法中求解參數即可。這份資料顯得有些特別，都是文字，電腦可不認識這些文字，所以，首先需要把這些文字轉換成特徵，例如將一篇文章轉換成一個向量，這樣電腦就能識別了。

11.2.1 資料清洗

對一篇文章來說，裡面的內容很豐富，對中文資料來說，通常的做法是先把文章進行分詞，然後在詞的層面上去建置文章向量。下面先選一篇文章，然後進行分詞：

```
In
# 將每一篇文章轉換成一個 list
content = df_news.content.values.tolist()
# 隨便選擇一個看看
print (content[1000])
```

Out	阿里巴巴集团昨日宣布，将在集团管理层面设立首席数据官岗位（Chief Data Officer）。阿里巴巴B2B公司CEO陆兆禧将会出任上述职务，向集团CEO马云直接汇报。和6月初的首席风险官职务任命相同，首席数据官亦为阿里巴巴集团在完成与雅虎股权谈判，推进"one company"目标后，在集团决策层面新增的管理岗位。团昨日表示，"变成一家真正意义上的数据公司"已是战略共识。记者刘夏

這裡選擇使用結巴分詞工具套件完成這個分詞工作（Python 中經常用的分詞工具），首先直接在命令列中輸入 "pip install jieba" 完成安裝。結巴工具套件還是很實用的，主要用來分詞，其實它還可以做一些自然語言處理相關的工作，想實際了解的同學可以參考其 GitHub 文件。

大師說：分詞的基本原理也是機器學習演算法，有興趣的同學可以了解一下 HMM 隱瑪律可夫模型。

In

```
content_S = []
for line in content:
  # 對每一篇文章進行分詞
  current_segment = jieba.lcut(line)

  if len(current_segment) > 1 and current_segment != '\r\n':
    # 儲存分詞的結果
    content_S.append(current_segment)
```

Out

```
In [6]: content_S[1000]

Out[6]: ['阿里巴巴',
         '集团',
         '昨日',
         '宣布',
         '，',
         '将',
         '在',
         '集团',
         '管理',
         '层面',
         '设立',
         '首席',
         '数据',
         '官',
         '岗位',
```

在結果中可以看到將原來的一句話變成了一個 list 結構，裡面每一個元素就是分詞後的結果，這份資料規模還是比較小的，只有 5000 筆，分詞很快就可以完成。

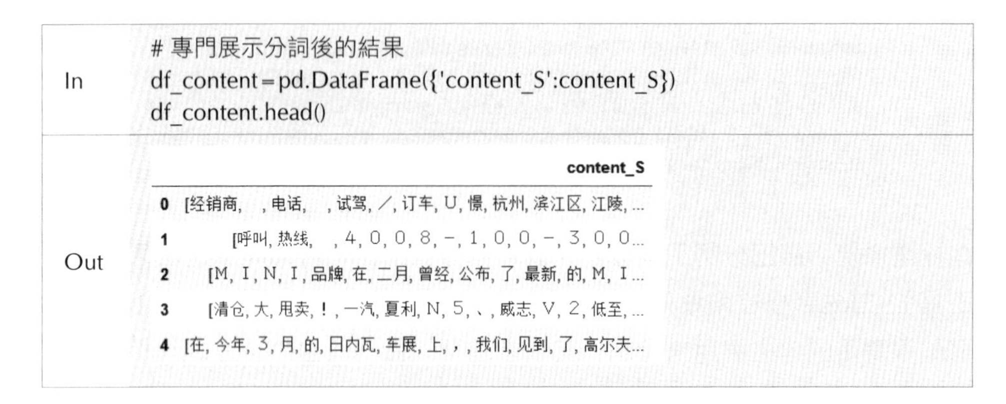

In	# 專門展示分詞後的結果
	df_content=pd.DataFrame({'content_S':content_S})
	df_content.head()

Out	(見下表)

	content_S
0	[经销商, ,电话, ,试驾, ／, 订车, U, 憬, 杭州, 滨江区, 江陵, ...
1	[呼叫, 热线, , 4, 0, 0, 8, -, 1, 0, 0, -, 3, 0, 0...
2	[M, I, N, I, 品牌, 在, 二月, 曾经, 公布, 了, 最新, 的, M, I ...
3	[清仓, 大, 甩卖, !, 一汽, 夏利, N, 5, 、, 威志, V, 2, 低至, ...
4	[在, 今年, 3, 月, 的, 日内瓦, 车展, 上, ,, 我们, 见到, 了, 高尔夫...

完成分詞工作之後，要處理的物件就是其中每一個詞，我們知道一篇文章的主題應該由其內容中的一些關鍵字決定，例如「訂車」、「一汽」、「車展」等，一看就知道與汽車相關。但是另一種詞，例如「今年」、「在」、「3 月」等，似乎既可以在汽車相關的文章中使用，也可以在其他文章中使用，它們稱作停用詞，也就是要過濾的目標。

首先需要選擇一個合適的停用詞函數庫，網上有很多現成的，但是都沒有那麼完整，所以，當大家進行資料清洗工作的時候，還需要自己增加一些，停用詞如圖 11-6 所示。

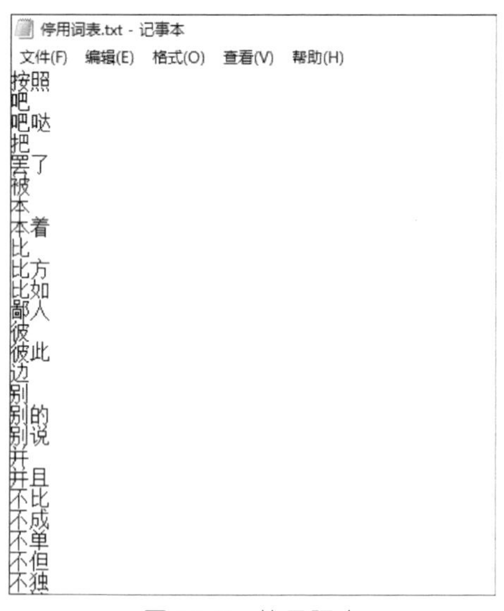

停用词表.txt - 记事本
文件(F) 编辑(E) 格式(O) 查看(V) 帮助(H)
按照
吧
吧哒
把
罢了
被
本
本着
比
比方
比如
鄙人
彼
彼此
边
别
别的
别说
并
并且
不比
不成
不单
不但
不独

圖 11-6　停用詞表

圖 11-6 中只截取停用詞表中的一部分，都是一些沒有實際主題色彩的詞，如果想把清洗的工作做得更增強，還是需要往停用詞表中加入更多待過濾的詞語，資料清洗乾淨，才能用得舒服。如果增加停用詞的任務量實在太大，一個簡單的辦法就是基於詞頻進行統計，普遍情況下高頻詞都是停用詞。

大師說：對文字工作來說，資料清洗非常重要，因為其中每一個詞都會對結果產生影響，在開始階段，還是希望盡可能多地去掉這些停用詞。

過濾掉停用詞的方法很簡單，只需要檢查資料集，剔除掉那些出現在停用詞表中的詞即可，下面看一下比較結果。

- 原始資料：[在，今年，3，月，的，日內瓦，車展，上，我們，見到，了，高爾夫……]
- 過濾停用詞之後：[日內瓦，車展，見到，高爾夫，家族，新，成員，高爾夫，敞篷版，款，全新……]

顯然，這份停用詞表做得並不十分完善，但是可以基本完成清洗的工作，大家可以酌情增強這份詞表，根據實際資料情況，可以選擇停用詞的指定方法。

licence MIT DOI10.5281/zenodo.4990

Linux macOS Windows

PyPI PASSED build passing build passing

word_cloud

A little word cloud generator in Python. Read more about it on the blog post or the website.

The code is tested against Python 2.7, 3.4, 3.5, 3.6 and 3.7.

Installation

If you are using pip:

```
pip install wordcloud
```

If you are using conda, you can install from the `conda-forge` channel:

```
conda install -c conda-forge wordcloud
```

Installation notes

wordcloud depends on `numpy` and `pillow`.

To save the wordcloud into a file, `matplotlib` can also be installed. See examples below.

If there are no wheels available for your version of python, installing the package requires having a C compiler set up. Before

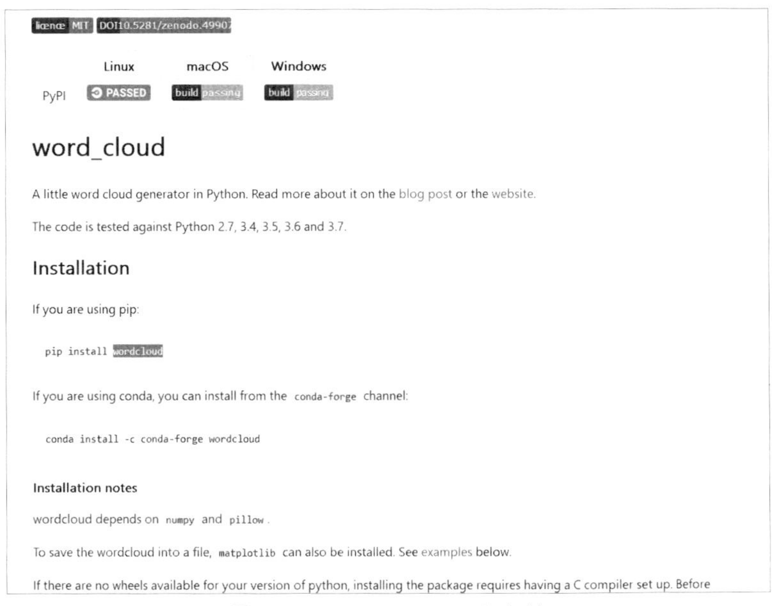

圖 11-7 wordcloud 工具套件

中間來一個小插曲，在文字分析中，現在經常會看到各種各樣的詞雲，用起來還是比較有意思的。在 Python 中可以用 wordcloud 工具套件來做（見圖 11-7），已經介紹過好幾個 Python 的工具程式套件了，後續還會用到更多的，建議大家使用這些工具套件的時候，可以先參考其 github 文件。

不只有安裝方法，還有實例示範，最簡單的學習方法就是按照官方文件走一遍。

在詞雲工具套件中，不僅可以按照詞頻大小來繪圖每個詞的大小，還可以指定自己喜歡的樣式進行展示，功能還是有很多，這些在其文件中均有範例程式，遇到不懂的參數先查 API 文件，裡面都有詳細解釋（見圖 11-8）。

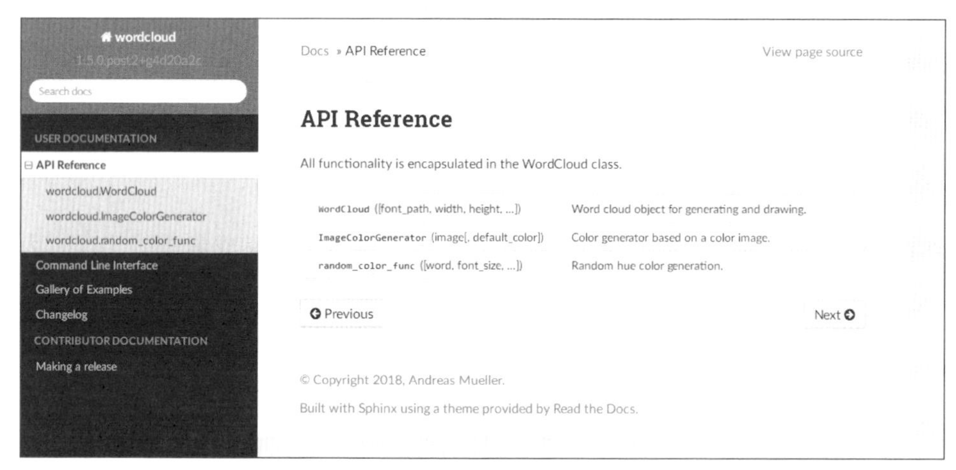

圖 11-8　詞雲 API 文件

11.2.2 TF-IDF 關鍵字分析

在文字分析中，經常會有關打標籤和特徵分析，TF-IDF 是經常用到的策略。在一篇文章中，經過清洗之後，剩下的都是稍微有價值的詞，但是這些詞的重要程度相同嗎？如何從一篇文章中找出最有價值的幾個詞呢？如果只按照詞頻進行統計，獲得的結果並不會太好，因為詞頻高的可能都是一些套話，並不是主題，這時候 TF-IDF 就派上用場了。

這裡借用一個經典的實例——一篇文章《中國的蜜蜂養殖》。

當進行詞頻統計的時候，發現在這篇文章中，「中國」、「蜜蜂」、「養殖」這 3 個詞出現的次數是一樣的，假設都是 10 次，這個時候如何判斷其各自的重要性呢？這篇文章說明的應該是與蜜蜂和養殖相關的技術，所以「蜜蜂」和「養殖」這兩個詞應當是重點。而「中國」這個詞，既可以說中國的蜜蜂，還可以說中國的籃球、中國的大熊貓，能派上用場的地方簡直太多了，並不專門針對某一個主題，所以，在這篇文章的類別劃分中，它應當不是那麼重要。

這樣就可以列出一個合理的定義，如果一個詞在整個語料庫中（可以當作是在所有文章中）出現的次數都很高（這篇文章有它，另一篇還有這個詞），那麼這個詞的重要程度就不高，因為它更像一個通用詞。如果另一個詞在整體的語料庫中的詞頻很低，但是在這一篇文章中卻大量出現，就有理由認為它在這篇文章中很重要。舉例來說，「蜜蜂」這個詞，在籃球、大熊貓相關的文章中基本不可能出現，在這篇文章中卻大量出現。TF-IDF 計算公式如下：

$$\text{TF}-\text{IDF} = \text{詞頻 (TF)} \times \text{逆文檔頻率 (IDF)} \tag{11.17}$$

其中：

$$\text{詞頻（TF）} = \frac{\text{某個詞在文章中出現的次數}}{\text{文章的總詞數}}$$

$$\text{逆文檔詞頻（IDF）} = \log\left(\frac{\text{語料庫的文檔總數}}{\text{包含該詞的文檔數}+1}\right)$$

詞頻這個概念很好了解，逆文件頻率就看這個詞是不是哪裡都出現，出現得越多，其值就越低。掌握 TF-IDF 之後，下面以一篇文章試試效果：

In

```
# 工具套件
import jieba.analyse
# 隨便找一篇文章就行
index = 2400
# 把分詞的結果組合在一起，形成一個句子
content_S_str = "".join(content_S[index])
# 列印這個句子
print (content_S_str)
# 選出來 5 個核心詞
print("  ".join(jieba.analyse.extract_tags(content_S_str, topK=5, withWeight
=False)))
```

Out	文章內容：法國 VS 西班牙、裡貝裡 VS 哈威，北京時間 6 月 24 日淩晨一場的大戰舉世矚目，而這場勝利不僅關乎兩支頂級強隊的命運，同時也是他們背後的球衣贊助商耐吉和愛迪達之間的一次角逐。T 諶胙」窘炫分薇的 16 支球隊之中，愛迪達和耐吉的勢力範圍也是幾乎旗鼓相當：其中有 5 家球衣由耐吉提供，而愛迪達則贊助了 6 家，此外茵寶有 3 家，而剩下的兩家則由彪馬贊助。而當比賽進行到現在，率先挺進四強的兩支球隊分別被耐吉支援的葡萄牙和阿迪達斯支援的德國佔據，而由於最後一場 1/4 決賽是茵寶（英格蘭）和彪馬（義大利）的對決，這也表示明天淩晨西班牙同法國這場愛迪達和耐吉在 1/4 決賽的唯一一次直接交手將直接決定兩家體育巨頭在此次歐洲杯上的勝負。8 據評估，在 2012 年足球商品的銷售額總共超過 40 億歐元，而單單是不足一個月的歐洲杯就有高達 5 億的銷售額，也就是説在歐洲杯期間將有 700 萬件球衣被搶購一空。根據市場評估，兩大巨頭愛迪達和耐吉的市場佔有率也是並駕齊驅，其中前者佔據 38%，而後者佔據 36%。體育權利顧問奧利弗－蜜雪兒在接受《隊報》採訪時説：「歐洲杯是耐吉透過法國翻身的絕佳機會！」C 仔爾接著談到兩大贊助商的經營策略：「競技體育的成功會燃起球衣購買的熱情，不過即使是水平相當，不同國家之間的歐洲杯效應卻存在不同。在德國就很出色，大約 1/4 的德國人透過電視觀看了比賽，而在西班牙效果則差很多，加泰羅尼亞地區只關注巴薩和巴薩的球衣，他們對西班牙國家隊根本沒什麼興趣。」因此儘管西班牙接連拿下歐洲杯和世界盃，但是阿迪達斯只為西班牙足協支付每年 2600 萬的贊助費 # 相比之下儘管最近兩屆大賽表現糟糕，法國足協將從耐吉手中每年可以獲得 4000 萬歐元。蜜雪兒解釋道：「法國創紀錄的 4000 萬歐元贊助費得益於愛迪達和耐吉競逐未來 15 年歐洲市場的競爭。耐吉需要籠絡一個大國來打贏這場歐洲大陸的戰爭，而儘管德國拿到的贊助費並不太高，但是他們卻顯然牢牢掌握在民族品牌愛迪達手中。從長期投資來看，耐吉給法國的贊助並不算過高。」

關鍵字結果：耐吉、愛迪達、歐洲杯、球衣、西班牙。

簡單過一遍文章可以發現，講的大概就是足球比賽贊助商各自的發展策略，獲得的關鍵字也與文章的主題差不多。關鍵字分析方法還是很實用的，想一想大家每天使用各種 APP 都能看到很多廣告，不同的使用者收到的廣告應該不同，例如筆者看到的廣告基本都與遊戲相關，因為平時的重點就在於此，可能這些 APP 已經給筆者打上的標籤是：王者榮耀、籃球等。接下來還需將重點放回分類工作中，先來看一索引籤都有哪些類別：

In	df_train.label.unique()
Out	array([' 汽車 ',' 財經 ',' 科技 ',' 健康 ',' 體育 ',' 教育 ',' 文化 ',' 軍事 ',' 娛樂 ',' 時尚 '], dtype=object) # 一共 10 種類別，也就是一個十分類的工作，需要先將標籤中的類別轉換成數值，這樣電腦才能認識它

In	label_mapping = {" 汽車 ": 1, " 財經 ": 2, " 科技 ": 3, " 健康 ": 4, " 體育 ":5, " 教育 ": 6," 文化 ": 7," 軍事 ": 8," 娛樂 ": 9," 時尚 ": 0} df_train['label'] = df_train['label'].map(label_mapping) # 建置一個對映方法 # 最簡單的方法就是做這樣一個對映，把名字轉換成一個數字即可，為了建模後能進行評估，還需進行資料集的切分：
Out	from sklearn.model_selection import train_test_split x_train, x_test, y_train, y_test = train_test_split(df_train['contents_clean'].values, df_train['label'].values, random_state=1)

到目前為止，已經處理了標籤，切分了資料集，接下來就要分析文字特徵了，這裡透過一個小實例給大家介紹最簡單的詞袋模型。

In	from sklearn.feature_extraction.text import CountVectorizer
	# 為了簡化起見，這裡就將 4 句話當作 4 篇文章
	texts=["dog cat fish","dog cat cat","fish bird", 'bird']
	# 詞頻統計
	cv = CountVectorizer()
	# 轉換資料
	cv_fit=cv.fit_transform(texts)
	print(cv.get_feature_names())
	print(cv_fit.toarray())

Out	['bird', 'cat', 'dog', 'fish'] [[0 1 1 1] [0 2 1 0] [1 0 0 1] [1 0 0 0]]

向 sklearn 中的 feature_extraction.text 模組匯入 CountVectorizer，也就是詞袋模型要用的模組，這裡還有很豐富的文字處理方法，有興趣的讀者也可以嘗試一下其他方法。為了簡單起見，建置了 4 個句子，暫且當作 4 篇文章就好。觀察發現，這 4 篇文章中總共包含 4 個不同的詞："bird"、"cat"、"dog"、"fish"。所以詞袋模型的向量長度就是 4，在結果中列印 get_feature_names() 可以獲得特徵中各個位置的含義，舉例來說，從第一個句子 "dog cat fish" 獲得的向量為 [0 1 1 1]，它的意思就是首先看第一個位置 'bird' 在這句話中有沒有

出現，出現了幾次，結果為 0；接下來同樣看 "cat"，發現出現了 1 次，那麼向量的第二個位置就為 1；同理 "dog"、"fish" 在這句話中也各出現了 1 次，最後的結果也就獲得了。

詞袋模型是自然語言處理中最基礎的一種特徵分析方法，直白地說，它就是看每一個詞出現幾次，統計詞頻即可，再把所有出現的片語成特徵的名字，依次統計其個數就能夠獲得文字特徵。感覺有點過於簡單，只考慮詞頻，而不考慮詞出現的位置以及先後順序，能不能稍微改進一些呢？還可以透過設定 ngram_range 來控制特徵的複雜度，舉例來說，不僅可以考慮單單一個詞，還可以考慮兩個詞連在一起，甚至更多的詞連在一起的組合。

In

```
from sklearn.feature_extraction.text import CountVectorizer
texts=["dog cat fish","dog cat cat","fish bird", 'bird']
# 設定 ngram 參數，讓結果不僅包含一個詞，還有 2 個、3 個的組合
cv = CountVectorizer(ngram_range=(1,4))
cv_fit=cv.fit_transform(texts)
print(cv.get_feature_names())
print(cv_fit.toarray())
```

Out

```
['bird', 'cat', 'cat cat', 'cat fish', 'dog', 'dog cat', 'dog cat cat', 'dog cat fish',
'fish', 'fish bird']
[[0 1 0 1 1 1 0 1 1 0]
 [0 2 1 0 1 1 1 0 0 0]
 [1 0 0 0 0 0 0 0 1 1]
 [1 0 0 0 0 0 0 0 0 0]]
```

這裡只加入 ngram_range=(1,4) 參數，其他保持不變，觀察結果中的特徵名字可以發現，此時不僅是一個詞，還有兩兩組合或三個組合在一起的情況。舉例來說，"cat cat" 表示文字中出現 "cat" 詞後面又跟了一個 "cat" 詞出現的個數。與之前的單一詞來比較，這次獲得的特徵更複雜，特徵的長度明顯變多。可以考慮上下文的前後關係，在這個簡單的小實例中看起來沒什麼問題。如果實際文字中出現不同詞的個數成千上萬了呢？那使用 ngram_range=(1,4) 參數，獲得的向量長度就太大了，用起來就很麻煩。所以，大部分的情況下，ngram 參數一般設定為 2，如果大於 2，計算起來就成累贅了。接下來對所有文字資料建置詞袋模型：

In	vec=CountVectorizer(analyzer='word', max_features=4000, lowercase=False) feature = vec.fit_transform(words) feature.shape
Out	(3750, 4000)

在建置過程中，還額外加入了一個限制條件 max_features=4000，表示獲得的特徵最大長度為 4000，這就會自動過濾掉一些詞頻較小的詞語。如果不進行限制，大家也可以去掉這個參數觀察，會使得特徵長度過大，最後獲得的向量長度為 85093，而且裡面很多都是詞頻很低的詞語，導致特徵過於稀疏，這些對建模來說都是不利的，所以，還是非常有必要加上這樣一個限制參數，特徵確定之後，剩下的工作就交給貝氏模型吧：

In	# 貝氏模型 from sklearn.naive_bayes import MultinomialNB classifier = MultinomialNB() classifier.fit(feature, y_train) classifier.score(vec.transform(test_words), y_test)
Out	0.804

貝氏模型中匯入了 MultinomialNB 模組，還額外做了一些平滑處理，主要目的是在求解先驗機率和條件機率的時候避免其值為 0。詞袋模型的效果看起來還湊合，能不能改進一些呢？在這份特徵中，公平地對待每一個詞，也就是看這個詞出現的個數，而不管它重要與否，但看起來還是有點問題。因為對不同主題來說，有些詞可能更重要，有些詞就沒有什麼太大價值。還記得老朋友 TF-IDF，能不能將其應用在特徵之中呢？當然是可以的，下面透過一個小實例來看一下吧：

In

```
from sklearn.feature_extraction.text import TfidfVectorizer

X_test = [' 卡爾敵法師藍胖子小小 ',' 卡爾敵法師藍胖子痛苦女王 ']
tfidf=TfidfVectorizer()
weight=tfidf.fit_transform(X_test).toarray()
word=tfidf.get_feature_names()
print (weight)
```

	for i in range(len(weight)):
	  print (u " 第 ", i, u " 篇文章的 tf-idf 加權特徵 ")
	  for j in range(len(word)):
	    print (word[j], weight[i][j])

Out	[[0.44832087 0.63009934 0.44832087 0. 0.44832087] [0.44832087 0. 0.44832087 0.63009934 0.44832087]] 第 0 篇文章的 tf-idf 加權特徵 卡爾 0.448320873199 小小 0.630099344518 敵法師 0.448320873199 痛苦女王 0.0 藍胖子 0.448320873199 第 1 篇文章的 tf-idf 加權特徵 卡爾 0.448320873199 小小 0.0 敵法師 0.448320873199 痛苦女王 0.630099344518 藍胖子 0.448320873199

簡單寫了兩句話，就是要分別建置它們的特徵。一共出現 5 個詞，所以特徵的長度依舊為 5，這和詞袋模型是一樣的，接下來獲得的特徵就是每一個詞的 TF-IDF 加權值，把它們組合在一起，就形成了特徵矩陣。觀察發現，在兩篇文章當中，唯一不同的就是「小小」和「痛苦女王」，其他詞都是一致的，所以要論重要程度，還是它們更有價值，其加權值自然更大。在結果中分別進行了列印，方便大家觀察。

TfidfVectorizer() 函數中可以加入很多參數來控制特徵（見圖 11-9），例如過濾停用詞，最大特徵個數、詞頻最大、最小比例限制等，這些都會對結果產生不同的影響，建議大家使用的時候，還是先參考其 API 文件，價值還是蠻大的，並且還有範例程式。

sklearn. feature_extraction. text.**TfidfVectorizer**

class sklearn. feature_extraction. text. **TfidfVectorizer** (*input='content', encoding='utf-8', decode_error='strict', strip_accents=None, lowercase=True, preprocessor=None, tokenizer=None, analyzer='word', stop_words=None, token_pattern='(?u)\b\w\w+\b', ngram_range=(1, 1), max_df=1.0, min_df=1, max_features=None, vocabulary=None, binary=False, dtype=<class 'numpy.int64'>, norm='l2', use_idf=True, smooth_idf=True, sublinear_tf=False*) [source]

Convert a collection of raw documents to a matrix of TF-IDF features.

Equivalent to CountVectorizer followed by TfidfTransformer.

Read more in the User Guide.

Parameters: **input** : string {'filename', 'file', 'content'}

If 'filename', the sequence passed as an argument to fit is expected to be a list of filenames that need reading to fetch the raw content to analyze.

If 'file', the sequence items must have a 'read' method (file-like object) that is called to fetch the bytes in memory.

Otherwise the input is expected to be the sequence strings or bytes items are expected to be analyzed directly.

encoding : string, 'utf-8' by default.

If bytes or files are given to analyze, this encoding is used to decode.

decode_error : {'strict', 'ignore', 'replace'}

Instruction on what to do if a byte sequence is given to analyze that contains characters not of the given encoding. By default, it is 'strict', meaning that a UnicodeDecodeError

圖 11-9 TfidfVectorizer 函數

最後還是用同樣的模型比較一下兩種特徵分析方法的結果差異：

In

```
from sklearn.feature_extraction.text import TfidfVectorizer

vectorizer = TfidfVectorizer(analyzer='word', max_features=4000,
lowercase = False)
vectorizer.fit(words)
from sklearn.naive_bayes import MultinomialNB
classifier = MultinomialNB()
classifier.fit(vectorizer.transform(words), y_train)
classifier.score(vectorizer.transform(test_words), y_test)
```

Out

```
0.815
```

效果比之前的詞袋模型有所加強，這也在預料之中，那麼，還有沒有其他更好的特徵分析方法呢？上一章中曾提到 word2vec 詞向量模型，這裡當然也可以使用，只不過困難在於如何將詞向量轉換成文章向量，傳統機器學習演算法在處理時間序列相關特徵時，效果還是有所欠缺，等弄清楚神經網路之後，再向大家展示如何應用詞向量特徵，有興趣的讀者可以先預習 gensim 工具套件，自然語言處理工作一定會用上它（見圖 11-10）。

圖 11-10　gensim 工具套件

大師說：gensim 工具套件不只有 word2vec 模組，主題模型，文章向量等都有實際的實現和範例程式，學習價值還是很大的。

專案歸納

本章首先說明了貝氏演算法，透過兩個小實例，拼字校正和垃圾郵件分類工作概述了貝氏演算法求解實際問題的流程。以新聞文字資料集為例，從分詞、資料清洗以及特徵分析開始一步步完成文字分類工作。建議大家在學習過程中先弄清楚每一步的流程和目的，然後再完成核心程式操作，機器學習的困難不只在建模中，資料清洗和前置處理依舊是一個難題，尤其是在自然語言處理中。

Chapter

12

支援向量機

在機器學習中，支援向量機（Support Vector Machine，SVM）是最經典的演算法之一，應用領域也非常廣，其效果自然也是很厲害的。本章對支援向量機演算法進行解讀，詳細分析其每一步流程及其參數對結果的影響。

12.1 支援向量機工作原理

前面已經給大家說明了一些機器學習演算法，有沒有發現其中的一些策略呢？它們都是從一個要解決的問題出發，然後將實際問題轉換成數學問題，接下來最佳化求解即可。支援向量機有關的數學內容比較多，下面還是從問題開始一步步解決。

12.1.1 支援向量機要解決的問題

現在由一個小實例來引用支援向量機，圖 12-1 中有兩種資料點，目標就是找到一個最好的決策方程式將它們區分開。

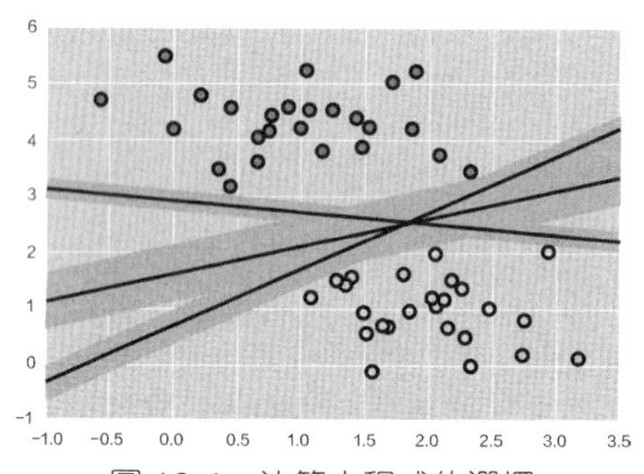

圖 12-1　決策方程式的選擇

圖 12-1 中有 3 條直線都能將兩種資料點區分開，那麼，這 3 條線的效果相同嗎？一定是有所區別的。大家在做事情的時候，一定希望能夠做到最好，支援向量機也是如此，不只要做這件事，還要達到最好的效果，那麼這 3 條線中哪條線的效果最好呢？現在放大劃分的細節進行觀察，如圖 12-2 所示。

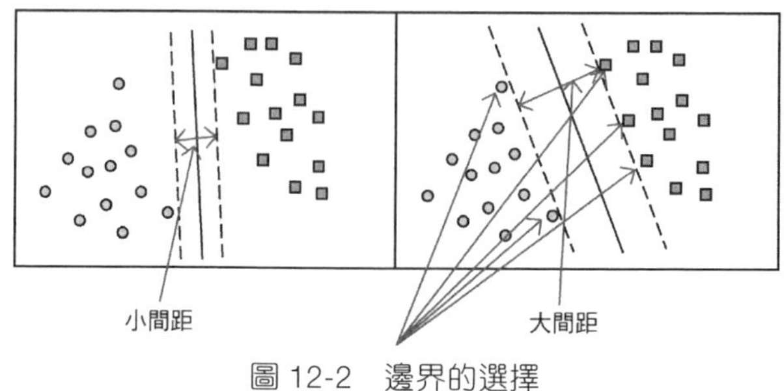

圖 12-2　邊界的選擇

由圖可見，最明顯的區別，就是左邊的決策邊界看起來窄一點，而右邊的寬一點。假設現在有一個大部隊在道路上前進，左邊埋著地雷，右邊埋伏敵人，為了大部隊能夠最安全地前進，一定希望選擇的道路能夠避開這些危險，也就是離左右兩邊都盡可能越遠越好。

想法已經很明確，回到剛才的資料點中，選擇更寬的決策邊界更佳，因為這樣才能離這些雷更遠，中間部分可以看作隔離帶，這樣容忍錯誤能力更強，效果自然要比窄的好。

12.1.2 距離與標籤定義

上一小節一直強調一定要避開危險的左右雷區，在數學上首先要明確指出離「雷區」的距離，也就是一個點（雷）到決策面的距離，然後才能繼續最佳化目標。還是舉一個實例，假設平面方程式為 $w^{T}x+b=0$，平面上有 x' 和 x'' 兩個點，W 為平面的法向量，要求 x 點到平面 h 的距離，如圖 12-3 所示。既然 x' 和 x'' 都在平面上，因此滿足：

$$w^{T}x'+b=0，w^{T}x''+b=0 \tag{12.1}$$

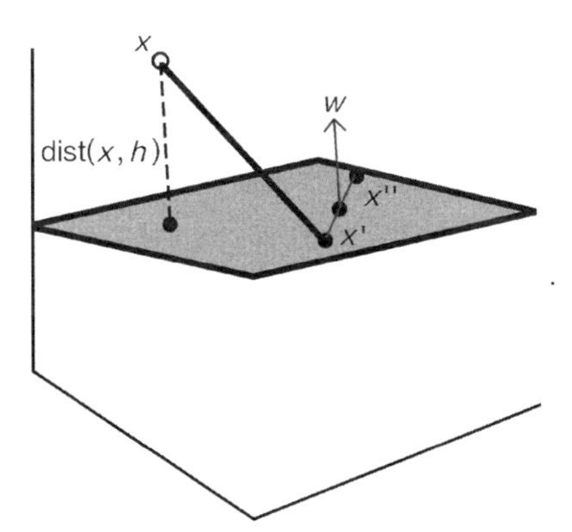

圖 12-3　點到決策邊界的距離

直接計算 x 點到平面的距離看起來有點難，可以轉換一下，如果獲得 x 到 x' 的距離後，再投影到平面的法向量方向上，就容易求解了，距離定義如下：

$$\text{Distance}(x,h)=\left|\frac{w^{T}}{\|w\|}(x-x')\right|=\frac{1}{\|w\|}\left|w^{T}x+b\right| \tag{12.2}$$

其中，$\frac{w^{\mathrm{T}}}{\|w\|}$ 為平面法向量的方向，也就是要投影的方向，由於只是投影而已，所以只需獲得投影方向的單位方向向量即可；$(x\text{-}x')$ 為間接地透過 x 和 x' 計算距離；又由於 x' 在平面上，$w^{\mathrm{T}}x'$ 就等於 $-b$。這樣就有了距離的計算方法。

接下來開始定義資料集：$(X_1,Y_1)(X_2,Y_2)\dots(X_n,Y_n)$，其中，$X_n$ 為資料的特徵，Y_n 為樣本的標籤。當 X_n 為正例時候，$Y_n=+1$；當 X_n 為負例時候，$Y_n=-1$。這樣定義是為了之後的化簡做準備，前面提到過，邏輯回歸中定義的類別編號 0 和 1 也是為了化簡。

最後的決策方程式如下：

$$y(x)=w^{\mathrm{T}}\varphi(x)+b \tag{12.3}$$

這個方程式看起來很熟悉，其中 x 和 y 是已知的（資料中列出，有監督問題），目標就是要求解其中的參數，但是 x 怎麼有點特別呢？其中 $\varphi(x)$ 表示對資料進行了某種轉換，這裡可以先不管它，依舊把它當作資料即可。

對於任意輸入樣本資料 x，有：

$$\begin{aligned} y(x_i)>0 \Leftrightarrow y_i=+1 \\ y(x_i)<0 \Leftrightarrow y_i=-1 \end{aligned} \tag{12.4}$$

因此可得：

$$y_i y(x_i)>0 \tag{12.5}$$

現在相信大家已經發現標籤 Y 定義成 ± 1 的目的了，式（12.5）中的這個條件主要用於完成化簡工作。

12.1.3 目標函數

再來明確一下已知的資訊和要完成的工作，根據前面介紹可知，目標就是找到一個最好的決策方程式（也就是 w 和 b 的值），並且已知資料點到決策邊界的距離計算方法。下面就要列出目標函數，大家都知道，機器學習的思維都是由一個實際的工作出發，將之轉換成數學表達，再獲得目標函數，最後去最佳化求解。

這裡要最佳化的目標就是使得離決策方程式最近的點（雷）能夠越遠越好，這句話看似簡單，其實只要了解了以下兩點，支援向量機已經弄清楚一半了，再來解釋一下。

1. 為什麼要選擇離決策方程式最近的點呢？可以這麼想，如果你踩到了最近的「雷」，還需要驗證更遠的「雷」嗎？也就是危險是由最近的「雷」帶來的，只要避開它，其他的構不成威脅。
2. 為什麼越寬越好呢？因為在選擇決策方程式的時候，一定是要找最寬的邊界，越遠離邊界才能越安全。

大師說：目標函數非常重要，所有機器學習問題都可以歸結為透過目標函數選擇合適的方法並進行最佳化。

式（12.2）中已經列出了點到邊界距離的定義，只不過是帶有絕對值的，用起來好像有點麻煩，需要再對它進行簡化。透過定義資料標籤已經有結論，即 $y_i y(x_i) > 0$。其中的 $y(x_i)$ 就是 $\left|w^{\mathrm{T}}x+b\right|$，由於標籤值只能是 ± 1，所以乘以它不會改變結果，但可以直接把絕對值去掉，用起來就方便多了，新的距離公式如下：

$$\text{Distance}(x,h)=\frac{y_i(w^{\mathrm{T}}\varphi(x_i)+b)}{\|w\|} \tag{12.6}$$

按照之前目標函數的想法，可以定義為：

$$\underset{w,b}{\operatorname{argmax}}\left\{\frac{1}{\|w\|}\min_i\left[y_i(w^{\mathrm{T}}\varphi(x_i)+b)\right]\right\} \tag{12.7}$$

大師說：遇到一個複雜的數學公式，可以嘗試從裡向外一步步觀察。

式（12.7）看起來有點複雜，其實與之前的解釋完全一致，首先 min 要求的就是距離，目的是找到離邊界最近的樣本點（雷）。然後再求 $\underset{w,b}{\operatorname{argmax}}$，也就是要找到最合適的決策邊界（$w$ 和 b），使其離這個樣本點（雷）的距離越大越好。

式（12.7）雖然列出了最佳化的目標，但看起來還是比較複雜，為了方便求解，還需對它進行一番化簡，已知 $y_i y(x_i) > 0$，現在可以通過放縮變換把要求變得更嚴格，即$y_i(w^{\mathrm{T}}\varphi(x_i)+b)\geqslant 1$，可得$\min_i\left[y_i\left(w^{\mathrm{T}}\varphi\left(x_i\right)+b\right)\right]$的最小值就是 1。

因此只需考慮 $\underset{w,b}{\operatorname{argmax}}\left\{\frac{1}{\|w\|}\right\}$ 即可，現在獲得了新的目標函數。但是，不要忘記它是有條件的。概況如下：

$$\begin{cases} \underset{w,b}{\operatorname{argmax}}\left\{\frac{1}{\|w\|}\right\} \\ \text{st.}\quad y_i(w^{\mathrm{T}}\varphi(x_i)+b)\geqslant 1 \end{cases} \tag{12.8}$$

式（12.8）是一個求極大值的問題，機器學習中正常策略就是轉換成求極小值問題，因此可以轉化為：

$$\begin{cases} \underset{w,b}{\operatorname{argmin}}\{\frac{1}{2}||w||^2\} \\ \text{st.}\quad y_i(w^{\mathrm{T}}\varphi(x_i)+b)\geqslant 1 \end{cases} \tag{12.9}$$

式（12.9）中，求一個數的最大值等於求其倒數的極小值，條件依舊不變。求解過程中，關注的是極值點（也就是 w 和 b 取什麼值），而非實際的極值大小，所以，對公式加入常數項或進行某些函數轉換，只要保障極值點不變即可。現在有了要求解的目標，並且帶有限制條件，接下來就是如何求解了。

12.1.4 拉格朗日乘子法

拉格朗日乘子法用於計算有限制條件下函數的極值最佳化問題，計算式如下：

$$\begin{cases} \min_x f_0(x) \\ \text{subject to } f_i(x)\leqslant 0, i=1,\cdots,m, h_i(x)=0, i=1,\cdots,q \end{cases} \tag{12.10}$$

式（12.10）可以轉化為：

$$\min L(x,\lambda,\nu)=f_0(x)+\sum_{i=1}^{m}\lambda_i f_i(x)+\sum_{i=1}^{q}\nu_i h_i(x) \tag{12.11}$$

回顧下式（12.9）列出的標函數和限制條件，是不是剛好滿足拉格朗日乘子法的要求呢？接下來直接套用即可，注意限制條件只有一個：

$$L(w,b,\alpha)=\frac{1}{2}\|w\|^2-\sum_{i=1}^{n}\alpha_i(y_i(w^{\mathrm{T}}\varphi(x_i)+b)-1) \tag{12.12}$$

有些同學可能對拉格朗日乘子法不是特別熟悉，式（12.12）中引用了一個乘子 α，概述起來就像是原始要求解的 w 和 b 參數在限制條件下比較難解，能不能把問題轉換一下呢？如果可以找到 w 和 b 分別與 α 的關系，接下來獲得每一個合適的 α 值，自然也就可以求出最後 w 和 b 的值。

此處還有其中一個細節就是 KKT 條件，3 個科學家做了對偶性質的證明，此處先不建議大家深入 KKT 細節，對初學者來説，就是從入門到放棄，先記住有這事即可，等從整體上掌握支援向量機之後，可以再做深入研究，暫且預設有一個定理可以幫我們把問題進行轉化：

$$\min_{w,b}\max_{\alpha} L(w,\ b,\ \alpha) \rightarrow \max_{\alpha}\min_{w,\ b} L(w,\ b,\ \alpha) \quad (12.13)$$

既然是要求解 w 和 b 以獲得極值，需要對式（12.12）中 w, b 求偏導，並令其偏導等於 0，可得：

$$\begin{aligned} &\frac{\partial L}{\partial w} = 0 \Rightarrow w = \sum_{i=1}^{n}\alpha_i y_i \varphi(x_i) \\ &\frac{\partial L}{\partial b} = 0 \Rightarrow 0 = \sum_{i=1}^{n}\alpha_i y_i \end{aligned} \quad (12.14)$$

現在似乎把求解 w 和 b 的過程轉換成與 α 相關的問題，此處雖然沒有直接獲得 b 和 α 的關係，但是，在化簡過程中，仍可基於對 b 參數進行化簡。

接下來把上面的計算結果代入式（12.12），相當於把 w 和 b 全部取代成與 α 的關係，化簡如下：

$$\begin{aligned} L(w,b,\alpha) &= \frac{1}{2}\|w\|^2 - \sum_{i=1}^{n}\alpha_i (y_i (w^{\mathrm{T}}\varphi(x_i)+b)-1 \\ &= \frac{1}{2}w^{\mathrm{T}}w - w^{\mathrm{T}}\sum_{i=1}^{n}\alpha_i y_i \varphi(x_i) - b\sum_{i=1}^{n}\alpha_i y_i + \sum_{i=1}^{n}\alpha_i \\ &= \sum_{i=1}^{n}\alpha_i - \frac{1}{2}\sum_{i,j=1}^{n}\alpha_i\alpha_j y_i y_j \varphi^{\mathrm{T}}(x_i)\varphi(x_j) \end{aligned} \quad (12.15)$$

此時目標就是 α 值為多少時，式（12.15）中 L（w，b，α）的值最大，這又是一個求極大值的問題，所以按照策略還是要轉換成求極小值問題，相當於求其相反數的極小值：

$$\begin{cases} \min\limits_{\alpha} \dfrac{1}{2} \sum\limits_{i,j=1}^{n} \alpha_i \alpha_j y_i y_j \phi^{\mathrm{T}}(x_i)\phi(x_j) - \sum\limits_{i=1}^{n} \alpha_i \\ \text{st.} \quad \sum\limits_{i=1}^{n} \alpha_i y_i = 0, \alpha_i \geqslant 0 \end{cases} \tag{12.16}$$

限制條件中，$\sum_{i=1}^{n} \alpha_i y_i = 0$ 是對 b 求偏導獲得的，$\alpha_i \geqslant 0$ 是拉格朗日乘子法本身的限制條件，它們非常重要。到此為止，我們完成了支援向量機中的基本數學推導，剩下的就是如何求解。

12.2 支援向量的作用

大家是否對支援向量基這個概念的來源有過疑問，在求解參數之前先向大家介紹支援向量的定義及其作用。

12.2.1 支援向量機求解

式（12.16）中已經列出了要求解的目標，為了更直白地了解支援向量的含義，下述實例中，只取 3 個樣本資料點，便於計算和化簡。

假設現在有 3 個資料，其中正例樣本為 $X_1(3,3)$，$X_2(4,3)$；負例為 $X_3(1,1)$，如圖 12-4 所示。

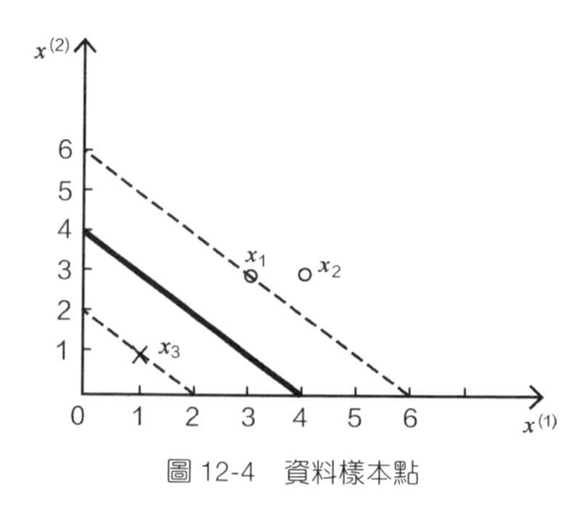

圖 12-4　資料樣本點

首先，將 3 個樣本資料點（x 和 y 已知）代入式（12.16），可得：

$$\begin{cases} \min\limits_{\alpha} \frac{1}{2}\sum_{i,j=1}^{n}\alpha_i\alpha_j y_i y_j \varphi^{\mathrm{T}}(x_i)\varphi(x_j) - \sum_{i=1}^{n}\alpha_i \\ \mathrm{st.} \sum_{i=1}^{n}\alpha_i y_i = 0, \alpha_i \geqslant 0 \end{cases}$$

由於只有 3 個樣本資料點，並且樣本的標籤已知，可得：

$$\begin{cases} \min\limits_{\alpha} \frac{1}{2}\sum_{i,j=1}^{3}\alpha_i\alpha_j y_i y_j (x_i \cdot x_j) - \sum_{i=1}^{3}\alpha_i \\ \mathrm{st.} \quad \alpha_1 + \alpha_2 - \alpha_3 = 0, \alpha_i \geqslant 0，i = 1,2,3 \end{cases} \tag{12.17}$$

暫且認為 $\varphi(x) = x$，其中 $(x_i \cdot x_j)$ 是求內積的意思，將 3 個樣本資料點和條件 $\alpha_1 + \alpha_2 - \alpha_3 = 0$ 代入式（12.17）可得：

$$\frac{1}{2}(18\alpha_1^2 + 25\alpha_2^2 + 2\alpha_3^2 + 42\alpha_1\alpha_2 - 12\alpha_1\alpha_3 - 14\alpha_2\alpha_3) - \alpha_1 - \alpha_2 - \alpha_3 4\alpha_1^2 + \frac{13}{2}\alpha_2^2 + 10\alpha_1\alpha_2 - 2\alpha_1 - 2\alpha_2 \tag{12.18}$$

既然要求極小值，對式（12.18）中α_1、α_2分別計算偏導，並令偏導等於零，可得：$\alpha_1 = 1.5$，$\alpha_2 = -1$，然而這兩個結果並不滿足指定的限制條件$\alpha_i \geqslant 0$。因此需要考慮邊界上的情況，即 $\alpha_1 = 0$ 或是 $\alpha_2 = 0$。分別將這兩個值代入上式，可得：

$$\begin{cases} \alpha_1 = 0，\ \alpha_2 = \frac{2}{13} \\ \alpha_1 = 0.25，\ \alpha_2 = 0 \end{cases} \tag{12.19}$$

將式（12.19）結果分別代入公式$s = 4\alpha_1^2 + \frac{13}{2}\alpha_2^2 + 10\alpha_1\alpha_2 - 2\alpha_1 - 2\alpha_2$，透過比較可知，S(0.25,0) 時取得最小值，即$\alpha_1 = 0.25$，$\alpha_2 = 0$符合條件，此時$\alpha_3 = \alpha_1 + \alpha_2 = 0.25$。

由於之前已經獲得 w 與 α 的關係，求解出來全部的 α 值之後，就可以計算 w 和 b，可得：

$$\begin{cases} w = \sum_{i=1}^{n}\alpha_i y_i \varphi(x_i) = \frac{1}{4}\times 1\times(3,3) + \frac{1}{4}\times(-1)\times(1,1) = \left(\frac{1}{2},\frac{1}{2}\right) \\ b = y_i - \sum_{i=1}^{3}\alpha_i y_i (x_i x_j) = 1 - \left(\frac{1}{4}\times 1\times 18 + \frac{1}{4}\times(-1)\times 6\right) = -2 \end{cases} \tag{12.20}$$

大師說：求解 b 參數的時候，選擇用其中一個樣本點資料計算其結果，但是，該樣本的選擇必須為支援向量。

計算出所有參數之後，只需代入決策方程式即可，最後的結果為：

$$0.5x_1 + 0.5x_2 - 2 = 0 \tag{12.21}$$

這也是圖 12-4 中所畫直線，這個實例中 α 值可以直接求解，這是由於只選了 3 個樣本資料點，但是，如果資料點繼續增多，就很難直接求解，現階段主要依靠 SMO 演算法及其升級版本進行求解，其基本思維就是對 α 參數兩兩代入求解，有興趣的讀者可以找一份 SMO 求解程式，自己一行一行 debug 觀察求解方法。

12.2.2 支援向量的作用

在上述求解過程中，可以發現加權參數 w 的結果由 α, x, y 決定，其中 x, y 分別是資料和標籤，這些都是固定不變的。如果求解出 $\alpha_i = 0$，表示目前這個資料點不會對結果產生影響，因為它和 x, y 相乘後的值還為 0。只有 $\alpha_i \neq 0$ 時，對應的資料點才會對結果產生作用。

由圖 12-5 可知，最後只有 x_1 和 x_3 參與到計算中，x_2 並沒有造成任何作用。細心的讀者可能還會發現 x_1 和 x_3 都是邊界上的資料點，而 x_2 與 x_1 相比，就是非邊界上的資料點。這些邊界上的點，就是最開始的時候解釋的離決策方程式最近的「雷」，只有它們會對結果產生影響，而非邊界上的點只是湊熱鬧罷了。

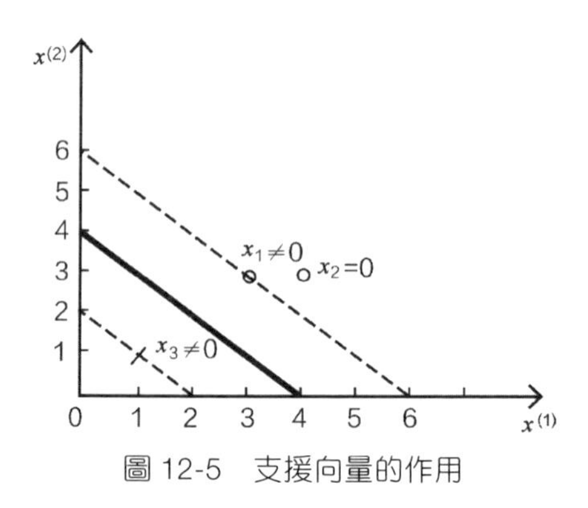

圖 12-5　支援向量的作用

到此揭開了支援向量機名字的含義，對於邊界上的資料點，例如 x_1 和 x_3 就叫作支援向量，它們把整個架構支撐起來。對於非邊界上的點，自然就是非支援向量，它們不會對結果產生任何影響。

圖 12-6 展示了支撐向量對結果的影響。圖 12-6（a）選擇 60 個資料點，其中圈起來的就是支援向量。圖 12-6（b）選擇 120 個資料點，但仍然保持支援在量不變，使用同樣的演算法和參數來建模，獲得的結果完全相同。這與剛剛獲得的結論一致，只要不改變支援向量，增加部分資料對結果沒有任何影響。

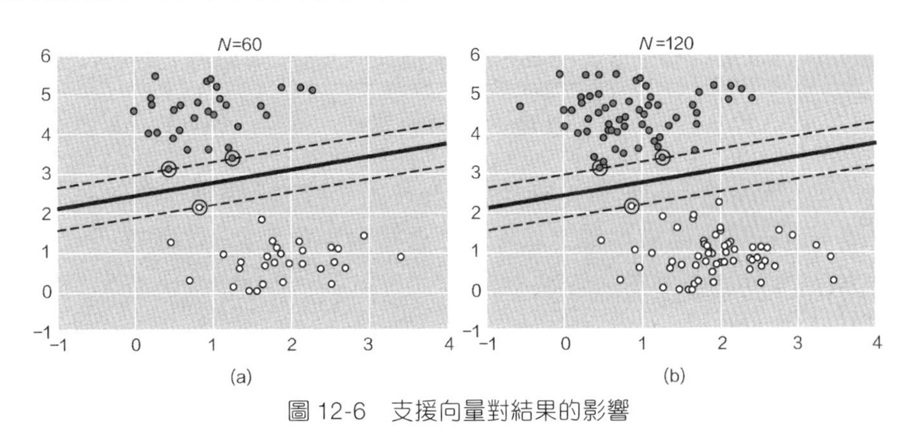

圖 12-6　支援向量對結果的影響

12.3 支援向量機有關參數

在建模過程中，一定會有關調參問題，那麼在支援向量機中都有哪些參數呢？其中必不可缺的就是軟間隔和核心函數，本節向大家解釋其作用。

12.3.1 軟間隔參數的選擇

在機器學習工作中，經常會遇到過擬合問題，之前在定義目標函數的時候列出了非常嚴格的標準，就是要在滿足能把兩種資料點完全分得開的情況下，再考慮讓決策邊界越寬越好，但是，這麼做一定能獲得最好的結果嗎？

假設有兩種資料點分別為〇和 ×，如果沒有左上角的〇，看起來這條虛線做得很不錯，但是，如果把這個可能是例外或離群的資料點考慮進去，結果就會發生較大變化，此時為了滿足一個點的要求，只能用實線進行區分，決策邊界一下子窄了好多，如圖 12-7 所示。

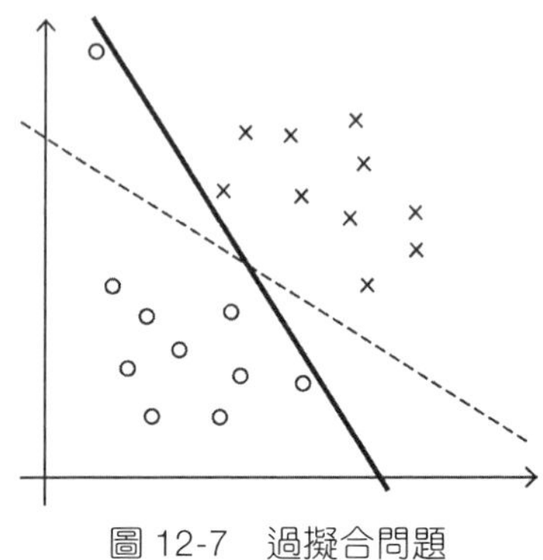

圖 12-7　過擬合問題

總而言之，模型為了能夠滿足個別資料點做出了較大的犧牲，而這些資料點很可能是離群點、異常點等。如果還要嚴格要求模型必須做到完全分類正確，結果可能會適得其反。

如果在某種程度上放低對模型的要求，可以解決過擬合問題，先來看看定義方法：

$$y_i(wx_i+b)\geqslant 1-\xi_i \tag{12.22}$$

觀察發現，原來的限制條件中，要求$y_i(wx_i+b)\geqslant 1$，現在加入一個鬆弛因數ξ_i，就相當於放低要求了。

此時，新的目標函數定義為：$\min\frac{1}{2}\|w\|^2+C\sum_{i=1}^{n}\xi_i$。在目標函數中，引用了一個新項 $C\sum_{i=1}^{n}\xi_i$，它與正規化懲罰的原理類似，用控制參數 C 表示嚴格程度。目標與之前一致，還是要求極小值，下面用兩個較極端的例子看一下 C 參數的作用。

1. 當 C 趨近於無限大時，只有讓 ξ_i 非常小，才能使得整體獲得極小值。這是由於 C 參數比較大，如果 ξ_i 再大一些的話，就沒法獲得極小值，這表示與之前的要求差不多，還是要讓分類十分嚴格，不能產生錯誤。
2. 當 C 趨近於無限小時，即使 ξ_i 大一些也沒關係，表示模型可以有更大的錯誤容忍度，要求就沒那麼高，錯幾個資料點也沒關係。

雖然目標函數發生了轉換，求解過程依舊與之前的方法相同，下面直接列出來，了解一下即可。

$$L(w,b,\xi,\alpha,\mu)=\frac{1}{2}\|w\|^2+C\sum_{i=1}^{n}\xi_i-\sum_{i=1}^{n}\alpha_i\left(y_i(w^{\mathrm{T}}x_i+b)-1+\xi_i\right)-\sum_{i=1}^{n}\mu_i\xi_i \qquad (12.23)$$

此時約束定義為：

$$\begin{cases}\sum_{i=1}^{n}\alpha_i y_i=0\\ C-\alpha_i-\mu_i=0\\ \alpha_i\geqslant 0,\mu_i\geqslant 0\end{cases} \qquad (12.24)$$

經過化簡可得最後解：

$$\begin{cases}\min_{\alpha}\frac{1}{2}\sum_{i,j=1}^{n}\alpha_i\alpha_j y_i y_j\varphi^{\mathrm{T}}(x_i)\varphi(x_j)-\sum_{i=1}^{n}\alpha_i\\ \text{st.}\quad \sum_{i=1}^{n}\alpha_i y_i=0,0\leqslant\alpha_i\leqslant C\end{cases} \qquad (12.25)$$

大師說：支援向量機中的鬆弛因數比較重要，過擬合的模型通常沒什麼用，後續實驗過程，就能看到它的強大了。

12.3.2 核心函數的作用

還記得式（12.3）中的 $\varphi(x)$ 嗎？它就是核心函數。下面就來研究一下它對資料做了什麼。大家知道可以對高維資料降維來分析主要資訊，降維的目的就是找到更好的代表特徵。那麼資料能不能升維呢？低維的資料資訊有點少，能不能用高維的資料資訊來解決低維中不好解決的問題呢？這就是核心函數要完成的工作。

假設有兩種資料點，在低維空間中進行分類工作有些麻煩，但是，如果能找到一種轉換方法，將低維空間的資料對映到高維空間中，這個問題看起來很容易解決，如圖 12-8 所示。

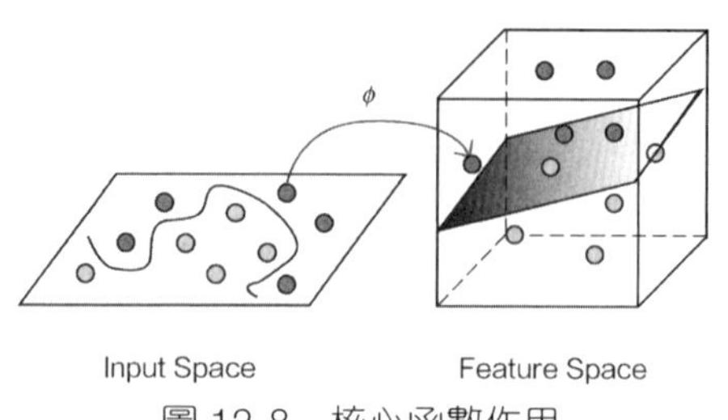

圖 12-8　核心函數作用

如何進行升維呢？先來看一個小實例，了解一下核心函數的轉換過程。需要大家考慮的另外一個問題是，如果資料維度大幅提升，對計算的要求自然更苛刻，在之前的求解的過程中可以發現，計算時需要考慮所有樣本，因此計算內積十分麻煩，這是否大幅增加求解難度呢？

假設有兩個資料點：$x=\left(x_1,x_2,x_3\right)$，$y=\left(y_1,y_2,y_3\right)$，注意它們都是資料。假設在 3D 空間中已經不能對它們進行線性劃分，既然提到高維的概念，那就使用一種函數轉換，將這些資料對映到更高維的空間，例如對映到九維空間，假設對映函數如下：

$$F(x)=(x_1x_1,x_2x_2,x_1x_3,x_2x_1,x_2x_2,x_2x_3,x_3x_1,x_3x_2,x_3x_3) \quad (12.26)$$

已知資料點 $x=(1,2,3)$，$y=(4,5,6)$，代入式（12.26）可得 $F(x)=(1,2,3,2,4,5,3,6,9)$，$f(y)=(16,20,24,20,25,36,24,30,36)$。求解過程中主要計算量就在內積運算上，則 $\langle F(x),f(y)\rangle=16+40+72+40+100+180+72+180+324=1024$。

這個計算看著很簡單，但是，當資料樣本很多並且資料維度也很大的時候，就會非常麻煩，因為要考慮所有資料樣本點兩兩之間的內積。那麼，能不能巧妙點解決這個問題呢？我們試著先在低維空間中進行內積計算，再把結果對映到高維當中，獲得的數值竟然和在高維中進行內積計算的結果相同，其計算式為：

$$K(x,y)=(\langle x,y\rangle)^2=(4+10+18)^2=1024 \quad (12.27)$$

由此可得：$K(x,y)=(\langle x,y\rangle)^2=\langle F(x),F(y)\rangle$。但是，$K(x,y)$的運算卻比$\langle F(x),F(y)\rangle$簡單得多。也就是說，只需在低維空間進行計算，再把結果對映到高維空間中即可。雖然透過核心函數轉換獲得了更多的特徵資訊，但是計算複雜度卻沒有發生本質的改變。這一巧合也成全了支援向量機，使得其可以處理絕大多數問題，而不受計算複雜度的限制。

通常說將資料投影到高維空間中，在高維上解決低維不可分問題實際只是做了一個假設，真正的計算依舊在低維當中，只需要把結果對映到高維即可。

在實際應用支援向量機的過程中，經常使用的核心函數是高斯核心函數，公式如下：

$$k(x_1,x_2)=\langle\varphi(x_1),\varphi(x_2)\rangle=\exp\left(-\frac{\|x_1-x_2\|^2}{2\sigma^2}\right)\qquad(12.28)$$

對於高斯核心函數，其本身的數學內容比較複雜，直白些的了解是拿到原始資料後，先計算其兩兩樣本之間的相似程度，然後用距離的度量表示資料的特徵。如果資料很相似，那結果就是 1。如果資料相差很大，結果就是 0，表示不相似。如果泰勒展開，可以發現理論上高斯核心函數可以把資料對映到無限多維。

大師說：還有一些核心函數也能完成高維資料對映，但現階段通用的還是高斯核心函數，大家在應用過程中選擇它即可。

如果做了核心函數轉換，能對結果產生什麼影響呢？建置了一個線性不可分的資料集，如圖 12-9（a）所示。如果使用線性核心函數（相當於不對資料做任何轉換，直接用原始資料來建模），獲得的結果並不盡如人意，實際效果很差。如果保持其他參數不變，加入高斯核心函數進行資料轉換，獲得的結果如圖 12-9（b）所示，效果發生明顯變化，原本很複雜的資料集就被完美地分開。

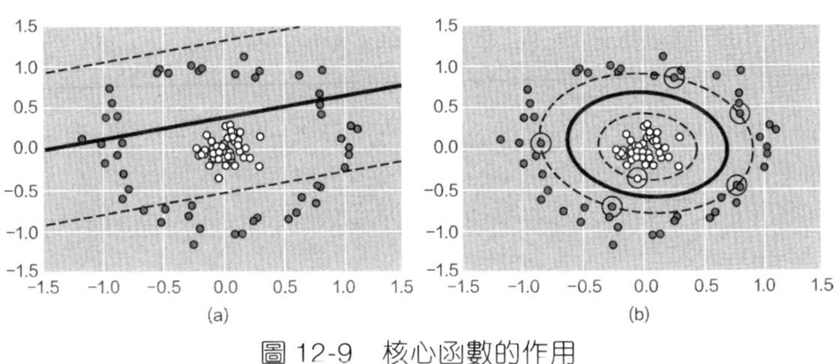

圖 12-9　核心函數的作用

在高斯核心函數中，還可以透過控制參數 σ 來決定資料轉換的複雜程度，這對結果也會產生明顯的影響，接下來開始完成這些實驗，親自動手體驗一下支援向量機中參數對結果的影響。

12.4 案例：參數對結果的影響

上一節列舉了支援向量機中的鬆弛因數和核心函數對結果的影響，本節就來實際動手看看其效果如何。首先使用 sklearn 工具套件製作一份簡易資料集，並完成分類工作。

12.4.1 SVM 基本模型

以 SVM 為基礎的核心概念以及推導公式，下面完成建模工作，首先匯入所需的工具套件：

In
```
# 為了在 Notebook 中畫圖展示
%matplotlib inline
import numpy as np
import matplotlib.pyplot as plt
from scipy import stats
import seaborn as sns; sns.set()
```

接下來為了方便實驗觀察，利用 sklearn 工具套件中的 datasets 模組產生一些資料集，當然大家也可以使用自己手頭的資料：

In
```
# 隨機來點資料
# 其中 cluster_std 是資料的離散程度
from sklearn.datasets.samples_generator import make_blobs
X, y = make_blobs(n_samples=50, centers=2,
           random_state=0, cluster_std=0.60)
plt.scatter(X[:, 0], X[:, 1], c=y, s=50, cmap='autumn')
```

Out

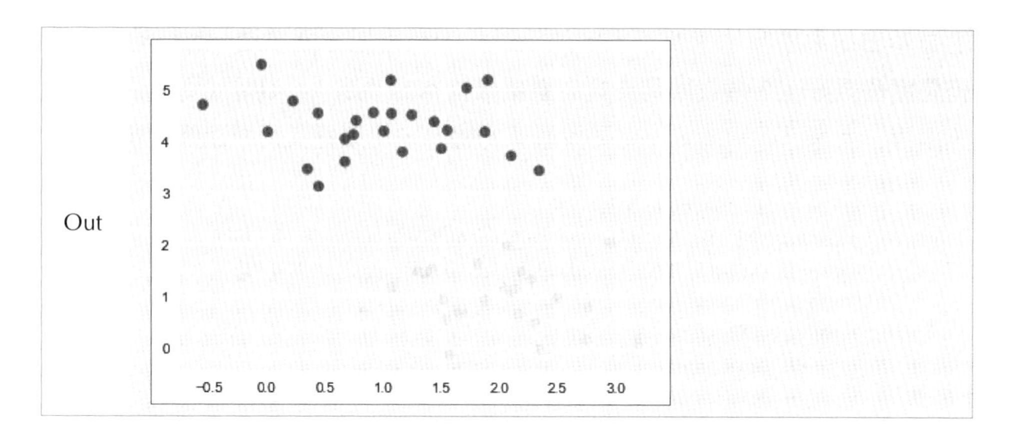

datasets.samples_generator 是 sklearn 工具套件中的資料產生器函數，可以定義產生資料的結構。make_blobs 是其中另一個函數，使用該函數時，只需指定樣本數目 n_samples、資料簇的個數 centers、隨機狀態 random_state 以及其離散程度 cluster_std 等。

上述程式一共建置 50 個資料點，要進行二分類工作。從輸出結果可以明顯看出，這兩種資料點非常容易分開，在中間隨意畫一條分割線就能完成工作。

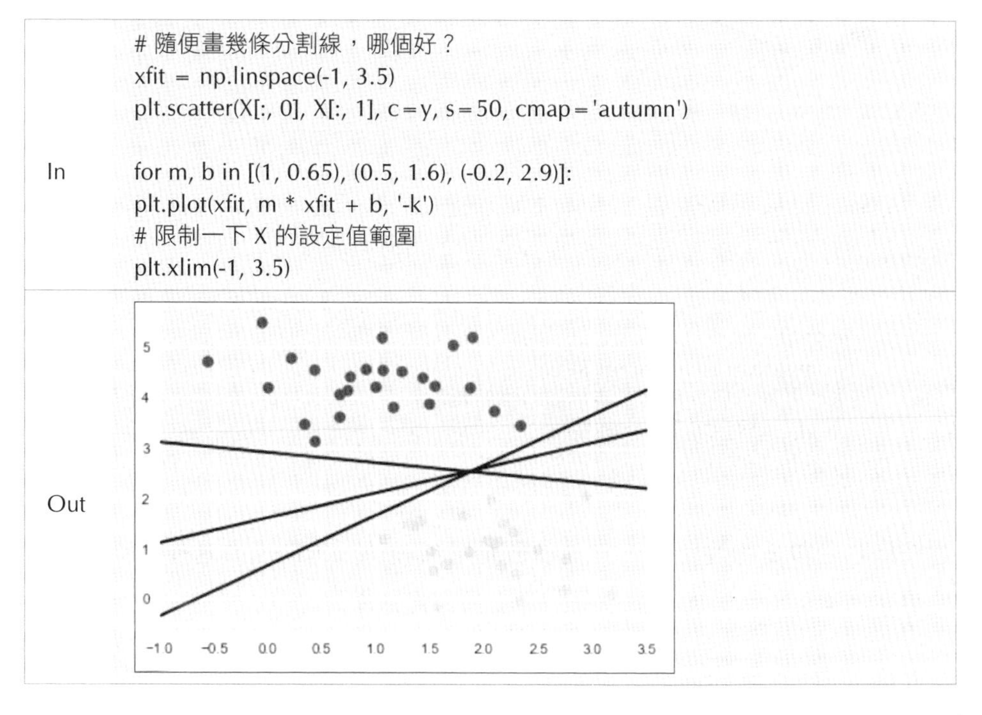

In

```
# 隨便畫幾條分割線，哪個好？
xfit = np.linspace(-1, 3.5)
plt.scatter(X[:, 0], X[:, 1], c=y, s=50, cmap='autumn')

for m, b in [(1, 0.65), (0.5, 1.6), (-0.2, 2.9)]:
plt.plot(xfit, m * xfit + b, '-k')
# 限制一下 X 的設定值範圍
plt.xlim(-1, 3.5)
```

Out

上述輸出結果繪製了 3 條不同的決策邊界，都可以把兩種資料點完全分開，但是哪個更好呢？這就回到支援向量機最基本的問題──如何找到最合適的決策邊界，大家已經知道，一定要找最寬的邊界，可以把其邊界距離繪製出來：

In

```
xfit = np.linspace(-1, 3.5)
plt.scatter(X[:, 0], X[:, 1], c=y, s=50, cmap='autumn')
for m, b, d in [(1, 0.65, 0.33), (0.5, 1.6, 0.55), (-0.2, 2.9, 0.2)]:
    yfit = m * xfit + b
    plt.plot(xfit, yfit, '-k')
    plt.fill_between(xfit, yfit - d, yfit + d, edgecolor='none',
            color='#AAAAAA', alpha=0.4)
    plt.xlim(-1, 3.5)
```

Out

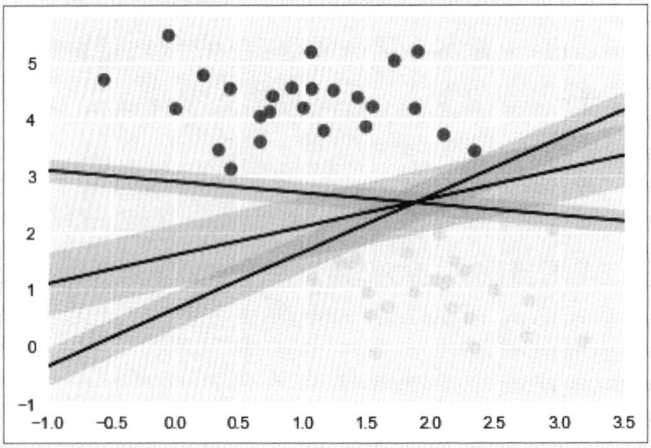

從上述輸出結果可以發現，不同決策方程式的寬窄差別很大，此時就輪到支援向量機登場了，來看看它是怎麼決定最寬的邊界的：

In

```
# 分類工作
from sklearn.svm import SVC
# 線性核心函數相當於不對資料進行轉換
model = SVC(kernel='linear')
 model.fit(X, y)
```

選擇核心函數是線性函數，其他參數暫用預設值，借助工具套件能夠很輕鬆地建立一個支援向量機模型，下面來繪製它的結果：

In

```
# 繪圖函數
def plot_svc_decision_function(model, ax=None, plot_support=True):
    if ax is None:
        ax = plt.gca()
    xlim = ax.get_xlim()
    ylim = ax.get_ylim()

    # 用 SVM 附帶的 decision_function 函數來繪製
    x = np.linspace(xlim[0], xlim[1], 30)
    y = np.linspace(ylim[0], ylim[1], 30)
    Y, X = np.meshgrid(y, x)
    xy = np.vstack([X.ravel(), Y.ravel()]).T
    P = model.decision_function(xy).reshape(X.shape)
    # 繪製決策邊界
    ax.contour(X, Y, P, colors='k',
           levels=[-1, 0, 1], alpha=0.5,
           linestyles=['--', '-', '--'])
    # 繪製支援向量
    if plot_support:
        ax.scatter(model.support_vectors_[:, 0],
               model.support_vectors_[:, 1],
               s=300, linewidth=1, facecolors='none');
    ax.set_xlim(xlim)
    ax.set_ylim(ylim)
# 接下來把資料點和決策邊界一起繪製出來
plt.scatter(X[:, 0], X[:, 1], c=y, s=50, cmap='autumn')
plot_svc_decision_function(model)
```

Out

上述程式產生了 SVM 建模結果，預料之中，這裡選到一個最寬的決策邊界。其中被圈起來的就是支援向量，在 sklearn 中它們儲存在 support_vectors_ 屬性下，可以使用下面程式進行檢視：

In
```
model.support_vectors_
```

Out
```
array([[0.44359863, 3.11530945],
       [2.33812285, 3.43116792],
       [2.06156753, 1.96918596]])
```

接下來分別使用 60 個和 120 個資料點進行實驗，保持支援向量不變，看看決策邊界會不會發生變化：

In
```
def plot_svm(N=10, ax=None):
    X, y = make_blobs(n_samples=200, centers=2,
                      random_state=0, cluster_std=0.60)
    X = X[:N]
    y = y[:N]
    model = SVC(kernel='linear', C=1E10)
    model.fit(X, y)

    ax = ax or plt.gca()
    ax.scatter(X[:, 0], X[:, 1], c=y, s=50, cmap='autumn')
    ax.set_xlim(-1, 4)
    ax.set_ylim(-1, 6)
    plot_svc_decision_function(model, ax)
# 分別對不同的資料點進行繪製
fig, ax = plt.subplots(1, 2, figsize=(16, 6))
fig.subplots_adjust(left=0.0625, right=0.95, wspace=0.1)
for axi, N in zip(ax, [60, 120]):
    plot_svm(N, axi)
    axi.set_title('N = {0}'.format(N))
```

Out

從上述輸出結果可以看出，左邊是 60 個資料點的建模結果，右邊的是 120 個資料點的建模結果。它與原理推導時獲得的答案一致，只有支援向量會對結果產生影響。

12.4.2 核心函數轉換

接下來感受一下核心函數的效果，同樣使用 datasets.samples_generator 產生模擬資料，但是這次使用 make_circles 函數，隨機產生環狀資料集，加強了遊戲難度，先來看看線性 SVM 能不能解決：

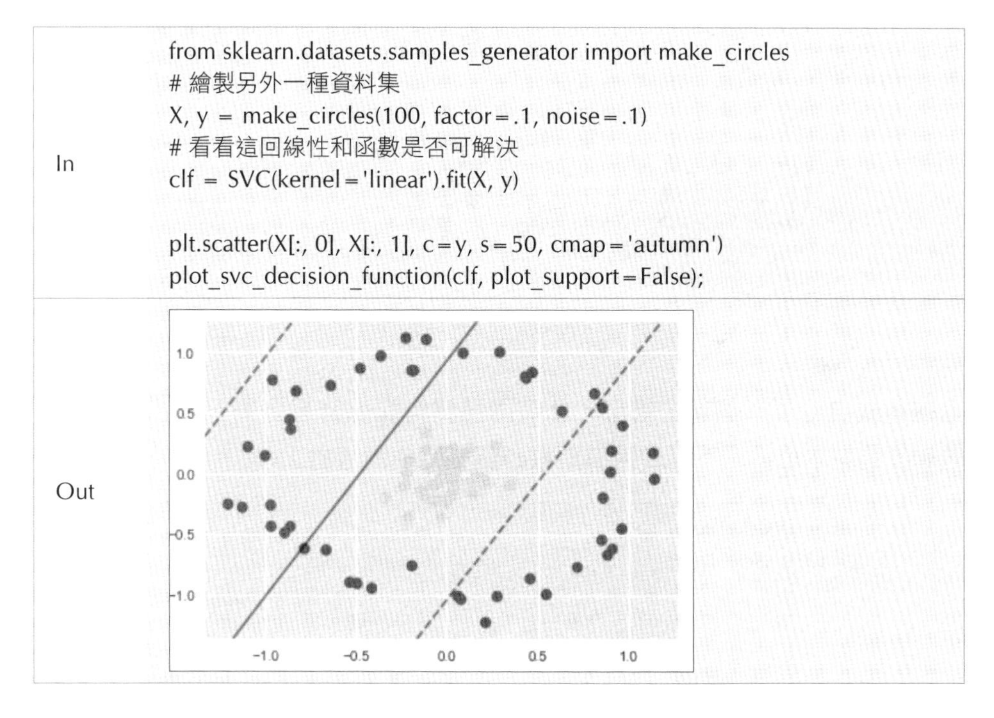

In

```
from sklearn.datasets.samples_generator import make_circles
# 繪製另外一種資料集
X, y = make_circles(100, factor=.1, noise=.1)
# 看看這回線性和函數是否可解決
clf = SVC(kernel='linear').fit(X, y)

plt.scatter(X[:, 0], X[:, 1], c=y, s=50, cmap='autumn')
plot_svc_decision_function(clf, plot_support=False);
```

Out

上圖為線性 SVM 在解決環繞形資料集時獲得的效果，有些差強人意。雖然在二維特徵空間中做得不好，但如果對映到高維空間中，效果會不會好一些呢？可以想像一下 3D 空間中的效果：

In

```
# 加入新的維度 r
from mpl_toolkits import mplot3d
r = np.exp(-(X ** 2).sum(1))
```

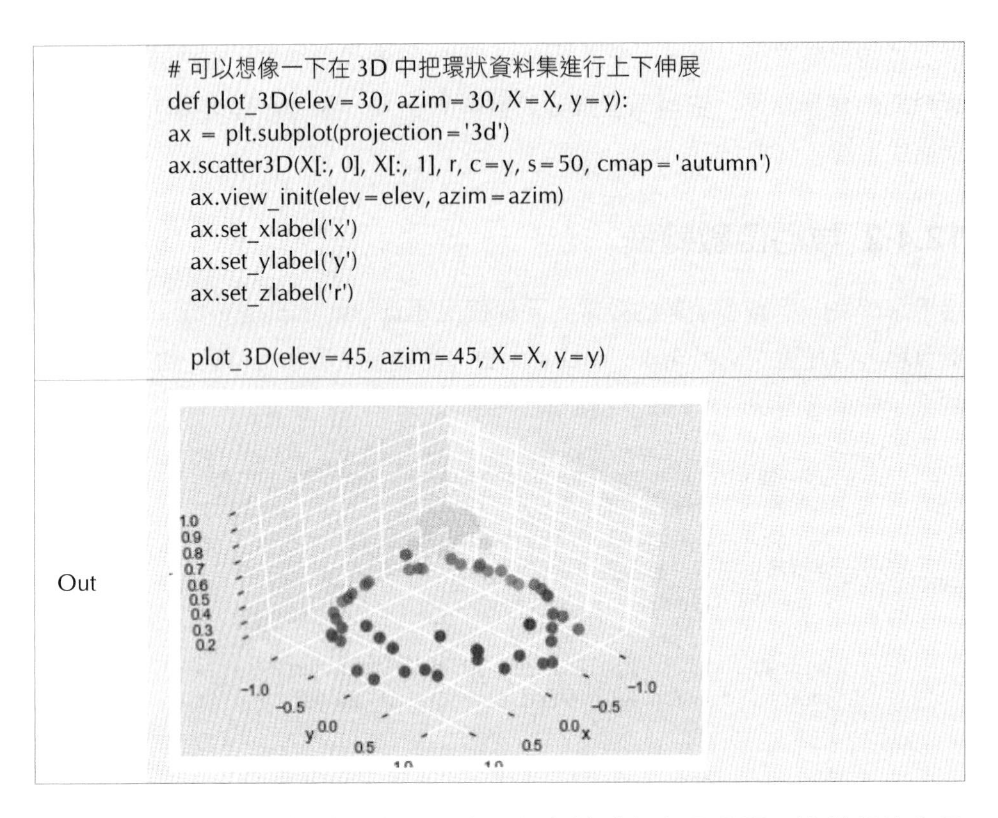


```
# 可以想像一下在 3D 中把環狀資料集進行上下伸展
def plot_3D(elev=30, azim=30, X=X, y=y):
ax = plt.subplot(projection='3d')
ax.scatter3D(X[:, 0], X[:, 1], r, c=y, s=50, cmap='autumn')
    ax.view_init(elev=elev, azim=azim)
    ax.set_xlabel('x')
    ax.set_ylabel('y')
    ax.set_zlabel('r')

    plot_3D(elev=45, azim=45, X=X, y=y)
```

Out

上述程式自訂了一個新的維度，此時兩種資料點很容易分開，這就是核心函數轉換的基本思維，下面使用高斯核心函數完成同樣的工作：

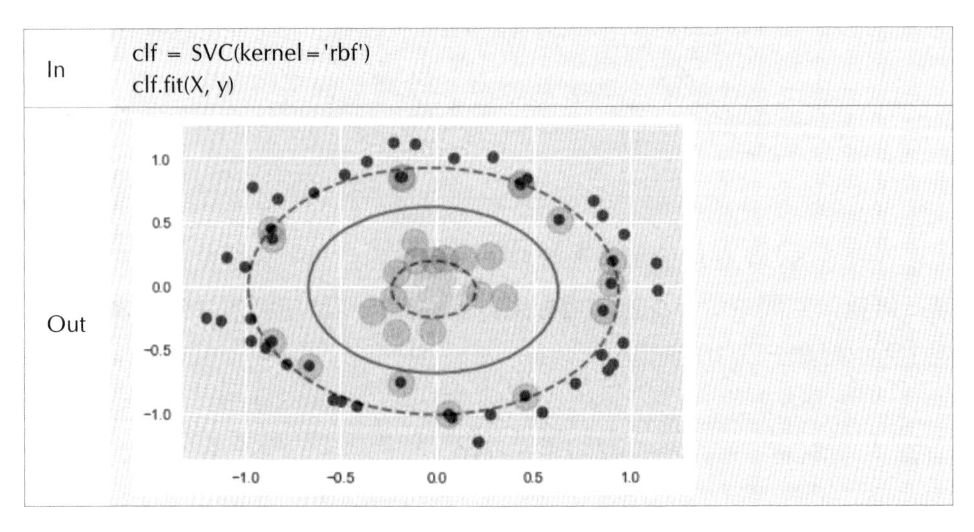

In

```
clf = SVC(kernel='rbf')
clf.fit(X, y)
```

Out

核心函數參數選擇常用的高斯核心函數 'rbf'，其他參數保持不變。從上述輸出結果可以看出，劃分的結果發生了極大的變化，看起來很輕鬆地解決了線性不可分問題，這就是支援向量機的強大之處。

12.4.3 SVM 參數選擇

（1）鬆弛因數的選擇。說明支援向量機的原理時，曾提到過擬合問題，也就是軟間隔（Soft Margin），其中鬆弛因數 C 用於控制標準有多嚴格。當 C 趨近於無限大時，這表示分類要求嚴格，不能有錯誤；當 C 趨近於無限小時，表示可以容忍一些錯誤。下面透過資料集實例驗證其參數的大小對最後支援向量機模型的影響。首先產生一個模擬資料集，程式如下：

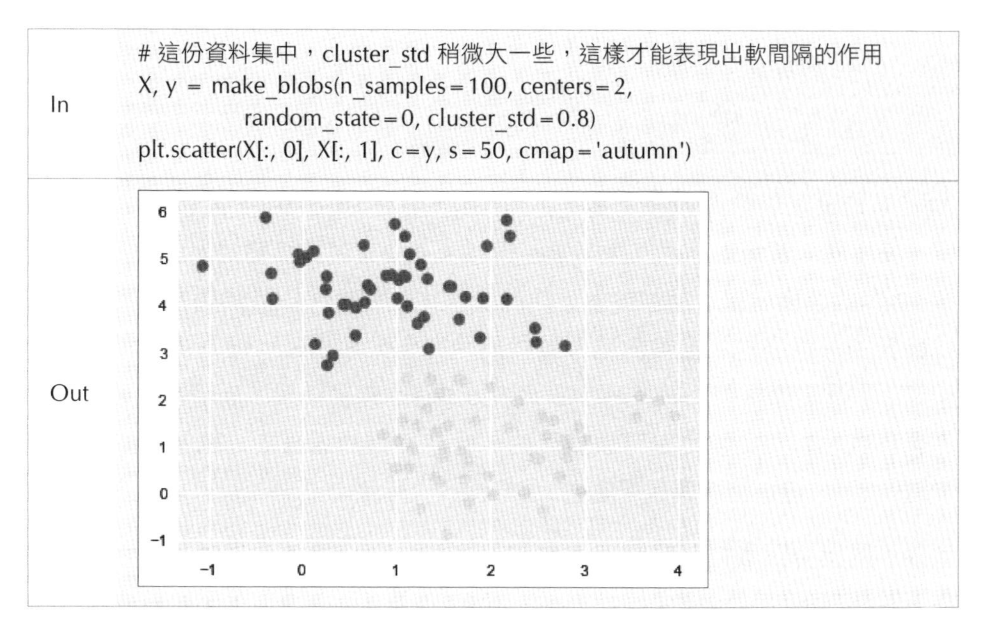

In

```
# 這份資料集中，cluster_std 稍微大一些，這樣才能表現出軟間隔的作用
X, y = make_blobs(n_samples=100, centers=2,
           random_state=0, cluster_std=0.8)
plt.scatter(X[:, 0], X[:, 1], c=y, s=50, cmap='autumn')
```

Out

進一步加強遊戲難度，來看一下鬆弛因數 C 可以發揮的作用：

```
X, y = make_blobs(n_samples=100, centers=2,
           random_state=0, cluster_std=0.8)


fig, ax = plt.subplots(1, 2, figsize=(16, 6))
fig.subplots_adjust(left=0.0625, right=0.95, wspace=0.1)
```

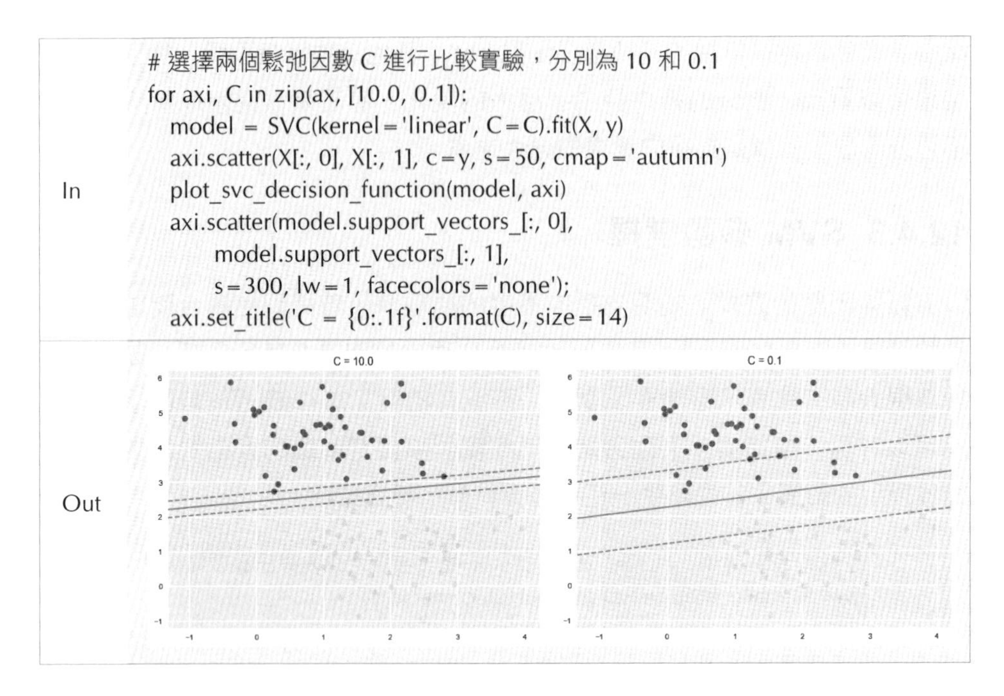

上述程式設定鬆弛因數控制參數 C 的值分別為 10 和 0.1，其他參數保持不變，使用同一資料集訓練支援向量機模型。上面左圖對應鬆弛因數控制參數 C 為 10 時的建模結果，相當於對分類的要求比較嚴格，以分類對為前提，再去找最寬的決策邊界，獲得的結果雖然能夠完全分類正確，但是邊界實在是不夠寬。右圖對應松弛因數控制參數 C 為 0.1 時的建模結果，此時並不要求分類完全正確，有點錯誤也是可以容忍的，此時獲得的結果中，雖然有些資料點「越界」了，但是整體還是很寬的。

比較不同鬆弛因數控制參數 C 對結果的影響後，結果的差異還是很大，所以在實際建模的時候，需要好好把控 C 值的選擇，可以説鬆弛因數是支援向量機中的必調參數，當然實際的數值需要透過實驗判斷。

（2）**gamma 參數的選擇**。高斯核心函數 $k(x_1,x_2)=\exp\left(-\frac{\|x_1-x_2\|^2}{2\sigma^2}\right)$ 可以透過改變 σ 值進行不同的資料變換，在 sklearn 工具套件中，σ 對應著 gamma 參數值，以控制模型的複雜程度。gamma 值越大，模型複雜度越高；而 gamma 值越小，則模型複雜度越低。先進行實驗，看一下其實際效果：

In

```
X, y = make_blobs(n_samples=100, centers=2,
         random_state=0, cluster_std=1.1)
fig, ax = plt.subplots(1, 2, figsize=(16, 6))
fig.subplots_adjust(left=0.0625, right=0.95, wspace=0.1)
# 選擇不同的 gamma 值來觀察建模效果
for axi, gamma in zip(ax, [10.0, 0.1]):
  model = SVC(kernel='rbf', gamma=gamma).fit(X, y)
  axi.scatter(X[:, 0], X[:, 1], c=y, s=50, cmap='autumn')
  plot_svc_decision_function(model, axi)
  axi.scatter(model.support_vectors_[:, 0],
        model.support_vectors_[:, 1],
        s=300, lw=1, facecolors='none');
  axi.set_title('gamma = {0:.1f}'.format(gamma), size=14)
```

Out

上述程式設定 gamma 值分別為 10 和 0.1，以觀察建模的結果。上面左圖為 gamma 取 10 時的輸出結果，訓練後獲得的模型非常複雜，雖然可以把所有的資料點都分類正確，但是一看其決策邊界，就知道這樣的模型過擬合風險非常大。右圖為 gamma 取 0.1 時的輸出結果，模型並不複雜，有些資料樣本分類結果出現錯誤，但是整體決策邊界比較平穩。那麼，究竟哪個參數好呢？一般情況下，需要透過交換驗證進行比較分析，但是，在機器學習工作中，還是希望模型態太複雜，泛化能力強一些，才能更進一步地處理實際工作，因此，相對而言，右圖中模型更有價值。

12.4.4 SVM 人臉識別實例

sklearn 工具套件提供了豐富的實例，其中有一個比較有意思，就是人臉識別工作，但當拿到一張人臉圖像後，看一下究竟是誰，屬於影像分類工作。

第①步：資料讀取。資料來源可以使用 sklearn 函數庫直接下載，它還提供很多實驗用的資料集，有興趣的讀者可以參考一下其 API 文件，程式如下：

In

```
# 讀取資料集
from sklearn.datasets import fetch_lfw_people
faces = fetch_lfw_people(min_faces_per_person=60)
# 看一下資料的規模
print(faces.target_names)
print(faces.images.shape)
```

Out

```
['Ariel Sharon' 'Colin Powell' 'Donald Rumsfeld' 'George W Bush'
'Gerhard Schroeder' 'Hugo Chavez' 'Junichiro Koizumi' 'Tony Blair']
(1348, 62, 47)
```

為了使得資料集中每一個人的樣本都不至於太少，限制了每個人的樣本數至少為 60，因此獲得 1348 張圖像資料，每個影像的矩陣大小為 [62,47]。

第②步：資料降維及劃分。對圖像資料來說，它是由像素點組成的，如果直接使用原始圖片資料，特徵個數就顯得太多，訓練模型的時候非常耗時，先用 PCA 降維（後續章節會有關 PCA 原理），然後再執行 SVM，程式如下：

In

```
from sklearn.svm import SVC
from sklearn.decomposition import PCA
from sklearn.pipeline import make_pipeline

# 降維到 150 維
pca = PCA(n_components=150, whiten=True, random_state=42)
svc = SVC(kernel='rbf', class_weight='balanced')
# 先降維然後 SVM
model = make_pipeline(pca, svc)
```

資料降到 150 維就差不多了，先把基本模型產生實體，接下來可以進行實際建模，因為還要進行模型評估，需要先對資料集進行劃分：

In

```
from sklearn.model_selection import train_test_split
Xtrain, Xtest, ytrain, ytest = train_test_split(faces.data, faces.target, random_
state=40)
```

第③步：SVM 模型訓練。SVM 中有兩個非常重要的參數——C 和 gamma，這個工作比較簡單，可以用網路搜索尋找比較合適的參數，這裡只是舉例，大家在實際應用的時候，應當更仔細地選擇參數空間：

In
```
from sklearn.model_selection import GridSearchCV
param_grid = {'svc__C': [1, 5, 10],
          'svc__gamma': [0.0001, 0.0005, 0.001]}
grid = GridSearchCV(model, param_grid)
%time grid.fit(Xtrain, ytrain)
print(grid.best_params_)
```
Out
```
{'svc__C': 5, 'svc__gamma': 0.0005}
```

第④步：結果預測。模型已經建立完成，來看看實際應用效果：

In
```
model = grid.best_estimator_
yfit = model.predict(Xtest)
yfit.shape
fig, ax = plt.subplots(4, 6)
for i, axi in enumerate(ax.flat):
   axi.imshow(Xtest[i].reshape(62, 47), cmap='bone')
   axi.set(xticks=[], yticks=[])
   axi.set_ylabel(faces.target_names[yfit[i]].split()[-1],
            color='black' if yfit[i] == ytest[i] else 'red')
fig.suptitle('Predicted Names; Incorrect Labels in Red', size=14);
```

如果想得到各項實際評估指標，在 sklearn 工具套件中有一個非常方便的函數，可以一次將它們全搞定：

In
```
from sklearn.metrics import classification_report
print(classification_report(ytest, yfit,target_names=faces.target_names))
```
Out

	precision	recall	f1-score	support
Ariel Sharon	0.81	0.71	0.76	24
Colin Powell	0.71	0.81	0.76	54
Donald Rumsfeld	0.75	0.80	0.77	30
George W Bush	0.91	0.83	0.87	119
Gerhard chroeder	0.78	0.91	0.84	34
Junichiro Koizumi	0.86	0.86	0.86	14
Tony Blair	0.86	0.80	0.83	45
avg/total	0.83	0.82	0.82	320

只需要把預測結果和標籤值傳進來即可，工作中每一個人就相當於一個類別，F1 指標還沒有用過，它是將精度和召回率綜合在一起的結果，公式如下。

F1 = 2× 精度召回率 /（精度 + 召回率）

其中，精度（precision）= 正確預測的個數（TP）/ 被預測正確的個數（TP+FP），召回率（recall）＝正確預測的個數（TP）/ 預測個數（TP+FN）。

整體效果看起來還可以，如果想實際分析哪些人容易被錯認成別的人，使用混淆矩陣觀察會更方便，同樣，sklearn 工具套件中已經提供好方法。

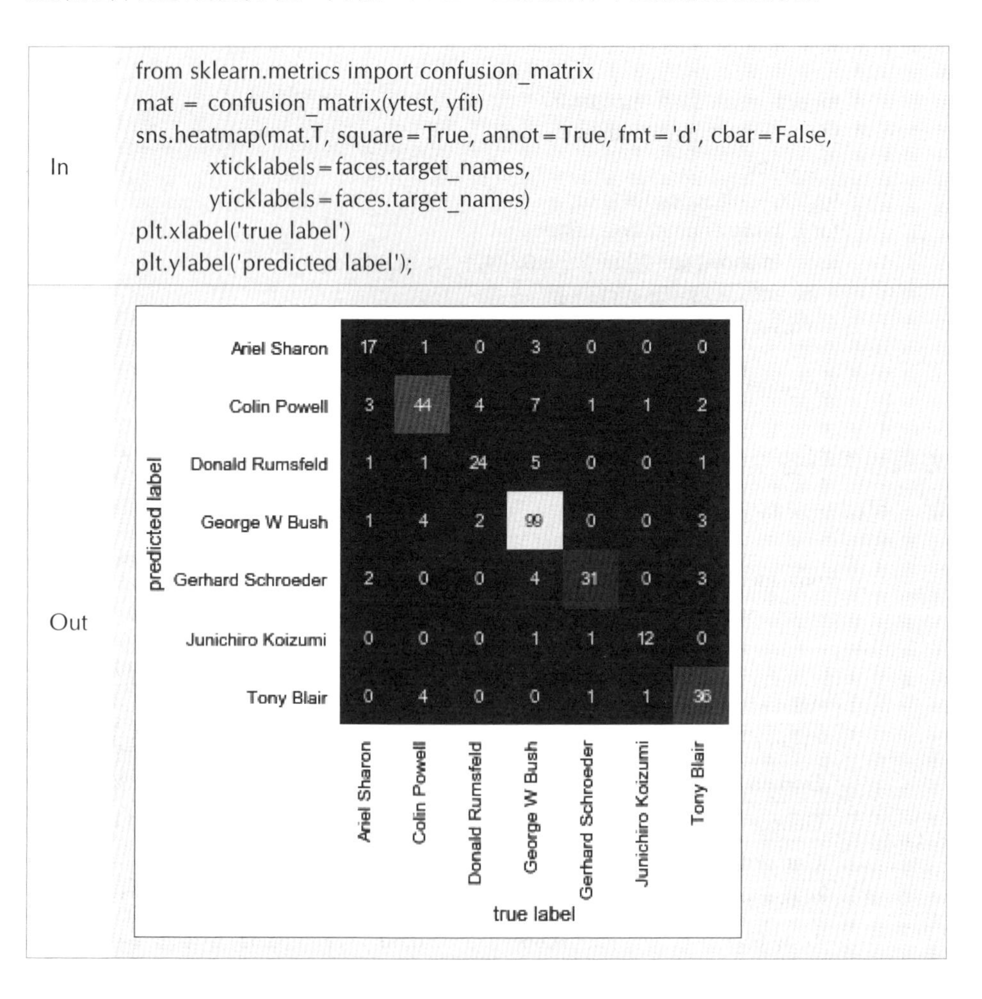
In

```
from sklearn.metrics import confusion_matrix
mat = confusion_matrix(ytest, yfit)
sns.heatmap(mat.T, square=True, annot=True, fmt='d', cbar=False,
        xticklabels=faces.target_names,
        yticklabels=faces.target_names)
plt.xlabel('true label')
plt.ylabel('predicted label');
```

Out

對角線上的數值表示將一個人正確預測成他自己的樣本個數。例如第一列是 Ariel Sharon，測試集中包含他 24 個圖像資料，其中 17 個正確分類，3 個被分類成 Colin Powell，1 個被分類成 Donald Rumsfeld，1 個被分類成 George W Bush，2 個被分類成 Gerhard Schroeder。透過混淆矩陣可以更清晰地觀察哪些樣本類別容易混淆在一起。

本章歸納

本章首先說明了支援向量機演算法的基本工作原理，大家在學習過程中，應首先明確目標函數及其作用，接下來就是最佳化求解的過程。支援向量機不僅可以進行線性決策，也可以借助核心函數完成難度更大的資料集劃分工作。接下來，透過實驗案例比較分析了支援向量機中最常調節的鬆弛因數 C 和參數 gamma，對於核心函數的選擇，最常用的就是高斯核心函數，但一定要把過擬合問題考慮進來，即使訓練集中做得再好，也可能沒有實際的用武之地，所以參數選擇還是比較重要的。

Chapter

13

推薦系統

大數據與人工智慧時代，網際網路產品發展迅速，競爭也越來越激烈，而推薦系統在其中發揮了決定性的作用。舉例來說，某人觀看抖音的時候，特別喜歡看籃球和遊戲的短視訊，只要開啟 APP，就都是熟悉的旋律，系統會推薦各種精彩的籃球和遊戲集錦，根本不用自己動手搜索。廣告與新聞等產品也是如此，都會抓住使用者的喜好，對症下藥才能將收益最大化，這都歸功於推薦系統，本章向大家介紹推薦系統中的常用演算法。

13.1 推薦系統的應用

在大數據時代，每分鐘都在發生各種各樣的事情，其對應的結果也都透過資料儲存下來，如何將資料轉換成價值，就是推薦系統要探索的目標（見圖 13-1）。

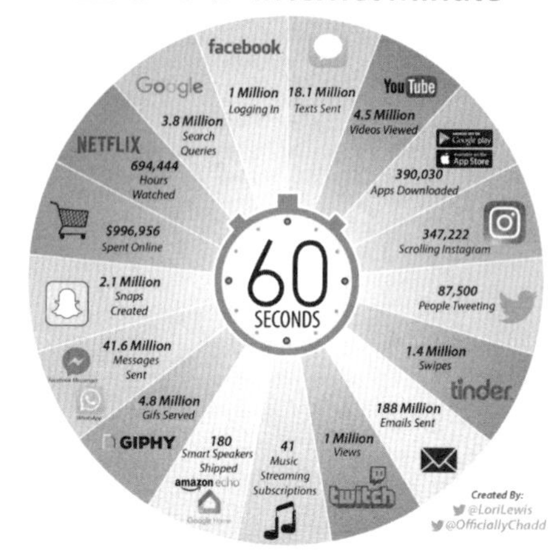

圖 13-1　網際網路資料量（圖片來源：https://www.visualcapitalist.com/what-happens-in-an-internet-minute-in-2019/）

推薦系統在生活中隨處可見，購物、休閒、娛樂等 APP 更是必不可缺的法寶，在雙十一購物時，估計大家都發現了，只要是搜索過或瀏覽過類似商品，都會再次出現在各種廣告位上。

你可能喜歡的電影，你可能喜歡的音樂，你可能喜歡的……這些大家再熟悉不過，系統都會根據使用者的點擊、瀏覽、購買記錄進行個性化推薦，如圖 13-2 所示。圖 13-2（b）是用筆者的京東帳號登入時的專屬排行榜，全是啤酒，因為之前搜索過幾次啤酒關鍵字卻沒有買，系統自然會認為正在猶豫買不買。

（a）豆瓣

（b）京东

圖 13-2　推薦系統場景

圖 13-3 是亞馬遜、京東、今日頭條 3 個平台的推薦系統的資料，幾個關鍵指標都顯示了其價值所在，那麼怎麼進行推薦呢？首先要有各項資料，才能做這件事。舉例來說，你在抖音中觀看某些視訊的停留時間較長，帳號上就會打上一些標籤。舉例來說，筆者喜歡看籃球和打電動，那麼標籤可能就是籃球、王者榮耀、遊戲迷……這些標籤僅為了最佳化使用者體驗嗎？自己使用較多的 APP 推薦的廣告是否都是常關注的領域呢？

圖 13-3　推薦系統的價值

當大家使用產品時，無形之中早已被打上各種標籤，這就是人物誌，並不需要知道你的模樣，只要知道你的愛好，投其所好能夠吸引大家就足夠了（見圖 13-4）。

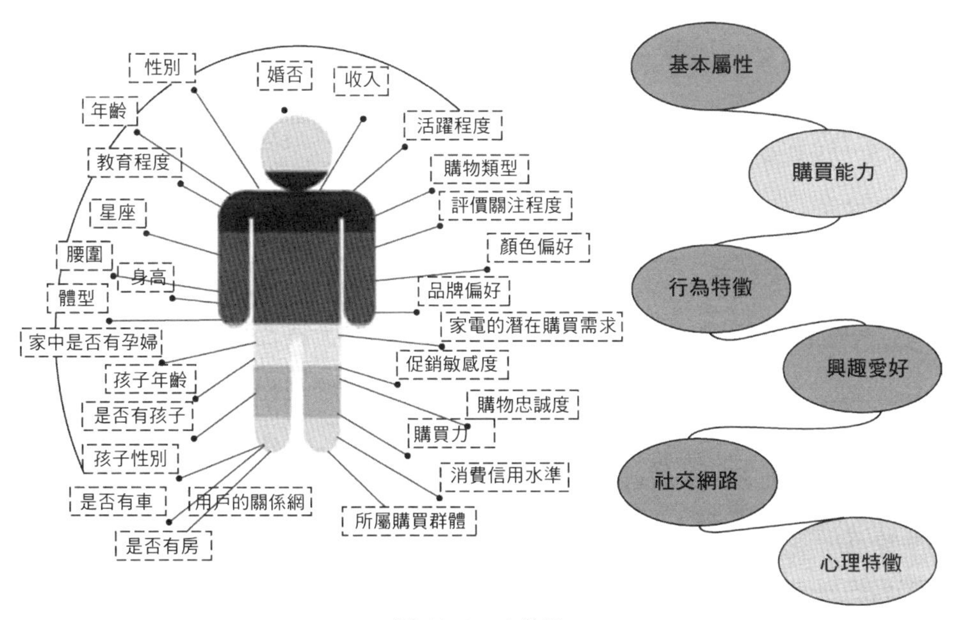

圖 13-4　人物誌

13.2 協作過濾演算法

如果大家想邀請朋友去看一場電影，你的首選對象是誰？應該是自己的好朋友，因為你們有共同的愛好。現在有幾部電影同時上映，實在拿不定主意選哪一部，該怎麼辦呢？這時可能會有兩種方案。

1. 問問各自的好朋友，因為彼此的品味差不多，朋友喜歡的電影，大概也符合你的口味。
2. 回憶一下看過的喜歡的電影，看看正在上映的這些電影中，哪部與之前看過的類似。

問題是如何讓電腦確定哪個朋友跟你的喜好相同呢？如何確定哪一部新的電影與你之前看過的類似呢？這些工作可以透過協作過濾來完成，也就是透過使用者和商品的畫像資料進行相似度計算（見圖 13-5）。

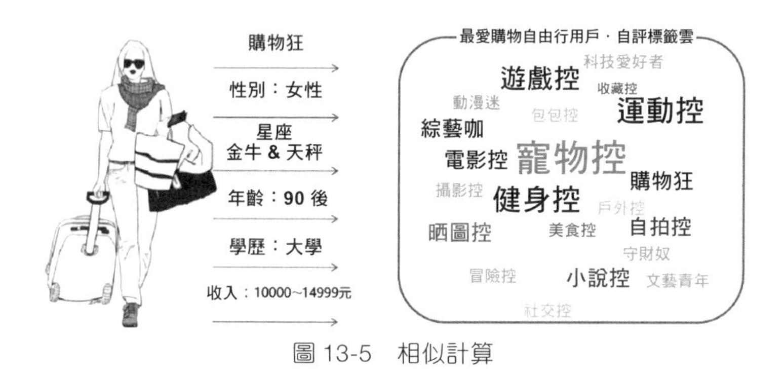

圖 13-5 相似計算

協作過濾看起來複雜，做起事來還是很簡單的，在推薦系統中主要有兩種方案。

1. 以使用者為基礎的協作過濾：找最相似的朋友，看看他們喜歡什麼。
2. 以商品為基礎的協作過濾：找看過的商品，看看哪些比較類似。

13.2.1 以使用者為基礎的協作過濾

首先來看一下以使用者為基礎的協作過濾，假設有 5 群組使用者資料，還有使用者對兩種商品的評分，透過不同的評分，計算哪些使用者的品味比較相似。

最直接的方法是，把使用者和評分資料展示在二維平面上，如圖 13-6 所示。很明顯，使用者 A、C、D 應該是一類人，他們對商品 1 都不太滿意，而對商品 2 比較滿意。用戶 E 和 B 是另外一類，他們的喜好與用戶 A、C、D 正好相反。

只要有資料，計算相似度的方法比較多，下面列出幾種常見的相似度計算方法：

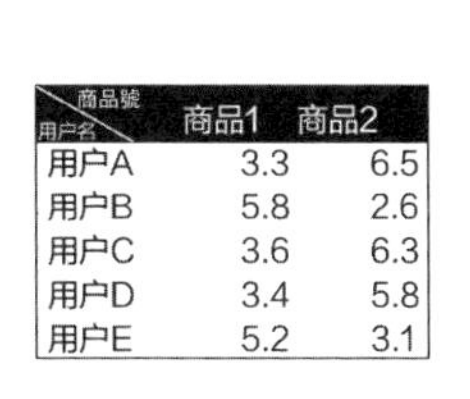

商品號 / 用户名	商品1	商品2
用户A	3.3	6.5
用户B	5.8	2.6
用户C	3.6	6.3
用户D	3.4	5.8
用户E	5.2	3.1

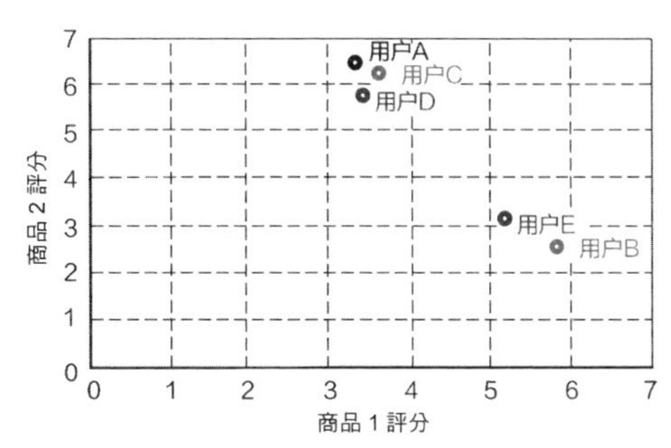

圖 13-6　使用者相似度

- 歐幾里德距離（Euclidean Distance）

$$d(x,y)=\sqrt{\sum(x_i-y_i)^2},\mathrm{sim}(x,y)=\frac{1}{1+d(x,y)}$$

- 皮爾遜相關係數（Pearson Correlation Coefficient）

$$p(x,y)=\frac{\sum x_iy_i-n\overline{xy}}{(n-1)s_xs_y}=\frac{n\sum x_iy_i-\sum x_i\sum y_i}{\sqrt{n\sum x_i^2-\left(\sum x_i\right)^2}\sqrt{n\sum y_i^2-\left(\sum y_i\right)^2}}$$

$$\rho_{X,Y}=\mathrm{corr}(X,Y)=\frac{\mathrm{cov}(X,Y)}{\sigma_X\sigma_Y}=\frac{E\left[(X-\mu_X)(Y-\mu_Y)\right]}{\sigma_X\sigma_Y}$$

- 餘弦相似度（Cosine Similarity）

$$T(x,y)=\frac{xy}{\|x\|^2\times\|y\|^2}=\frac{\sum x_iy_i}{\sqrt{\sum x_i^2}\sqrt{\sum y_i^2}}$$

- 協方差

$$\mathrm{cov}(X,Y)=\frac{\sum_{i=1}^{n}(X_i-\bar{X})(Y_i-\bar{Y})}{n-1}$$

相似度的計算方法還有很多，對於不同工作，大家都可以參考使用，其中歐幾里德距離早已家喻戶曉，基本所有有關距離計算的演算法中都會看到它的影子。皮爾遜相關係數也是一種常見的衡量指標，即用協方差除以兩個變數的標準差獲得的結果，其結果的設定值範圍在 [−1,+1] 之間。圖 13-7 展示了不同分佈的資料所對應的皮爾遜相關係數結果。

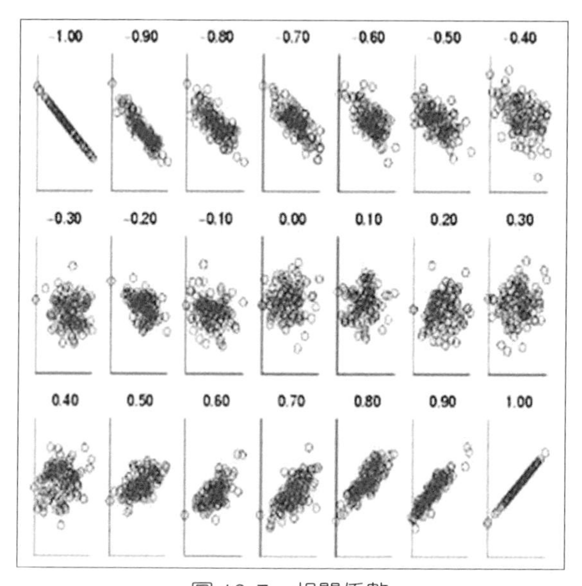

圖 13-7　相關係數

由圖可見，當兩項指標十分類似的時候，其值為 +1，例如學習時長和學業成績的關係，學習時間越長，學業成績越好。當兩項指標完全顛倒過來的時候，其值為 −1，例如遊戲時長和學業成績的關係，遊戲時間越長，學業成績越差。當兩項指標之間沒有關係的時候，其值就會接近於 0，例如身高和學業成績，它們之間並沒有直接關係。

在以使用者為基礎的推薦中，一旦透過相似度計算找到那些最相近的使用者，就可以看看他們的喜好是什麼，如果在已經購買的商品中，還有一件商品是待推薦用戶還沒有購買的，把這件商品推薦給使用者即可。

假設系統向使用者 A 推薦一款商品，透過歷史資料得知，其已經購買商品 A 和 C，還沒有購買商品 B 和 D，此時系統會認為接下來他可能要在商品 B 和

D 中選一個。那給他推薦商品 B 還是商品 D 呢？按照協作過濾的想法，首先要找到和他最相似的用戶，透過比較發現，使用者 A 和使用者 C 的購買情況十分類似，都購買了商品 A 和 C，此時可以認為使用者 C 和使用者 A 的品味相似，而使用者 C 已經購買了商品 D，所以最後給使用者 A 推薦了商品 D，這就是最簡單的以使用者為基礎的協作過濾（見圖 13-8）。

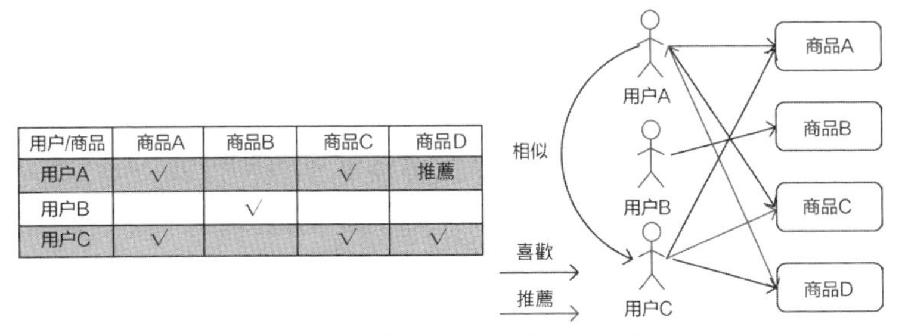

用户/商品	商品A	商品B	商品C	商品D
用户A	√		√	推薦
用户B		√		
用户C	√		√	√

圖 13-8　以使用者為基礎的協作過濾

以使用者為基礎的協作過濾做起來雖然很簡單，但是也會遇到以下問題。

1. 對於新使用者，很難計算其與其他使用者的相似度。這也是經常討論的使用者冷開機問題，最簡單的辦法就是用排行榜來替代推薦。
2. 當使用者群眾非常龐大的時候，計算量就非常大。
3. 最不可控的因素是人的喜好是變化的，每一個時間段的需求和喜好可能都不相同，並且購買很大程度上都是衝動行為，這些都會影響推薦的結果。

綜上所述，以使用者為基礎的協作過濾並不常見，一般用在使用者較少而商品較多的情況下，但是中國市場剛好相反，使用者群眾十分龐大，商品類別相對更少。

13.2.2 以商品為基礎的協作過濾

以商品為基礎的協作過濾在原理上和以使用者為基礎的基本一致，只不過變成要計算商品之間的相似度。假設購買商品 A 的使用者大機率都會購買商品 C，那麼商品 A 和 C 可能就是一套搭配的產品，例如相同牌子不同口味的霜淇淋，或是啤酒和尿布的故事……接下來如果使用者 C 購買了商品 A，一定要向他推薦商品 C 了（見圖 13-9）。

用户/商品	商品A	商品B	商品C
用户A	√		√
用户B	√	√	√
用户C	√		推薦

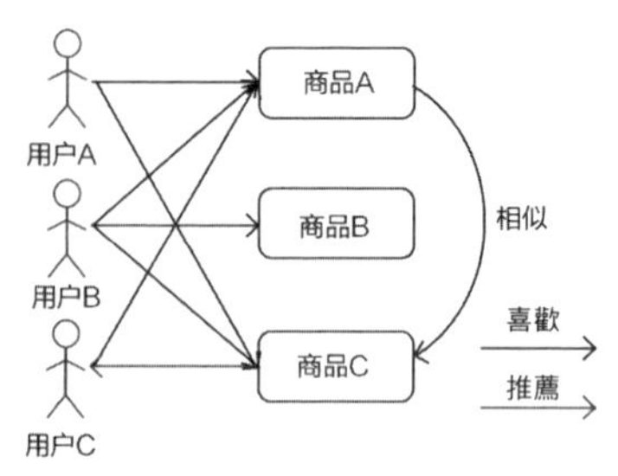

圖 13-9　以商品為基礎的協作過濾

再來看一個實際的實例，如圖 13-10 所示，有 12 個使用者，6 部電影，可以把它們當作一個矩陣，其中的數值表示使用者對電影的評分。空著的地方表示使用者還沒有看過這些電影，其實做推薦就是要估算出這些空值都可能是什麼，如果某一處獲得較高的值，表示使用者很可能對這個電影有興趣，那就給他推薦這個電影。

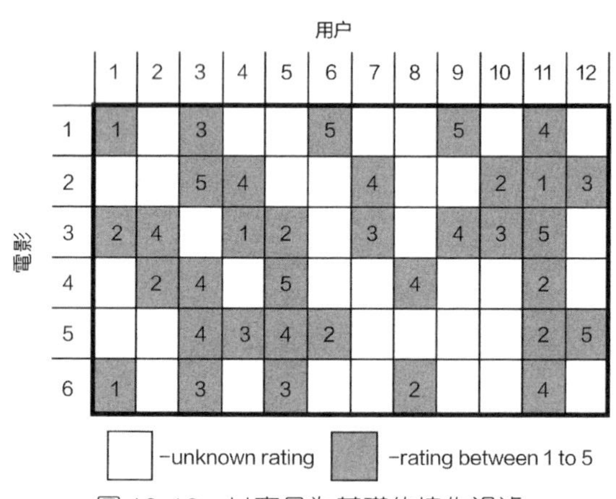

電影 \ 用户	1	2	3	4	5	6	7	8	9	10	11	12
1	1		3			5			5		4	
2			5	4			4			2	1	3
3	2	4		1	2		3		4	3	5	
4		2	4		5			4			2	
5			4	3	4	2					2	5
6	1		3		3			2			4	

圖 13-10　以商品為基礎的協作過濾

此時工作已經下達，要對 5 號使用者進行推薦，也就是要分別計算該使用者對所有未看過電影的可能評分，以其中一部電影的計算方法為例，其他位置的計算方法相同。例如想求 5 號使用者對 1 號電影的喜好程度，假設已經透過某種相似度計算方法獲得 1 號電影和其他電影的相似度（例如透過比對電影類型、主演、上映時間等資訊），由於 5 號使用者之前看過 3 號電影和 6 號電影（相似度為負分的暫時不考慮），所以需要分別考慮這兩部電影和 1 號電影的相似度，計算方法如圖 13-11 所示。

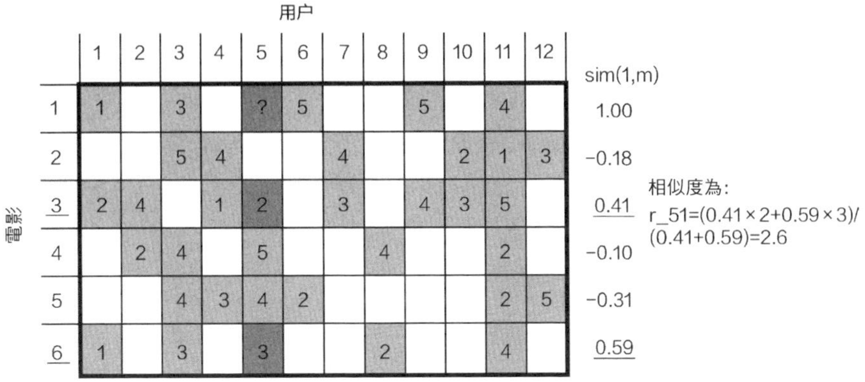

用户

電影	1	2	3	4	5	6	7	8	9	10	11	12	sim(1,m)
1	1		3		?	5			5		4		1.00
2			5	4			4			2	1	3	-0.18
3	2	4		1	2		3		4	3	5		0.41
4		2	4		5			4			2		-0.10
5			4	3	4	2					2	5	-0.31
6	1		3		3			2			4		0.59

相似度為：
r_51=(0.41×2+0.59×3)/(0.41+0.59)=2.6

圖 13-11 推薦指數計算

這裡可以把相似度看作加權項，相似度越高，造成的作用越大，最後再進行歸一化處理即可。最後求得 5 號使用者對 1 號電影的評分值為 2.6，看來他可能不喜歡 1 號電影。

關於相似度的計算和最後結果的估計，還需實際問題實際分析，因為不同資料所需計算方式的差別還是很大。與以使用者為基礎的協作過濾相比，以商品為基礎的協作過濾最大的優勢就是使用者的數量可能遠大於商品的數量，計算起來更容易；而且商品的屬性基本都是固定的，並不會因為人的情感而發生變化，就像滑鼠怎麼也變不成鍵盤。在非常龐大的使用者 - 商品矩陣中，計算推薦有關的計算量十分龐大，由於商品標籤相對固定，可以不用像以使用者為基礎的那樣頻繁更新。

13.3 隱語義模型

協作過濾方法雖然簡單，但是其最大的問題就是計算的複雜度，如果使用者 - 商品矩陣十分龐大，這個計算量可能是難以忍受的，而實際情況也是如此，基本需要做推薦的產品都面臨龐大的使用者群眾。如何解決計算問題，就是接下來的主要目標，使用隱語義模型的思維可以在某種程度上巧妙地解決這些龐大的計算問題。

13.3.1 矩陣分解思維

真實資料集中，使用者和商品資料會組成一個非常稀疏的矩陣，假設在數以萬計的商品中，一個使用者可能購買的商品只有幾種，那麼其他商品味置上的數值自然就為 0（見圖 13-12）。

	商品1	商品2	商品3	商品4	商品5	……	商品1000
用户1	0	0	5	0	0	……	0
用户2	4	0	5	0	0	……	0
⋮	⋮	⋮		⋮			
用户n	0	3	0	0	0	……	0

圖 13-12　稀疏矩陣

稀疏矩陣的問題在於考慮的是每一個使用者和每一個商品之間的關聯，那麼，是否可換一種想法呢？假設有 10 萬個使用者和 10 萬個商品，先不考慮它們之間直接的關聯，而是引進「仲介」，每個「仲介」可以服務 1000 個商品和 1000 個使用者，那麼，只需要 100 個「仲介」就可以完成工作。此時就將原始的使用者 - 商品問題轉換成使用者 - 仲介和仲介 - 商品問題，也就是把原本的龐大的矩陣轉換成兩個小矩陣。

大師說：矩陣分解的目的就是希望其規模能夠縮減，更方便計算，現階段推薦系統基本都是基於矩陣分解實現的。

這裡可以簡單來計算一下，按照之前的假設，使用者 - 商品資料集矩陣為 $10^5 \times 10^5 = 1 \times 10^{10}$，非常嚇人的數字。加入仲介之後，使用者 - 仲介矩陣為 $10^5 \times 1000$，仲介 - 商品矩陣為 1000×10^5，分別為 1×10^7，在數值上差了幾個數量級。

圖 13-13 是矩陣分解的示意圖，也就是透過引用一個「仲介」來轉換原始問題，目的就是為了降低計算複雜度，這裡可以把使用者數 n 和商品數 m 都當作非常龐大的數值，而「仲介」k 卻是一個相對較小的值。

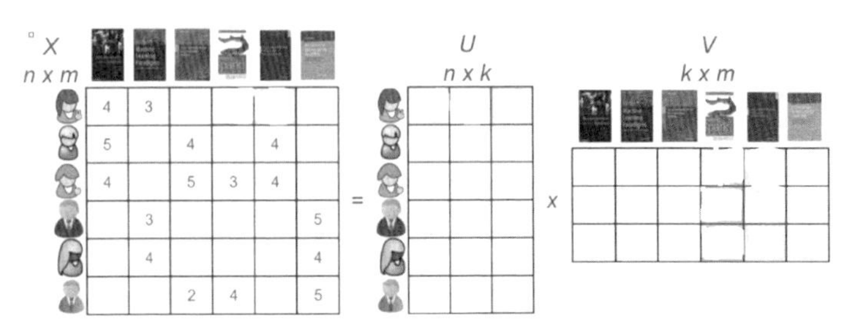

圖 13-13　矩陣分解

通常把「仲介」k 定義為隱含因數，隱含因數把資料進行了間接的組合，小小的改變卻解決了實際中的大問題。在推薦系統中，普遍使用矩陣分解的方法進行簡化計算，其中最常用的方法就是 SVD 矩陣分解，在下一章的實戰中，你就會見到它的影子。

13.3.2 隱語義模型求解

如何求解隱語義模型呢？其實在推薦系統中，想得到的結果就是稀疏矩陣中那些為 0 的值可能是什麼，也就是想看一下使用者沒有買哪些商品。首先計算出其購買各種商品的可能性大小，然後依照規則選出最有潛力的商品即可。

其中的困難在於如何建置合適的隱含因數來幫助化簡矩陣，如圖 13-14 所示，F 是要求解的隱含因數，只需要把它和使用者與商品各自的關聯弄清楚即可。

Rating Matrix (*N*×*M*)

	5	3	5
	4	2	1
	0	3	3

User Feature Matrix (*F*×*N*)

f_1	1	−4	1
f_2	−2	0	−3
f_3	0	−5	1

Movie Feature Matrix (*F*×*M*)

f_1	−1	0	−2
f_2	4	−4	1
f_3	0	2	2

圖 13-14　隱含因數

R 矩陣可以分解成 P 矩陣和 Q 矩陣的乘積，如圖 13-15 所示。此時只需分別求解出 P 和 Q，自然就可以還原回 R 矩陣：

$$R_{UI}=P_UQ_I=\sum_{K=1}^{K}P_{U,K}Q_{K,I} \tag{13.1}$$

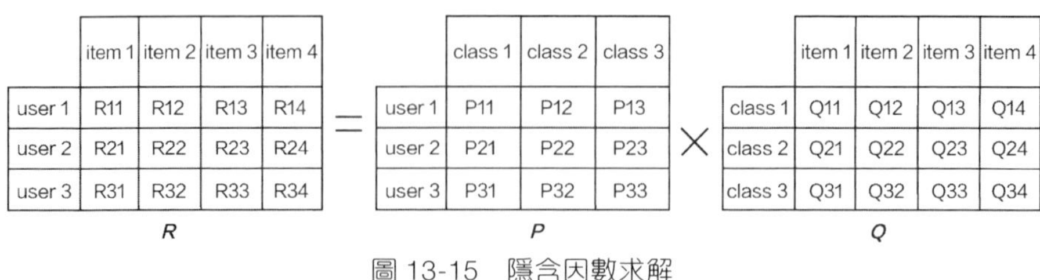

圖 13-15　隱含因數求解

這裡還需要考慮顯性和隱性回饋的問題，也就是資料集決定了接下來該怎麼解決問題，先來看一下顯性和隱性的區別（見表 13-1）。

表 13-1　顯性與隱性回饋

網站分類	顯性回饋	隱性回饋
視訊網站	使用者對視訊的評分	使用者觀看視訊的記錄檔、瀏覽視訊頁面的記錄檔
電子商務網站	使用者對商品的評分	購買記錄檔、瀏覽記錄檔
入口網站	使用者對新聞的評分	閱讀新聞的記錄檔
音樂網站	使用者對音樂 / 歌手 / 專輯的評分	聽歌的記錄檔

常見的帶有評分的資料集屬於顯性回饋，只有行為沒有實際評估指標的就是隱形回饋。並不是所有資料集都是理想的，有時需要自己定義一下負樣本。大部分的情況下，對於一個使用者，沒有購買行為的商品就是負樣本，關於負樣本的選擇方法還有很多，可以根據實際情況來定義。在商品集 $K(u,i)$ 中，如果 (u, i) 是正樣本，則 $r_{ui} = 1$；如果 (u, i) 是負樣本，則 $r_{ui} = 0$。

按照機器學習的思維，可以把隱含因數當作要求解的參數，依舊還是這個老問題，什麼樣的參數能夠更符合實際的資料，先指定一個目標函數：

$$C = \sum_{(U,I)\in K}(R_{UI} - \hat{R}_{UI})^2 = \sum_{(U,I)\in K}(R_{UI} - \sum_{K=1}^{K} P_{U,K} Q_{K,I})^2 + \lambda\|P_U\|^2 + \lambda\|Q_I\|^2 \qquad (13.2)$$

看起來與回歸中的最小平方法有點類似，計算由隱含因數還原回來的矩陣與原始矩陣的差異程度，並且加入正規化懲罰項。

按照之前回歸中的求解想法，此時可以利用梯度下降進行反覆運算最佳化，首先計算梯度方向：

$$\begin{aligned}\frac{\partial C}{\partial P_{UK}} &= -2\left(R_{UI} - \sum_{K=1}^{K} P_{U,K} Q_{K,I}\right) Q_{KI} + 2\lambda P_{UK} \\ \frac{\partial C}{\partial Q_{KI}} &= -2\left(R_{UI} - \sum_{K=1}^{K} P_{U,K} Q_{K,I}\right) P_{UK} + 2\lambda Q_{KI}\end{aligned} \quad (13.3)$$

接下來按照指定方向，選擇合適的學習率進行更新即可：

$$\begin{aligned}P_{UK} &= P_{UK} + \alpha\left(\left(R_{UI} - \sum_{K-1}^{K} P_{U,K} Q_{K,I}\right) Q_{KI} - \lambda P_{UK}\right) \\ Q_{KI} &= Q_{KI} + \alpha\left(\left(R_{UI} - \sum_{K-1}^{K} P_{U,K} Q_{K,I}\right) P_{UK} - \lambda Q_{KI}\right)\end{aligned} \quad (13.4)$$

在建模過程中，需要考慮以下參數。

1. 隱含因數的個數或當作隱分類的個數，需要指定一個合適的值。
2. 學習率 α 一直都是機器學習中最難搞定的。
3. 既然有正規化懲罰項，一定會對結果產生影響。
4. 正負樣本的比例也會有影響，對於每一個使用者，儘量保持正負樣本比例持平。

隱語義模型在某種程度上降低了計算的複雜度，使得有些根本沒辦法實現的矩陣計算變成可能。在協同過濾中，每一步操作都具有實際的意義，很清晰地表示在做什麼，但是隱語義模型卻很難進行解釋，它與 PCA 降維獲得的結果類似，依舊很難知道隱含因數代表什麼，不過沒關係，通常只關注最後的結果，中間過程究竟做什麼，電腦自己知道就好。

13.3.3 評估方法

當建模完成之後，一定要進行評估，在推薦系統中，可以評估的指標有很多，其中常用的均方根誤差（Root Mean Squared Error，RMSE）和均方誤差（Mean Square Error，MSE）分別定義為：

$$\begin{aligned}\text{RMSE} &= \frac{\sqrt{\sum_{u,i\in T}(r_{ui} - \hat{r}_{ui})^2}}{|T|}, \\ \text{MSE} &= \frac{\sum_{u,i\in T}\left|r_{ui} - \hat{r}_{ui}\right|}{|T|}\end{aligned} \quad (13.5)$$

在評估方法中，不只有這些傳統的計算方式，還需要根據實際業務進行評估，例如覆蓋率、多樣性。這些指標能夠保障系統推薦的商品不至於總是那些常見的。

假設系統的使用者集合為 U，商品清單為 I，推薦系統給每個使用者推薦一個長度為 N 的商品列表 $R(u)$，根據推薦出來的商品佔總商品集合的比例計算其覆蓋率：

$$\text{Coverage} = \frac{\left|U_{u\in U} R(u)\right|}{|I|} \tag{13.6}$$

多樣性描述了推薦列表中物品兩兩之間的不相似性。假設 $s(i,\ j) \in [0,1]$ 定義了物品 i 和 j 之間的相似度，那麼使用者 u 的推薦列表 $R(u)$ 的多樣性定義如下：

$$\text{Diversity}(R(u)) = 1 - \frac{\sum_{i,j\in R(u), i\neq j} s(i,j)}{\frac{1}{2}|R(u)|\left(|R(u)|-1\right)} \tag{13.7}$$

推薦系統的整體多樣性可以定義為所有使用者推薦列表多樣性的平均值：

$$\text{Diversity} = \frac{1}{|U|}\sum_{u\in U} \text{Diversity}(R(u)) \tag{13.8}$$

這裡給大家簡單介紹了幾種常見的評估方法，在實際應用中，需要考慮問題的角度還有很多，例如新穎性、驚喜度、信任度等，這些都需要在實際問題中酌情考慮。

本章歸納

本章介紹了推薦系統中常用的兩種方法：協作過濾與隱語義模型。相對而言，協作過濾方法更簡單，但是，一旦資料量較大就比較難以處理，隱語義模型和矩陣分解方法都是現階段比較常用的策略。下一章將帶大家實際感受一下推薦系統的魅力。

Chapter

14

推薦系統專案實戰——打造音樂推薦系統

上一章介紹了推薦系統的基本原理，本章的目標就要從零開始打造一個音樂推薦系統，包含音樂資料集前置處理、基於相似度進行推薦以及基於矩陣分解進行推薦。

14.1 資料集清洗

很多時候拿到手的資料集並不像想像中那麼完美，基本都需要先把資料清洗一番才能使用，首先匯入需要的 Python 工具套件：

In

```
import pandas as pd
import numpy as np
import time
import sqlite3
data_home = './'
```

由於資料中有一部分是資料庫檔案，需要使用 sqlite3 工具套件進行資料的讀取，大家可以根據自己情況設定資料儲存路徑。

先來看一下資料的規模，對於不同格式的資料，read_csv() 函數中有很多參數可以選擇，例如分隔符號與列名稱：

In

```
triplet_dataset = pd.read_csv(filepath_or_buffer=data_home+'train_triplets.txt',
        sep ='\t', header=None,names=['user','song','play_count'])
triplet_dataset.shape
```

Out

```
48373586, 3
```

輸出結果顯示共 48373586 個樣本，每個樣本有 3 個指標特徵。

如果想更詳細地了解資料的情況，可以列印其 info 資訊，下面觀察不同列的類型以及整體佔用記憶體：

In

```
triplet_dataset.info()
```

Out

```
<class 'pandas.core.frame.DataFrame'>
RangeIndex: 48373586 entries, 0 to 48373585
Data columns (total 3 columns):
user      object
song      object
play_count     int64
dtypes: int64(1), object(2)
memory usage: 1.1+ GB
```

列印前 10 筆資料：

In

```
triplet_dataset.head(n=10)
```

Out

	user	song	play_count
0	b80344d063b5ccb3212f76538f3d9e43d87dca9e	SOAKIMP12A8C130995	1
1	b80344d063b5ccb3212f76538f3d9e43d87dca9e	SOAPDEY12A81C210A9	1
2	b80344d063b5ccb3212f76538f3d9e43d87dca9e	SOBBMDR12A8C13253B	2
3	b80344d063b5ccb3212f76538f3d9e43d87dca9e	SOBFNSP12AF72A0E22	1
4	b80344d063b5ccb3212f76538f3d9e43d87dca9e	SOBFOVM12A58A7D494	1
5	b80344d063b5ccb3212f76538f3d9e43d87dca9e	SOBNZDC12A6D4FC103	1
6	b80344d063b5ccb3212f76538f3d9e43d87dca9e	SOBSUJE12A6D4F8CF5	2
7	b80344d063b5ccb3212f76538f3d9e43d87dca9e	SOBVFZR12A6D4F8AE3	1
8	b80344d063b5ccb3212f76538f3d9e43d87dca9e	SOBXALG12A8C13C108	1
9	b80344d063b5ccb3212f76538f3d9e43d87dca9e	SOBXHDL12A81C204C0	1

資料中包含使用者的編號、歌曲編號以及使用者對該歌曲播放的次數。

14.1.1 統計分析

掌握資料整體情況之後，下一步統計出關於使用者與歌曲的各項指標，例如對每一個使用者，分別統計他的播放總量，程式如下：

In

```
output_dict = {}
with open(data_home+'train_triplets.txt') as f:
  for line_number, line in enumerate(f):
    # 找到目前的使用者
    user = line.split('\t')[0]
    # 獲得其播放量資料
    play_count = int(line.split('\t')[2])
    # 如果字典中已經有該使用者資訊，在其基礎上增加目前的播放量
    if user in output_dict:
      play_count + =output_dict[user]
      output_dict.update({user:play_count})
    output_dict.update({user:play_count})
# 統計使用者 - 總播放量
output_list = [{'user':k,'play_count':v} for k,v in output_dict.items()]
# 轉換成 DF 格式
play_count_df = pd.DataFrame(output_list)
```

```
# 排序
play_count_df = play_count_df.sort_values(by = 'play_count', ascending =
False)
```

構建一個字典結構，統計不同用戶分別播放的總數，需要把資料集遍曆一遍。當資料集比較龐大的時候，每一步操作都可能花費較長時間。後續操作中，如果稍有不慎，可能還得從頭再來一遍。這就得不償失，最好把中間結果儲存下來。既然已經把結果轉換成 df 格式，直接使用 to_csv() 函數，就可以完成儲存操作。

```
In    play_count_df.to_csv(path_or_buf='user_playcount_df.csv', index = False)
```

大師說：在實驗階段，最好把費了好大功夫處理出來的資料儲存到本機，免得一個不小心又得重跑一遍，令人頭疼。

對於每一首歌，可以分別統計其播放總量，程式如下：

```
In
# 統計方法跟上述類似
output_dict = {}
with open(data_home+'train_triplets.txt') as f:
  for line_number, line in enumerate(f):
    # 找到目前歌曲
    song = line.split('\t')[1]
    # 找到目前播放次數
    play_count = int(line.split('\t')[2])
    # 統計每首歌曲被播放的總次數
    if song in output_dict:
      play_count +=output_dict[song]
      output_dict.update({song:play_count})
    output_dict.update({song:play_count})
output_list = [{'song':k,'play_count':v} for k,v in output_dict.items()]
# 轉換成 df 格式
song_count_df = pd.DataFrame(output_list)
song_count_df = song_count_df.sort_values(by = 'play_count', ascending =
False)
# 儲存目前結果
song_count_df.to_csv(path_or_buf='song_playcount_df.csv', index = False)
```

下面來看看排序後的統計結果：

In

```
play_count_df = pd.read_csv(filepath_or_buffer='user_playcount_df.csv')
play_count_df.head(n =10)
```

Out

	play_count	user
0	13132	093cb74eb3c517c5179ae24caf0ebec51b24d2a2
1	9884	119b7c88d58d0c6eb051365c103da5caf817bea6
2	8210	3fa44653315697f42410a30cb766a4eb102080bb
3	7015	a2679496cd0af9779a92a13ff7c6af5c81ea8c7b
4	6494	d7d2d888ae04d16e994d6964214a1de81392ee04
5	6472	4ae01afa8f2430ea0704d502bc7b57fb52164882
6	6150	b7c24f770be6b802805ac0e2106624a517643c17
7	5656	113255a012b2affeab62607563d03fbdf31b08e7
8	5620	6d625c6557df84b60d90426c0116138b617b9449
9	5602	99ac3d883681e21ea68071019dba828ce76fe94d

上述輸出結果顯示，最忠實的粉絲有 13132 次播放。

In

```
song_count_df = pd.read_csv(filepath_or_buffer='song_playcount_df.csv')
song_count_df.head(10)
```

Out

	play_count	song
0	726885	SOBONKR12A58A7A7E0
1	648239	SOAUWYT12A81C206F1
2	527893	SOSXLTC12AF72A7F54
3	425463	SOFRQTD12A81C233C0
4	389880	SOEGIYH12A6D4FC0E3
5	356533	SOAXGDH12A8C13F8A1
6	292642	SONYKOW12AB01849C9
7	274627	SOPUCYA12A8C13A694
8	268353	SOUFTBI12AB0183F65
9	244730	SOVDSJC12A58A7A271

上述輸出結果顯示，最受歡迎的一首歌曲有 726885 次播放。

由於該音樂資料集十分龐大，考慮執行過程的時間消耗以及矩陣稀疏性問題，依據播放量指標對資料集進行了截取。因為有些註冊使用者可能只是關注了一下，之後就不再登入平台，這些使用者對後續建模不會起促進作用，反而增大矩陣的稀疏性。對於歌曲也是同理，可能有些歌曲根本無人問津。由於之前已經對使用者與歌曲播放情況進行了排序，所以分別選擇其中按播放量排名的前 10 萬名使用者和 3 萬首歌曲，關於截取的合適比例，大家也可以透過觀察選擇資料的播放量佔整體的比例來設定。

In	# 前 10 萬名使用者的播放量佔整體的比例
	total_play_count = sum(song_count_df.play_count)
	print((float(play_count_df.head(n=100000).play_count.sum())/total_play_count)*100)

Out	40.8807280501

輸出結果顯示，前 10 萬名最多使用平台的使用者的播放量佔到總播放量的 40.88%

In	(float(song_count_df.head(n=30000).play_count.sum())/total_play_count)*100
Out	78.39315366645269

輸出結果顯示，前 3 萬首歌的播放量佔到總播放量的 78.39%。

接下來就要對原始資料集進行過濾清洗，也就是在原始資料集中，剔除掉不包含這 10 萬名忠實使用者以及 3 萬首經典歌曲的資料。

In

```
# 首先拿到這些使用者和歌曲
user_subset = list(play_count_subset.user)
song_subset = list(song_count_subset.song)

# 讀取原始資料集
triplet_dataset = pd.read_csv(filepath_or_buffer=data_home+'train_triplets.txt',sep='\t',
            header=None, names=['user','song','play_count'])
# 只保留這 10 萬名使用者的資料，其餘過濾掉 In
triplet_dataset_sub = triplet_dataset[triplet_dataset.user.isin(user_subset) ]
del(triplet_dataset)
# 只保留有這 3 萬首歌曲的資料，其餘也過濾掉
triplet_dataset_sub_song = triplet_dataset_sub[triplet_dataset_sub.song.isin(song_subset)]
del(triplet_dataset_sub)
# 過濾工作要一一進行比對，還是比較花費時間的，別忘了把中間結果儲存下來
```

```
triplet_dataset_sub_song.to_csv(path_or_buf=data_home+'triplet_dataset_
sub_song.csv', index=False)
```

再來看一下過濾後的資料規模：

In	triplet_dataset_sub_song.shape
Out	(10774558, 3)

雖然過濾後的資料樣本個數不到原來的 1/4，但是過濾掉的樣本都是稀疏資料，不利於建模，所以，當拿到資料之後，對資料進行清洗和前置處理工作還是非常有必要的，它不僅能提升計算的速度，還會影響最後的結果。

14.1.2 資料集整合

目前拿到的音樂資料只有播放次數，可利用的資訊實在太少，對每首歌曲來說，正常情況下，都應該有一份詳細資訊，例如歌手、發布時間、主題等，這些資訊都存在一份資料庫格式檔案中，接下來通過 sqlite 工具套件讀取這些資料：

In

```
conn = sqlite3.connect(data_home+'track_metadata.db')
cur = conn.cursor()
cur.execute("SELECT name FROM sqlite_master WHERE type='table'")
cur.fetchall()

track_metadata_df = pd.read_sql(con=conn, sql='select * from songs')
track_metadata_df_sub = track_metadata_df[track_metadata_df.song_id.isin
(song_subset)]
# 還是 CSV 資料操作起來方便一些，將讀取的資料儲存成 CSV 格式
track_metadata_df_sub.to_csv(path_or_buf=data_home+'track_metadata_df_
sub.csv', index=False)
```

這裡並不需要大家熟練掌握 sqlite 工具套件的使用方法，只是在讀取 .db 檔案時，用它更方便一些，大家也可以直接讀取儲存好的 .csv 檔案。

In

```
track_metadata_df_sub=pd.read_csv(filepath_or_buffer=data_home+'track_
metadata_df_sub.csv', encoding = "ISO-8859-1")
track_metadata_df_sub.head()
```

Out

	track_id	title	song_id	release	artist_id	artist_mbid	artist_name	duration	artist_familiarity	artist_
0	TRMMGCB128E079651D	Get Along (Feat: Pace Won) (Instrumental)	SOHNWIM12A67ADF7D9	Charango	ARU3C671187FB3F71B	067102ea-9519-4622-9077-57ca4164cfbb	Morcheeba	227.47383	0.819087	
1	TRMMGTX128F92FB4D9	Viejo	SOECFIW12A8C144546	Caraluna	ARPAAPH1187FB3601B	f69d655c-ffd6-4bee-8c2a-3086b2be2fc6	Bacilos	307.51302	0.595554	
2	TRMMGDP128F933E59A	I Say A Little Prayer	SOGWEOB12AB018A4D0	The Legendary Hi Records Albums_ Volume 3: Ful...	ARNNRN31187B9AE7B7	fb7272ba-f130-4f0a-934d-6eeea4c18c9a	Al Green	133.58975	0.779490	
3	TRMMHBF12903CF6E59	At the Ball_ That's All	SOJGCRL12A8C144187	Best of Laurel & Hardy - The Lonesome Pine	AR1FEUF1187B9AF3E3	4a8ae4fd-ad6f-4912-851f-093f12ee3572	Laurel & Hardy	123.71546	0.438709	
4	TRMMHKG12903CDB1B5	Black Gold	SOHNFBA12AB018CD1D	Total Life Forever	ARVXV1J1187FB5BF88	6a65d878-fcd0-42cf-aff9-ca1d636a8bcc	Foals	386.32444	0.842578	

這回就有了一份詳細的音樂作品清單，該份資料一共有 14 個指標，只選擇需要的特徵資訊來利用：

In

```
# 去掉無用的資訊
del(track_metadata_df_sub['track_id'])
del(track_metadata_df_sub['artist_mbid'])
# 去掉重複的資訊
track_metadata_df_sub = track_metadata_df_sub.drop_duplicates(['song_id'])
# 將這份音樂資訊資料和我們之前的播放資料整合到一起
triplet_dataset_sub_song_merged=pd.merge(triplet_dataset_sub_song, track_
metadata_df_sub, how='left', left_on='song', right_on='song_id')
# 可以自己改變列名稱
triplet_dataset_sub_song_merged.rename(columns={'play_count':'listen_
count'},inplace=True)
# 去掉不需要的指標
del(triplet_dataset_sub_song_merged['song_id'])
del(triplet_dataset_sub_song_merged['artist_id'])
del(triplet_dataset_sub_song_merged['duration'])
del(triplet_dataset_sub_song_merged['artist_familiarity'])
del(triplet_dataset_sub_song_merged['artist_hotttnesss'])
del(triplet_dataset_sub_song_merged['track_7digitalid'])
del(triplet_dataset_sub_song_merged['shs_perf'])
del(triplet_dataset_sub_song_merged['shs_work'])
```

上述程式去掉資料中不需要的一些特徵，並且把這份音樂資料和之前的音樂播放次數資料整合在一起，現在再來看看這些資料：

In

```
triplet_dataset_sub_song_merged.head(n=10)
```

Out

	user	song	listen_count	title	release	artist_name	year
0	d6589314c0a9bcbca4fee0c93b14bc402363afea	SOADQPP12A67020C82	12	You And Me Jesus	Tribute To Jake Hess	Jake Hess	2004
1	d6589314c0a9bcbca4fee0c93b14bc402363afea	SOAFTRR12AF72A8D4D	1	Harder Better Faster Stronger	Discovery	Daft Punk	2007
2	d6589314c0a9bcbca4fee0c93b14bc402363afea	SOANQFY12AB0183239	1	Uprising	Uprising	Muse	0
3	d6589314c0a9bcbca4fee0c93b14bc402363afea	SOAYATB12A6701FD50	1	Breakfast At Tiffany's	Home	Deep Blue Something	1993
4	d6589314c0a9bcbca4fee0c93b14bc402363afea	SOBOAFP12A8C131F36	7	Lucky (Album Version)	We Sing. We Dance. We Steal Things.	Jason Mraz & Colbie Caillat	0
5	d6589314c0a9bcbca4fee0c93b14bc402363afea	SOBONKR12A58A7A7E0	26	You're The One	If There Was A Way	Dwight Yoakam	1990
6	d6589314c0a9bcbca4fee0c93b14bc402363afea	SOBZZDU12A6310D8A3	7	Don't Dream It's Over	Recurring Dream_ Best Of Crowded House (Domest...	Crowded House	1986
7	d6589314c0a9bcbca4fee0c93b14bc402363afea	SOCAHRT12A8C13A1A4	5	S.O.S.	SOS	Jonas Brothers	2007
8	d6589314c0a9bcbca4fee0c93b14bc402363afea	SODASIJ12A6D4F5D89	1	The Invisible Man	The Invisible Man	Michael Cretu	1985
9	d6589314c0a9bcbca4fee0c93b14bc402363afea	SODEAWL12AB0187032	8	American Idiot [feat. Green Day & The Cast Of ...	The Original Broadway Cast Recording 'American...	Green Day	0

資料經處理後看起來工整多了，不只有使用者對某個音樂作品的播放量，還有該音樂作品的名字和所屬專輯名稱，以及歌手的名字和發佈時間。

現在只是大致了解了資料中各個指標的含義，對其實際內容還沒有加以分析，推薦系統還可能會遇到過冷啟動問題，也就是一個新使用者來了，不知道給他推薦什麼好，這時候就可以利用排行榜單，統計最受歡迎的歌曲和歌手：

In

```
import matplotlib.pyplot as plt; plt.rcdefaults()
import numpy as np
import matplotlib.pyplot as plt
# 按歌曲名字來統計其播放量的總數
popular_songs=triplet_dataset_sub_song_merged[['title','listen_ count']].
groupby('title').sum().reset_index()
# 對結果進行排序
popular_songs_top_20=popular_songs.sort_values('listen_count', ascending
= False).head(n=20)

# 轉換成 list 格式方便畫圖
objects = (list(popular_songs_top_20['title']))
# 設定位置
y_pos = np.arange(len(objects))
# 對應結果值
performance = list(popular_songs_top_20['listen_count'])
# 繪圖
plt.bar(y_pos, performance, align='center', alpha=0.5)
plt.xticks(y_pos, objects, rotation='vertical')
plt.ylabel('Item count')
plt.title('Most popular songs')
plt.show()
```

Out

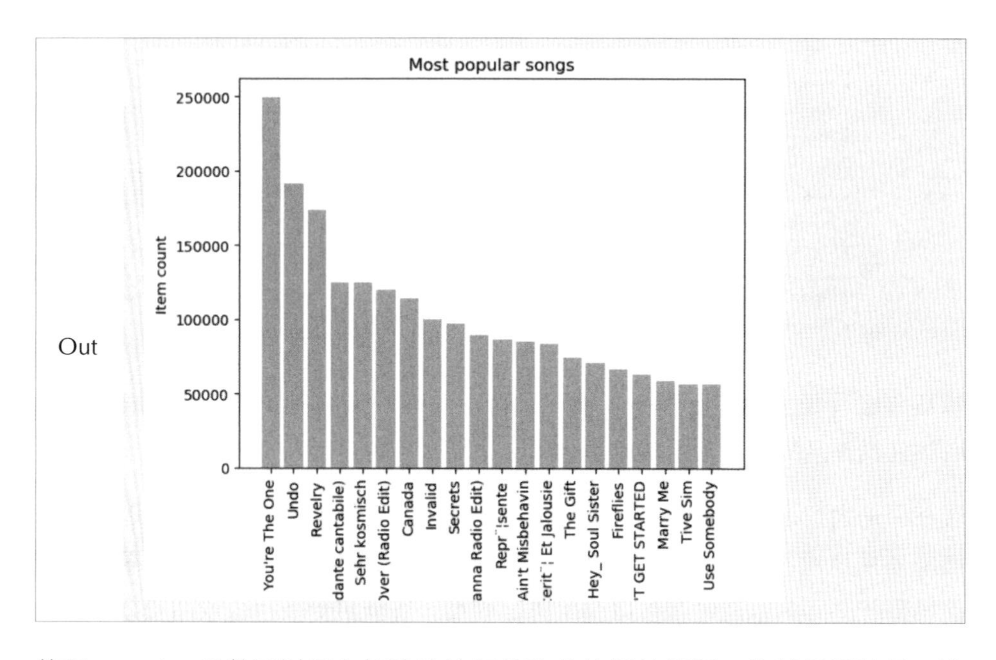

使用 groupby 函數可以很方便地統計每首歌曲的播放情況，也就是播放量。這份排行資料可以當作最受歡迎的歌曲推薦給使用者，把大家都喜歡的推薦出去，也是大機率受歡迎的。採用同樣的方法，可以對專輯和歌手的播放情況分別進行統計：

In

```
# 按專輯名字來統計總播放量
popular_release=triplet_dataset_sub_song_merged[['release','listen_count']].
groupby('release').sum().reset_index()
# 排序
popular_release_top_20=popular_release.sort_values('listen_coun t',
ascending = False).head(n=20)
objects = (list(popular_release_top_20['release']))
y_pos = np.arange(len(objects))
performance = list(popular_release_top_20['listen_count'])
# 繪圖
plt.bar(y_pos, performance, align='center', alpha=0.5)
plt.xticks(y_pos, objects, rotation='vertical')
plt.ylabel('Item count')
plt.title('Most popular Release')
plt.show()
```

Out

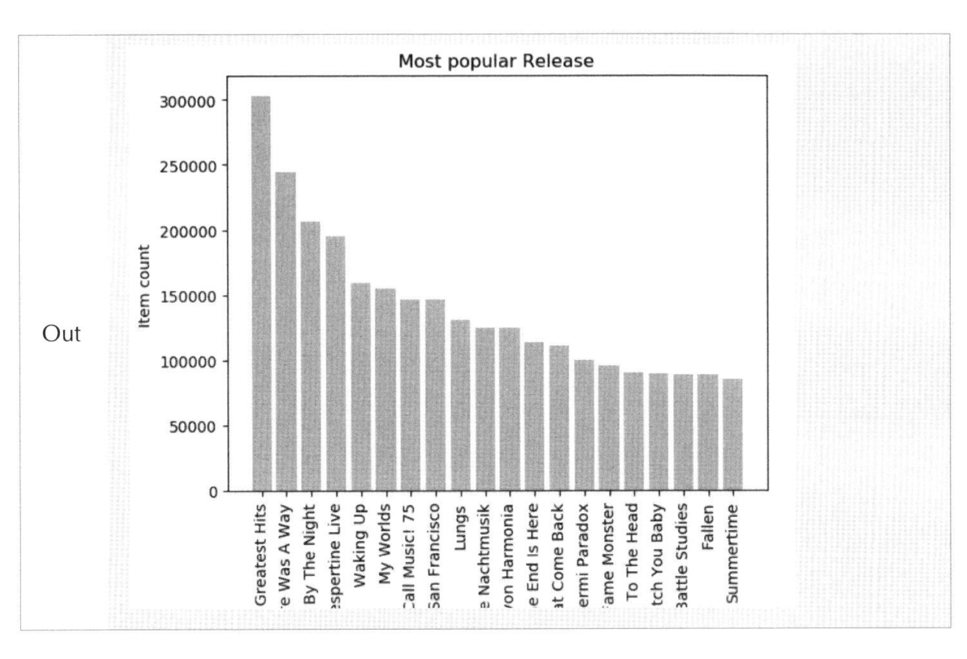

In

```
# 按歌手來統計總播放量
popular_artist=triplet_dataset_sub_song_merged[['artist_name',' listen_
count']]. groupby('artist_name').sum().reset_index()
# 排序
popular_artist_top_20=popular_artist.sort_values('listen_count', ascending
=False). head(n=20)
objects = (list(popular_artist_top_20['artist_name']))
y_pos = np.arange(len(objects))
performance = list(popular_artist_top_20['listen_count'])
# 繪圖
plt.bar(y_pos, performance, align='center', alpha=0.5)
plt.xticks(y_pos, objects, rotation='vertical')
plt.ylabel('Item count')
plt.title('Most popular Artists')
plt.show()
```

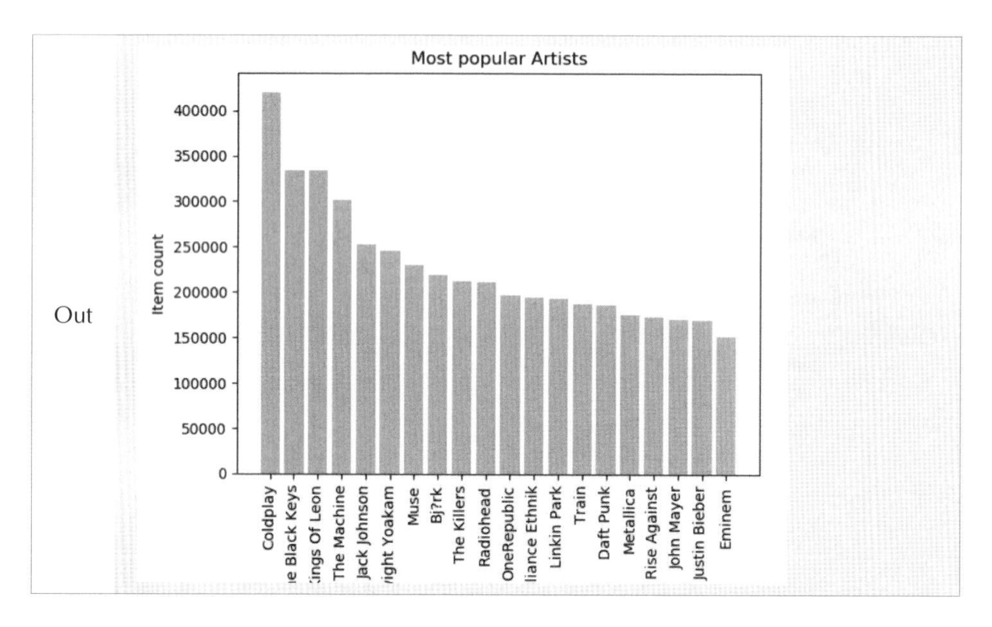

這份資料中，還有很多資訊值得關注，這裡只舉例進行分析，實際工作中還是要把所有潛在的資訊全部考慮進來，再來看一下該平台使用者播放的分佈情況：

In

```
user_song_count_distribution=triplet_dataset_sub_song_merged[['user','title']].
groupby('user').count().reset_index().sort_values(by='title',ascending = False)
user_song_count_distribution.title.describe()
```

Out

```
count    99996.000000
mean     107.749890
std      79.742561
min      1.000000
25%      53.000000
50%      89.000000
75%      141.000000
max      1189.000000
Name: title, dtype: float64
```

透過 describe() 函數可以獲得其實際的統計分佈指標，但這樣看不夠直觀，最好還是透過繪圖展示：

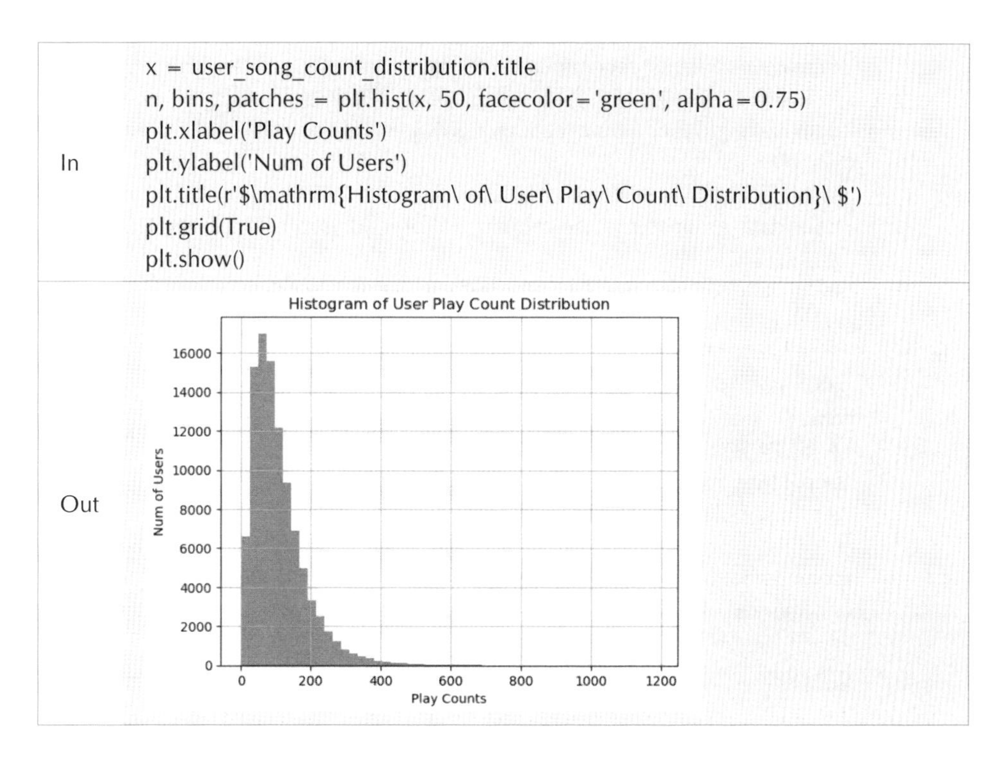
In

```
x = user_song_count_distribution.title
n, bins, patches = plt.hist(x, 50, facecolor='green', alpha=0.75)
plt.xlabel('Play Counts')
plt.ylabel('Num of Users')
plt.title(r'$\mathrm{Histogram\ of\ User\ Play\ Count\ Distribution}\ $')
plt.grid(True)
plt.show()
```

Out

輸出結果顯示絕大多數使用者播放 100 首歌曲左右，一部分使用者只是聽一聽，特別忠實的粉絲百分比較少。現在已經做好資料的處理和整合，接下來就是建置一個能實際進行推薦的程式。

14.2 以相似度為基礎的推薦

如何推薦一首歌曲呢？最直接的想法就是推薦大眾都認可的或以相似度來猜測他們的口味。

14.2.1 排行榜推薦

最簡單的推薦方式就是排行榜單，這裡建立了一個函數，需要傳入原始資料、使用者列名稱、待統計的指標（例如按歌曲名字、歌手名字、專輯名字，也就是選擇使用哪些指標獲得排行榜單）：

In

```
def create_popularity_recommendation(train_data, user_id, item_id):
    # 根據指定的特徵來統計其播放情況，可以選擇歌曲名、專輯名、歌手名
    train_data_grouped=train_data.groupby([item_id]).agg({user_id: 'count'}).
reset_index()
    # 為了直觀展示，用得分表示其結果
    train_data_grouped.rename(columns = {user_id: 'score'},inplace=True)
    # 排行榜單需要排序
    train_data_sort = train_data_grouped.sort_values(['score', item_id],
ascending = [0,1])
    # 加入一項排行等級，表示其推薦的優先順序
    train_data_sort['Rank'] = train_data_sort['score'].rank(ascending=0,
method='first')
    # 傳回指定個數的推薦結果
    popularity_recommendations = train_data_sort.head(20)
    return popularity_recommendations

recommendations=create_popularity_recommendation(triplet_dataset_sub_
song_merged,'user','title')
```

Out

	title	score	Rank
19601	Sehr kosmisch	18626	1.0
5797	Dog Days Are Over (Radio Edit)	17635	2.0
27332	You're The One	16085	3.0
19563	Secrets	15138	4.0
18653	Revelry	14945	5.0
25087	Undo	14687	6.0
7547	Fireflies	13085	7.0
9659	Hey_ Soul Sister	12993	8.0
25233	Use Somebody	12793	9.0
9940	Horn Concerto No. 4 in E flat K495: II. Romanc...	12346	10.0
24308	Tive Sim	11831	11.0
3647	Canada	11598	12.0
23485	The Scientist	11529	13.0
4211	Clocks	11357	14.0
12152	Just Dance	11058	15.0
26992	Yellow	10919	16.0
16455	OMG	10818	17.0
9863	Home	10512	18.0
3312	Bulletproof	10383	19.0
4777	Creep (Explicit)	10246	20.0

上述程式傳回一份前 20 名的歌曲排行榜單，對於其中的得分，這裡只是進行了簡單的播放計算，在設計的時候，也可以綜合考慮更多的指標，例如綜合計算歌曲發佈年份、歌手的流行程度等。

14.2.2 以歌曲相似度為基礎的推薦

另一種方案就要使用相似度計算推薦歌曲，為了加快程式的執行速度，選擇其中一部分資料進行實驗。

In

```
song_count_subset = song_count_df.head(n=5000)
user_subset = list(play_count_subset.user)
song_subset = list(song_count_subset.song)
triplet_dataset_sub_song_merged_sub=triplet_dataset_sub_song_merged
[triplet_dataset_sub_song_merged.song.isin(song_subset)]
```

大師說：實驗階段，可以先用部分資料來測試，確定程式無誤後，再用全部資料跑一遍，這樣比較節省時間，畢竟程式都是不斷透過實驗來修正的。

下面執行相似度計算：

In

```
import Recommenders as Recommenders
train_data, test_data = train_test_split(triplet_dataset_sub_song_merged_sub,
test_size = 0.30, random_state=0)
is_model = Recommenders.item_similarity_recommender_py()
is_model.create(train_data, 'user', 'title')
user_id = list(train_data.user)[7]
user_items = is_model.get_user_items(user_id)
is_model.recommend(user_id)
```

細心的讀者應該觀察到了，首先匯入 Recommenders，它類似一個自訂的工具套件，包含接下來要使用的所有函數。由於要計算的程式量較大，直接在 Notebook 中進行展示比較麻煩，所以需要寫一個 .py 檔案，所有實際計算操作都在這裡完成。

大家在實作這份程式的時候，可以選擇一個合適的 IDE，因為 Notebook 並不支援 debug 操作。拿到一份陌生的程式而且量又比較大的時候，最好先透過 debug 方式逐行地執行，這樣才可以更清晰地熟悉整個函數做了什麼。

大師說：對初學者來說，直接看整體程式可能有些難度，建議大家選擇一個合適的 IDE，例如 pycharm、eclipse 等都是不錯的選擇。

is_model.create(train_data, 'user', 'title') 表示該函數需要傳入原始資料、使用者ID 和歌曲資訊，相當於得到所需資料，原始程式如下：

In
```
def create(self, train_data, user_id, item_id):
    self.train_data = train_data
    self.user_id = user_id
    self.item_id = item_id
```

user_id = list(train_data.user)[7] 表示這裡需要選擇一個使用者，哪個使用者都可以，基於他進行推薦。

is_model.get_user_items(user_id) 表示獲得該使用者聽過的所有歌曲，原始程式如下：

In
```
def get_user_items(self, user):
    user_data = self.train_data[self.train_data[self.user_id] = = user]
    user_items = list(user_data[self.item_id].unique())
    return user_items
```

is_model.recommend(user_id) 表示全部的核心計算，首先展示其流程，然後再分別解釋其細節：

In
```
# 執行相似度推薦
  def recommend(self, user):
     #1. 獲得該使用者所有的歌曲
     user_songs = self.get_user_items(user)
     print("No. of unique songs for the user: %d" % len(user_songs))
     #2. 獲得訓練集中所有的歌曲
     all_songs = self.get_all_items_train_data()
     print("no. of unique songs in the training set: %d" % len(all_songs))
     #3. 計算相似矩陣
     #len(user_songs) X len(songs)
        cooccurence_matrix = self.construct_cooccurence_matrix(user_songs,
all_songs)
     #4. 得出最後的推薦結果
df_recommendations=self.generate_top_recommendations(user,
coocc urence_ matrix, all_songs, user_songs)

  return df_recommendations
```

上述程式的關鍵點就是第 3 步計算相似矩陣了。其中 cooccurence_matrix = self.construct_cooccurence_matrix(user_songs, all_songs) 表示需要傳入該使用者聽過哪些歌曲，以及全部資料集中有多少歌曲。下面透過原始程式解讀一下其計算流程：

In

```
def construct_cooccurence_matrix(self, user_songs, all_songs):
    # 現在要計算的是給選取的測試使用者推薦什麼
    # 流程如下：
    #1. 先把選取測試使用者所聽過的歌曲都拿到
    #2. 找出這些歌曲中每一個歌曲都被哪些其他使用者聽過
    #3. 在整個歌曲集中檢查每一個歌曲，計算它與選取測試使用者中每一個聽
過歌曲的 Jaccard 相似係數
    # 透過聽歌人的交集與聯集情況來計算
    user_songs_users = []
    for i in range(0, len(user_songs)):
        user_songs_users.append(self.get_item_users(user_songs[i]))
    # 建置矩陣的規模 =len(user_songs) X len(songs)
        cooccurence_matrix = np.matrix(np.zeros(shape=(len(user_songs),
len(all_songs))), float)
    # 計算相似度
    for i in range(0,len(all_songs)):
        #Calculate unique listeners (users) of song (item) i
        #print (all_songs[i])
        songs_i_data = self.train_data[self.train_data[self.item_id] == all_
songs[i]] # 目前這首歌所有的資訊
        users_i = set(songs_i_data[self.user_id].unique()) # 跟這首歌有關的使用者
        for j in range(0,len(user_songs)):
            users_j = user_songs_users[j]# 聽這首歌的所有使用者
            users_intersection = users_i.intersection(users_j)) # 算一下聽資料集 [i]
歌曲的人數和目前選取測試使用者所聽這首歌曲的人數 [j] 中的交集
            if len(users_intersection) != 0:
            #Calculate union of listeners of songs i and j
            users_union = users_i.union(users_j)# 聯集
            cooccurence_matrix[j,i] = float(len(users_intersection))/
float(len(users_union))#Jaccard 相似係數來衡量
            else:
                cooccurence_matrix[j,i] = 0
    return cooccurence_matrix
```

整體程式量較多，先從整體上介紹這段程式做了什麼，大家 debug 一遍，效果會更好。首先，想要針對某個使用者進行推薦，需要先知道他聽過哪些歌

曲，將已被聽過的歌曲與整個資料集中的歌曲進行比較，看哪些歌曲與使用者已聽過的歌曲相似，就推薦這些相似的歌曲。

如何計算呢？舉例來說，目前使用者聽過 66 首歌曲，整個資料集有 4879 首歌曲，那麼，可以建置一個 [66,4879] 矩陣，表示使用者聽過的每一個歌曲和資料集中每一個歌曲的相似度。這裡使用 Jaccard 相似係數，矩陣 $[i,j]$ 中，i 表示使用者聽過的第 i 首歌曲被多少人聽過，例如被 3000 人聽過；j 表示 j 這首歌曲被多少人聽過，例如被 5000 人聽過。Jaccard 相似係數計算式為：

$$\text{Jaccard} = \frac{\text{交集（聽過 } i \text{ 歌曲的 3000 人和聽過 } j \text{ 歌曲的 5000 人）}}{\text{並集（聽過 } i \text{ 歌曲的 3000 人和聽過 } j \text{ 歌曲的 5000 人）}}$$

如果兩個歌曲相似，其受眾應當一致，Jaccard 相似係數的值應該比較大。如果兩個歌曲沒什麼相關性，其值應當比較小。

最後推薦的時候，還應當注意：對資料集中每一首待推薦的歌曲，都需要與該使用者所有聽過的歌曲合在一起計算 Jaccard 值。舉例來說，歌曲 j 需要與使用者聽過的 66 首歌曲合在一起計算 Jaccard 值，還要處理最後是否推薦的得分值，即把這 66 個值加在一起，最後求一個平均值，代表該歌曲的平均推薦得分。也就是說，給使用者推薦歌曲時，不能單憑一首歌進行推薦，需要考慮所有使用者聽過的所有歌曲。

對每一位使用者來說，透過相似度計算，可以獲得資料集中每一首歌曲的得分值以及排名，然後可以向每一個使用者推薦其可能喜歡的歌曲，推薦的最後結果如圖 14-1 所示。

	user_id	song	score	rank
0	a974fc428825ed071281302d6976f59bfa95fe7e	Put Your Head On My Shoulder (Album Version)	0.026334	1
1	a974fc428825ed071281302d6976f59bfa95fe7e	The Strength To Go On	0.025176	2
2	a974fc428825ed071281302d6976f59bfa95fe7e	Come Fly With Me (Album Version)	0.024447	3
3	a974fc428825ed071281302d6976f59bfa95fe7e	Moondance (Album Version)	0.024118	4
4	a974fc428825ed071281302d6976f59bfa95fe7e	Kotov Syndrome	0.023311	5
5	a974fc428825ed071281302d6976f59bfa95fe7e	Use Somebody	0.023104	6
6	a974fc428825ed071281302d6976f59bfa95fe7e	Lucky (Album Version)	0.022930	7
7	a974fc428825ed071281302d6976f59bfa95fe7e	Secrets	0.022889	8
8	a974fc428825ed071281302d6976f59bfa95fe7e	Clocks	0.022562	9
9	a974fc428825ed071281302d6976f59bfa95fe7e	Sway (Album Version)	0.022359	10

圖 14-1　推薦的最後結果

14.3 以矩陣分解為基礎的推薦

相似度計算的方法看起來比較簡單，很容易就能實現，但是，當資料較大的時候，計算的負擔實在太大，對每一個使用者都需要多次檢查整個資料集進行計算，這很難實現。矩陣分解可以更快速地獲得結果，也是當下比較熱門的方法。

14.3.1 奇異值分解

奇異值分解（Singular Value Decomposition，SVD）是矩陣分解中一個經典方法，接下來的推薦就可以使用 SVD 進行計算，它的基本出發點與隱語義模型類似，都是將大矩陣轉換成小矩陣的組合，它的最基本形式如圖 14-2 所示。

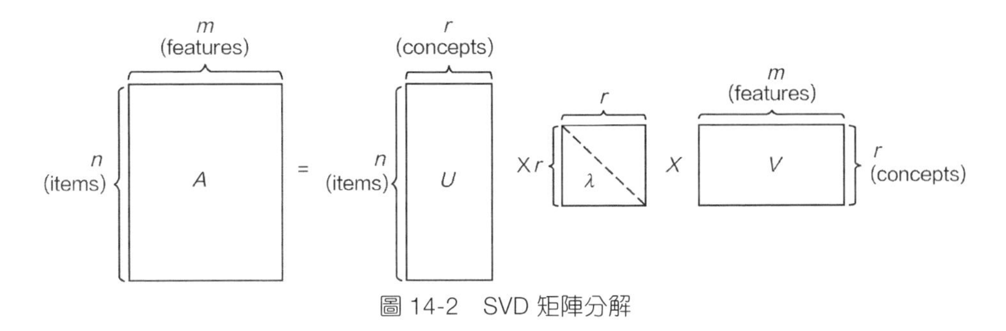

圖 14-2　SVD 矩陣分解

其中 n 和 m 都是比較大的數值，代表原始資料；r 是較小的數值，表示矩陣分解後的結果可以用較小的矩陣組合來近似替代。下面借用一個經典的小實例，看一下 SVD 如何應用在推薦系統中（見圖 14-3）。

item \ 用户名	Ben	Tom	John	Fred
Season 1	5	5	0	5
Season 2	5	0	3	4
Season 3	3	4	0	3
Season 4	0	0	5	3
Season 5	5	4	4	5
Season 6	5	4	5	5

圖 14-3　使用者評分矩陣

首先將資料轉換成矩陣形式，如下所示：

$$A = \begin{bmatrix} 5 & 5 & 0 & 5 \\ 5 & 0 & 3 & 4 \\ 3 & 4 & 0 & 3 \\ 0 & 0 & 5 & 3 \\ 5 & 4 & 4 & 5 \\ 5 & 4 & 5 & 5 \end{bmatrix}$$

對上述矩陣執行 SVD 分解，結果如下：

```
[U,S,Vtranspose]=svd(A)

U =
   -0.4472   -0.5373   -0.0064   -0.5037   -0.3857   -0.3298
   -0.3586    0.2461    0.8622   -0.1458    0.0780    0.2002
   -0.2925   -0.4033   -0.2275   -0.1038    0.4360    0.7065
   -0.2078    0.6700   -0.3951   -0.5888    0.0260    0.0667
   -0.5099    0.0597   -0.1097    0.2869    0.5946   -0.5371
   -0.5316    0.1887   -0.1914    0.5341   -0.5485    0.2429

S =
   17.7139         0         0         0
         0    6.3917         0         0
         0         0    3.0980         0
         0         0         0    1.3290
         0         0         0         0
         0         0         0         0

Vtranspose =
   -0.5710   -0.2228    0.6749    0.4109
   -0.4275   -0.5172   -0.6929    0.2637
   -0.3846    0.8246   -0.2532    0.3286
   -0.5859    0.0532    0.0140   -0.8085
```

依照 SVD 計算公式：

$$A = USV^{\mathrm{T}} \tag{14.1}$$

其中，U、S 和 V 分別為分解後的小矩陣，通常更關注 S 矩陣，S 矩陣的每一個值都代表該位置的重要性指標，它與降維演算法中的特徵值和特徵向量的關係類似。

如果只在 S 矩陣中選擇一部分比較重要的特徵值，對應的 U 和 V 矩陣也會發生改變，例如只保留 2 個特徵值。

U		S		V.transpose	
-0.4472	0.5373	17.7139	0.0000	-0.5710	0.2228
-0.3586	-0.2461	0.0000	6.3917	-0.4275	0.5172
-0.2925	0.4033			-0.3846	-0.8246
-0.2078	-0.6700			-0.5859	-0.0532
-0.5099	-0.0597				
-0.5316	-0.1887				

再把上面 3 個矩陣相乘，即 $A2=\boldsymbol{USV}^{\mathrm{T}}$，結果如下：

$$A2=\begin{bmatrix} 5.2885 & 5.1627 & 0.2149 & 4.4591 \\ 3.2768 & 1.9021 & 3.7400 & 3.8058 \\ 3.5324 & 3.5479 & -0.1332 & 2.8984 \\ 1.1475 & -0.6417 & 4.9472 & 2.3846 \\ 5.0727 & 3.6640 & 3.7887 & 5.3130 \\ 5.1086 & 3.4019 & 4.6166 & 5.5822 \end{bmatrix}$$

比較矩陣 $A2$ 和矩陣 A，可以發現二者之間的數值很接近。如果將 U 矩陣的第一列當成 x 值，第二列當成 y 值，也就是把 U 矩陣的每一行在二維空間中進行展示。同理 V 矩陣也是相同操作，可以獲得一個有趣的結果。

SVD 矩陣分解後的意義如圖 14-4 所示，可以看出使用者之間以及商品之間的相似性關係，假設現在有一個名叫 Flower 的新使用者，已知該使用者對各個商品的評分向量為 [5 5 0 0 0 5]，需要向這個使用者進行商品的推薦，也就是根據這個使用者的評分向量尋找與該使用者相似的使用者，進行以下計算：

$$\mathrm{Flower}_{2D}=\mathrm{Flower}^{\mathrm{T}}U_2S_2$$

$$=\begin{bmatrix}550005\end{bmatrix}\begin{bmatrix} -0.4472 & 0.5373 \\ -0.3586 & -0.2461 \\ -0.2925 & -0.4033 \\ -0.2078 & -0.6700 \\ -0.5099 & -0.0597 \\ -0.5316 & -0.1187 \end{bmatrix}\begin{bmatrix} 17.7139 & 0 \\ 0 & 6.3917 \end{bmatrix}$$

$$=\begin{bmatrix}-0.3775 & 0.0802\end{bmatrix}$$

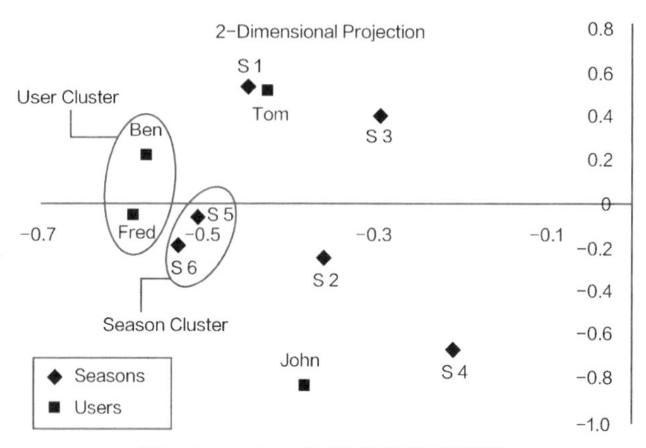

圖 14-4　SVD 矩陣分解後的意義

現在可以在上述的二維座標中尋找這個座標點，然後看這個點與其他點的相似度，根據相似程度進行推薦。

14.3.2 使用 SVD 演算法進行音樂推薦

在 SVD 中所需的資料是使用者對商品的評分，但在現在的資料集中，只有使用者播放歌曲的情況，並沒有實際的評分值，所以，需要定義使用者對每首歌曲的評分值。如果一個使用者喜歡某首歌曲，他應該經常播放這首歌曲；相反，如果不喜歡某首歌曲，播放次數一定比較少。

大師說：在建模過程中，使用工具套件非常方便，但是一定要知道輸入的是什麼資料，倒推也是不錯的想法，先知道想要輸入什麼，然後再對資料進行處理操作。

使用者對歌曲的評分值，定義為使用者播放該歌曲數量 / 該使用者播放總量。程式如下：

In

```
triplet_dataset_sub_song_merged_sum_df=triplet_dataset_sub_song_merged[['user','listen_count']].groupby('user').sum().reset_index()
triplet_dataset_sub_song_merged_sum_df.rename(columns={'listen_count':'total_listen_count'},inplace=True)
triplet_dataset_sub_song_merged=pd.merge(triplet_dataset_sub_song_merged,triplet_dataset_sub_song_merged_sum_df)
triplet_dataset_sub_song_merged.head()
# 算比例
```

	triplet_dataset_sub_song_merged['fractional_play_count']=triplet_dataset_sub_song_merged['listen_count']/triplet_dataset_sub_song_merged['total_listen_count']
Out	(see table below)

	user	song	listen_count	fractional_play_count
0	d6589314c0a9bcbca4fee0c93b14bc402363afea	SOADQPP12A67020C82	12	0.036474
1	d6589314c0a9bcbca4fee0c93b14bc402363afea	SOAFTRR12AF72A8D4D	1	0.003040
2	d6589314c0a9bcbca4fee0c93b14bc402363afea	SOANQFY12AB0183239	1	0.003040
3	d6589314c0a9bcbca4fee0c93b14bc402363afea	SOAYATB12A6701FD50	1	0.003040
4	d6589314c0a9bcbca4fee0c93b14bc402363afea	SOBOAFP12A8C131F36	7	0.021277

上述程式先根據使用者進行分組，計算每個使用者的總播放量，然後用每首歌曲的播放量除以該使用者的總播放量。最後一列特徵 fractional_play_count 就是使用者對每首歌曲的評分值。

評分值確定之後，就可以建置矩陣了，這裡有一些小問題需要處理，原始資料中，無論是使用者 ID 還是歌曲 ID 都是很長一串，表達起來不太方便，需要重新對其製作索引。

In	user_codes[user_codes.user=='2a2f776cbac6df64d6cb505e7e834e01684673b6']
Out	(see table below)

	user_index	user
27516	2981434	2a2f776cbac6df64d6cb505e7e834e01684673b6

在矩陣中，知道使用者 ID、歌曲 ID、評分值就足夠了，需要去掉其他指標（見圖 14-5）。由於資料集比較稀疏，為了計算、儲存的高效，可以用索引和評分表示需要的數值，其他位置均為 0。

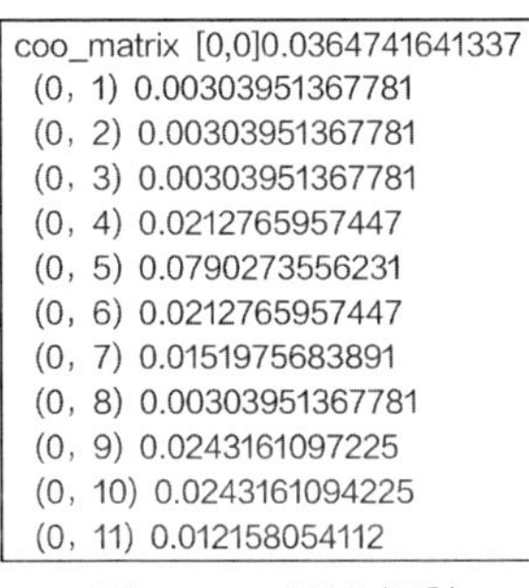
```
coo_matrix [0,0]0.0364741641337
  (0, 1) 0.00303951367781
  (0, 2) 0.00303951367781
  (0, 3) 0.00303951367781
  (0, 4) 0.0212765957447
  (0, 5) 0.0790273556231
  (0, 6) 0.0212765957447
  (0, 7) 0.0151975683891
  (0, 8) 0.00303951367781
  (0, 9) 0.0243161097225
  (0, 10) 0.0243161094225
  (0, 11) 0.012158054112
```

圖 14-5　評分矩陣

整體實現程式如下：

In
```
from scipy.sparse import coo_matrix
small_set = triplet_dataset_sub_song_merged
user_codes = small_set.user.drop_duplicates().reset_index()
song_codes = small_set.song.drop_duplicates().reset_index()
user_codes.rename(columns={'index':'user_index'}, inplace=True)
song_codes.rename(columns={'index':'song_index'}, inplace=True)
song_codes['so_index_value'] = list(song_codes.index)
user_codes['us_index_value'] = list(user_codes.index)
small_set = pd.merge(small_set,song_codes,how='left')
small_set = pd.merge(small_set,user_codes,how='left')
mat_candidate = small_set[['us_index_value','so_index_value','fractional_
play_count']]
data_array = mat_candidate.fractional_play_count.values
row_array = mat_candidate.us_index_value.values
col_array = mat_candidate.so_index_value.values
```

矩陣建置好之後，就要執行 SVD 矩陣分解，這裡還需要一些額外的工具套件完成計算，scipy 就是其中一個好幫手，裡面已經封裝好 SVD 計算方法。

In
```
import math as mt
from scipy.sparse.linalg import * #used for matrix multiplication
from scipy.sparse.linalg import svds
from scipy.sparse import csc_matrix
```

在執行 SVD 的時候，需要額外指定 K 值，其含義就是選擇前多少個特徵值來做近似代表，也就是 S 矩陣的維數。如果 K 值較大，整體的計算效率會慢一些，但是會更接近真實結果，這個值需要自己衡量。

In
```
def compute_svd(urm, K):
  U, s, Vt = svds(urm, K)
  dim = (len(s), len(s))
  S = np.zeros(dim, dtype=np.float32)
  for i in range(0, len(s)):
    S[i,i] = mt.sqrt(s[i])
  U = csc_matrix(U, dtype=np.float32)
  S = csc_matrix(S, dtype=np.float32)
  Vt = csc_matrix(Vt, dtype=np.float32)
  return U, S, Vt
```

此處選擇的 K 值等於 50，其中 PID 表示最開始選擇的部分歌曲，UID 表示選擇的部分使用者。

```
In      K=50
        urm = data_sparse
        MAX_PID = urm.shape[1]
        MAX_UID = urm.shape[0]
        U, S, Vt = compute_svd(urm, K)
```

執行過程中，還可以列印出各個矩陣的大小，並進行觀察分析。

大師說：強烈建議大家將程式複製到 IDE 中，打上中斷點一行一行地走下去，觀察其中每一個變數的值，這對了解整個流程非常有幫助。

接下來需要選擇待測試使用者：

```
In      uTest = [4,5,6,7,8,873,23]
```

隨便選擇一些使用者就好，其中的數值表示使用者的索引編號，接下來需要對每一個使用者計算其對候選集中 3 萬首歌曲的喜好程度，也就是估計他對這 3 萬首歌的評分值應該等於多少，前面透過 SVD 矩陣分解已經計算出所需的各個小矩陣，接下來把其還原回去即可：

```
In      def compute_estimated_matrix(urm, U, S, Vt, uTest, K, test):
          rightTerm = S*Vt
          max_recommendation = 250
          estimatedRatings = np.zeros(shape=(MAX_UID, MAX_PID), dtype=np.
        float16)
          recomendRatings=np.zeros(shape=(MAX_UID,max_recommendation),
        dtype=np.
        float16)
          for userTest in uTest:
            prod = U[userTest, :]*rightTerm
            estimatedRatings[userTest, :] = prod.todense()
        recomendRatings[userTest,:]=(-estimatedRatings[userTest, :]).argsort()[:max_
        recommendation]
        return recomendRatings
        uTest_recommended_items = compute_estimated_matrix(urm, U, S, Vt, uTest,
        K, True)
```

計算好推薦結果之後，可以進行列印展示：

<table>
<tr><td>In</td><td>

```
for user in uTest:
  print("Recommendation for user with user id {}". format(user))
  rank_value = 1
  for i in uTest_recommended_items[user,0:10]:

song_details=small_set[small_set.so_index_value==i].drop_duplicates('so_
index_value')[['title','artist_name']]
    print("The number {} recommended song is {} BY {}".format(rank_
value, list(song_details['title'])[0],list(song_details['artist_name'])[0]))
    rank_value+=1
```

</td></tr>
<tr><td>Out</td><td>

目前待推薦使用者編號 4
推薦編號：1 推薦歌曲：Fireflies 作者：Charttraxx Karaoke
推薦編號：2 推薦歌曲：Hey_ Soul Sister 作者：Train
推薦編號：3 推薦歌曲：OMG 作者：Usher featuring will.i.am
推薦編號：4 推薦歌曲：Lucky (Album Version) 作者：Jason Mraz & Colbie Caillat
推薦編號：5 推薦歌曲：Vanilla Twilight 作者：Owl City
推薦編號：6 推薦歌曲：Crumpshit 作者：Philippe Rochard
推薦編號：7 推薦歌曲：Billionaire [feat. Bruno Mars] (Explicit Album Version) 作者：Travie McCoy
推薦編號：8 推薦歌曲：Love Story 作者：Taylor Swift
推薦編號：9 推薦歌曲：TULENLIEKKI 作者：M.A. Numminen
推薦編號：10 推薦歌曲：Use Somebody 作者：Kings Of Leon
目前待推薦使用者編號 5
推薦編號：1 推薦歌曲：Sehr kosmisch 作者：Harmonia
推薦編號：2 推薦歌曲：Ain't Misbehavin 作者：Sam Cooke
推薦編號：3 推薦歌曲：Dog Days Are Over (Radio Edit) 作者：Florence + The Machine
推薦編號：4 推薦歌曲：Revelry 作者：Kings Of Leon
推薦編號：5 推薦歌曲：Undo 作者：BjÃ rk
推薦編號：6 推薦歌曲：Cosmic Love 作者：Florence + The Machine
推薦編號：7 推薦歌曲：Home 作者：Edward Sharpe & The Magnetic Zeros
推薦編號：8 推薦歌曲：You've Got The Love 作者：Florence + The Machine
推薦編號：9 推薦歌曲：Bring Me To Life 作者：Evanescence
推薦編號：10 推薦歌曲：Tighten Up 作者：The Black Keys
目前待推薦使用者編號 6
推薦編號：1 推薦歌曲：Crumpshit 作者：Philippe Rochard

</td></tr>
</table>

```
推薦編號：2 推薦歌曲：Marry Me 作者：Train
推薦編號：3 推薦歌曲：Hey_ Soul Sister 作者：Train
推薦編號：4 推薦歌曲：Lucky (Album Version) 作者：Jason Mraz & Colbie
Caillat
推薦編號：5 推薦歌曲：One On One 作者：the bird and the bee
推薦編號：6 推薦歌曲：I Never Told You 作者：Colbie Caillat
推薦編號：7 推薦歌曲：Canada 作者：Five Iron Frenzy
推薦編號：8 推薦歌曲：Fireflies 作者：Charttraxx Karaoke
推薦編號：9 推薦歌曲：TULENLIEKKI 作者：M.A. Numminen
推薦編號：10 推薦歌曲：Bring Me To Life 作者：Evanescence
目前待推薦使用者編號 7
推薦編號：1 推薦歌曲：Behind The Sea [Live In Chicago] 作者：Panic At The
Disco
推薦編號：2 推薦歌曲：The City Is At War (Album Version) 作者：Cobra
Starship
推薦編號：3 推薦歌曲：Dead Souls 作者：Nine Inch Nails
推薦編號：4 推薦歌曲：Una Confusion 作者：LU
推薦編號：5 推薦歌曲：Home 作者：Edward Sharpe & The Magnetic Zeros
推薦編號：6 推薦歌曲：Climbing Up The Walls 作者：Radiohead
推薦編號：7 推薦歌曲：Tighten Up 作者：The Black Keys
推薦編號：8 推薦歌曲：Tive Sim 作者：Cartola
推薦編號：9 推薦歌曲：West One (Shine On Me) 作者：The Ruts
推薦編號：10 推薦歌曲：Cosmic Love 作者：Florence + The Machine
目前待推薦使用者編號 8
推薦編號：1 推薦歌曲：Undo 作者：BjÃ rk
推薦編號：2 推薦歌曲：Canada 作者：Five Iron Frenzy
推薦編號：3 推薦歌曲：Better To Reign In Hell 作者：Cradle Of Filth
推薦編號：4 推薦歌曲：Unite (2009 Digital Remaster) 作者：Beastie Boys
推薦編號：5 推薦歌曲：Behind The Sea [Live In Chicago] 作者：Panic At The
Disco
推薦編號：6 推薦歌曲：Rockin' Around The Christmas Tree 作者：Brenda Lee
推薦編號：7 推薦歌曲：Devil's Slide 作者：Joe Satriani
推薦編號：8 推薦歌曲：Revelry 作者：Kings Of Leon
推薦編號：9 推薦歌曲：16 Candles 作者：The Crests
推薦編號：10 推薦歌曲：Catch You Baby (Steve Pitron & Max Sanna Radio E
dit) 作者：Lonnie Gordon
目前待推薦使用者編號 873
推薦編號：1 推薦歌曲：The Scientist 作者：Coldplay
推薦編號：2 推薦歌曲：Yellow 作者：Coldplay
```

```
推薦編號：3 推薦歌曲：Clocks 作者：Coldplay
推薦編號：4 推薦歌曲：Fix You 作者：Coldplay
推薦編號：5 推薦歌曲：In My Place 作者：Coldplay
推薦編號：6 推薦歌曲：Shiver 作者：Coldplay
推薦編號：7 推薦歌曲：Speed Of Sound 作者：Coldplay
推薦編號：8 推薦歌曲：Creep (Explicit) 作者：Radiohead
推薦編號：9 推薦歌曲：Sparks 作者：Coldplay
推薦編號：10 推薦歌曲：Use Somebody 作者：Kings Of Leon
目前待推薦使用者編號 23
推薦編號：1 推薦歌曲：Garden Of Eden 作者：Guns N' Roses
推薦編號：2 推薦歌曲：Don't Speak 作者：John DahlbÃ¤ck
推薦編號：3 推薦歌曲：Master Of Puppets 作者：Metallica
推薦編號：4 推薦歌曲：TULENLIEKKI 作者：M.A. Numminen
推薦編號：5 推薦歌曲：Bring Me To Life 作者：Evanescence
推薦編號：6 推薦歌曲：Kryptonite 作者：3 Doors Down
推薦編號：7 推薦歌曲：Make Her Say 作者：Kid Cudi / Kanye West /
Common
推薦編號：8 推薦歌曲：Night Village 作者：Deep Forest
推薦編號：9 推薦歌曲：Better To Reign In Hell 作者：Cradle Of Filth
推薦編號：10 推薦歌曲：Xanadu 作者：Olivia Newton-John;Electric Light
Orchestra
```

輸出結果顯示每一個使用者都獲得了與其對應的推薦結果，並且將結果按照得分值進行排序，也就完成了推薦工作。從整體效率上比較，還是優於相似度計算的方法。

專案歸納

本章選擇音樂資料集進行個性化推薦工作，首先對資料進行前置處理和整合，並選擇兩種方法分別完成推薦工作。在相似度計算中，根據使用者所聽過的歌曲，在候選集中選擇與其最相似的歌曲，存在的問題就是計算消耗太多，每一個使用者都需要重新計算一遍，才能得出推薦結果。在 SVD 矩陣分解的方法中，首先建置評分矩陣，SVD 分解，然後選擇待推薦使用者，還原獲得其對所有歌曲的估測評分值，最後排序，傳回結果即可。

Chapter

15

降維演算法

如果拿到的資料特徵過於龐大，一方面會使得計算工作變得繁重；另一方面，如果資料特徵還有問題，可能會對結果造成不利的影響。降維是機器學習領域中經常使用的資料處理方法，一般透過某種對映方法，將原始高維空間中的資料點對映到低維度的空間中，本章將從原理和實作的角度介紹兩種經典的降維演算法——線性判別分析和主成分分析。

15.1 線性判別分析

線性判別式分析（Linear Discriminant Analysis, LDA），也叫作 Fisher 線性判別（Fisher Linear Discriminant, FLD），最開始用於處理機器學習中的分類工作，但是由於其對資料特徵進行了降維投影，使其成為一種經典的降維方法。

15.1.1 降維原理概述

線性判別分析屬於有監督學習演算法，也就是資料中必須要有明確的類別標籤，它不僅能用來降維，還可以處理分類工作，不過，更多用於降維。下面透過一個小實例來感受下降維的作用。這個遊戲需要透過不斷地尋找最合適的投影面，來觀察原始物體的形狀，如圖 15-1 所示。降維工作與之十分類似，也是透過找到最合適的投影方向，使得原始資料更容易被電腦了解並利用。

圖 15-1　投影的意義

接下來，透過實例說明降維的過程。假設有兩種資料點，如圖 15-2 所示。由於資料點都是二維特徵，需要將其降到一維，也就是需要找到一個最合適的投影方向把這些資料點全部對映過去。圖 15-2（a）、（b）分別是選擇兩個投影方向後的結果，那麼，究竟哪一個更好呢？

從投影結果上觀察，圖 15-2（a）中的資料點經過投影後依舊有一部分混在一起，區別效果有待加強。

圖 15-2（b）中的資料點經過投影後，沒有混合，區別效果比圖 15-2（a）更好一些。因此，我們當然會選擇圖 15-2（b）所示的降維方法，由此可見，降維不僅要壓縮資料的特徵，還需要尋找最合適的方向，使得壓縮後的資料更有利用價值。

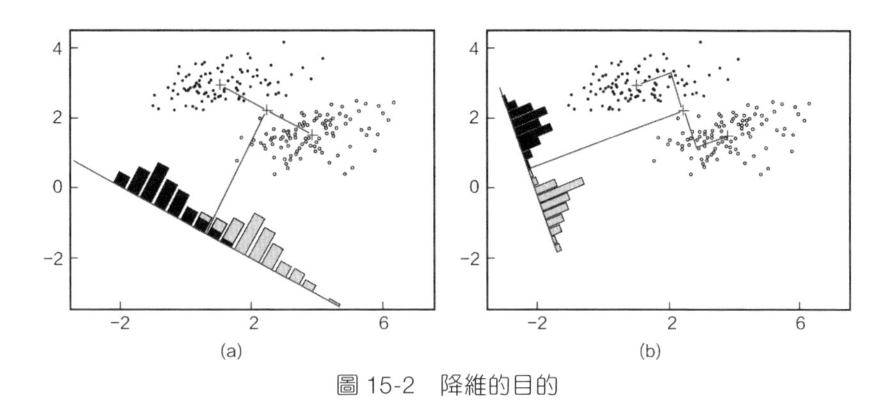

圖 15-2　降維的目的

由圖 15-2 可知，線性判別分析的原理可以這樣了解：工作目標就是要找到最合適的投影方向，這個方向可以是多維的。

為了把降維工作做得更圓滿，提出了兩個目標。

1. 對於不同類別的資料點，希望其經過投影後能離得越遠越好，也就是兩種資料點區別得越明顯越好，不要混在一起。
2. 對於同類別的資料點，希望它們能更集中，離組織的中心越近越好。

接下來的工作就是完成這兩個目標，這也是線性判別分析的核心最佳化目標，降維工作就是找到能同時滿足這兩個目標的投影方向。

15.1.2 最佳化的目標

投影就是透過矩陣轉換的方式把資料對映到最適合做分類的方向上：

$$y = w^{\mathrm{T}} x \qquad (15.1)$$

其中，x 表示當前資料所在空間，也就是原始資料；y 表示降維後的資料。最終的目標也很明顯，就是找到最合適的轉換方向，即求解出參數 W。除了降維工作中提出的兩個目標，還需要定義一下距離這個概念，例如「群聚」該怎麼表現呢？這裡用資料點的平均值來表示其中心位置，如果每一個資料點都離中心很近，它們就「群聚」在一起了。中心點位置計算方法如下：

$$\mu_i = \frac{1}{N_i} \sum_{x \in \omega_i} x \qquad (15.2)$$

對於多分類問題，也可以獲得各自類別的中心點，不同類別需要各自計算，這就是為什麼要強調線性判別分析是一個有監督問題，因為需要各個類別分別進行計算，所以每一個資料點是什麼類別，必須在標籤中列出。

在降維演算法中，其實我們更關心的並不是原始資料集中資料點的群聚情況，而是降維後的結果，因此，可知投影後中心點位置為：

$$\tilde{\mu}_i = \frac{1}{N_i}\sum_{x \in w_i} w^{\mathrm{T}} x = w^{\mathrm{T}} \mu_i \qquad (15.3)$$

由式（15.3）可以獲得投影後的中心點計算方法，按照之前制定的目標，對一個二分類工作來說，應當使得這兩種資料點的中心離得越遠越好，這樣才能更進一步地區分它們：

$$J(w) = \left|\tilde{\mu}_1 - \tilde{\mu}_2\right| = \left|w^{\mathrm{T}}(\mu_1 - \mu_2)\right| \qquad (15.4)$$

現在可以把 $J(w)$ 當作目標函數，目標是希望其值能夠越大越好，但是只讓不同類別投影後的中心點越遠可以達到我們期望的結果嗎？

對於圖 15-3 所示的樣本資料，假設只能在 x_1 和 x_2 兩方向進行投影，如果按照之前定義的$J(w)$，顯然 x_1 方向更合適，但是投影後兩種資料點依舊有很多重合在一起，而 x_2 方向上的投影結果是兩類別資料點重合較少；因此，x_2 方向更好。

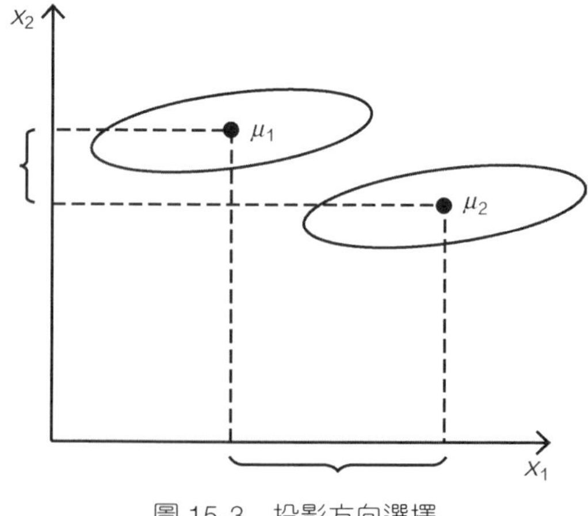

圖 15-3　投影方向選擇

這個問題就有關要最佳化的另一個目標，不僅要考慮不同類別之間要區分開，還要考慮同類樣本點應當盡可能聚集在一起。顯然在圖 15-3 中，x_1 方向不滿足這個條件，因為在 x_1 方向上，同類別樣本變得更分散，不夠集中。

我們還可以使用另一個度量指標——雜湊值（scatter），表示同質資料樣本點的離散程度，定義如下：

$$\tilde{s}_t^{\ 2} = \sum_{y \in Y_i} (y - \tilde{\mu}_i)^2 \tag{15.5}$$

其中，y 表示經過投影後的資料點，從式（15.5）中可以看出，雜湊值表示樣本點的密集程度，其值越大，表示越分散；反之，則越集中。定義好要最佳化的兩個目標後，接下來就是求解了。

15.1.3 線性判別分析求解

上一小節已經介紹了降維後想要得到的目標，現在把它們綜合在一起，但是最佳化的目標有兩個，那麼如何才能整合它們呢？

既然要最大化不同類別之間的距離，那就把它當作分子；最小化同類樣本之間的離散程度，那就把它當作分母，最後整體的 $J(W)$ 依舊求其極大值即可。

$$J(w) = \frac{\left|\tilde{\mu}_1 - \tilde{\mu}_2\right|^2}{\tilde{s}_1^{\ 2} + \tilde{s}_2^{\ 2}} \tag{15.6}$$

在公式推導過程中，牢記最後的要求依舊是尋找最合適的投影方向，先把雜湊值公式展開：

$$\begin{aligned} \tilde{S}_t^{\ 2} &= \sum_{y \in Y_i} (y - \mu_i)^2 = \sum_{y \in Y_i} (w^{\mathrm{T}} x - w^{\mathrm{T}} \mu_i)^2 \\ &= \sum_{y \in Y_i} w^{\mathrm{T}} (x - \mu_i)(x - \mu_i)^{\mathrm{T}} w \end{aligned} \tag{15.7}$$

為了化簡方便，則令：

$$S_i = \sum_{x \in X_i} (x - \mu_i)(x - \mu_i)^{\mathrm{T}} \tag{15.8}$$

式（15.8）稱為散佈矩陣（scatter matrices）。

由此可以定義類別內散佈矩陣為：

$$S_w = S_1 + S_2 \tag{15.9}$$

將式（15.9）代入式（15.7），可得：

$$\tilde{s}_1^2 + \tilde{s}_2^2 = w^{\mathrm{T}} S_w w \tag{15.10}$$

對式（15.6）分子進行展開可得：

$$(\tilde{\mu}_1 - \tilde{\mu}_2)^2 = (w^{\mathrm{T}}\mu_1 - w^{\mathrm{T}}\mu_2)^2 = w^{\mathrm{T}}(\mu_1 - \mu_2)(\mu_1 - \mu_2)^{\mathrm{T}} w = w^{\mathrm{T}} S_B w \tag{15.11}$$

其中，S_B 為類別間散佈矩陣。

目標函數 $J(w)$ 最後可以表示為：

$$J(w) = \frac{w^{\mathrm{T}} S_B w}{w^{\mathrm{T}} S_w w} \tag{15.12}$$

對於雜湊矩陣 S_B 和 S_W，只要有資料和標籤即可求解。但是如何求解最後的結果呢？如果對分子和分母同時求解，就會有無窮多解，通用的解決方案是先固定分母，經過放縮轉換後，將其值限定為 1，則令：

$$w^{\mathrm{T}} S_w w = 1 \tag{15.13}$$

在此條件下求 $w^{\mathrm{T}} S_B w$ 的極大值點，利用拉格朗日乘子法可得：

$$\begin{aligned} c(w) &= w^{\mathrm{T}} S_B w - \lambda(w^{\mathrm{T}} S_w w - 1) \\ &\Rightarrow \frac{\mathrm{d}c}{\mathrm{d}w} = 2S_B w - 2\lambda S_w w = 0 \\ &\Rightarrow S_B w = \lambda S_w w \end{aligned} \tag{15.14}$$

既然目標是找投影方向，也就是 w，將式（15.14）左右兩邊同時乘以S_w^{-1}可得：

$$S_w^{-1} S_B w = \lambda w \tag{15.15}$$

觀察一下式（15.15），它與線性代數中的特徵向量有點像，如果把$S_w^{-1}S_B$當作一個整體，那麼 w 就是其特徵向量，問題到此迎刃而解。在線性判別分析中，其實只需要得到類別內和類別間散佈矩陣，然後求其特徵向量，就可以獲得投影方向，然後，只需要對資料執行對應的矩陣轉換，就完成全部降維操作。

15.1.4 Python 實現線性判別分析降維

下面要在非常經典的「鳶尾花」資料集上使用線性判別分析完成降維工作。鳶尾花資料集可從該連結下載：https://archive.ics.uci.edu/ml/datasets/Iris，也可以從 sklearn 函數庫內建的資料集中取得。資料集中含有 3 類別、共 150 筆鳶尾花基本資料，其中山鳶尾、變色鳶尾、維吉尼亞鳶尾各有 50 筆資料，每筆資料封包含萼片長度（單位：公釐）、萼片寬度、花瓣長度、花瓣寬度 4 種特徵。

首先讀取資料集，程式如下：

In
```
# 自己定義列名稱
feature_dict = {i:label for i,label in zip(
    range(4),
      ('sepal length in cm',
      'sepal width in cm',
      'petal length in cm',
      'petal width in cm', ))}

import pandas as pd
# 資料讀取，大家可以先下載後直接讀取
df = pd.io.parsers.read_csv(
  filepath_or_buffer='https://archive.ics.uci.edu/ml/machine-lear ning-
databases/iris/iris.data',
  header=None,
  sep=',',
  )
# 指定列名稱
df.columns = [l for i,l in sorted(feature_dict.items())] + ['class label']
df.head()
```

Out

	sepal length in cm	sepal width in cm	petal length in cm	petal width in cm	class label
0	5.1	3.5	1.4	0.2	Iris-setosa
1	4.9	3.0	1.4	0.2	Iris-setosa
2	4.7	3.2	1.3	0.2	Iris-setosa
3	4.6	3.1	1.5	0.2	Iris-setosa
4	5.0	3.6	1.4	0.2	Iris-setosa

$$\boldsymbol{X} = \begin{bmatrix} x1_{\text{sepal length}} & x1_{\text{sepal width}} & x1_{\text{petal length}} & x1_{\text{petal width}} \\ x2_{\text{sepal length}} & x2_{\text{sepal width}} & x2_{\text{petal length}} & x2_{\text{petal width}} \\ \cdots & & & \\ x150_{\text{sepal length}} & x150_{\text{sepal width}} & x150_{\text{petal length}} & x150_{\text{petal width}} \end{bmatrix}, \ \boldsymbol{y} = \begin{bmatrix} \omega_{\text{setosa}} \\ \omega_{\text{setosa}} \\ \cdots \\ \omega_{\text{virginica}} \end{bmatrix}$$

資料集共有 150 筆資料，每筆資料有 4 個特徵，現在需要將四維特徵降成二維。觀察輸出結果可以發現，其特徵已經是數值資料，不需要做額外處理，但是需要轉換一索引籤：

In

```
from sklearn.preprocessing import LabelEncoder

X = df[['sepal length in cm','sepal width in cm','petal length in cm','petal
width in cm']].values
y = df['class label'].values
# 製作標籤 {1: 'Setosa', 2: 'Versicolor', 3:'Virginica'}
enc = LabelEncoder()
label_encoder = enc.fit(y)
y = label_encoder.transform(y) + 1
```

上述程式使用了 sklearn 工具套件中的 LabelEncoder 用於快速完成標籤轉換，可以發現基本上所有 sklearn 中的資料處理操作都是分兩步走，先 fit 再 transform，轉換結果如圖 15-4 所示。

$$\boldsymbol{y} = \begin{bmatrix} \text{setosa} \\ \text{setosa} \\ \cdots \\ \text{virginica} \end{bmatrix} \Rightarrow \begin{bmatrix} 1 \\ 1 \\ \cdots \\ 3 \end{bmatrix}$$

圖 15-4　標籤轉換

在計算過程中需要基於平均值來判斷距離，因此先要對資料中各個特徵求平均值，但是只求 4 個特徵的平均值能滿足要求嗎？不要忘記工作中還有 3 種花，相當於 3 個類別，所以也要對每種花分別求其各個特徵的平均值：

$$m_i = \begin{bmatrix} \mu_{wi(\text{sepal length})} \\ \mu_{wi(\text{sepal width})} \\ \mu_{wi(\text{petal length})} \\ \mu_{wi(\text{petal width})} \end{bmatrix}, \text{ with } i = 1, 2, 3 \tag{15.16}$$

In

```
import numpy as np
# 設定小數點的位數
np.set_printoptions(precision=4)
# 這裡會儲存所有的平均值
mean_vectors = [] In
# 要計算 3 個類別
for cl in range(1,4):
  # 求目前類別各個特徵平均值
  mean_vectors.append(np.mean(X[y==cl], axis=0))
  print(' 平均值類別 %s: %s\n' %(cl, mean_vectors[cl-1]))
  平均值類別 1: [ 5.006  3.418  1.464  0.244]
  平均值類別 2: [ 5.936  2.77   4.26   1.326]
  平均值類別 3: [ 6.588  2.974  5.552  2.026]
```

接下來計算類別內散佈矩陣：

$$\begin{aligned} S_W &= \sum_{i=1}^{c} S_i \\ S_i &= \sum_{z \in D_i}^{n} (x - m_i)(x - m_i)^{\mathrm{T}} \\ m_i &= \frac{1}{n_i} \sum_{x \in D_i}^{n} x_k \end{aligned} \tag{15.17}$$

In

```
In# 原始資料中有 4 個特徵
S_W = np.zeros((4,4))
# 要考慮不同類別，自己算自己的
for cl,mv in zip(range(1,4), mean_vectors):
  class_sc_mat = np.zeros((4,4))
  # 勾選屬於目前類別的資料
  for row in X[y == cl]:
```

```
    # 這裡相當於對各個特徵分別進行計算，用矩陣的形式
    row, mv = row.reshape(4,1), mv.reshape(4,1)
    # 跟公式一樣
    class_sc_mat += (row-mv).dot((row-mv).T)
  S_W += class_sc_mat
print(' 類內散佈矩陣 :\n', S_W)
```

Out

```
類內散佈矩陣 :
 [[ 38.9562  13.683   24.614   5.6556]
 [ 13.683   17.035   8.12     4.9132]
 [ 24.614   8.12     27.22    6.2536]
 [  5.6556  4.9132   6.2536   6.1756]]
```

繼續計算類別間散佈矩陣：

$$S_B = \sum_{i=1}^{c} N_i (m_i - m)(m_i - m)^{\mathrm{T}} \quad (15.18)$$

式中，m 為全域平均值；m_i 為各個類別的平均值；N_i 為樣本個數。

In

```
# 全域平均值
overall_mean = np.mean(X, axis=0)
# 建置類別間散佈矩陣
S_B = np.zeros((4,4))
# 對各個類別進行計算
for i,mean_vec in enumerate(mean_vectors):
  # 目前類別的樣本數
  n = X[y==i+1,:].shape[0]
  mean_vec = mean_vec.reshape(4,1)
  overall_mean = overall_mean.reshape(4,1)
  # 如上述公式進行計算
  S_B += n * (mean_vec - overall_mean).dot((mean_vec - overall_mean).T)

print(' 類別間散佈矩陣 :\n', S_B)
```

Out

```
類別間散佈矩陣 :
 [[  63.2121  -19.534   165.1647   71.3631]
 [ -19.534    10.9776  -56.0552  -22.4924]
 [ 165.1647  -56.0552  436.6437  186.9081]
 [  71.3631  -22.4924  186.9081   80.6041]]
```

獲得類別內和類別間散佈矩陣後，還需將它們組合在一起，然後求解矩陣的特徵向量：

In

```
# 求解矩陣特徵值、特徵向量
eig_vals, eig_vecs = np.linalg.eig(np.linalg.inv(S_W).dot(S_B))
# 獲得每一個特徵值和其所對應的特徵向量
for i in range(len(eig_vals)):
    eigvec_sc = eig_vecs[:,i].reshape(4,1)
    print('\n 特徵向量 {}: \n{}'.format(i+1, eigvec_sc.real))
    print(' 特徵值 {:}: {:.2e}'.format(i+1, eig_vals[i].real))
```

Out

```
特徵向量 1:            特徵向量 2:            特徵向量 3:            特徵向量 4:
[[-0.2049]             [[-0.009 ]             [[-0.8844]             [[-0.2234]
[-0.3871]              [-0.589 ]              [ 0.2854]              [-0.2523]
[ 0.5465]              [ 0.2543]              [ 0.258 ]              [-0.326 ]
[ 0.7138]]             [-0.767 ]]             [ 0.2643]]             [ 0.8833]]
特徵值 1: 3.23e+01     特徵值 2: 2.78e-01     特徵值 3: 3.42e-15     特徵值 4: 1.15e-14
```

輸出結果獲得 4 個特徵值和其所對應的特徵向量。特徵向量直接觀察起來比較麻煩，因為投影方向在高維上很難了解；特徵值還是比較直觀的，這裡可以認為特徵值代表的是其所對應特徵向量的重要程度，也就是特徵值越大，其所對應的特徵向量就越重要，所以接下來可以對特徵值按大小進行排序，排在前面的越重要，排在後面的就沒那麼重要了。

In

```
# 特徵值和特徵向量配對
eig_pairs = [(np.abs(eig_vals[i]), eig_vecs[:,i]) for i in range(len(eig_vals))]
# 按特徵值大小進行排序
eig_pairs = sorted(eig_pairs, key=lambda k: k[0], reverse=True)
print(' 特徵值排序結果 :\n')
for i in eig_pairs:
    print(i[0])
```

Out

```
32.2719577997
0.27756686384
1.14833622793e-14
3.42245892085e-15
```

In

```
print(' 特徵值佔整體百分比 :\n')
eigv_sum = sum(eig_vals)
for i,j in enumerate(eig_pairs):
    print(' 特徵值 {0:}: {1:.2%}'.format(i+1, (j[0]/eigv_sum).real))
```

Out

```
特徵值 1: 99.15%
特徵值 2: 0.85%
特徵值 3: 0.00%
特徵值 4: 0.00%
```

可以看出，列印出來的結果差異很大，第一個特徵值佔據總體的 99.15%，第二個特徵值只佔 0.85%，第三和第四個特徵值，看起來微不足道。這表示對鳶尾花資料進行降維時，可以把特徵資料降到二維甚至一維，但沒必要降到 3D。

既然已經有結論，選擇把資料降到二維，只需選擇特徵值 1、特徵值 2 所對應的特徵向量即可：

In	W = np.hstack((eig_pairs[0][1].reshape(4,1), eig_pairs[1][1].reshape(4,1))) print(' 矩陣 W:\n', W.real)
Out	矩陣 W: [[-0.2049 -0.009] [-0.3871 -0.589] [0.5465 0.2543] [0.7138 -0.767]]

這也是最後所需的投影方向，只需和原始資料組合，就可以獲得降維結果：

In	# 執行降維操作
	X_lda = X.dot(W)
	X_lda.shape

Out	(150, 2)

現在可以看到資料維度從原始的（150,4）降到（150,2），到此就完成全部的降維工作。接下來比較分析一下降維後結果，為了方便視覺化展示，在原始四維資料集中隨機選擇兩維進行繪圖展示：

```
from matplotlib import pyplot as plt
# 視覺化展示
def plot_step_lda():
    ax = plt.subplot(111)
    for label,marker,color in zip(
        range(1,4),('^', 's', 'o'),('blue', 'red', 'green')):
        plt.scatter(x=X[:,0].real[y == label],
                y=X[:,1].real[y == label],
                marker=marker,
                color=color,
                alpha=0.5,
                label=label_dict[label]
                )
```

In

```
    plt.xlabel('X[0]')
    plt.ylabel('X[1]')
    leg = plt.legend(loc='upper right', fancybox=True)
    leg.get_frame().set_alpha(0.5)
    plt.title('Original data')
    # 把零零碎碎隱藏起來
    plt.tick_params(axis="both", which="both", bottom="off", top="off",
        labelbottom="on", left="off", right="off", labelleft="on")
    # 為了看得清晰些，儘量簡潔
    ax.spines["top"].set_visible(False)
    ax.spines["right"].set_visible(False)
    ax.spines["bottom"].set_visible(False)
    ax.spines["left"].set_visible(False)
    plt.grid()
    plt.tight_layout
    plt.show()
plot_step_lda()
```

Out

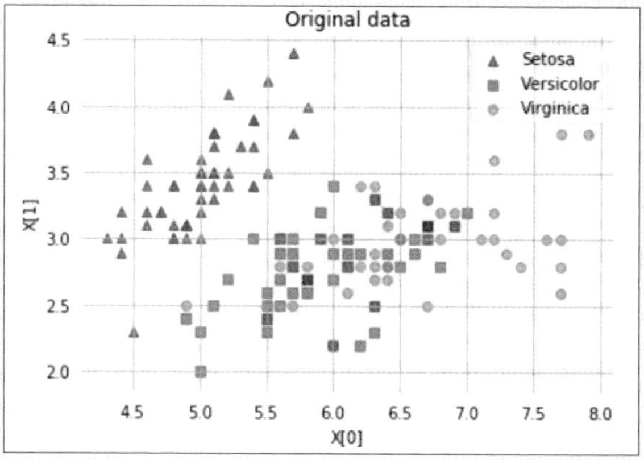

從上述輸出結果可以發現，如果對原始資料集隨機取兩維資料，資料集並不能按類別劃分開，很多資料都堆疊在一起（尤其是圖中方塊和圓形資料點）。再來看看降維後的資料點分佈，繪圖程式保持不變，只需要傳入降維後的兩維資料即可，可以產生圖 15-5 的輸出。

可以明顯看到，座標軸變成 LD1 與 LD2，這就是降維後的結果，從資料點的分佈來看，混雜在一起的資料不多，劃分起來就更容易。這就是經過一步步計算獲得的最後降維結果。

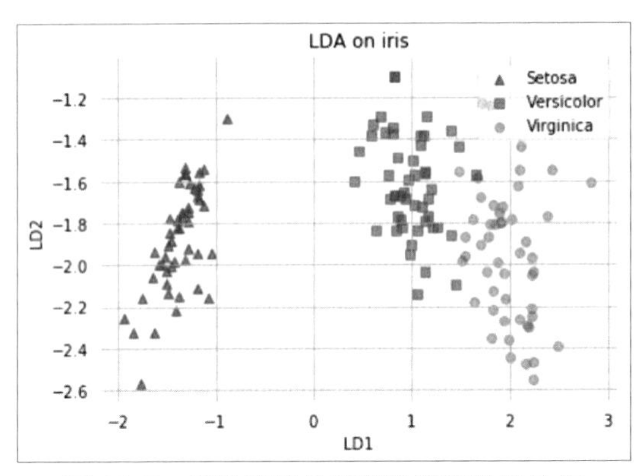

圖 15-5　線性判別分析降維後資料點分佈

大師說：當拿到一份規模較大的資料集時，如何選定降維的維數呢？一方面可以透過觀察特徵值排序結果來決定，另一方面還是要透過實驗來進行交換驗證。

我們一定希望用更高效、穩定的方法來完成一個實際工作，再來看看 sklearn 工具套件中如何呼叫線性判別分析進行降維：

In

```
from sklearn.discriminant_analysis import LinearDiscriminantAnalysis as LDA

# LDA
sklearn_lda = LDA(n_components=2)
X_lda_sklearn = sklearn_lda.fit_transform(X, y)
```

很簡單，僅兩步外加一個指定降維到兩維的參數即可，上述程式可以產生圖 15-6 的輸出。

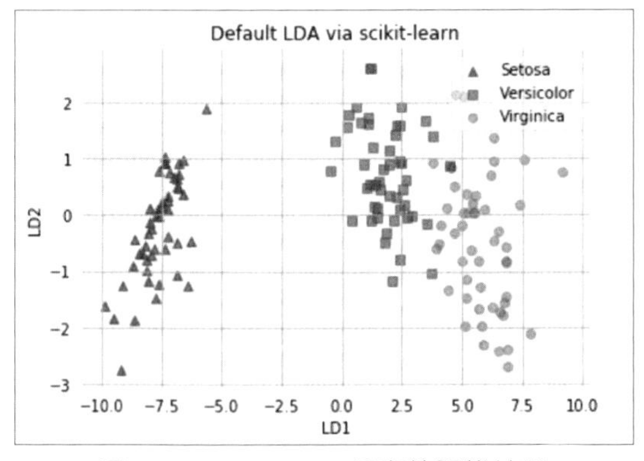

圖 15-6　sklearn 工具套件降維結果

可以發現，使用 sklearn 工具套件降維後的結果與自己一步步計算的結果完全一致。

15.2 主成分分析

主成分分析（Principal Component Analysis，PCA ）是在降維中使用特別廣泛的演算法。在使用主成分分析降維的時候沒有束縛，不像線性判別分析，必須要有資料標籤，只要拿到資料，沒有標籤也可以用主成分分析進行降維。所以應該先有一個直觀的認識，主成分分析本質上屬於無監督演算法，這也是它流行的主要原因。

15.2.1 PCA 降維基本基礎知識

既然不需要標籤，就很難去分析類別間與類別內距離因素，那麼該怎麼辦呢？ PCA 的基本思維就是方差，可以想像一下哪些特徵更有價值？應當是那些區別能力更強的特徵。例如我們想比較兩個遊戲玩家的戰鬥力水平。第一個特徵是其所在幫派等級：A 玩家，5 級幫派；B 玩家，4 級幫派，A、B 玩家的幫派等級看起來差別不大。第二個特徵是其儲值金額：A 玩家，10000；B 玩家，100。A、B 玩家的儲值金額的差距好像有些大。透過這兩個特徵就可以預估一下哪個玩家戰鬥力更強，答案一定是 A 玩家。

現在再來觀察一下這兩個特徵，幫派等級似乎相差不大，不能拉開差距，但是儲值金額的差異卻很大。我們希望獲得儲值金額這種能把不同玩家區分開的特徵。在數學上可以用方差來描述這種資料的離散程度，所以在主成分分析中主要依靠方差。

為了讓大家更進一步地了解主成分分析，下面介紹一些基本概念。

（1）**向量的表示**。假設有向量（3, 2），如圖 15-7 所示。為什麼向量可以表示為（3, 2），這是在直角座標系中的表示，如果座標系變了，向量的表示形式也要發生轉換。

實際上該向量可以表示成線性組合 $3 \cdot (1, 0)^T+2 \cdot (0, 1)^T$，其中 (1, 0) 和 (0, 1) 就稱為二維空間中的一組基。

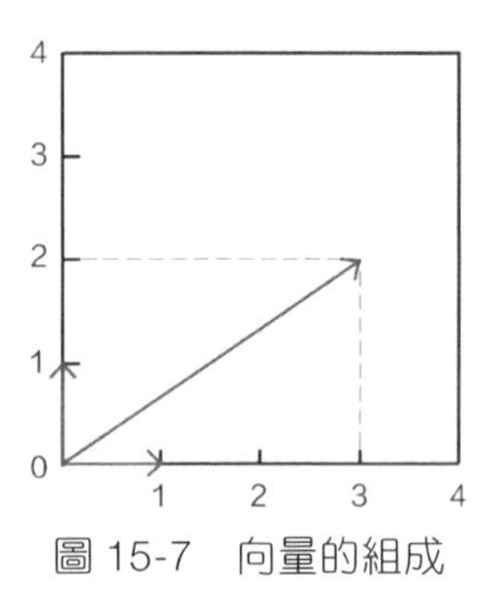

圖 15-7　向量的組成

（2）**基變換**。大家常見的座標系都是正交的，即內積為 0，兩兩相互垂直，並且線性無關。為什麼基都是這樣的呢？如果不垂直，那麼一定線性相關，能用一個表示另一個，此時基就會失去意義，所以基的出發點就是要正交。

基也可以進行轉換，將一個向量從一組基轉換到另一組基中。例如新的座標系的兩個基分別是$(1/\sqrt{2},\ 1/\sqrt{2}),\ (-1/\sqrt{2},\ 1/\sqrt{2})$，因此向量 (3, 2) 對映到這個新的座標系中，可以透過下面轉換實現：

$$\begin{pmatrix} 1/\sqrt{2} & 1/\sqrt{2} \\ -1/\sqrt{2} & 1/\sqrt{2} \end{pmatrix}\begin{pmatrix} 3 \\ 2 \end{pmatrix} = \begin{pmatrix} 5/\sqrt{2} \\ -1/\sqrt{2} \end{pmatrix}$$

（3）方差和協方差。方差（variance）相當於特徵辨識度，其值越大越好。協方差（covariance）就是不同特徵之間的相關程度，協方差的計算式為：

$$\mathrm{cov}(a,b) = \frac{1}{m-1}\sum\nolimits_{i=1}^{m}(a_i - \mu)(b_i - v) \qquad (15.19)$$

如果兩個變數的變化趨勢相同，例如隨著身高的增長，體重也增長，此時它們的協方差值就會比較大，表示正相關。而方差又描述了各自的辨識能力，接下來就要把這些基礎知識穿插在一起。

15.2.2 PCA 最佳化目標求解

對於降維工作，無非就是將原始資料特徵投影到一個更合適的空間，結合基的概念，這就相當於由一組基轉換到另一組基，轉換的過程要求特徵變得更有價值，也就是方差能夠更大。所以現在已經明確基本目標了：找到一組基，使得轉換後的特徵方差越大越好。

假設找到了第一個合適的投影方向，這個方向能夠使得方差最大，對降維工作來說，一般情況下並不是降到一維，接下來一定要找方差第二大的方向。方差第二大的方向理論上應該與第一方向非常接近，甚至重合，這樣才能保障方差最大，如圖 15-8 所示。

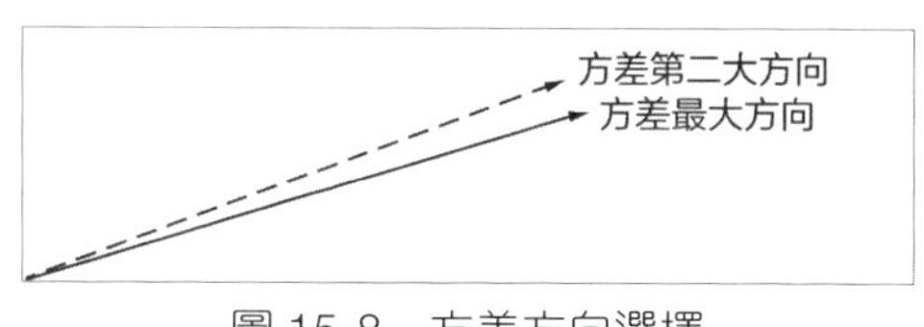

圖 15-8　方差方向選擇

在這種情況下，看似可以獲得無數多個方差非常大的方向，但是想一想它們能組成想要的基嗎？不能，因為沒有滿足基的最基本要求——線性無關，也就是相互垂直正交。所以在尋找方差最大的方向的同時，還要使得各個投影方向能夠正交，即協方差應當等於 0，表示完全獨立無關。所以在選擇基的時候，一方面要盡可能地找方差的最大方向，另一方面要在其正交方向上繼續尋找方差第二大的方向，依此類推。

解釋 PCA 中要求解的目標後，接下來就是在數學上將它表達出來。先來看一下協方差矩陣，為了簡便，可以把資料中各個特徵的平均值預設為 0，也可以認為資料已經進行過標準化處理。其計算式如下：

$$X = \begin{pmatrix} a_1 & a_2 & \dots & a_m \\ b_1 & b_2 & \dots & b_m \end{pmatrix} \tag{15.20}$$

其中，X 為實際的資料。包含 2 個特徵 a 和 b，一共有 m 個樣本。

此時協方差矩陣為：

$$\frac{1}{m}XX^{\mathrm{T}} = \begin{pmatrix} \frac{1}{m}\sum_{i=1}^{m} a_i^2 & \frac{1}{m}\sum_{i=1}^{m} a_i b_i \\ \frac{1}{m}\sum_{i=1}^{m} a_i b_i & \frac{1}{m}\sum_{i=1}^{m} b_i \end{pmatrix} \tag{15.21}$$

先觀察一下協方差矩陣結果，其主對角線上的元素就是各個特徵的方差（平均值為 0 時），而非主對角線的上元素剛好是特徵之間的協方差。按照目標函數的要求，首先應當使得方差越大越好，並且確保協方差為 0，這就需要對協方差矩陣做對角化。

從一個 n 行 n 列的實對稱矩陣中一定可以找到 n 個單位正交特徵向量 $E=(e_1, e_2, \dots, e_n)$，以完成對角化的操作：

$$ECE^{\mathrm{T}} = \Lambda = \begin{pmatrix} \lambda_1 & & & \\ & \lambda_2 & & \\ & & \ddots & \\ & & & \lambda_n \end{pmatrix} \tag{15.22}$$

式（15.21）中的協方差矩陣剛好滿足上述要求。假設需要將一組 N 維向量降為 K 維（K 大於 0，小於 N），目標是選擇 K 個單位正交基底，使原始資料轉換到這組基上後，各欄位兩兩間協方差為 0，各欄位本身的方差盡可能大。當獲得其協方差矩陣後，對角化操作，即可使得除主對角線上元素之外都為 0。

其中對角線上的元素就是矩陣的特徵值，這與線性判別分析很像，還是先把特徵值按從大到小的順序進行排列，找到前 K 個最大特徵值對應的特徵向量，接下來就是進行投影轉換。

按照指定 PCA 最佳化目標，基本流程如下。

第①步：資料前置處理，只有數值資料才可以進行 PCA 降維。

第②步：計算樣本資料的協方差矩陣。

第③步：求解協方差矩陣的特徵值和特徵向量。

第④步：將特徵值按照從大到小的順序排列，選擇其中較大的 K 個，然後將其對應的 K 個特徵向量組成投影矩陣。

第⑤步：將樣本點投影計算，完成 PCA 降維工作。

15.2.3 Python 實現 PCA 降維

接下來透過一個實例介紹如何使用 PCA 處理實際問題，同樣使用鳶尾花資料集，目的依舊是完成降維工作，下面就來看一下 PCA 是怎麼實現的。

第①步：匯入資料。

In

```
import numpy as np
import pandas as pd
# 讀取資料集
df = pd.read_csv('iris.data')
# 原始資料沒有指定列名稱的時候需要我們自己加上
df.columns=['sepal_len', 'sepal_wid', 'petal_len', 'petal_wid', 'class']
df.head()
```

Out

	sepal_len	sepal_wid	petal_len	petal_wid	class
0	4.9	3.0	1.4	0.2	Iris-setosa
1	4.7	3.2	1.3	0.2	Iris-setosa
2	4.6	3.1	1.5	0.2	Iris-setosa
3	5.0	3.6	1.4	0.2	Iris-setosa
4	5.4	3.9	1.7	0.4	Iris-setosa

第②步：展示資料特徵。

In

```
# 把資料分成特徵和標籤
X = df.iloc[:,0:4].values
y = df.iloc[:,4].values

from matplotlib import pyplot as plt

# 展示標籤
label_dict = {1: 'Iris-Setosa',
        2: 'Iris-Versicolor',
        3: 'Iris-Virgnica'}
# 展示特徵
feature_dict = {0: 'sepal length [cm]',
          1: 'sepal width [cm]',
          2: 'petal length [cm]',
          3: 'petal width [cm]'}
# 指定繪圖區域大小
plt.figure(figsize=(8, 6))
for cnt in range(4):
  # 用子圖來呈現 4 個特徵
  plt.subplot(2, 2, cnt+1)
  for lab in ('Iris-setosa', 'Iris-versicolor', 'Iris-virginica'):
    plt.hist(X[y==lab, cnt],
```

```
                label = lab,
                bins = 10,
                alpha = 0.3,)
        plt.xlabel(feature_dict[cnt])
        plt.legend(loc = 'upper right', fancybox = True, fontsize = 8)
    plt.tight_layout()
    plt.show()
```

上述程式可以產生圖 15-9 的輸出。可以看出，有些特徵區別能力較強，能把 3 種花各自呈現出來；有些特徵區別能力較弱，部分特徵資料樣本混雜在一起。

第③步：資料的標準化。一般情況下，在進行訓練前，資料經常需要進行標準化處理，可以使用 sklearn 庫中的 StandardScaler 方法進行標準化處理，程式如下：

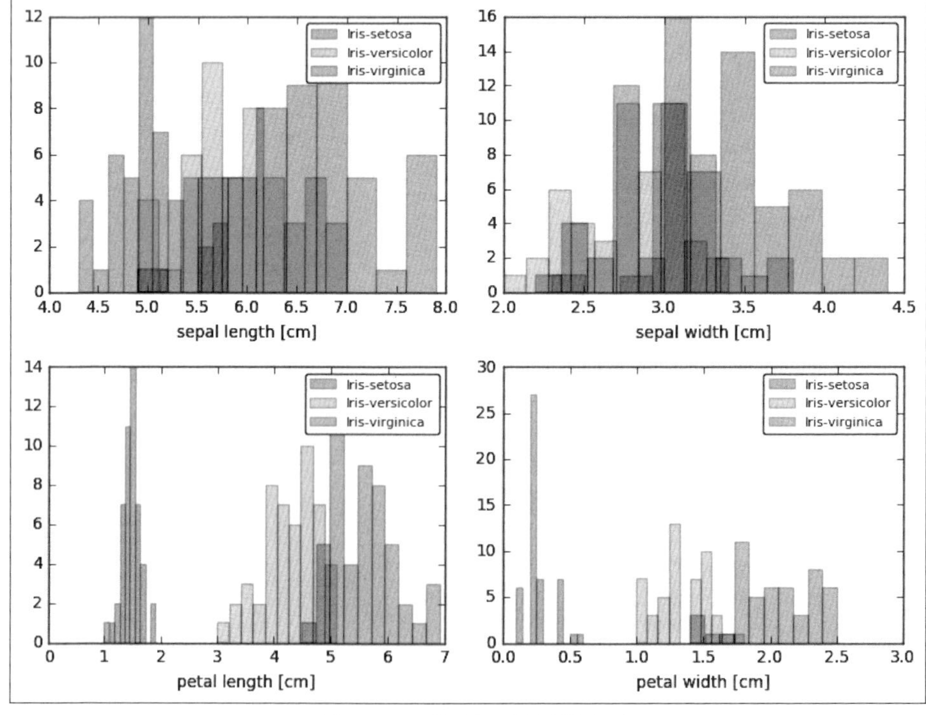

圖 15-9 鳶尾花資料集特徵

In	from sklearn.preprocessing import StandardScaler X_std = StandardScaler().fit_transform(X)

第④步：計算協方差矩陣。按照式（15.19）定義的協方差矩陣公式計算：

In	mean_vec = np.mean(X_std, axis=0) cov_mat = (X_std - mean_vec).T.dot((X_std - mean_vec)) / (X_std.shape[0]-1) print(' 協方差矩陣 \n%s' %cov_mat)
Out	協方差矩陣 [[1.00675676 -0.10448539 0.87716999 0.82249094] [-0.10448539 1.00675676 -0.41802325 -0.35310295] [0.87716999 -0.41802325 1.00675676 0.96881642] [0.82249094 -0.35310295 0.96881642 1.00675676]]

或可以直接使用 Numpy 工具套件來計算協方差，結果是一樣的：

In	print('NumPy 計算協方差矩陣 : \n%s' %np.cov(X_std.T)) NumPy 計算協方差矩陣 : [[1.00675676 -0.10448539 0.87716999 0.82249094]
Out	[-0.10448539 1.00675676 -0.41802325 -0.35310295] [0.87716999 -0.41802325 1.00675676 0.96881642] [0.82249094 -0.35310295 0.96881642 1.00675676]]

第⑤步：求特徵值與特徵向量。

In	cov_mat = np.cov(X_std.T) eig_vals, eig_vecs = np.linalg.eig(cov_mat) print(' 特徵值 \n%s' %eig_vecs) print('\n 特徵向量 \n%s' %eig_vals)
Out	特徵值 [[0.52308496 -0.36956962 -0.72154279 0.26301409] [-0.25956935 -0.92681168 0.2411952 -0.12437342] [0.58184289 -0.01912775 0.13962963 -0.80099722] [0.56609604 -0.06381646 0.63380158 0.52321917]] 特徵向量 [2.92442837 0.93215233 0.14946373 0.02098259]

第⑥步：按照特徵值大小進行排序。

In	# 把特徵值和特徵向量對應起來
	eig_pairs = [(np.abs(eig_vals[i]), eig_vecs[:,i]) for i in range(len(eig_vals))]
	print (eig_pairs)
	print ('----------')
	# 把它們按照特徵值大小進行排序
	eig_pairs.sort(key=lambda x: x[0], reverse=True)
	# 列印排序結果
	print(' 特徵值由大到小排序結果 :')
	for i in eig_pairs:
	print(i[0])

Out	[(2.9244283691111126, array([0.52308496, -0.25956935, 0.58184289, 0.56609604])),(0.93215233025350719, array([-0.36956962, -0.92681168, -0.01912775, -0.06381646])),(0.14946373489813383, array([-0.72154279, 0.2411952 , 0.13962963, 0.63380158])),(0.020982592764270565, array([0.26301409, -0.12437342, -0.80099722, 0.52321917]))] ---------- 特徵值由大到小排序結果 : 2.92442836911 0.932152330254 0.149463734898 0.0209825927643

第⑦步：計算累加貢獻率。同樣可以用累加的方法，將特徵向量累加起來，當其超過一定百分比時，就選擇其為降維後的維度大小：

In	# 計算累加結果
	tot = sum(eig_vals)
	var_exp = [(i / tot)*100 for i in sorted(eig_vals, reverse=True)]
	print (var_exp)
	cum_var_exp = np.cumsum(var_exp)
	cum_var_exp

Out	[72.620033326920336, 23.147406858644135, 3.7115155645845164, 0.52104424985101538] array([72.62003333, 95.76744019, 99.47895575, 100.])

可以發現，使用前兩個特徵值時，其對應的累計貢獻率已經超過 95%，所以選擇降到二維。也可以透過畫圖的形式，這樣更直接：

In

```
plt.figure(figsize=(6, 4))
plt.bar(range(4), var_exp, alpha=0.5, align='center',
        label='individual explained variance')
plt.step(range(4), cum_var_exp, where='mid',
        label='cumulative explained variance')
plt.ylabel('Explained variance ratio')
plt.xlabel('Principal components')
plt.legend(loc='best')
plt.tight_layout()
plt.show()
```

上述程式可以產生圖 15-10 的輸出。

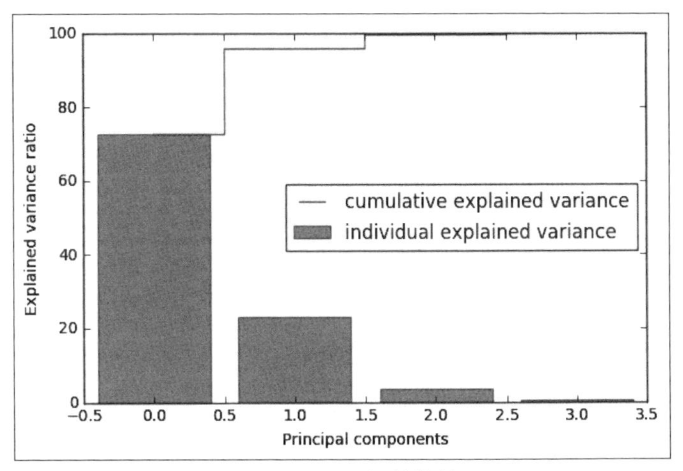

圖 15-10　累加特徵值

第⑧步：完成 PCA 降維。接下來把特徵向量組合起來完成降維工作：

In

```
matrix_w = np.hstack((eig_pairs[0][1].reshape(4,1),
                eig_pairs[1][1].reshape(4,1)))
Y = X_std.dot(matrix_w)
```

Out

```
array([[-2.10795032,  0.64427554],
       [-2.38797131,  0.30583307],
       [-2.32487909,  0.56292316],
       [-2.40508635, -0.687591  ],
       [-2.08320351, -1.53025171],
       [-2.4636848 , -0.08795413],
       [-2.25174963, -0.25964365],
       [-2.3645813 ,  1.08255676],
       [-2.20946338,  0.43707676],
       [-2.17862017, -1.08221046],
       [-2.34525657, -0.17122946],
       [-2.24590315,  0.6974389 ],
       [-2.66214582,  0.92447316],
       [-2.2050227 , -1.90150522],
       [-2.25993023, -2.73492274],
       [-2.21591283, -1.52588897],
       [-2.20705382, -0.52623535],
       [-1.9077081 , -1.4415791 ],
       [-2.35411558, -1.17088308],
       [-1.93202643, -0.44083479]
```

輸出結果顯示，使用 PCA 降維演算法把原資料矩陣從 150×4 降到 150×2。

第⑨步：視覺化比較降維前後資料的分佈。由於資料具有 4 個特徵，無法在平面圖中顯示，因此只使用兩維特徵顯示資料，程式如下：

In

```
plt.figure(figsize=(6, 4))
for lab, col,marker in zip(('Iris-setosa', 'Iris-versicolor', 'Iris-virginica'),
                           ('blue', 'red', 'green'),('^', 's', 'o')):
    plt.scatter(X[y==lab, 0],
            X[y==lab, 1],
            marker=marker,
            label=lab,
            c=col)
plt.xlabel('sepal_len')
plt.ylabel('sepal_wid')
plt.legend(loc='best')
plt.tight_layout()
plt.show()
```

上面程式只使用前兩個特徵顯示 3 類別資料，如圖 15-11 所示，看起來 3 類別鳶尾花相互相交在一起，不容易區分開。

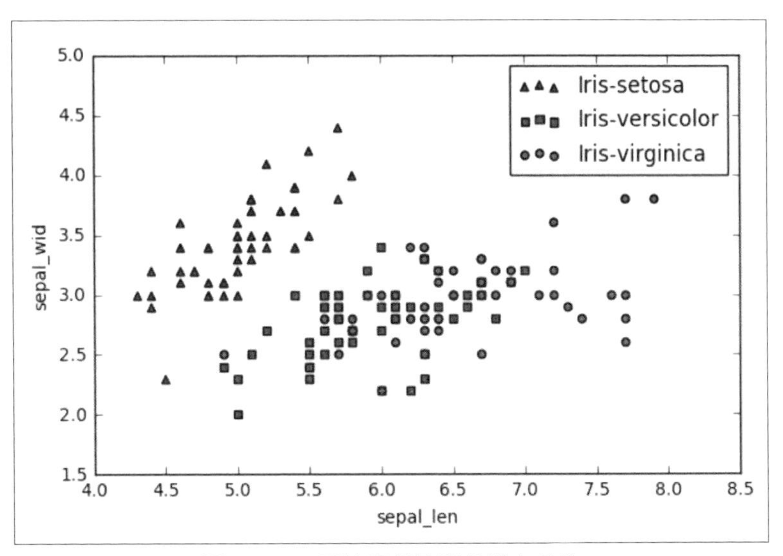

圖 15-11　原始資料集資料樣本分佈

下面看看使用 PCA 降維後的情況，程式如下：

In

```
plt.figure(figsize=(6, 4))
for lab, col,marker in zip(('Iris-setosa', 'Iris-versicolor', 'Iris-virginica'),
                    ('blue', 'red', 'green'),('^', 's', 'o')):
    plt.scatter(Y[y==lab, 0],
            Y[y==lab, 1],
            marker=marker,
            label=lab,
            c=col)
plt.xlabel('Principal Component 1')
plt.ylabel('Principal Component 2')
plt.legend(loc='lower center')
plt.tight_layout()
plt.show()
```

上述程式使用降維以後的二維特徵作為 x, y 軸，顯示如圖 15-12 所示，比較這兩個結果，可以看出經過 PCA 降維後的結果更容易區別。

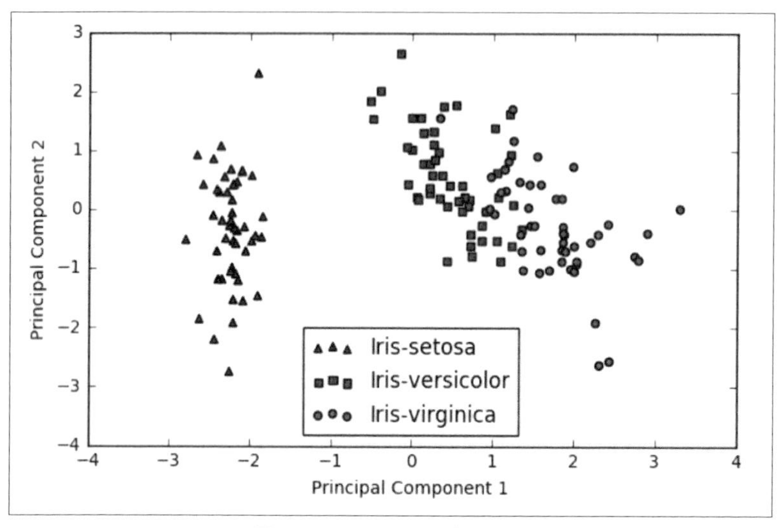

圖 15-12　PCA 降維結果

本章歸納

本章介紹了兩種非常實用的降維方法：線性判別分析和主成分分析。其中線性判別分析是有監督演算法，需要有標籤才能計算；而主成分分析是無監督演算法，無須標籤，直接就可以對資料進行分析。那麼，在實際建模工作中，到底用哪種降維方法呢？沒有固定的模式，需要大家透過實驗比較確定，舉例來說，取得一份資料後可以分多步走，以比較不同策略的結果。

降維可以大幅減少演算法的計算量，加快程式執行的速度，遇到特徵非常多的資料時就可以大顯身手。但是降維演算法本身最大的問題就是降維後獲得結果的物理含義很難解釋，只能說這就是電腦看來最好的降維特徵，而不能具體化其含義。此時如果想進一步對結果進行分析就有些麻煩，因為其中每一個特徵指標的含義都只是數值，而沒有實際指代。

Python 案例中使用非常簡單的鳶尾花資料集，按照原理推導的流程一步步完成了整個工作，大家在練習的時候也可以選用稍微複雜一點的資料集來複現演算法。

Chapter

16

分群演算法

分類和回歸演算法在推導過程中都需要資料標籤，也就是有監督問題。那麼，如果資料本身沒有標籤，如何把它們按堆進行劃分呢？這時候分群演算法就派上用場了，本章選擇分群演算法 K-means 與 DBSCAN 進行原理說明與實例示範。

16.1 K-means 演算法

K-means 是分群演算法中最經典、最實用，也是最簡單的代表，它的基本思維直截了當，效果也不錯。

16.1.1 分群的基本特性

對於一份沒有標籤的資料，有監督演算法就會無從下手，分群演算法能夠將資料進行大致的劃分，最後讓每一個資料點都有一個固定的類別。

無監督資料集樣本點分佈如圖 16-1 所示，這些資料樣本點大概能分成 3 堆，使用分群演算法的目的就是把資料按堆進行劃分，看起來不難，但實際中資料維度通常較高，這種樣本點只能當作說明時的理想情況，所以分群演算法通常解決問題的效果遠不如有監督演算法。

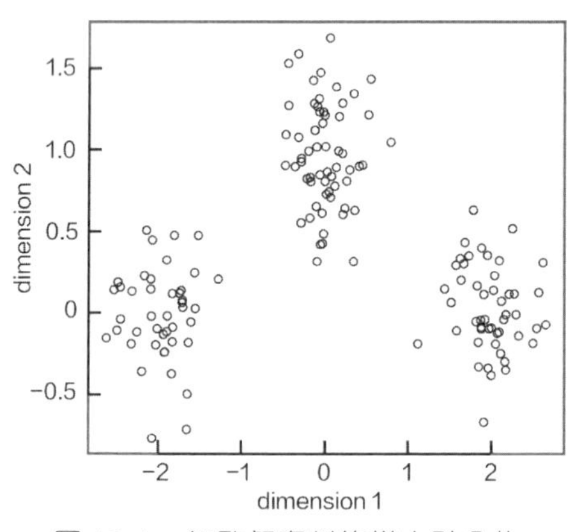

圖 16-1　無監督資料集樣本點分佈

分群的最後結果如圖 16-2 所示，即給每一個樣本資料打上一個標籤，明確指明它是屬於什麼類別（這裡用顏色深淺來表示）。

不同的分群演算法獲得的結果差異會比較大，即使同一種演算法，使用不同參數時的結果也是完全不同。由於本身的無監督性，使得結果評估也成為一個難題，最後可以獲得每個樣本點各自的劃分，但是效果怎麼樣卻很難解釋，所以分群還會有如何自圓其說的問題。

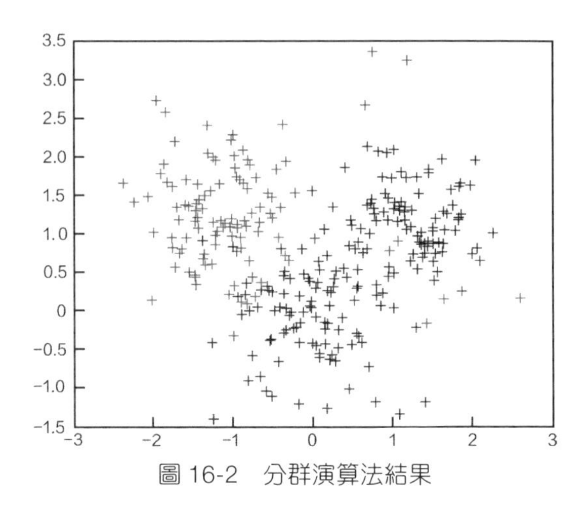

圖 16-2　分群演算法結果

大師說：一般情況下，當有資料標籤的時候，還是老老實實地用有監督演算法，實在沒辦法再選分群。

先提出一些分群演算法存在的問題，這些都是實際中必然會遇到的。但並不是所有資料都能漂漂亮亮帶著標籤呈現在大家面前，無監督演算法還是機器學習中一個非常重要的分支，演算法本身並沒有優劣之分，還是依據實際工作進行選擇。

16.1.2 K-means 演算法原理

對 K-means 演算法最直截了當的說明方式，就是看它劃分資料集的工作流程。

第①步：拿到資料集後，可能不知道每個資料樣本都屬於什麼類別，此時需要指定一個 K 值，明確想要將資料劃分成幾堆。舉例來說，圖 16-3 所示資料點分成兩堆，這時 K 值就是 2，但是，如果資料集比較複雜，K 值就難以確定，需要透過實驗進行比較。本例假設指定 K 值等於 2，表示想把資料點劃分成兩堆。

第②步：既然想劃分成兩堆，需要找兩個能夠代表每個堆的中心的點（也稱質心，就是資料各個維度的平均值座標點），但是劃分前並不知道每個堆的中心點在哪個位置，所以需要隨機初始化兩個座標點，如圖 16-4 所示。

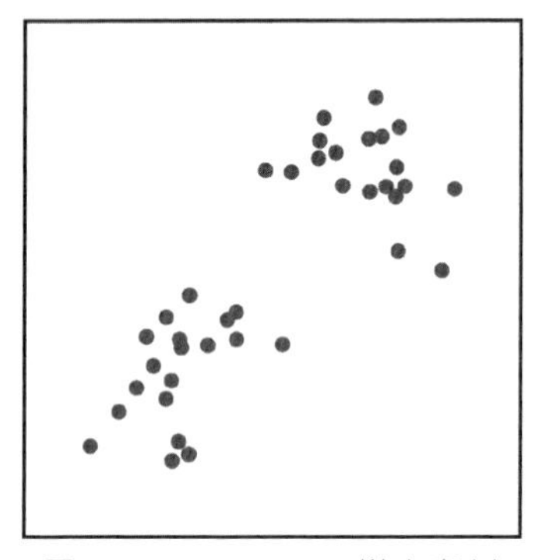

圖 16-3　K-means 樣本資料

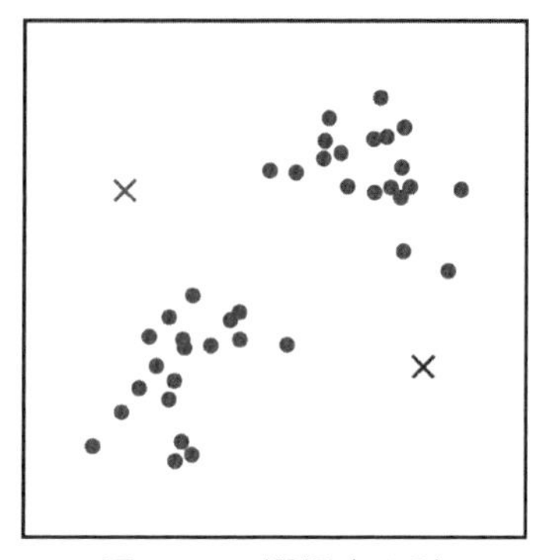

圖 16-4　選擇中心點

第③步：選擇兩個中心點後，就要在所有資料樣本中進行檢查，看看每個資料樣本應當屬於哪個堆。對每個資料點分別計算其到兩個中心點之間的距離，離哪個中心點近，它就屬於哪一堆，如圖 16-5 所示。距離值可以自己定義，一般情況下使用歐氏距離。

第④步：第②步找的中心點是隨機選擇的，經過第③步，每一個資料都有各自的歸屬，由於中心點是每個堆的代表，所以此時需要更新兩個堆各自的中心點。做法很簡單，分別對不同歸屬的樣本資料計算其中心位置，計算結果變成新的中心點，如圖 16-6 所示。

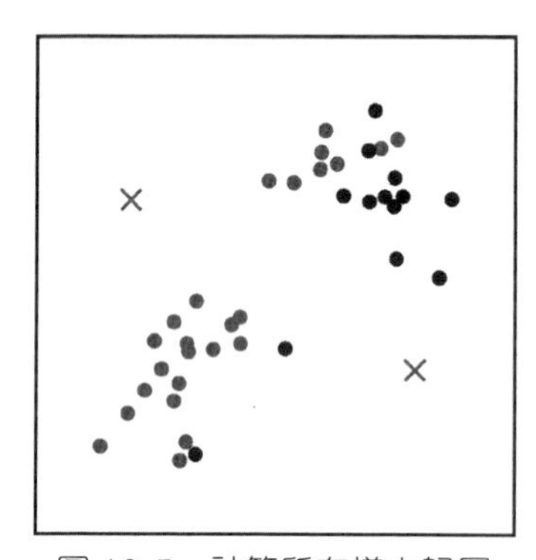

圖 16-5　計算所有樣本歸屬

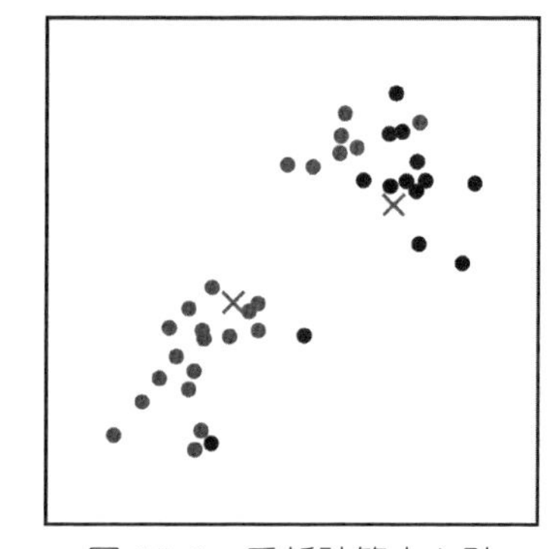

圖 16-6　重新計算中心點

第⑤步：資料點究竟屬於哪一堆？其衡量標準是看這些資料點離哪個中心點更近，第④步已經更新了中心點的位置，每個資料的所屬也會發生變化，此時需要重新計算各個資料點的歸屬，計算距離方式相同，如圖 16-7 所示。

第⑥步：至此，樣本點歸屬再次發生變化，所以需要重新計算中心點，總之，只要資料所屬發生變化，每一堆的中心點也會發生改變，如圖 16-8 所示。

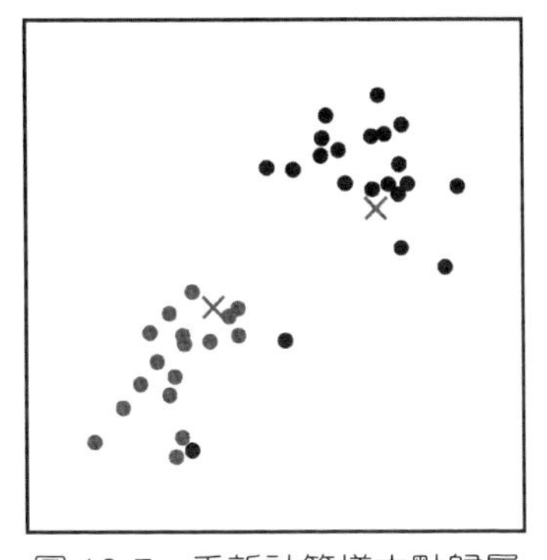

圖 16-7　重新計算樣本點歸屬

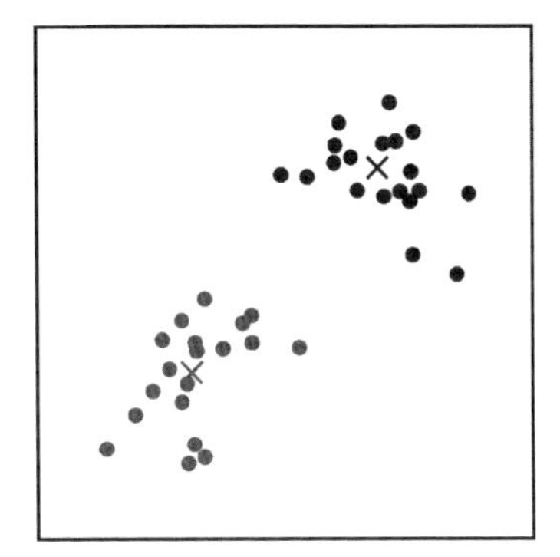

圖 16-8　再次更新中心點

第⑦步：接下來就是重複性工作，反覆進行反覆運算，不斷求新的中心點位置，然後更新每一個資料點所屬，最後，當中心點位置不變，也就是資料點所屬類別固定下來時，就完成了 K-means 演算法，也就獲得每一個樣本點的最後所屬類別。

16.1.3 K-means 有關參數

（1）**K 值的確定**。K 值決定了待分析的資料會被劃分成幾個簇。當 K=3 時，資料就會分成 3 個簇；K=4 時，資料就會被劃分成 4 個簇（相當於在開始階段隨機初始化多少個中心點）。對一份資料來說，需要明確地告訴演算法，想要把資料分成多少份，即選擇不同的 K 值，獲得的結果是完全不同的。

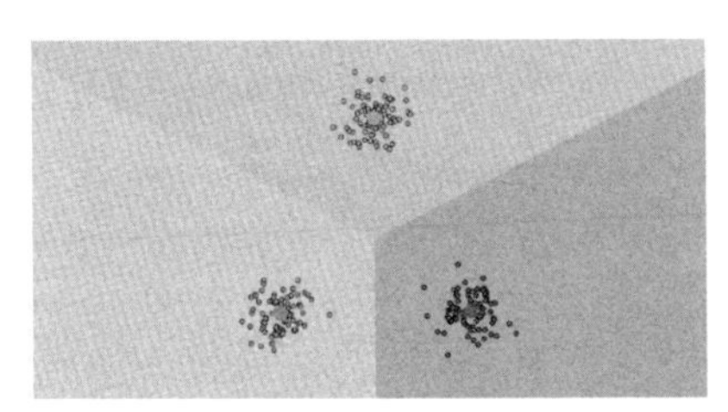

(a) K=3 時類聚結果

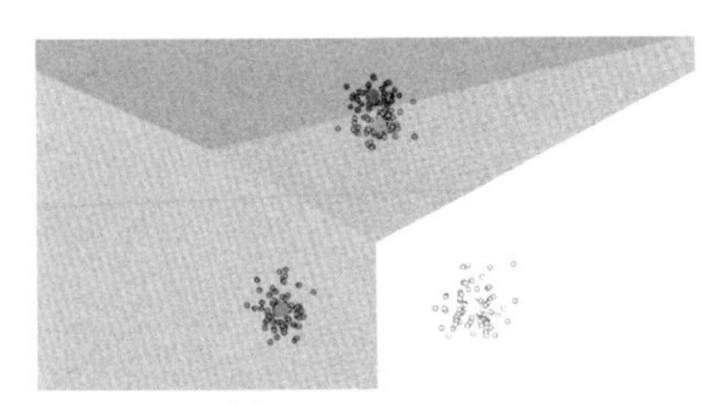

(b) K =4 時類聚結果

圖 16-9　K 值對結果的影響

圖 16-9 展示了分別選擇 K 值等於 3 和 4 時的結果，這也說明 K-means 演算

法中最核心的目的就是要將資料劃分成幾個堆，對於簡單的資料可以直接列出合適的 K 值，但實際中的資料樣本數和特徵個數通正常模較大，很難確定實際的劃分標準。所以如何選擇 K 值始終是 K-means 演算法中最難解決的問題。

（2）**質心的選擇**。選擇適當的初始質心是 K-means 演算法的關鍵步驟，通常都是隨機列出，那麼如果初始時選擇的質心不同，會對結果產生影響嗎？或說每一次執行 K-means 後的結果都相同嗎？大部分情況下獲得的結果都是一致的，但不能保障每次分群的結果都相同，接下來透過一組比較實驗觀察 K-menas 建模效果。

第一次隨機初始中心點分群後結果如圖 16-10 所示，此時看起來劃分得還不錯，下面重新來一次，選擇不同的初始位置，再來看看結果是否一致。

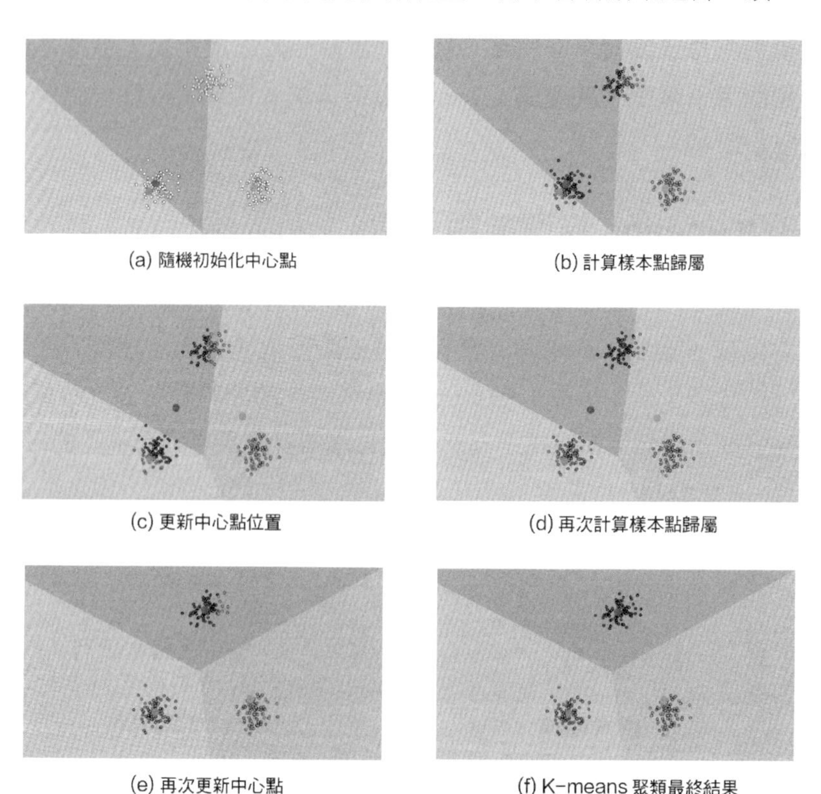

(a) 隨機初始化中心點　(b) 計算樣本點歸屬

(c) 更新中心點位置　(d) 再次計算樣本點歸屬

(e) 再次更新中心點　(f) K-means 聚類最終結果

圖 16-10　K-means 演算法反覆運算流程

不同初始點位置結果如圖 16-11 所示，可以明顯看出，這兩次實驗的結果相差非常大，由於最初質心選擇不同，導致最後結果出現較大的差異，所以在 K-means 演算法中，不一定每次的結果完全相同，也可能出現差異。

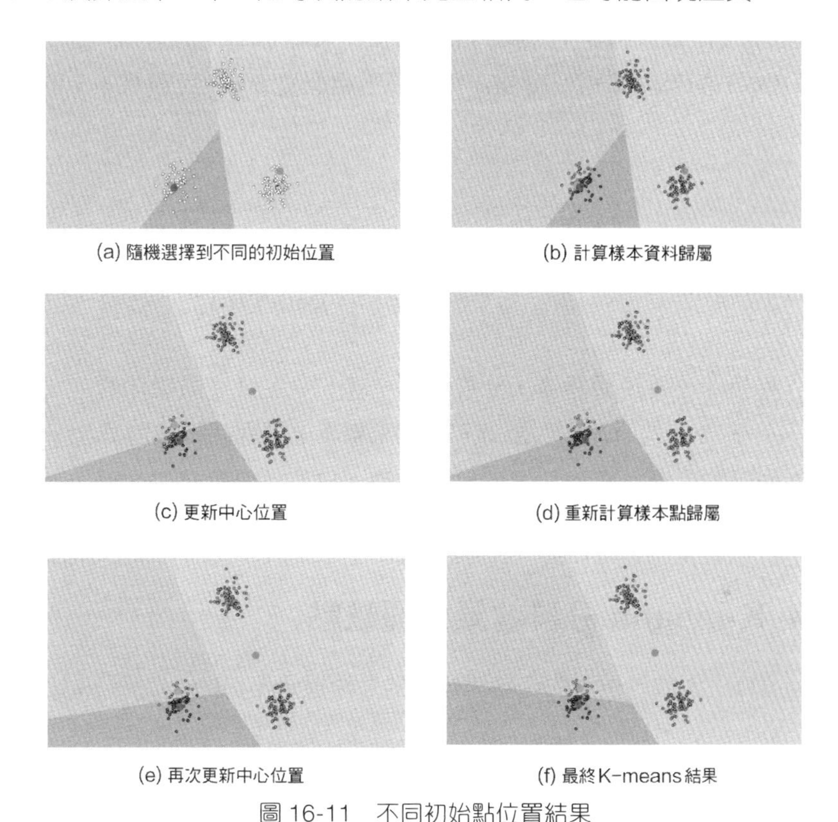

(a) 隨機選擇到不同的初始位置　(b) 計算樣本資料歸屬

(c) 更新中心位置　(d) 重新計算樣本點歸屬

(e) 再次更新中心位置　(f) 最終K-means結果

圖 16-11　不同初始點位置結果

大師說：由於初始位置會對結果產生影響，所以，只做一次實驗是不夠的。

（3）**距離的度量**。常用的距離度量方法包含歐氏距離和餘弦相似度等。距離的選擇也可以當作是 K-means 的一種參數，不同度量方式會對結果產生不同的影響。

（4）**評估方法**。分群演算法由於本身的無監督性，沒法用交換驗證來評估結果，只能大致觀察結果的分佈情況。輪廓係數（Silhouette Coefficient）是分群效果好壞的一種評價方式，也是最常用的評估方法，計算方法如下。

1. 計算樣本 i 到同簇其他樣本的平均距離 $a(i)$。$a(i)$ 越小，説明樣本 i 越應該被分群到該簇。將 $a(i)$ 稱為樣本 i 的簇內不相似度。
2. 計算樣本 i 到其他某簇 C_j 的所有樣本的平均距離 b_{ij}，稱為樣本 i 與簇 C_j 的不相似度。定義為樣本 i 的簇間不相似度：$b(i)=\min\{b_{i1}, b_{i2}, ..., b_{ik}\}$。
3. 根據樣本 i 的簇內不相似度 $a(i)$ 和簇間不相似度 $b(i)$，定義樣本 i 的輪廓係數。

$$s(i)=\frac{b(i)-a(i)}{\max\{a(i),b(i)\}} \quad s(i)=\begin{cases}1-\frac{a(i)}{b(i)}, & a(i)<b(i)\\ 0, & a(i)=b(i)\\ \frac{b(i)}{a(i)}-1, & a(i)>b(i)\end{cases} \tag{16.1}$$

如果 $s(i)$ 接近 1，則説明樣本 i 分群合理；$s(i)$ 接近 -1，則説明樣本 i 更應該分類到另外的簇；若 $s(i)$ 近似為 0，則説明樣本 i 在兩個簇的邊界上。所有樣本的 $s(i)$ 的平均值稱為分群結果的輪廓係數，它是該分群是否合理、有效的度量。

16.1.4 K-means 分群效果與優缺點

K-means 演算法對較為規則的資料集劃分的效果還是不錯的，如圖 16-12 所示。

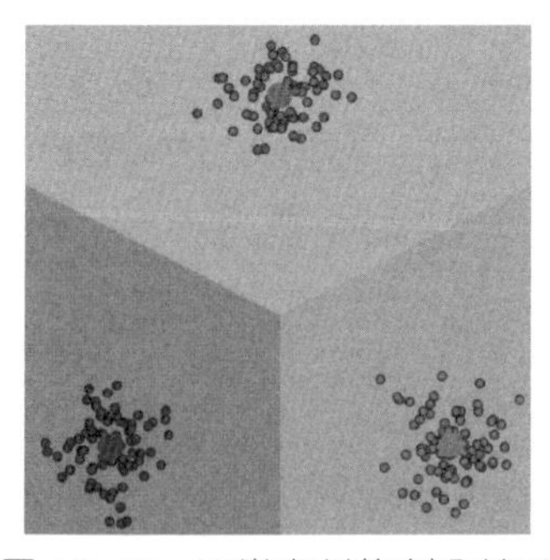

圖 16-12　正常資料集劃分結果

但如果資料集是非規則形狀，做起來就比較困難，舉例來説，笑臉和環繞形資料集用 K-means 很難劃分正確（見圖 16-13 ）。

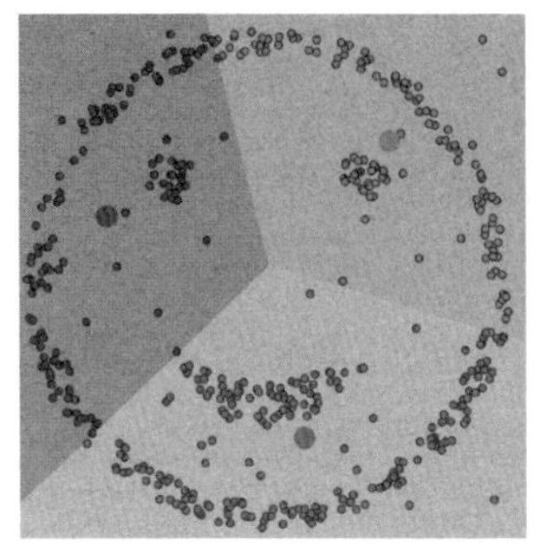
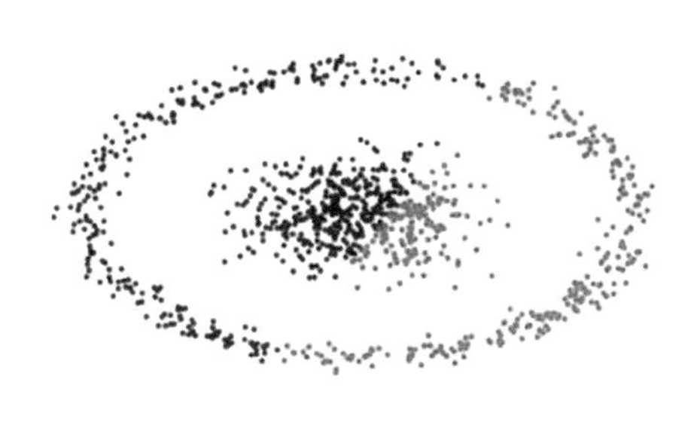

圖 16-13 非正常資料集劃分結果

K-means 演算法雖然簡單，但並不適用所有資料集，在無監督演算法中想要發現問題十分困難，因為沒有實際標籤，使得評估工作很難進行，所以只能依靠實際情況實際分析。

最後，歸納一下 K-means 演算法的優缺點。

優點：

1. 快速、簡單，概括來說就是很通用的演算法。
2. 分群效果通常還是不錯的，可以自己指定劃分的類別數。
3. 可解釋性較強，每一步做了什麼都在掌控之中。

缺點：

1. 在 K-means 演算法中，K 是事先指定的，這個 K 值是非常難以估計的。很多時候，事先並不知道指定的資料集應該分成多少個類別才合適。
2. 初始質心點的選擇有待改進，可能會出現不同的結果。
3. 在球形簇上表現效果非常好，但是其他類型簇中效果一般。

16.2 DBSCAN 分群演算法

在 K-means 演算法中，需要自己指定 K 值，也就是確定最後要得到多少個類別，那麼，能不能讓演算法自動決定資料集劃分成多少個類別呢？那些不規則的簇該怎麼解決呢？下面介紹的 DBSCAN 演算法就能在一定程度上解決這些問題。

16.2.1 DBSCAN 演算法概述

DBSCAN（Density-Based Spatial Clustering of Applications with Noise）演算法常用於例外檢測，它的注意力放在離群點上，所以，當大家在無監督問題中遇到檢測工作的時候，它一定是首選。

在介紹建模流程之前，需要了解它的一些基本概念，略微比 K-means 演算法複雜。

（1）**ϵ- 鄰域**：指定物件半徑 r 內的鄰域。K-means 演算法是以距離計算為基礎的，但是在 DBSCAN 中，最核心的參數是半徑，會對結果產生較大影響。

（2）**核心點**：如果物件的 ϵ- 鄰域至少包含一定數目的資料點，則稱該資料點為核心物件，說明這個資料點周圍比較密集。

（3）**邊界點**：邊界點不是核心點，但落在某個核心點的鄰域內，也就是在資料集中的邊界位置。

（4）**離群點**：既不是核心點，也不是邊界點的其他資料點，也就是資料點落單了。

直接從概念上了解這些點可能有些抽象，結合圖 16-14，再想一想行銷的概念，就容易了解了。

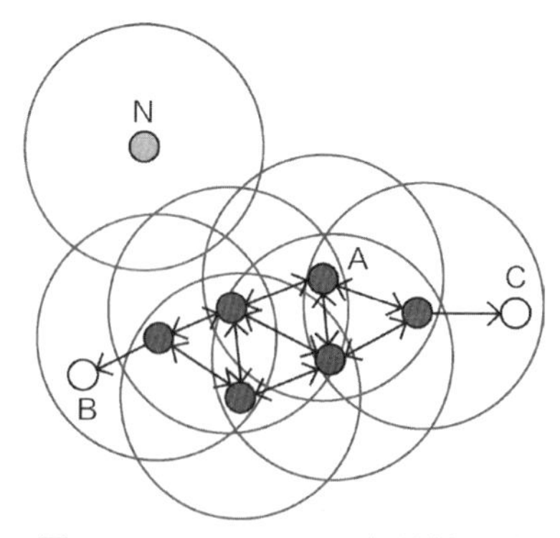

圖 16-14　DBSCAN 資料樣本點

已知每個圓的半徑 r 相同。黑色點表示核心物件，周圍比較密集，從每一個核心點發展出發都能將其他一部分資料點發展成為其行銷物件（也就是其半徑 r

鄰域內圈到的資料點）。空心點表示邊界點，這些點成為核心點的銷售物件之後，不能再繼續發展其他銷售對象，所以到它們這裡就結束了，成為邊界。點 N 在另一邊熱火朝天地推廣行銷方案，附近什麼動靜都沒有，沒有資料點來發展它，它也不能發展其他資料點，就是離群點。

密度可達和直接密度可達是 DBSCAN 演算法中經常用到的兩個概念。對一個資料點來說，它直接的銷售物件就是直接密度可達，透過它的已銷售下屬間接發展的就是密度可達。大家在了解 DBSCAN 的時候，從行銷的角度去看這些資料點就容易多了。

16.2.2 DBSCAN 工作流程

DBSCAN 演算法的工作流程跟行銷的模式類似，先來看看它的建模流程，如圖 16-15 所示。

還是同樣的資料集，演算法首先會選擇一個銷售初始點，例如圖中黑色部分的資料點，然後以 r 為半徑開始畫圓，凡是能被它及其下屬圈到的資料點都是屬於同一種別，如圖 16-16 所示。

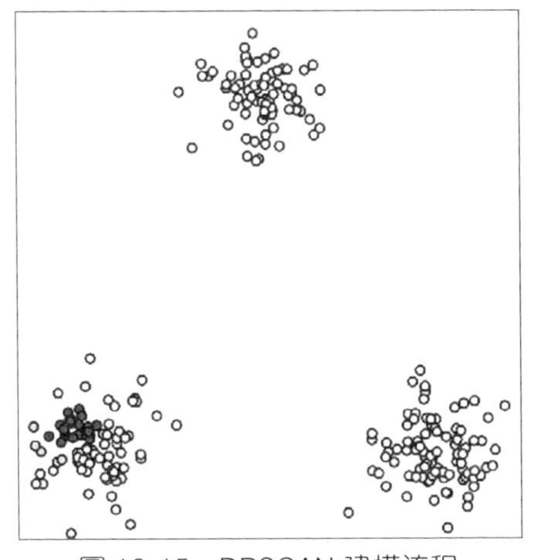

圖 16-15　DBSCAN 建模流程

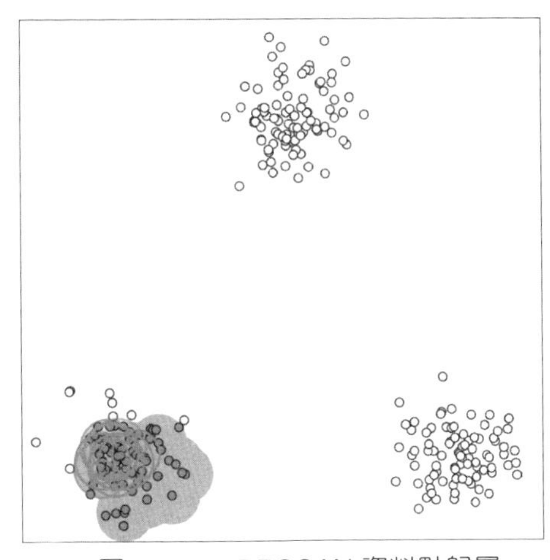

圖 16-16　DBSCAN 資料點歸屬

隨著銷售組織的壯大，越來越多的資料點被其同化成同一種別，不僅初始的資料點要發展銷售物件，凡是被它發展的資料樣本也要繼續發展其他資料點。當這個地方被全部發展完之後，相當於這個組織已經成型，接下來演算法會尋找下一個銷售地點。

此時演算法在新的位置上建立另一片銷售地點，由於此處並不是由之前的組織發展過來的，所以它們不屬於一個類別，新發展的這一片就是目前資料集中第二個類別，如圖 16-17 所示。跟之前的做法一致，當這片銷售地點全部發展完之後，還會尋找下一個地點。

此時正在進行的就是第 3 個類別，大家也應該發現，事前並沒有列出最後想劃分成多少個類別，而是由演算法在資料集上實際執行的過程來決定，如圖 16-18 所示。最後當所有資料點都被檢查一遍之後整個 DBSCAN 分群演算法就完成了。

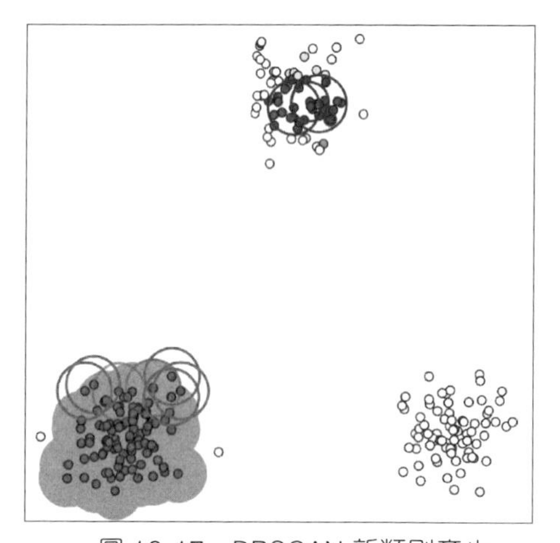

圖 16-17　DBSCAN 新類別產生

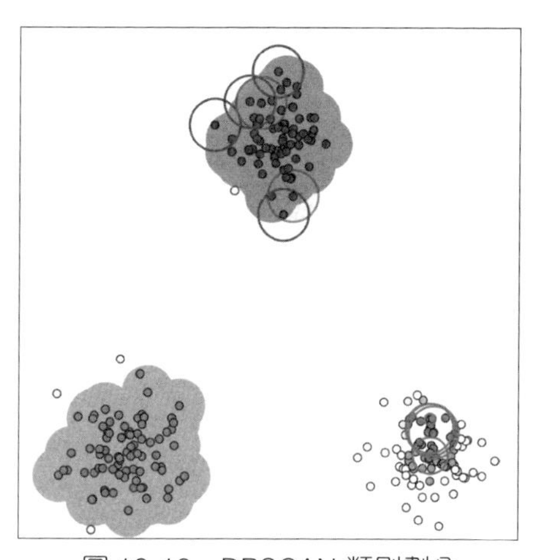

圖 16-18　DBSCAN 類別劃分

最後當所有能發展的基地與資料點都完成工作後，剩下的就是離群點了，這裡用圓圈標記起來了，如圖 16-19 所示。由於 DBSCAN 演算法本身的代表就是檢測工作，這些離群點就是任何組織都發展不了它們，它們也不會發展其他資料點。

下面歸納一下 DBSCAN 演算法的建模流程，如圖 16-20 所示。

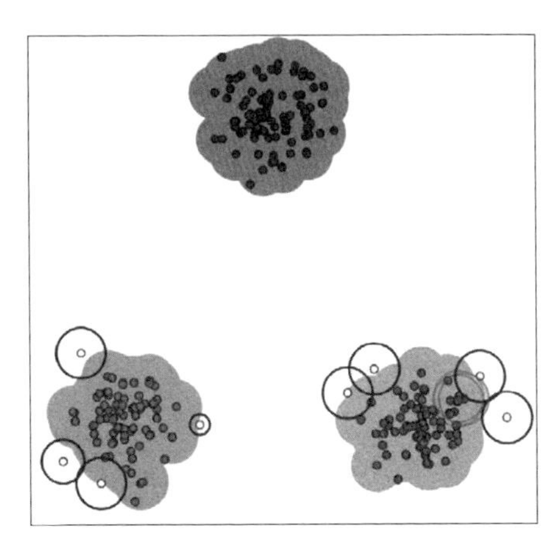

圖 16-19　DBSCAN 離群點

演算法: DBSCAN, 一種基於密度的聚類演算法

輸入:

D: 一個包含 n 個物件的資料集

ε: 半徑參數

MinPts: 領域密度閥值

輸出: 基於密度的叢集的集合

方法:

1. 標記所有物件為 unvisited;
2. Do
3. 隨機選擇一個 unvisited 物件 p;
4. 標籤 p 為 visited;
5. If p 的 ε 一 領域至少有 MinPts 個物件
6. 　　創建一個新簇 C, 並把 p 添加到 C;
7. 　　令 N 為 p 的 ε 一 領域 中的物件集合
8. 　　For N 中每個點 p'
9. 　　　　If p' 是 unvisited;
10. 　　　　　標記 p' 為 visited;
11. 　　　　　If p' 的 ε 一 領域至少有 MinPts 個物件, 把這些物件添加到 N;
12. 　　　　　如果 p' 還不是任何簇的成員, 把 p' 添加到 C;
13. 　　End for;
14. 　　輸出 C;
15. Else 標記 p 為雜訊;
16. Until 沒有標記為 unvisited 的物件;

圖 16-20　DBSCAN 演算法的建模流程

16.2.3 半徑對結果的影響

在建模流程中，需要指定半徑的大小 r，r 也是算法中對結果影響很大的參數，先來看看在使用不同半徑時的差異，如圖 16-21 所示。

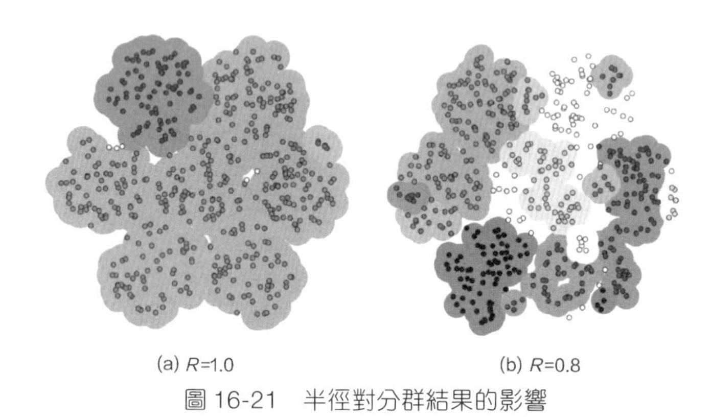

圖 16-21　半徑對分群結果的影響

不同半徑表示發展銷售物件時畫圓的大小發生了變化，大部分的情況下，半徑越大，能夠發展的物件越多，整體的類別偏少，離群點也會偏少；而半徑較小的時候，由於發展能力變弱，出現的類別就會偏多，離群點也會偏多。

可以明顯看到，半徑不同獲得的結果相差非常大，尤其是在類別上，所以半徑是影響 DBSCAN 演算法建模效果的最直接因素。但是問題依舊是無監督所導致的，沒辦法用交換驗證來選擇最合適的參數，只能依靠一些類似經驗值的方法。

之前用 K-means 演算法嘗試劃分了一個笑臉，獲得的效果並不好，下面用 DBSCAN 演算法試一試。

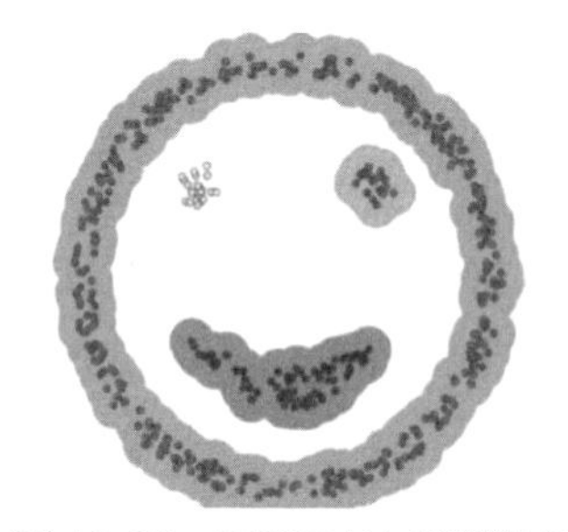

圖 16-22　DBSCAN 分群結果

圖 16-23　DBSCAN 分群不規則資料集

DBSCA 分群結果如圖 16-22 所示，看起來劃分效果非常好，由於其原理是以密度為基礎的行銷方式，所以可以輕鬆解決這種環繞形資料，不僅如此，DBSCAN 還適用於任意形狀的簇，無論多麼特別，只要資料點能按密度群聚就能搞定，如圖 16-23 所示。

DBSCAN 分群演算法的主要優點如下：

1. 可以對任意形狀的稠密資料集進行分群，而 K-means 之類的分群演算法一般只適用於球狀資料集；
2. 非常適合檢測工作，尋找離群點；
3. 不需要手動指定分群的堆數，實際中也很難知道大致的堆數。

DBSCAN 的主要缺點如下：

1. 如果樣本集的密度不均勻、分群間距差相差很大時，分群效果較差；
2. 半徑的選擇比較難，不同半徑的結果差異非常大。

DBSCAN 演算法整體來說還是非常實用的，也是筆者很喜歡的分群演算法，首先不需要人為指定最後的結果，而且可以用來分析離群點，是檢測工作的首選演算法。筆者在很多實際問題中比較過不同的分群算法，得出的結論基本都是 DBSCAN 演算法要略好一些，所以當大家遇到無監督問題的時候，一定要來試試 DBSCAN 演算法的效果。

16.3 分群實例

下面給大家示範一個簡單的小實例，根據啤酒中原料水準的不同進行分群，以劃分出不同品牌的啤酒。

首先讀取資料，程式如下：

```
In      import pandas as pd
        beer = pd.read_csv('data.txt', sep=' ')
        X = beer[["calories","sodium","alcohol","cost"]]
        # 當需要用 K-means 來做分群時匯入 KMeans 函數
        from sklearn.cluster import KMeans
```

```
km = KMeans(n_clusters=3).fit(X)
km2 = KMeans(n_clusters=2).fit(X)
```

參數 n_clusters=3 表示使用 3 個堆做分群，為了比較實驗，再建模一次，令 n_clusters=2，並分別指定獲得的標籤結果。

In

```
beer['cluster'] = km.labels_
beer['cluster2'] = km2.labels_
beer.sort_values('cluster')
```

計算劃分後各堆平均值來統計分析，程式如下：

In

```
from pandas.tools.plotting import scatter_matrix matplotlib inline
cluster_centers = km.cluster_centers_
cluster_centers_2 = km2.cluster_centers_
beer.groupby("cluster").mean()
```

Out

	calories	sodium	alcohol	cost	cluster2
cluster					
0	150.00	17.0	4.521429	0.520714	1
1	102.75	10.0	4.075000	0.440000	0
2	70.00	10.5	2.600000	0.420000	0

通過均值可以查看哪些資料指標出現了差異，以便幫助分析，僅看數值不太直觀，還是繪圖比較好一些：

In

```
# 設定中心點
centers = beer.groupby("cluster").mean().reset_index()
# 繪製 3 堆的分群效果
%matplotlib inline
import matplotlib.pyplot as plt
plt.rcParams['font.size'] = 14
import numpy as np
colors = np.array(['red', 'green', 'blue', 'yellow'])
plt.scatter(beer["calories"], beer["alcohol"],c=colors[beer["cluster"]])
plt.scatter(centers.calories, centers.alcohol, linewidths=3, marker='+',
s=300, c='black')
plt.xlabel("Calories")
plt.ylabel("Alcohol")
```

Out

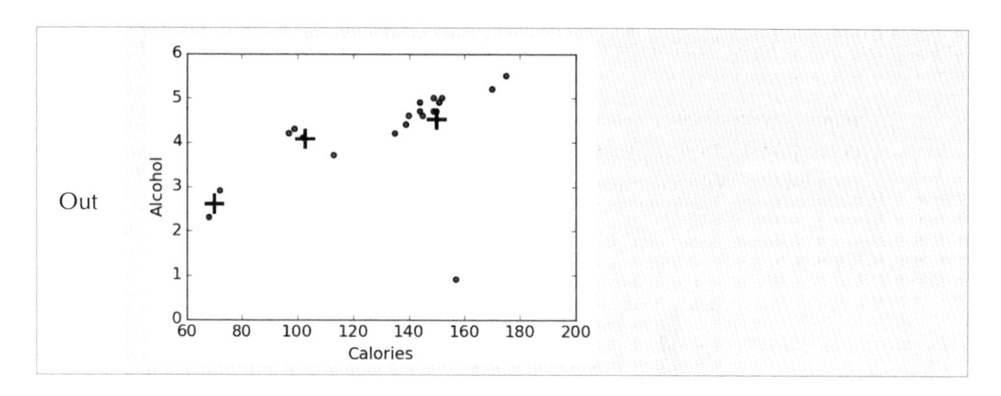

上述程式產生 Alcohol 和 Calories 兩個維度上的分群結果，看起來資料已經按堆進行了劃分，但是資料集中有 4 個維度，還可以把分群後兩兩特徵的散點圖分別進行繪製。

In

```
scatter_matrix(beer[["calories","sodium","alcohol","cost"]],s=100,alpha=1,c=colors[beer["cluster"]], figsize=(10,10))
plt.suptitle("With 3 centroids initialized")
```

Out

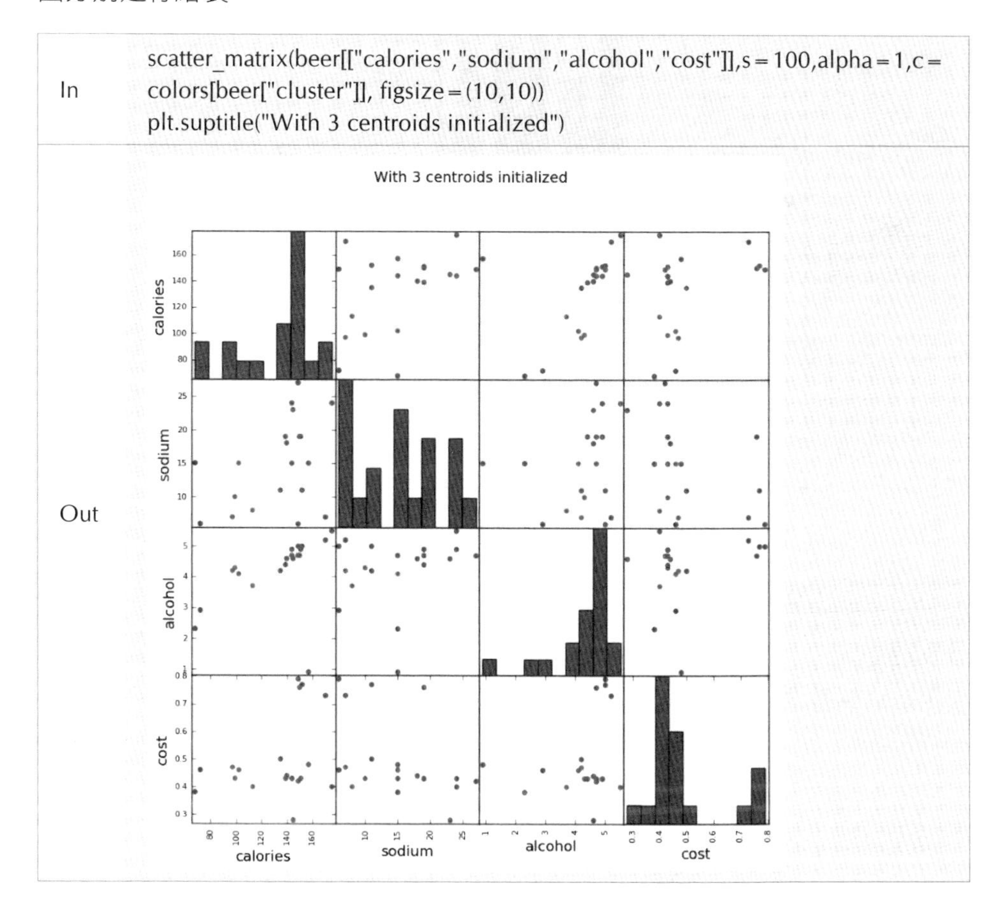

分析過程中也可以分別展示當 K=2 與 K=3 時結果的差異：

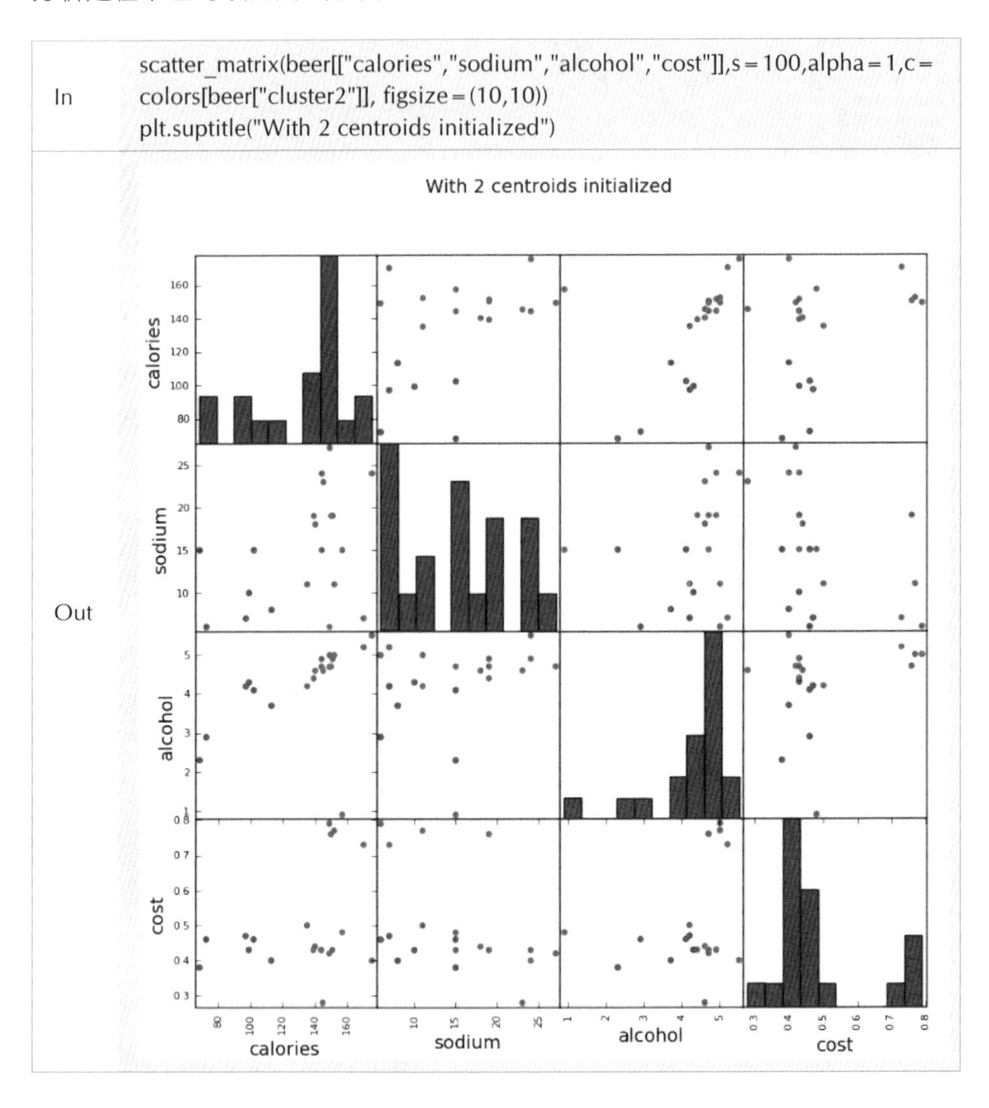
In

```
scatter_matrix(beer[["calories","sodium","alcohol","cost"]],s=100,alpha=1,c=
colors[beer["cluster2"]], figsize=(10,10))
plt.suptitle("With 2 centroids initialized")
```

Out

分別觀察 K=2 和 K=3 時的結果，似乎不太容易分辨哪個效果更好，此時可以引用輪廓係數進行分析，這也是一種評價分群效果好壞的方式。

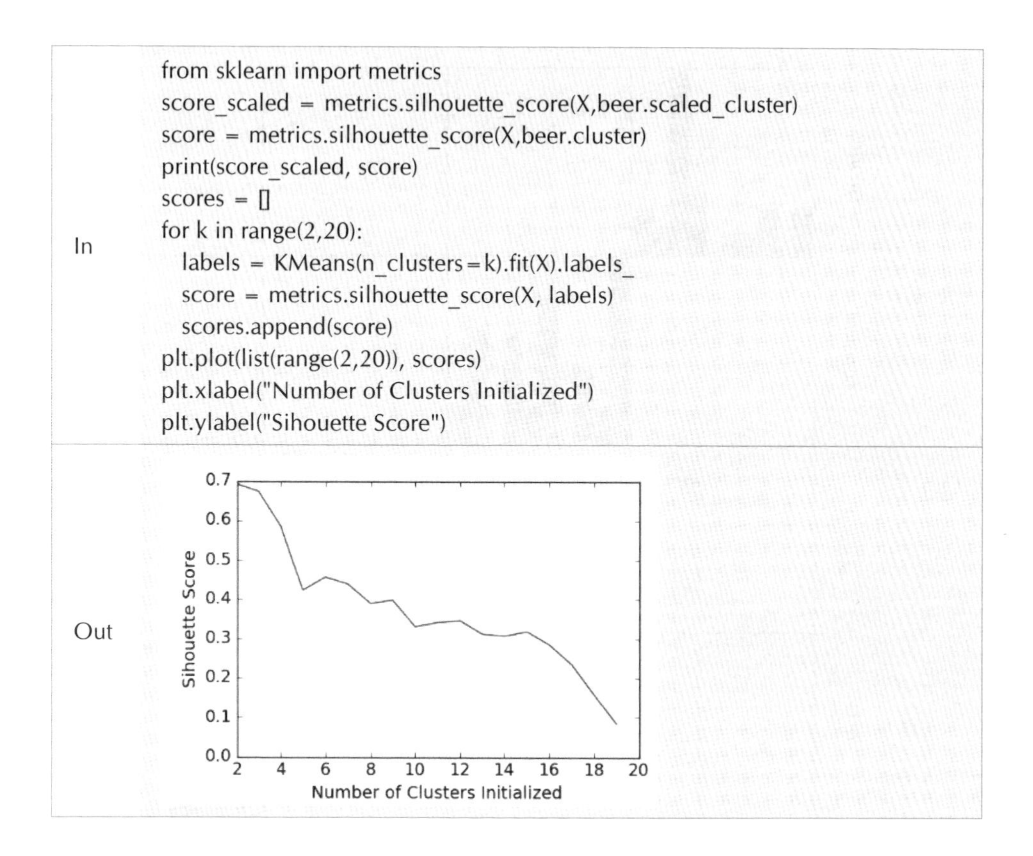
In

```
from sklearn import metrics
score_scaled = metrics.silhouette_score(X,beer.scaled_cluster)
score = metrics.silhouette_score(X,beer.cluster)
print(score_scaled, score)
scores = []
for k in range(2,20):
  labels = KMeans(n_clusters=k).fit(X).labels_
  score = metrics.silhouette_score(X, labels)
  scores.append(score)
plt.plot(list(range(2,20)), scores)
plt.xlabel("Number of Clusters Initialized")
plt.ylabel("Sihouette Score")
```

Out

從上圖可以看出，當 n_clusters=2 時，輪廓係數更接近於 1，更合適。但是在分群演算法中，評估方法只作為參考，真正資料集來時還是要實際分析一番。在使用 sklearn 工具套件進行建模時，換一個演算法非常便捷，只需更改函數即可：

In

```
from sklearn.cluster import DBSCAN
db = DBSCAN(eps=10, min_samples=2).fit(X)
labels = db.labels_
beer['cluster_db'] = labels
beer.sort_values('cluster_db')
beer.groupby('cluster_db').mean()
pd.scatter_matrix(X, c=colors[beer.cluster_db], figsize=(10,10), s=100)
```

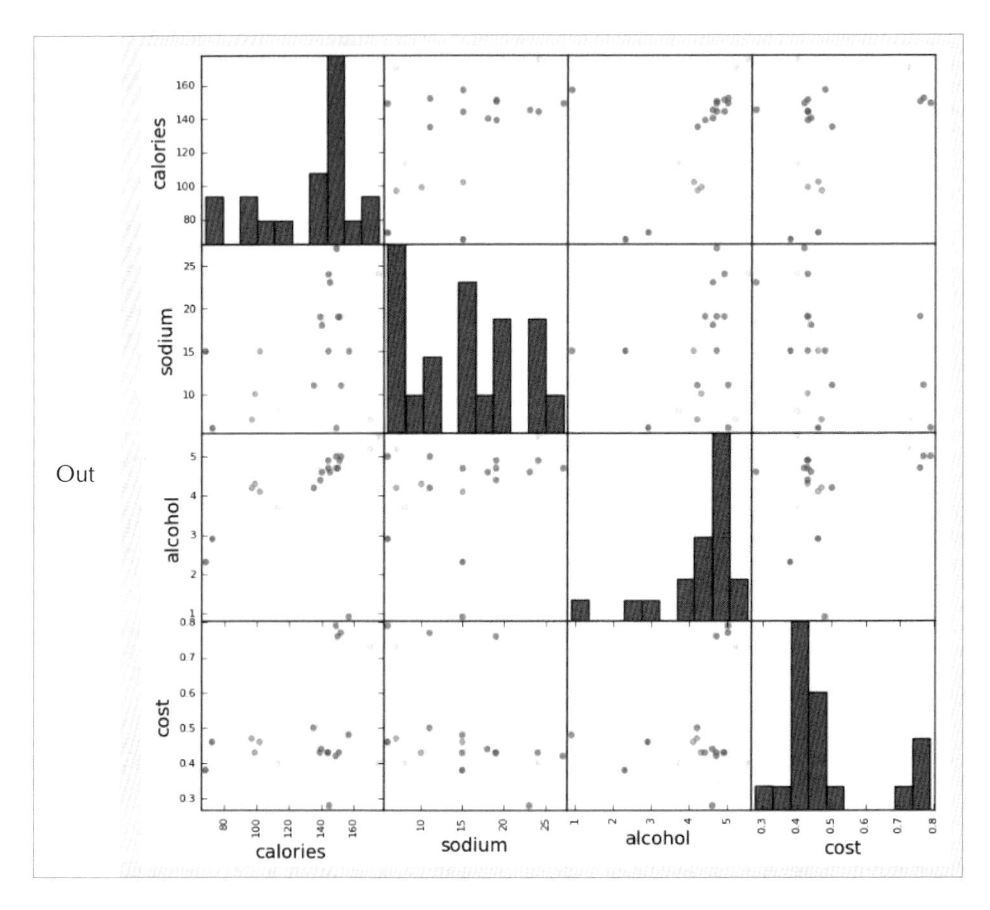

從上圖可以看出 DBSCAN 建模結果存在一些問題，參數與資料前置處理都會對結果產生影響，大家也可以看看不同半徑對結果產生的影響。

本章歸納

本章介紹了兩種最常用的分群演算法——K-means 和 DBSCAN，其工作原理不同，在處理不同效果時也有一定差別。在使用時，需要先分析資料可能的分佈形狀，再選擇合適的演算法，因為它們在處理不同類型資料時各有優缺點。

比較麻煩就是選擇參數，無論是 *K* 值還是半徑都是令人十分頭疼的問題，需要針對實際問題，選擇可行的評估方法後進行實驗比較分析。在建模過程中，如果大家遇到非常龐大的資料集，那麼無論使用哪種演算法，速度都比較慢。這裡再給大家推薦另外一種演算法——BIRCH 演算法，其核心計算方式是增量的，它的計算速度比 K-means 和 DBSCAN 演算法快很多，但是整體效果不如 K-means 和 DBSCAN，在優先考慮速度問題的時候可以嘗試 BIRCH 演算法，在 sklearn 中包含多種演算法的實現和比較實驗，圖 16-24 所示的效果圖就是各種算法最直觀的比較，其官網就是最好的學習資源。

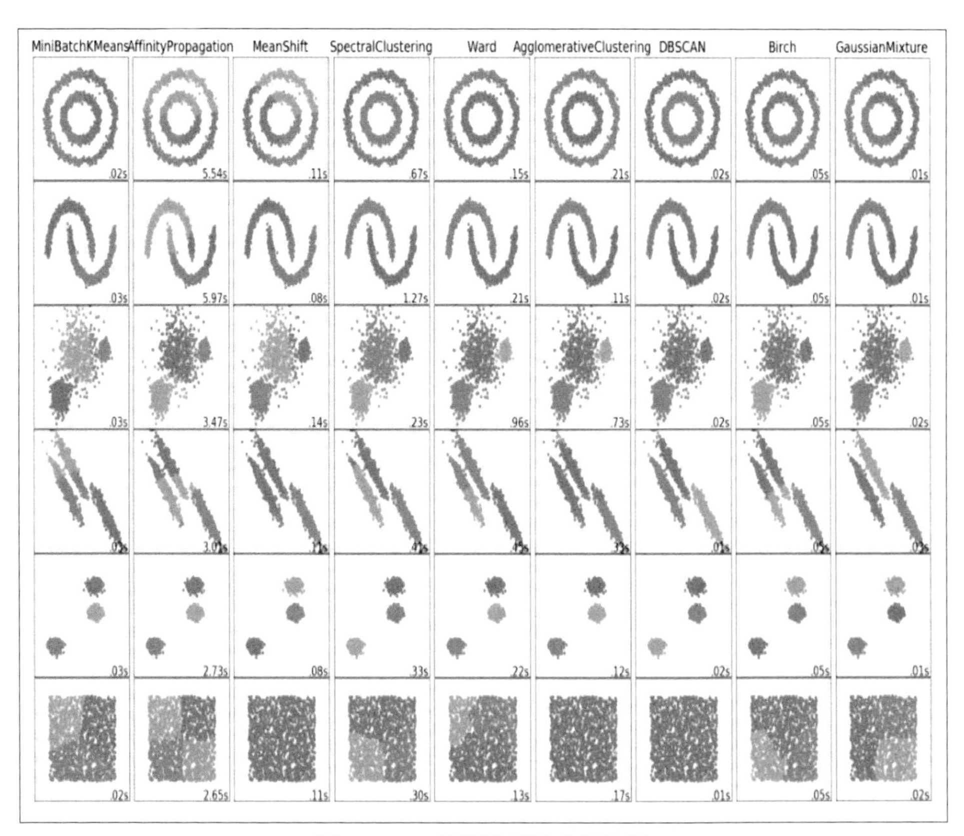

圖 16-24　分群演算法效果比較

Chapter

17

神經網路

本章介紹當下機器學習中非常紅的演算法——神經網路，深度學習的崛起更是讓神經網路名聲大振，在電腦視覺、自然語言處理和語音辨識領域都有傑出的表現。這麼厲害的演算法一定要來研究一番，可能大家覺得其原理會非常複雜，其實學習到本章，大家應該已經掌握了機器學習中絕大部分核心內容，再來了解神經網路，會發現在它其實沒那麼難。本章內容主要包含神經網路各模組工作細節、整體網路模型架構、過擬合解決方法。

17.1 神經網路必備基礎

如果直接看整個神經網路，可能會覺得有些複雜，先挑一些重點基礎知識說明，然後再把整個網路結構串在一起就容易了解了。

17.1.1 神經網路概述

神經網路其實是一個很古老的演算法，那麼，為什麼現在才流行起來呢？一方面，神經網路演算法需要大量的訓練資料，現在正是大數據時代，可謂是應景而生。另一方面，不同於其他演算法只需求解出幾個參數就能完成建模工作，神經網路內部需要千萬等級的參數來支撐，所以它面臨的最大的問題就是計算的效率，想求解出這麼多參數不是一件容易的事。隨著運算能力的大幅度提升，這才使得神經網路重回舞台中央。

資料計算的過程通常都有關與矩陣相關的計算，由於神經網路要處理的計算量非常大，僅靠 CPU 反覆運算起來會很慢，一般會使用 GPU 來加快計算速度，GPU 的處理速度比 CPU 至少快 100 倍。沒有 GPU 的讀者也不要擔心，在學習階段用 CPU 還是足夠的，只要將資料集規模設定得小一些就能用（見圖 17-1）。

圖 17-1　GPU 計算

神經網路很像一個黑盒子，只要把資料交給它，並且告訴它最後要想達到的目標，整個網路就會開始學習過程，由於有關參數過多，所以很難解釋神經網路在內部究竟做了什麼（見圖 17-2）。

深度學習相當於對神經網路演算法做了各種升級改進，使其應用在影像、文字、語音上的效果更突出。在機器學習工作中，特徵工程是一個核心模組，在演算法執行前，通常需要替它選出最好的且最有價值的特徵，這一步通常也是最難的，但是這個過程似乎是人工去一步步解決問題，機器只是完成求解計算，這與人工智能看起來還有些距離。但在神經網路演算法中，終於可以看到些人工智慧的影子，只需把完整的資料交給網路，它會自己學習哪些特徵是有用的，該怎麼利用和組合特徵，最後它會給我們交上一份答卷，所以神經網路才是現階段與人工智慧最同步的演算法（見圖 17-3）。

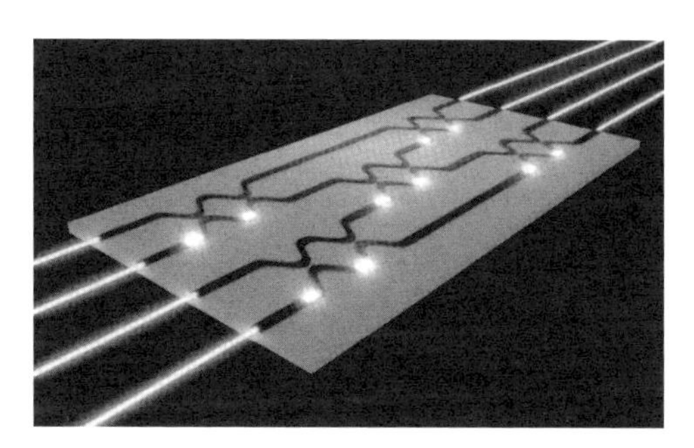

圖 17-2 神經網路就像一個黑盒子

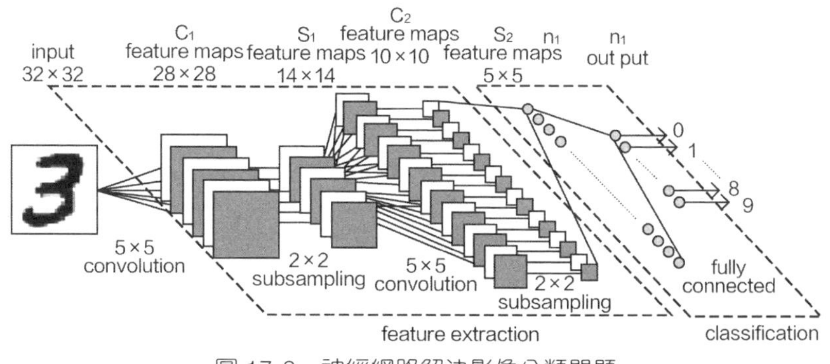

圖 17-3 神經網路解決影像分類問題

筆者認為，基本上所有機器學習問題都能用神經網路來解決，但其中也會存在一些影響因素，那就是過擬合問題比較嚴重，所以還是那句話──能用邏輯回歸解決的問題根本沒有必要拿到神經網路中。神經網路的效果雖好，但是效率卻不那麼盡如人意，訓練網路需要等待的時間也十分漫長，畢竟要求解幾千萬個參數，短時間內一定無法完成，所以還是需要看實際工作的要求來選擇不同的演算法。

與其把神經網路當作一個分類或回歸演算法，不如將它當成一種特徵分析器，其內部對資料做了各種各樣的轉換，雖然很難解釋轉換原理，但是目的都是一致的，就是讓機器能夠更進一步地讀懂輸入的資料。

下面步入神經網路的細節，看看它每一步都做了什麼。

17.1.2 電腦眼中的影像

神經網路在電腦視覺領域具有非常不錯的表現，現階段影像識別的相關工作都用神經網路來做，下面將影像當作輸入資料，透過一個基本的影像分類工作來看看神經網路一步步是怎麼做的。

圖 17-4 為一張小貓影像，大家可以清晰地看到小貓的樣子，但是電腦可不是這麼看的，影像在電腦中是以一個 3D 陣列或矩陣（例如 300×100×3）的形式儲存在電腦，其中 300×100 代表一張圖片的長和寬，3 代表影像的顏色通道，例如經典的 RGB，此時影像就是一個彩色圖。如果顏色通道數為 1，也就是 300×100×1，此時影像就是一個黑白圖。陣列中的每一個元素代表一個像素值，在 0（黑）～ 255（白）之間變化，像素值越大，該點的亮度也越大；像素值越小，該點越暗。

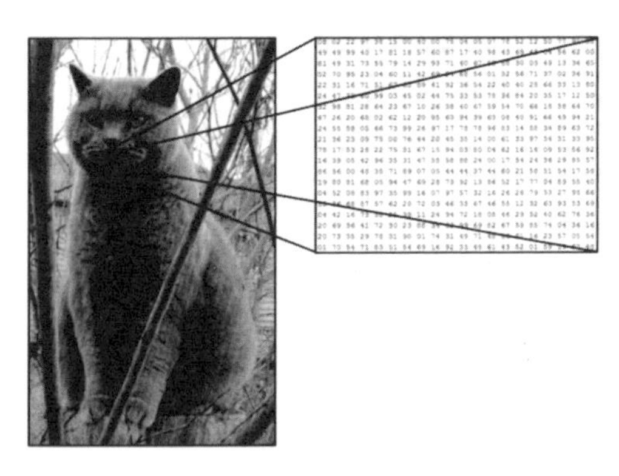

圖 17-4　電腦眼中的影像

影像分類工作就是拿到一堆圖像資料後，各有各的標籤，要讓電腦分辨出每張影像內容屬於哪一個類別。看起來好像很容易，這不就是貓，特徵非常明題，但實際資料集中可能會存在各種各樣的問題，如照射角度、光源強度、形狀改變、部分遮蔽、背景混入等因素（見圖 17-5），都會影響分類的效果。

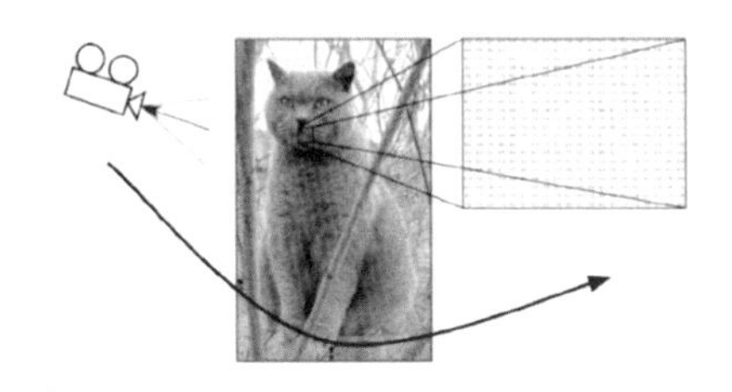

(a) 挑戰：拍照角度

(b) 挑戰：光線強度

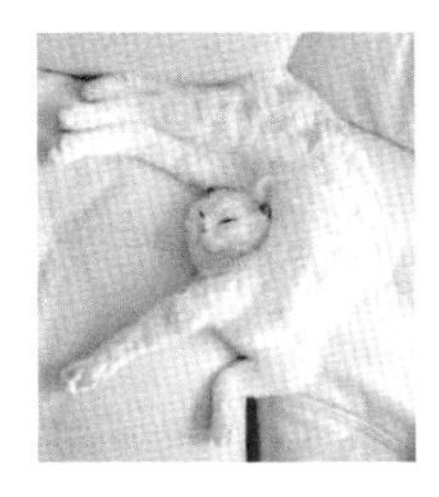

(c) 挑戰：改變形狀

(d) 挑戰：部分遮蔽

(e) 挑戰：背景混入

圖 17-5　影像識別工作的挑戰

如何解決這些問題呢？如果用傳統演算法，需要分析各種特徵，實在是個苦活。選擇神經網路演算法就省事多了，這些問題都交給網路去學習即可，只要有資料和標籤，選擇合適的模型就能解決這些問題。

大師說：遮蔽現象是影像識別中常見的問題，例如在密集人群中進行人臉檢測，最簡單有效的方法就是把存在該現象的資料以及合適的標籤交給神經網路進行學習，資料是最好的解決方案。

17.1.3 得分函數

下面準備完成影像分類的工作，如何才能確定一個輸入屬於哪個類別呢？需要神經網路最後輸出一個結果（例如一個分值），以評估它屬於各個類別的可能性，如圖 17-6 所示。

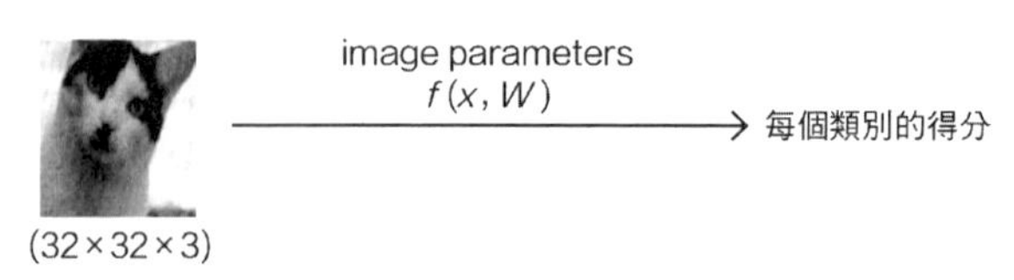

圖 17-6　網路的輸入和輸出

為了更容易了解，先省略網路中複雜的過程，直接來看輸入和輸出，輸入就是圖像資料，輸出就是分類的結果。那麼如何才能獲得最後的分值呢？既然影像是由很多個像素點組成的，最後它屬於哪一個類別一定也要和這些像素點關聯在一起，可以把影像中的像素點當作資料特徵。輸入特徵確定後，接下來需要明確的就是加權參數，它會結合影像中的每一個像素點進行計算，簡單來說就是從影像每一個細節入手，看看每一個像素點對最後分類結果的貢獻有多大。

假設輸入資料是 32×32×3，一共就有 3072 個像素點，每一個都會對最後結果產生影響，但其各自的影回應當是不同的，例如貓的耳朵、眼睛部位會對最後結果是貓產生積極的影響，而一些背景因素可能會對最終結果產生負面的影響。這就需要分別對每個像素點加以計算，此時就需要 3072 個加權參數（和像素點個數一一對應）來控制其影響大小，如圖 17-7 所示。

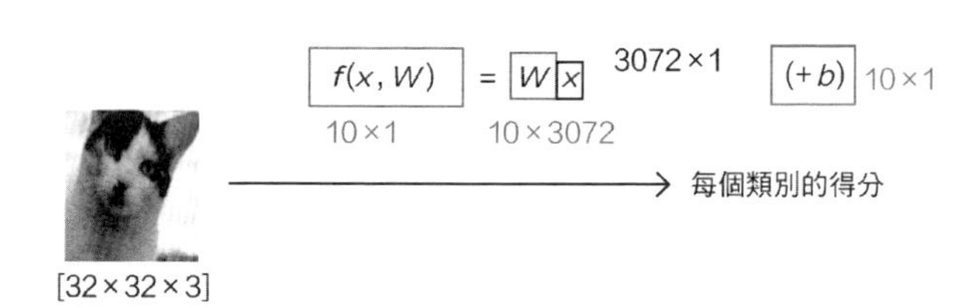

圖 17-7　得分函數

如果只想得到目前的輸入屬於某一個特定類別的得分，只需要一組加權參數（1×3072）就足夠了。那麼，如果想做的是十分類問題呢？此時就需要十組加權參數，例如還有狗、船、飛機等類別，每組參數用於控制目前類別下每個像素點對結果作用的大小。

不要忽略偏置參數 b，它相當於微調獲得的結果，讓輸出能夠更精確。所以最後結果主要由加權參數 w 來控制，偏置參數 b 只是進行微調。如果是十分類工作，各自類別都需要進行微調，也就是需要 10 個偏置參數。

接下來透過一個實際的實例看一下得分函數的計算流程（見圖 17-8）。

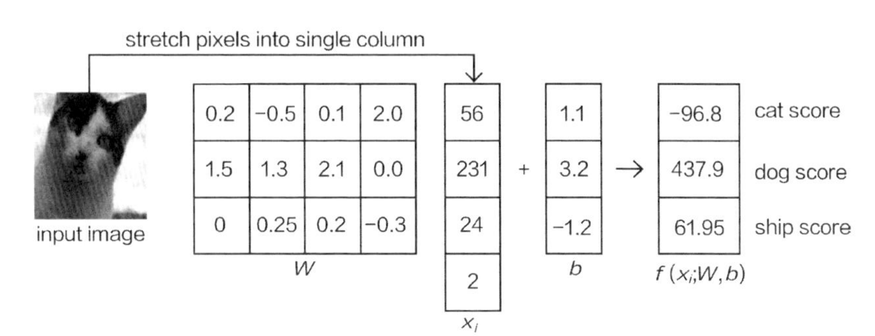

圖 17-8　得分函數計算流程

輸入還是這張貓的影像，簡單起見就做一個三分類工作，最後獲得目前輸入屬於每一個類別的得分值。觀察可以發現，加權參數和像素點之間的關係是一一對應的，有些加權參數比較大，有些比較小，並且有正有負，這就是表示模型認為該像素點在目前類別的重要程度，如果加權參數為正且比較大，就表示這個像素點很關鍵，對結果是目前類別造成促進作用。

那麼怎麼確定加權和偏置參數的數值呢？實際上需要神經網路透過反覆運算計算逐步更新，這與梯度下降中的參數更新道理是一樣的，首先隨機初始化一個值，然後不斷進行修正即可。

從最後分類的得分結果上看，原始輸入是一隻小貓，但是模型卻認為它屬於貓這個類別的得分只有 −96.8，而屬於其他類別的得分反而較高。這顯然是有問題的，本質原因就是目前這組加權參數效果並不好，需要重新找到更好的參數組合。

17.1.4 損失函數

在上小節預測貓、狗、船的實例中，預測結果和真實情況的差異比較大，需要用一個實際的指標來評估目前模型效果的好壞，並且要用一個實際數值分辨好壞的程度，這就需要用損失函數來計算。

在有監督學習問題中，可以用損失函數來度量預測結果的好壞，評估預測值和真實結果之間的吻合度，即模型輸出的預測值 $f(x_i,W)$ 與真實值 Y 之間不一致的程度。一般而言，損失值越小，預測結果越準確；損失值越大，預測結果越不準確。大部分的情況下，訓練資料(x_i, y_i)是固定的，可以透過調整模型參數 W 和 b 來改進模型效果。

損失函數的定義方法有很多種，根據不同的工作類型（分類或回歸）和資料集情況，可以定義不同的損失函數，先來看一個簡單的：

$$L_i = \sum_{j \neq y_i} \max(0, s_j - s_{y_i} + \Delta)$$

其中，L_i 為目前輸入資料屬於正確類別的得分值與其他所有錯誤類別得分值的差異總和。

當$s_j - s_{y_i} + \Delta < 0$時，表示沒有損失；當$s_j - s_{y_i} + \Delta > 0$時，表示開始計算損失，其中 Δ 表示容忍程度，或者說是至少正確的比錯誤的強多少才不計損失。

下面實際計算一下（見圖 17-9）。資料有 3 個類別：小貓、汽車和青蛙，分別選擇 3 張圖片作為輸入，假設已經獲得其各自得分值。

- 小貓對應的各種得分值：$f(x_1, W) = [3.2,\ 5.1,\ -1.7]$。
- 汽車對應的各種得分值：$f(x_2, W) = [1.3, 4.9, 2.0]$。
- 青蛙對應的各種得分值：$f(x_3, W) = [2.2, 2.5, -3.1]$。

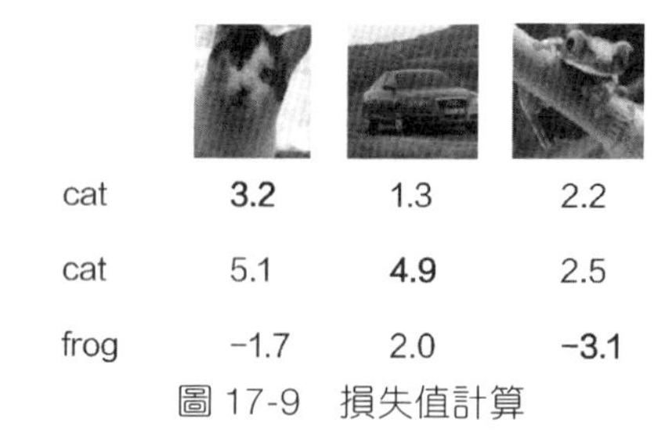

圖 17-9　損失值計算

當 Δ=1 時，表示正確類別需比錯誤類別得分高出至少 1 個數值才算合格，否則就會有損失值。

- $L_1 = \max(0, 5.1 - 3.2 + 1) + \max(0, -1.7 - 3.2 + 1) = 2.9$
- $L_2 = \max(0, 1.3 - 4.9 + 1) + \max(0, 2.0 - 4.9 + 1) = 0$
- $L_3 = \max(0, 2.2 - 3.1 + 1) + \max(0, 2.5 - 3.1 + 1) = 10.9$

從結果可以看出，第一張輸入的小貓損失值為 2.9，表示做得還不夠好，因為沒有把小貓和汽車這兩個類別區分開。第二張輸入的汽車損失值為 0，表示此時模型做得還不錯，成功預測到正確答案。最後一張青蛙對應的損失值為 10.9，這值非常大，表示此時模型做得很差。

這裡選擇 3 張輸入影像進行計算，獲得的損失值各不相同，最後模型損失值的計算並不是由一張影像決定的，而是大量測試影像結果的平均值（例如一個 batch 資料）：

$$L=\frac{1}{N}\sum_{i=1}^{N}\sum_{j\neq y_i}\max(0,s_j-s_{y_i}+\Delta) \tag{17.1}$$

式（17.1）可以當作對回歸工作也就是預測實際分數時的損失函數（損失函數的定義方法有很多，可以根據工作不同自己選擇）。但對分類工作來說，更希望獲得一個機率值，可以借用 softmax 方法來完成分類別工作。舉例來說，目前的輸入屬於貓的機率為 80%，狗的機率為 20%，那麼它的最後結果就是貓。

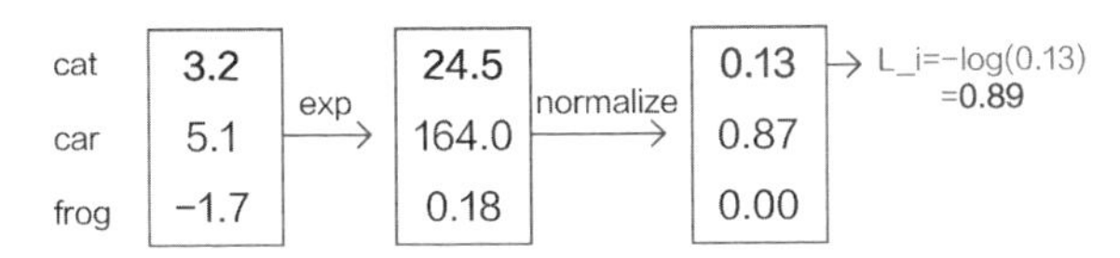

圖 17-10　分類工作損失值計算流程

分類工作損失值計算流程如圖 17-10 所示，先按流程走一遍，然後再看數學公式就好了解了。首先，假設一張小貓影像經過神經網路處理後獲得其屬於 3 個類別的得分值分別為（3.2,5.1,-1.7），只看得分值，感覺差異並不大，為了使得結果差異能夠更明顯，進行了對映（見圖 17-11）。

經過對映後，數值差異更明顯，如果得分值是負數，基本就是不可能的類別，對映後也就更接近於 0。現在只是數值進行轉換，如何才能轉換成機率值呢？只需簡單的歸一化操作即可。

假設已經獲得目前輸入屬於每一個類別的機率值，輸入明明是一隻小貓，但是結果顯示貓的機率值只有 13%，看起來模型做得並不好，需要計算其損失值，這裡還是借助對數函數，如圖 17-12 所示。

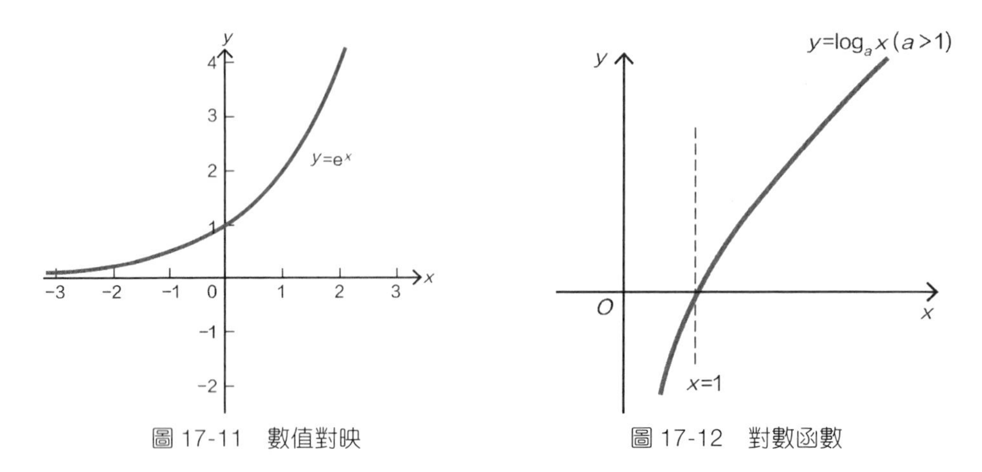

圖 17-11　數值對映　　　圖 17-12　對數函數

需要注意一點：對數函數的輸入是目前輸入影像屬於正確類別的機率值，也就是上述實例中的 0.13，表示只關心它在正確類別上的分類效果，理想情況是它屬於貓的機率為 100%。

透過對數函數可以發現，當輸入的機率結果越接近於 1 時，函數值越接近 0，表示完全做對了（100% 屬於正確類別），不會產生損失。如果沒有完全做對，效果越差（輸入越接近於 0）時，對應的損失值也會越大（雖然是負的，取其相反數就會變成正的）。

解釋過後，再把每一步的操作穿插在一起，就是分類工作中損失函數的定義：

$$L=\frac{1}{N}\sum_{i=1}^{N}\left(-\log\left(\frac{e^{s_{y_i}}}{\sum_{j}e^{s_j}}\right)\right)+\frac{1}{2}\lambda\sum_{k}\sum_{n}w_{k,n}^{2} \tag{17.2}$$

大師說：在損失函數中，還加入了正規化懲罰項，這一步也是必須的，因為神經網路實在太容易過擬合，後續就會看到，它的表現能力還是很驚人的。

假設輸入影像屬於貓、汽車、青蛙 3 個類別的得分值為 [3.2,5.1,−1.7]，計算過程如下。

1. 求出各得分值的指數次冪，結果為$[e^{3.2},e^{5.1},e^{-1.7}]=[24.5,164.0,-1.7]$。

2. 歸一化處理，即計算出每種的$\frac{e^{s_{y_i}}}{\sum_j e^{s_j}}$，結果為 [0.13,0.87,0.00]，因為 0.87 較大，所以可以將該圖片分類為汽車，顯然，該結果是有誤差的，所以要計算損失函數。
3. 在求解損失函數時，只需要其屬於正確類別的機率，本例中圖片正確的分別為小貓，所以損失函數為 $L_1 = -\log 0.13 = 0.89$。

17.1.5 反向傳播

終於要揭開神經網路反覆運算計算的本質了，現在已經完成了從輸入資料到計算損失的過程，通常把這部分叫作正向傳播（見圖 17-13）。但是網路模型最後的結果完全是由其中的加權與偏置參數來決定的，所以神經網路中最核心的工作就是找到最合適的參數。

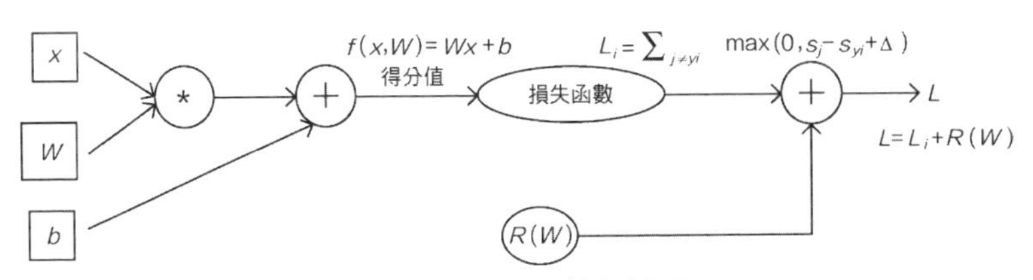

圖 17-13　正向傳播過程

前面已經說明過梯度下降方法，很多機器學習演算法都是用這種最佳化的思維來反覆運算求解，神經網路也是如此。當確定損失函數之後，就轉化成了下山問題。但是神經網路是層次結構，不能一次梯度下降就獲得所有參數更新的方向，需要逐層完成更新參數工作（見圖 17-14）。

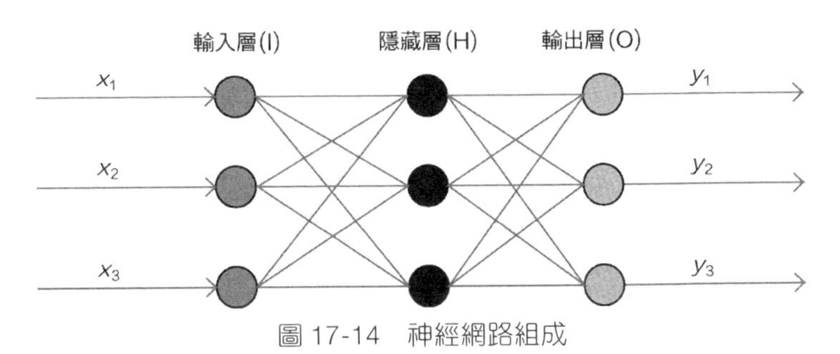

圖 17-14　神經網路組成

由於網路層次的特性，在計算梯度的時候，需要遵循鏈式法則，也就是逐層計算梯度，並且梯度是可以傳遞的，如圖 17-15 所示。

$$f(x,y,z)=(x+y)z$$

$$x=-2, y=5, z=-4$$

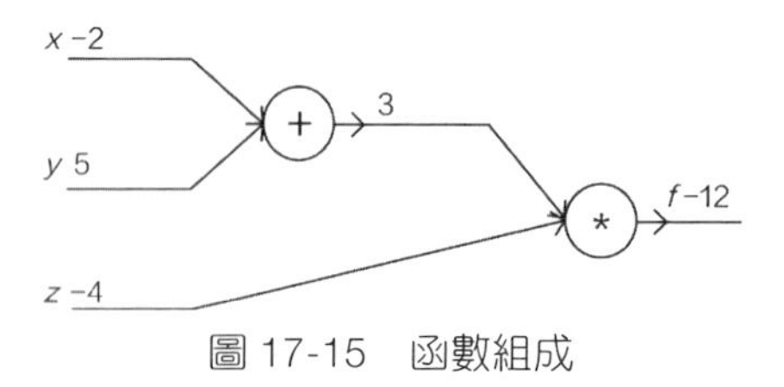

圖 17-15　函數組成

既然要對參數進行更新，可以看一看不同的參數對模型的損失做了什麼貢獻。如果一個參數使得模型的損失增大，那就要削減它；如果一個參數能使得模型的損失減小，那就增大其作用。上述實例中，就是把 x, y, z 分別看成影響最後結果的 3 個因數，現在要求它們對結果的影響有多大：

$$\frac{\partial f}{\partial x}, \frac{\partial f}{\partial y}, \frac{\partial f}{\partial z} \tag{17.3}$$

可以觀察到，z 和結果是直接關聯在一起的，但是 x 和 y 和最後的結果並沒有直接關係，可以額外引用一項 q，令 $q=x+y$，這樣 q 就直接和結果關聯在一起，而 x 和 y 又分別與 q 直接關聯在一起：

$$\frac{\partial f}{\partial x}=\frac{\partial f}{\partial q}\frac{\partial q}{\partial x}=z=-4 \text{，} \frac{\partial f}{\partial y}=\frac{\partial f}{\partial q}\frac{\partial q}{\partial y}=z=-4 \tag{17.4}$$

透過計算可以看出，當計算 x 和 y 對結果的貢獻時，不能直接進行計算，而是間接計算 q 對結果的貢獻，再分別計算 x 和 y 對 q 的貢獻。在神經網路中，並不是所有參數的梯度都能一步計算出來，要按照其位置順序，一步步進行傳遞計算，這就是反向傳播（見圖 17-16）。

從整體上來看，最佳化方法依舊是梯度下降法，只不過是逐層進行的。反向傳播的計算求導相對比較複雜，建議大家先了解其工作原理，實際計算交給電腦和架構完成。

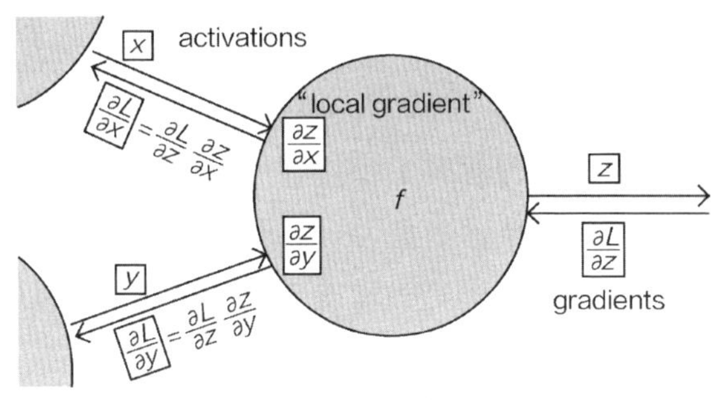

圖 17-16　反向傳播過程

17.2 神經網路整體架構

上一節說明了神經網路中每一個基礎模組的原理及其工作流程，接下來要把它們組合成一個完整的神經網路，從整體上看神經網路到底做了什麼。

大師說：有些書籍中介紹神經網路時，會從生物學、類人腦科學開始講起，但是神經網路中真的有軸突、樹突這些結構嗎？筆者認為，還是直接看其數學上的組成最直截了當，描述越多，其實越加強了解它的難度。

17.2.1 整體架構

神經網路整體架構如圖 17-17 所示，只要了解這張圖，神經網路就能了解得差不多。可以看出，神經網絡是一個層次結構，包含輸入層、隱藏層和輸出層。

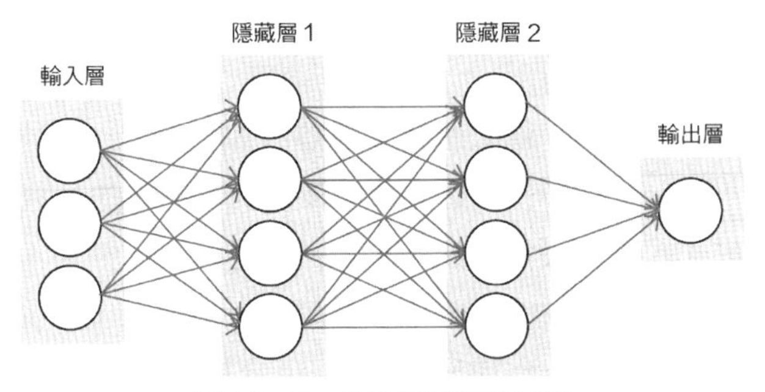

圖 17-17　神經網路整體架構

（1）**輸入層**。圖 17-17 的輸入層中畫了 3 個圓，通常叫作 3 個神經元，即輸入資料由 3 個特徵或 3 個像素點組成。

（2）**隱藏層 1**。輸入資料與隱藏層 1 連接在一起。神經網路的目標就是尋找讓電腦能更好了解的特徵，這裡面畫了 4 個圓（4 個神經元），可以當作透過對特徵進行某種轉換將原始 3 個特徵轉換成 4 個特徵（這裡的 3 和 4 都是假設，實際情況下，資料特徵和隱層特徵都是比較大的）。

原始資料是 3 個特徵，這是由資料本身決定的，但是，隱藏層的 4 個特徵表示什麼意思呢？這個很難解釋，神經網路會按照某種線性組合關係將所有特徵重新進行組合，之前看到的加權參數矩陣中有正有負，有大有小，就表示對特徵進行何種組合方式。神經網路是黑盒子的原因也在於此，很難解釋其中過程，只需關注其結果即可。

（3）**隱藏層 2**。在隱藏層 1 中已經對特徵進行了組合轉換，此時隱藏層 2 的輸入就是隱藏層 1 轉換後的結果，相當於之前已經進行了某種特徵轉換，但是還不夠強大，可以繼續對特徵做轉換處理，神經網路的強大之處就在於此。如果只有一層神經網路，與之前介紹的邏輯回歸差不多，但是一旦有多層層次結構，整體網路的效果就會更強大。

（4）**輸出層**。最後還是要得到結果的，就看要做的工作是分類還是回歸，選擇合適的輸出結果和損失函數即可，這與傳統機器學習演算法一致。

神經網路中層和層之間都是全連接的操作，也就是隱層中每一個神經元（其中一個特徵）都與前面所有神經元連接在一起，這也是神經網路的基本特性。全連接計算如圖 17-18 所示，所謂的全連接，其實就是通過矩陣將資料或特徵進行轉換。舉例來説，輸入層的資料是 [1,3]，表示一個本資料，3 個特徵（也可以是一個 batch 資料）。透過加權參數矩陣 w_1：[3,4] 進行矩陣乘法操作，結果就是 [1,4]，相當於對原始輸出特徵進行轉換，變成 4 個特徵。接下來還需要透過 w_2、w_3 分別對中間特徵進行轉換計算，最後獲得一個結果值，可以當作回歸任務。如果是分類任務，例如十分類，輸出層可以設計成 10 個神經元，也就是當前輸入屬於每一個類別的機率值，w_3 也對應地變成 [4,10]。

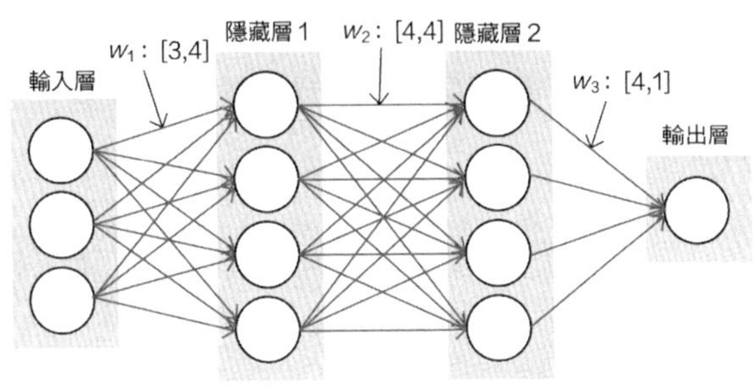

圖 17-18 全連接計算

如果直接對輸入資料依次計算，其經過式（17.5）和式（17.6）參考轉換獲得結果看起來是一種線性轉換，但是神經網路能處理的問題一定不止線性問題，所以，在實際建置中，還需引用非線性函數，例如 Sigmoid 函數，但是現階段一般不用它，先來看一個更簡單的函數：

$$f = w_2 \max(0, w_1 x) \tag{17.5}$$

$\max(0, x)$ 函數看起來更直截了當，它是非常簡單的非線性函數，暫且用它來當作對神經網路進行非線性轉換的方法，需要把它放到每一次特徵轉換之後，也就是在基本的神經網路中，每一個矩陣相乘後都需要加上一個非線性轉換函數。

再繼續堆疊一層，計算方法相同：

$$f = w_3 \max(0, w_2 \max(0, w_1 x)) \tag{17.6}$$

17.2.2 神經元的作用

概述神經網路的整體架構之後，最值得關注的就是特徵轉換中的神經元，可以將它了解成轉換特徵後的維度。舉例來説，隱藏層有 4 個神經元，就相當於轉換獲得 4 個特徵，神經元的數量可以自己設計，那麼它會對結果產生多大影響呢？下面看一組比較實驗。選擇相同的資料集，在網路模型中，只改變隱藏層神經元個數，獲得的結果如圖 17-19 所示。資料集稍微有點難度，是一個環狀。當隱藏層神經元個數只有 1 個時，好像是只切了一刀，並沒有達到想要的結果，説明隱藏層只利用一個特徵，還是太少了。當隱藏層神經元個數為 2 時，這回像是切了兩刀，但還是差那麼一點，沒有完全分對，看起來還是特徵多一點好。如果繼續增加，隱藏層神經元個數為 3 時，終於達到目標，資料集能完全分開。

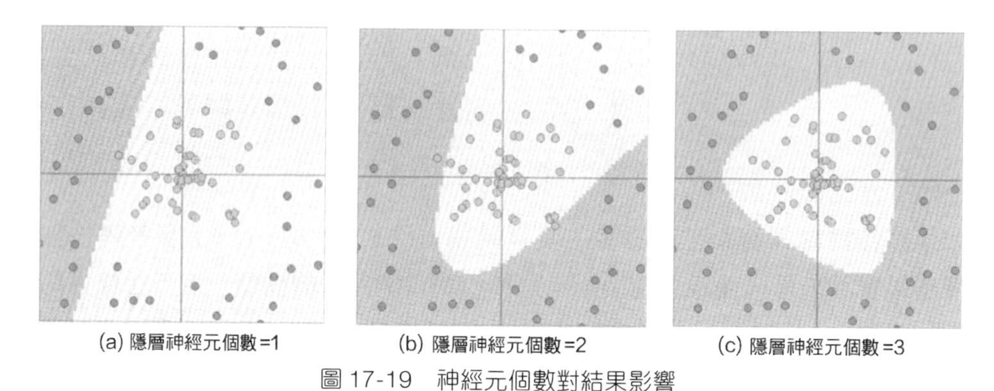

圖 17-19　神經元個數對結果影響

當隱藏層神經元數量增大的時候，神經網路可以利用的資料資訊就更多，分類效果自然會加強，那麼，是不是神經元的數量越多越好呢？先來算一筆賬，假設一張影像的大小為 [800,600,3]，這是正常的影像尺寸，其中一共有 800×600×3=1440000 個像素點，相當於輸入資料（也就是輸入層）一共有 1440000 個神經元，因此要畫 1440000 個圓，打個折，暫且算有 100 萬個輸入像素點。當隱藏層神經元個數為 1 時，輸入層和隱藏層之間連接的矩陣就是 [100W,1]。當隱藏層神經元個數為 2 時，加權參數矩陣為 [100W,2]。增加一個隱藏層神經元時，參數不只增加一個，而是增加一組，相當於增加了 100W 個加權參數。

因此在設計神經網路時，不能只考慮最後模型的表現效果，還要考慮計算的可行性與模型的過擬合風險。

大師說：神經網路為什麼現階段才登上舞台呢？這快速地是由於以前的電腦效能根本無法滿足這麼龐大的計算量，而且參數越多，過擬合也越嚴重。

圖 17-19 所示的資料集可能有點簡單，大家一看就知道支援向量機也能解決這種問題，下面換一個複雜的試試，如圖 17-20 所示。

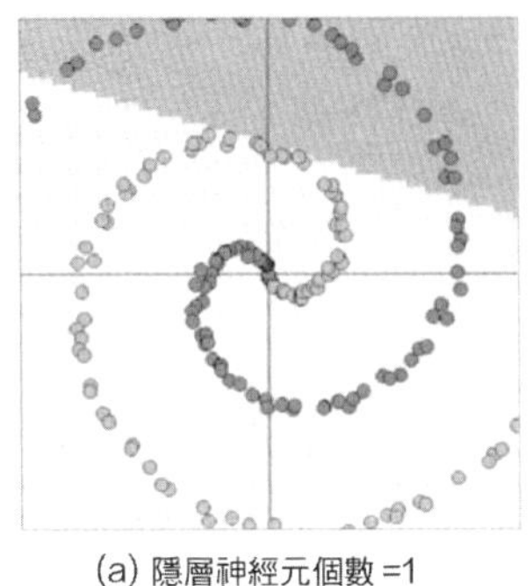
(a) 隱層神經元個數 =1

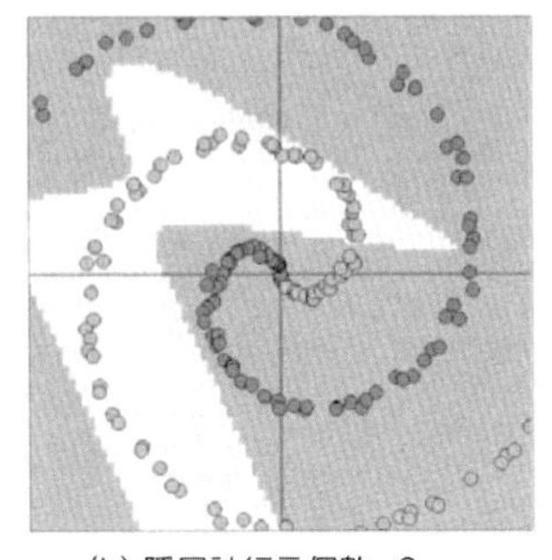
(b) 隱層神經元個數 =3

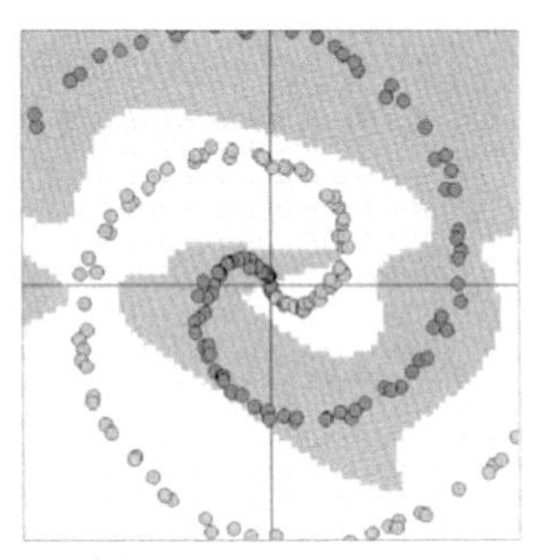
(c) 隱層神經元個數 =5

圖 17-20　神經網路效果

這回找到一個有個性的資料集，此時 3 個神經元已經不能滿足需求，當神經元個數增大至 5 時，才能完成這個工作。可以發現神經網路的效果還是比較強大的，只要神經元個數足夠多，就能解決這些複雜問題。此時有一個大膽的想法，如果隨機建置一個資料集，再讓神經網路去學習其中的規律，它還能解決問題嗎？

圖 17-21 是使用相同的神經網路在隨機建立的幾份資料集上的效果。由於問題比較難，神經元數量增加到 15 個，結果真能把隨機資料集完全切分開，現在替大家的感覺是不是神經網路已經足夠強大了。機器學習的出發點是要尋找資料集中的規律，利用規律來解決實際問題，現在即使一份資料集是隨機組成的，神經網路也能把每一個資料點完全分開。

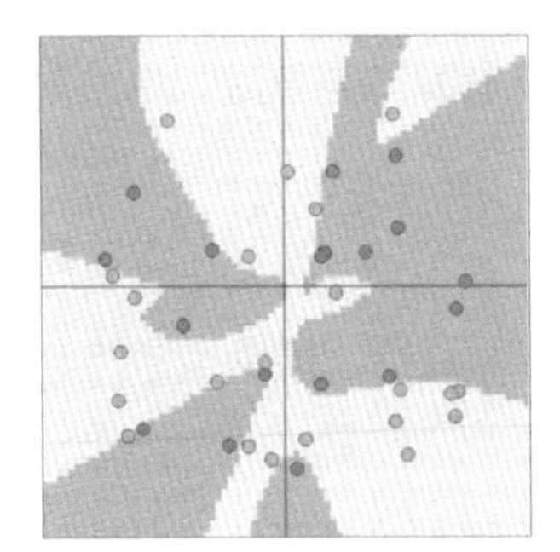

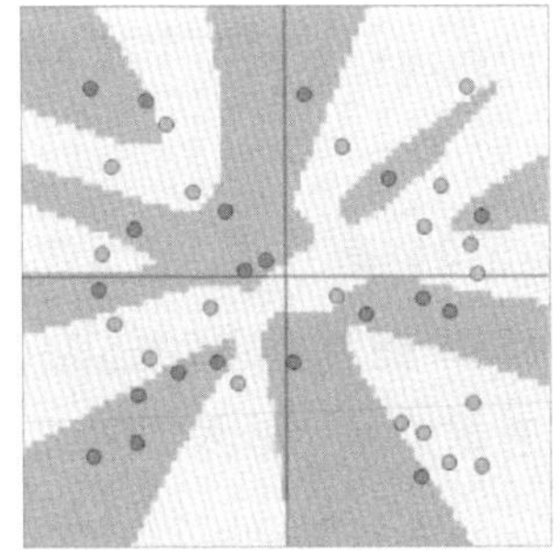

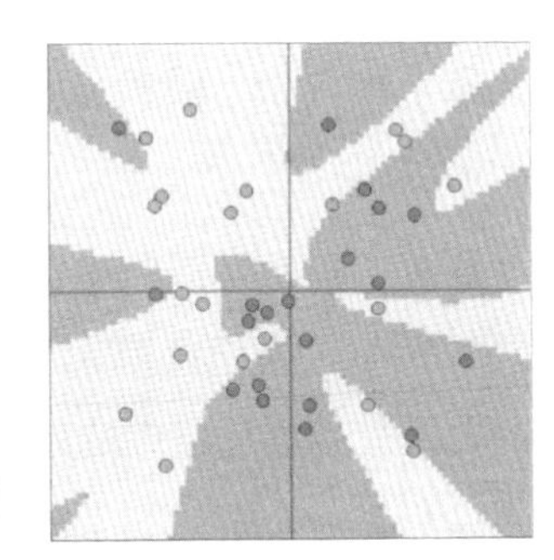

圖 17-21　神經網路在隨機資料集上的效果

神經網路雖然強大，但這只是在訓練集上獲得的效果，此時來看決策邊界已經完全過擬合。如圖 17-22 所示，被選取的資料點看起來可能是例外或離群點。由於它的存在，使得整個模型不得不多劃分出一個決策邊界，實際應用時，如果再有資料點落在該點周圍，就會被錯誤地預測成紅色類別。

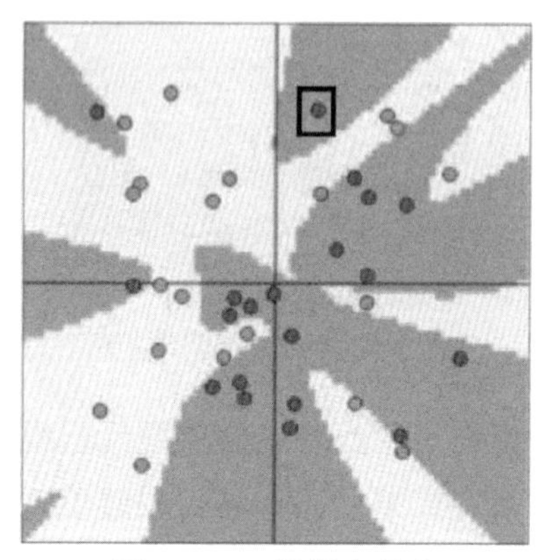

圖 17-22　過擬合現象

這樣的網路模型在實際測試中效果一定不好，所以神經網路中最大的問題就是過擬合現象，需要額外進行處理。

17.2.3 正規化

神經網路效果雖然強大，但是過擬合風險實在是高，由於其參數過多，所以必須進行正規化處理，否則即使在訓練集上效果再高，也很難應用到實際中。

最常見的正規化懲罰是 L2 範數，即$R(W)=\sum_k\sum_n w_{k,n}^2$，它對加權參數中所有元素求平方和，顯然，$R(W)$只與加權有關係，而和輸入資料本身無關，只懲罰加權。

在計算正規化懲罰時，還需引用懲罰力道，也就是 λ，表示希望對加權參數懲罰的大小，還記得信用卡檢測案例嗎？它就是其中一個參數，選擇不同的懲罰力道在神經網路中的效果差異還是比較大的。

正規化懲罰力道如圖 17-23 所示，當懲罰力道較小時，模型能把所有資料點完全分開，但是，資料集中會存在一些有問題的資料點，可能由於標記錯誤或其他例外原因所導致，這些資料點使得模型的決策邊界變得很奇怪，就像圖 17-23（a）所示那樣，看起來都做對了，但是實際測試集中的效果卻很差。

當懲罰力道較大時，模型的邊界就會變得比較平穩，雖然有些資料點並沒有完全劃分正確，但是這樣的模型實際應用效果還是不錯的，過擬合風險較低。

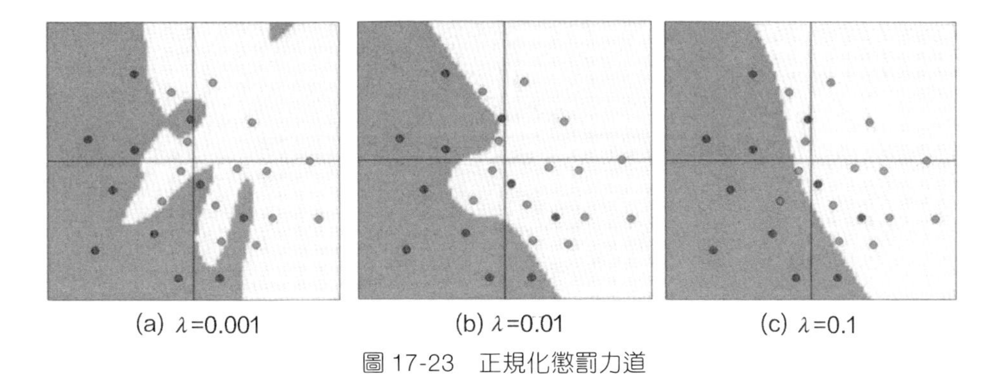

圖 17-23　正規化懲罰力道

透過上述比較可以發現，不同的懲罰力道獲得的結果完全不同，那麼如何進行選擇呢？還是一個調參的問題，但是，大部分的情況下，寧可選擇圖 17-23（c）中的模型，也不選擇圖 17-23（a）中的模型，因為其泛化能力更強，效果稍微差一點還可以忍受，但是完全過擬合就沒用了。

17.2.4 啟動函數

在神經網路的整體架構中，將資料登錄後，一層層對特徵進行轉換，最後透過損失函數評估目前的效果，這就是正向傳播。接下來選擇合適的最佳化方法，再反向傳播，從後往前走，逐層更新加權參數。

如果層和層之間都是線性轉換，那麼，只需要用一組加權參數代表其餘所有的乘積就可以了。這樣做顯然不行，一方面神經網路要解決的不僅是線性問題，還有非線性問題；另一方面，需要對轉換的特徵加以篩選，讓有價值的加權特徵發揮更大的作用，這就需要啟動函數。

常見的啟動函數包含 Sigmoid 函數、tanh 函數和 ReLu 函數等，最早期的神經網路就是將 Sigmoid 函數當作其啟動函數。數學運算式為：

$$f(x)=\frac{1}{1+\mathrm{e}^{-x}}$$

其圖形如圖 17-24 所示。

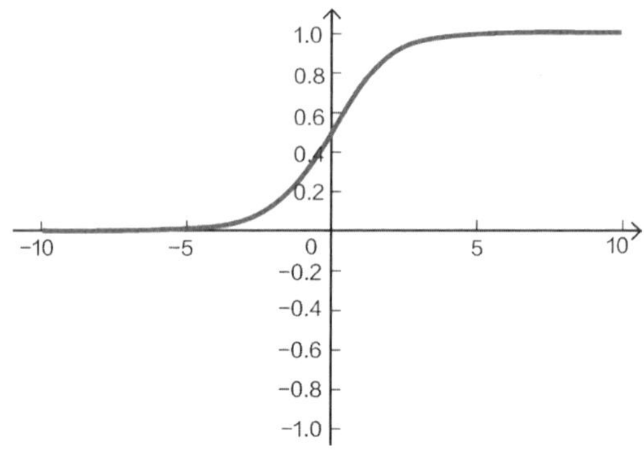

圖 17-24 Sigmoid 函數

早期的神經網路為什麼沒有流行起來呢？一方面是之前所說的計算效能所限，另一方面就是 Sigmoid 函數本身的問題，在反向傳播的過程中，要逐層進行求導，對 Sigmoid 函數來說，當數值較小時（例如 −5 到 +5 之間），導數看起來沒有問題。但是一旦數值較大，其導數就接近於 0，例如取 +10 或 −10 時，切線已經接近水平了。這就容易導致更大的問題，由於反向傳播是逐層進行的，如果某一層的梯度為 0，它後面所有網路層都不會進行更新，這也是 Sigmoid 函數最大的問題。

tanh 函數運算式為：

$$\tanh x = \frac{\sinh x}{\cosh x} = \frac{e^x - e^{-x}}{e^x + e^{-x}}$$

其圖形如圖 17-25 所示。

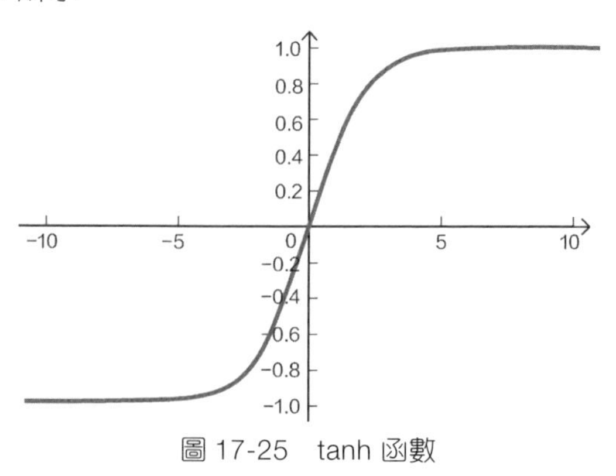

圖 17-25 tanh 函數

tanh 函數的優點是它能關於原點對稱，但是，它同樣沒有解決梯度消失的問題，因此被淘汰。

ReLu 函數運算式為：

$$f(x) = \max(0, x)$$

其圖形如圖 17-26 所示。

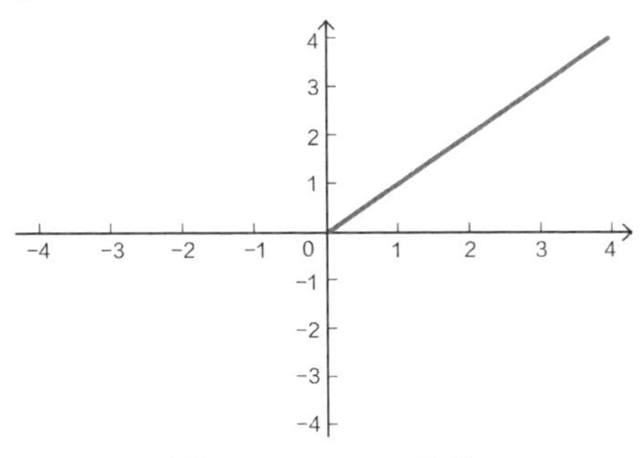

圖 17-26　Relu 函數

Relu 函數的作用十分簡單，對於輸入 x，當其小於 0 時，輸出都是 0，在大於 0 的情況下，輸出等於輸入本身。同樣是非線性函數，卻解決了梯度消失的問題，而且計算也十分簡便，加快了網路的反覆運算速度。

現階段啟動函數的選擇基本都是 Relu 函數或是它的變形體，後續實驗中還會再看到 Relu 函數。

17.3 網路最佳化細節

在設計神經網路過程中，每一個環節都會對最後結果產生影響，這就需要考慮所有可能的情況，那麼是不是訓練網路時，需要進行很多次實驗才能選取一個合適的模型呢？其實也沒有那麼複雜，基本處理的方法還是通用的。

17.3.1 資料前置處理

目前，神經網路是不是已經強大到對任何資料都能產生不錯的效果呢？要想做得更好，資料前置處理操作依然是非常核心的一步，如果資料更標準，網路學起來也會更容易。

對數值資料進行前置處理最常用的就是標準化操作，如圖 17-27 所示，首先各個特徵減去其平均值，相當於以原點對稱，接下來再除以各自的標準差，讓各個維度設定值都統一在較小範圍中。

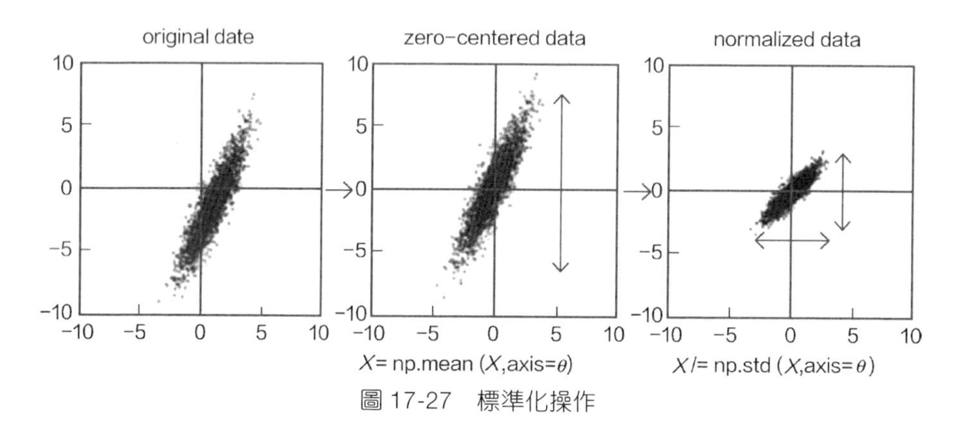

圖 17-27　標準化操作

對圖像資料也是需要前置處理操作，保障輸入的大小規模都是統一的，例如都是 32×32×3，如果各自大小不同，還需 resize 到統一規模，這點是必需的，因為在基本的神經網路中，所有參數計算都是矩陣相乘，如果輸入不統一，就無法進行特徵轉換。不僅如此，通常圖像資料的像素點設定值範圍是在 0 ～ 255 之間，看起來浮動比較大，可以使用歸一化方法來把所有像素點值壓縮到 0 ～ 1 之間。

文字資料更要進行前置處理操作，最起碼要把文字或詞語轉換成向量。為了滿足神經網路的輸入，還需限制每一篇文字的長度都是統一的，可以採用多退少補原則來處理文字長度，後續在實驗中還會詳細解釋其處理方法。

簡單介紹幾種資料前置處理方法後發現，基本的出發點還是使資料盡可能標準一些，這樣學習神經網路更容易，過擬合風險也會大幅降低。

在神經網路中，每一個參數都是需要透過反向傳播來不斷進行反覆運算更新的，但是，開始的時候也需要有一個初值，一般都是隨機設定，最常見的就是隨機高斯初始化，並且設定值範圍都應較小，在初始階段，不希望某一個參數對結果造成太大的影響。一般都會選擇一個較小的數值，例如在高斯初始化中，選擇平均值為 0 且標準差較小的方法。

17.3.2 Drop-Out

過擬合一直是神經網路面臨的問題，Drop-Out 給人的感覺就像是七傷拳，它能解決一部分過擬合問題，但是也會使得網路效果有所下降，下面看一下它的結構設計。

過擬合問題源於在訓練過程中，每層神經元個數較多，所以特徵組合分析方式變得十分複雜，相當於用更多參數來擬合資料。如果在每一次訓練反覆運算過程中隨機殺死一部分神經元，如圖 17-28 所示，就可以有效地降低過擬合風險。為了使得整體網路架構在實際應用時保持不變，強調每次反覆運算都進行隨機選擇，也就是對一個神經元來說，可能這次反覆運算沒有帶它玩，下次反覆運算就把它帶上了。所以在測試階段照樣可以使用其完整架構，只是在訓練階段為了防止過擬合而加入的策略。

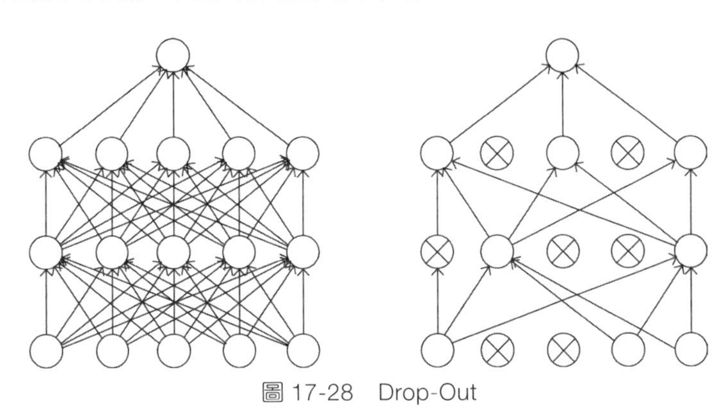

圖 17-28　Drop-Out

Drop-Out 方法巧妙地將神經元的個數加以控制，已經成為現階段神經網路中必不可少的一部分，通常每次反覆運算中會隨機保留 40% ～ 60% 的神經元進行訓練。

17.3.3 資料增強

神經網路是深度學習中的傑出代表，深度學習之所以能崛起還是依靠大量的資料，如圖 17-29 所示。當資料量較少時，深度學習很難進行，最好用更快速便捷的傳統機器學習演算法。

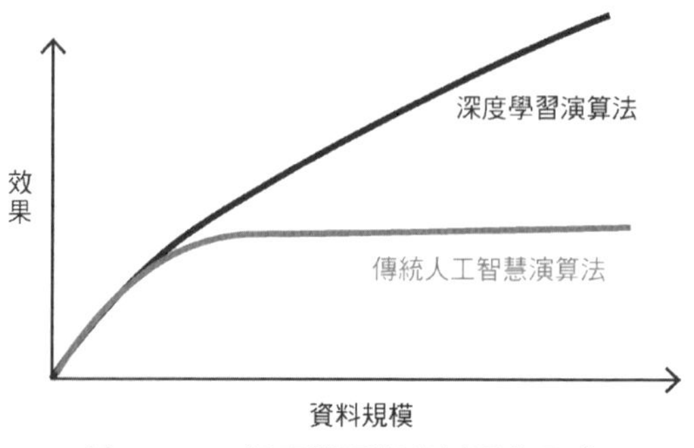

圖 17-29　深度學習對資料量的要求

由於神經網路要在原始的輸入資料中找到最合適的特徵分析方法，所以資料量一定要夠，通常都是以萬為單位，越多越好。但是，如果在一項工作中，沒有那麼多資料該怎麼辦呢？此時也可以自己創作。

對一張圖像資料來說，經過平移、翻轉、旋轉等操作，就可以獲得另外一張影像，這就是最常用的圖像產生策略，可以讓資料呈現爆炸式的增長，直接翻十倍都不成問題。opencv 工具套件可以對影像執行各種操作，以完成資料增強工作，如圖 17-30 所示。

圖 17-30　資料增強

現在推薦大家一個工具──keras 中的資料增強函數，簡直太方便了。如果用 opencv 做轉換，基本所有操作都需要自己完成，稍微有些麻煩，使用下面這個函數之後，等著收圖就可以了，其原理也是一樣的，按照參數進行設定，同時對影像執行平移、旋轉等操作，詳細內容可以查閱其 API 文件。

```
from keras.preprocessing.image import ImageDataGenerator
datagen = ImageDataGenerator(
        rotation_range=40,
        width_shift_range=0.2,
        height_shift_range=0.2,
        rescale=1./255,
        shear_range=0.2,
        zoom_range=0.2,
        horizontal_flip=True,
        fill_mode='nearest')
```

大師說：在進行影像增強的同時，不要忘記標籤也要隨之變化，如果是分類工作，還比較容易，但在回歸任務中，還需獲得標籤轉換後的新座標。

在訓練網路時，可能會遇到一些挑戰，例如資料中各種潛在的問題（如影像中的遮蔽現象），最好的解決方案還是從資料入手，畢竟對資料做處理，比對網路進行調整更容易了解，所以，當大家進行實際工作遇到挑戰時，可以嘗試先從資料下手，效果更直接明了。

17.3.4 網路結構設計

神經網路模型可以做得比較複雜，需要大家進行詳細的設計，例如神經元個數、網路層數等。這樣做起來豈不是要做大量的實驗？由於實際中訓練一個工作要花費 2 ～ 3 天，所以效率會大幅降低。最簡單快速的方法就是使用經典網路模型，也就是大家公認的、效果比較不錯的網路模型，在處理實際問題的時候，都是直接用經典模型進行實驗研究，很少自己從頭去嘗試新的結構，如果要改進，也是在其基礎上進行改進升級。所以，並不建議大家在處理實際工作的時候，腦洞大開來設計網路結構，還是老老實實用經典的，這也是最省事的。在解決問題的時候，最好先查閱相關論文，看看高手們是怎麼做的，如果問題類似，最好借助於別人的解決方案。

本章歸納

本章向大家介紹了神經網路模型，先按照其工作流程分析每一步的原理和作用，最後將完整的網路模型結合在一起。比較不同實驗效果，很容易觀察到神經網路強大的原因在於它使用了大量參數來擬合資料。雖然效果較傳統演算法有很大提升，但是在計算效率和過擬合風險上都有需要額外考慮的問題。

對圖像資料來說，最大的問題可能就是其像素點特徵比較豐富，如果使用全連接的方式進行計算，矩陣的規模實在過於龐大，如何改進呢？後續要講到的卷積神經網路就是專門處理圖像資料的。

在網路訓練反覆運算過程中，每次傳入的樣本資料都是相互獨立的，但是有些時候需要考慮時間序列，也就是前後關係的影響，看起來基本的神經網路模型已經滿足不了此項需求，後續還要對網路進行改進，使其能處理時間序列資料，也就是遞迴神經網路。可以看出，神經網路只是一個基礎模型，隨著技術的發展，可以對其做各種各樣的轉換，以滿足不同資料和工作的需求。

對於神經網路的了解，從其本質來講，就是對資料特徵進行各種轉換組合，以達到目標函數的要求，所以，大家也可以把神經網路當作特徵分析和處理的黑盒子，最後的分類和回歸工作只是利用其特徵來輸出結果。

Chapter

18

TensorFlow 實戰

本章介紹深度學習架構——TensorFlow，可能大家還聽過一些其他的神經網路架構，例如 Caffe、Torch，其實這些都是工具，以輔助完成網路模型架設。現階段由於 TensorFlow 更主流一些，能做的事情相對更多，所以還是選擇使用更廣泛的 TensorFlow 框架。首先概述其基本使用方法，接下來就是架設一個完整的神經網路模型。

18.1 TensorFlow 基本操作

TensorFlow 是由 Google 開發和維護的一款深度學習架構，從 2015 年還沒發佈時就已經名聲大振，經過近 4 年的發展，已經成為一款成熟的神經網路架構，可謂是深度學習界的首選。關於它的特徵和效能，其官網已經列出各種優勢，大家簡單了解即可。

關於工具套件的安裝，可以先用命令列嘗試執行 "pip install tensorflow" 指令。如果提示找不到合適的版本，可以自行登入：https://www.lfd.uci.edu/~gohlke/pythonlibs/ 來選擇合適版本下載，如圖 18-1 所示。注意現階段 TensorFlow 只支援 Python 3 版本的執行。

TensorFlow, computation using data flow graphs for scalable machine learning.
Requires numpy+mkl and protobuf. The CUDA builds require CUDA 9.2 and CUDNN 9.2.
tensorflow-1.9.0-cp36-cp36m-win_amd64.whl
tensorflow-1.9.0-cp37-cp37m-win_amd64.whl

圖 18-1　TensorFlow 工具套件下載

18.1.1 TensorFlow 特性

（1）**高靈活性**：TensorFlow 不僅用於神經網路，而且只要計算過程可以表示為一個資料流程圖，就可以使用 TensorFlow。TensorFlow 提供了豐富的工具，以輔助組裝演算法模型，還可以自訂很多操作。如果熟悉 C++，也可以改底層，其核心程式都是由 C 組成的，Python 相當於介面。

（2）**可攜性**：TensorFlow 可以在 CPU 和 GPU 上執行，例如桌上型電腦、伺服器、手機行動裝置等，還可以在嵌入式裝置以及 APP 或雲端服務與 Docker 中進行應用。

（3）**更新反覆運算迅速**：深度學習與神經網路發展迅速，經常會出現新的演算法與模型結構，如果讓大家自己最佳化演算法與模型結構可能較為複雜，TensorFlow 隨著更新會持續引進新的模型與結構，讓程式更簡單。

（4）**自動求微分**：以梯度為基礎的機器學習演算法會受益於 TensorFlow 自動求微分的能力。作為 TensorFlow 使用者，只需要定義預測模型的結構，將這個結構和目標函數結合在一起。指定輸入資料後，TensorFlow 將自動完成微分導數，相當於幫大家完成了最複雜的計算。

（5）**多語言支援**：TensorFlow 有一個合理的 C++ 使用介面，也有一個好用的 Python 使用介面來建置和訓練網路模型。最簡單實用的就是 Python 介面，也可以在互動式的 ipython 介面中用 TensorFlow 嘗試某些想法，它可以幫你將筆記、代碼、可視化等有條理地歸置好。隨著升級更新，後續還會加入 Go、Java、Lua、Javascript、R 等語言介面。

（6）**效能最佳化**：TensorFlow 給執行緒、佇列、非同步作業等以最佳的支援，可以將硬體的計算潛能全部發揮出來，還可以自由地將 TensorFlow 圖中的計算元素分配到不同裝置上，並且幫你管理好這些不同備份。

大師說：綜上所述，使用 TensorFlow 時，使用者只需完成網路模型設計，其他工作都可以放心地交給它來計算。有興趣的讀者還可以開啟一些求職網站，隨便搜搜機器學習、深度學習相關的關鍵字，基本都會有一項要求，就是掌握 TensorFlow 架構，所以學習價值還是非常大的。

圖 18-2 為 kaggle 競賽社群在 2017 年進行的一項調查問卷，調查對象基本都是資料科學領域的工程師，這裡截取其中兩個問題，圖 18-2（a）是「大家認為明年最紅的技術是什麼？」圖 18-2（b）是「大家認為在機器學習領域明年最紅的工具是什麼？」

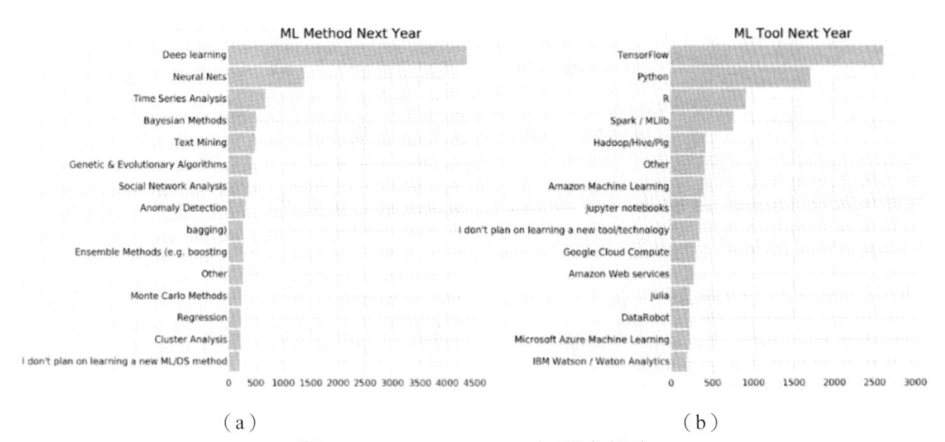

（a）　（b）

圖 18-2　kaggle2017 年調查報告

調查結果顯示：具有壓倒性優勢的技術便是深度學習和神經網路，由於電腦視覺和自然語言處理技術發展迅速，越來越多的人準備加入這個領域。圖 18-2（b）中 TensorFlow 也是一路領先，這也是選擇 TensorFlow 為主要實戰工具的原因，同行們都在用，一定值得學習。

Github 應當是程式設計師最熟悉的平台，圖 18-3 展示了 2017 年 Github 上各種深度學習架構被大家按讚的情況，其他架構就不一一介紹了，很明顯的趨勢就是 TensorFlow 成為最受大家歡迎的神經網路架構。

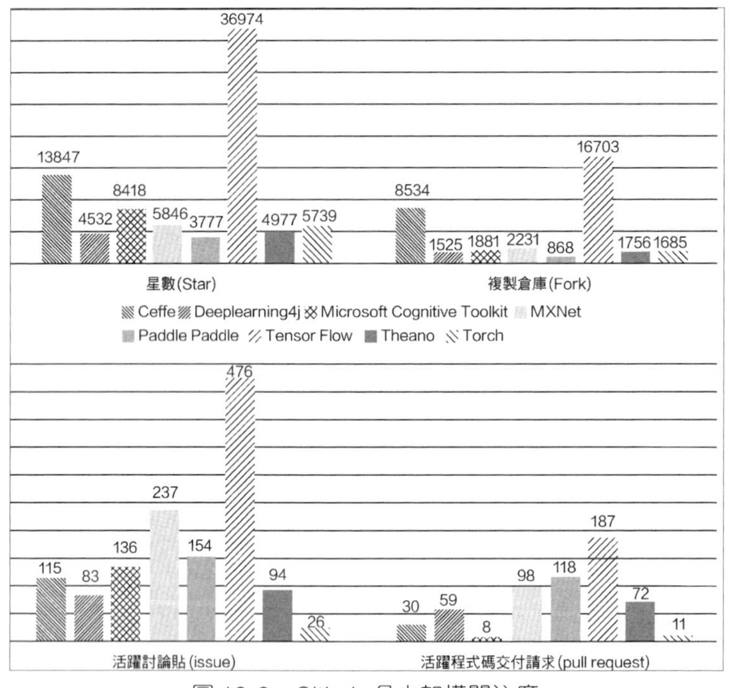

圖 18-3　Github 各大架構關注度

最後向大家說明筆者使用深度學習架構的感受：最開始使用的深度學習架構是 Caffe，用起來十分便捷，基本不需要寫程式，直接按照設定檔、寫好網路模型參數就可以訓練網路模型。雖然 Caffe 使用起來很方便，但是所有功能必須是其架構已經實現好的，想要加入新功能就比較麻煩，而且 Caffe 基本上只能玩卷積網路，所以如果只做影像處理相關工作，可以考慮使用，對於自然語言處理，它就不適合了。

TensorFlow 相當於已經實現了你能想到的所有操作，例如神經網路中不同功能層的定義、反覆運算計算、參數初始化等，所以大家需要做的就是按照流程將它們組合在一起即可。做了幾個專案之後，就會發現無論做什麼工作都是差不多的策略，很多範本都是可以重複使用的。初學者可能會覺得稍微有點麻煩，因為很多地方必須按照它的要求來做，熟練之後就會覺得按照要求標準來做是最科學的。

18.1.2 TensorFlow 基本操作

簡單介紹 TensorFlow 的各項優勢後，下面來看其最基本的使用方法，然後再來介紹神經網路：

In

```
# 建立一個變數
w = tf.Variable([[0.5,1.0]])
x = tf.Variable([[2.0],[1.0]])
# 建立一個操作
y = tf.matmul(w, x)
# 全域變數初始化
init_op = tf.global_variables_initializer()
with tf.Session() as sess:
# 實際執行
sess.run(init_op)
print (y.eval())
```

Out

```
[[ 2.]]
```

上述程式只想計算一個行向量與列向量相乘，但是本來一行就能解決的問題，這裡卻過於複雜，下面就是 TensorFlow 進行計算操作的基本要求。

1. 當想建立一個變數的時候似乎有些麻煩，需要呼叫 tf.Variable() 再傳入實際的值，這是為了底層計算的高效性，所有資料結構都必須是 tensor 格式，所以先要對資料格式進行轉換。
2. 接下來建立一個操作 y = tf.matmul(w, x)，為什麼是建立而非實際執行呢？此時相當於先寫好要做的工作流程，但還沒有開始做。
3. 再準備進行全域變數的初始化，因為剛才只是設計了變數、操作的流程，還沒有實際放入計算區域中，這有如告訴士兵打仗前怎麼佈陣，還沒有把士兵投放到戰場中，只有把士兵投放到戰場中，才能實際發揮作用。

4. 建立 Session()，這相當於士兵進入實際執行工作的戰場。最後 sess.run()，只有完成這一步，才能真正獲得最後結果。

最初的打算只是要做一個矩陣乘法，卻要按照 TensorFlow 的設計標準寫這麼多程式，估計大家的感受也是如此。

大師說：等你完成一個實際專案的時候，就知道按照標準完成工作是多麼舒服的事。

In	tf.zeros([3, 4], int32) = = > [[0, 0, 0, 0], [0, 0, 0, 0], [0, 0, 0, 0]] tf.zeros_like(tensor) = = > [[0, 0, 0], [0, 0, 0]] tf.ones([2, 3], int32) = = > [[1, 1, 1], [1, 1, 1]] tf.ones_like(tensor) = = > [[1, 1, 1], [1, 1, 1]] tensor = tf.constant([1, 2, 3, 4, 5, 6, 7]) = > [1 2 3 4 5 6 7] tensor = tf.constant(-1.0, shape=[2, 3]) = > [[-1. -1. -1.] [-1. -1. -1.]]
	tf.linspace(10.0, 12.0, 3, name="linspace") = > [10.0 11.0 12.0] tf.range(start, limit, delta) = = > [3, 6, 9, 12, 15]

可以看出在使用 TensorFlow 時，很多功能函數的定義與 Numpy 類似，只需熟悉即可，實際用的時候，它與 Python 工具套件一樣，前期基本上是現用現查。

接下來介紹 TensorFlow 中比較常用的函數功能，在變數初始化時，要隨機產生一些符合某種分佈的變數，或是拿到資料集後，要對資料進行洗牌的操作，現在這些都已經實現直接呼叫即可。

In

```
# 產生的值服從具有指定平均值和標準差的正態分佈
norm = tf.random_normal([2, 3], mean=-1, stddev=4)
# 洗牌
c = tf.constant([[1, 2], [3, 4], [5, 6]])
shuff = tf.random_shuffle(c)
# 每一次執行結果都會不同
sess = tf.Session()
print (sess.run(norm))
print (sess.run(shuff))
```

Out	[[-5.58110332 0.84881377 7.51961231] [3.27404118 -7.22483826 7.70631599]] [[56] [12] [34]]

隨機模組的使用方法很簡單，但對這些功能函數的使用方法來説，並不建議大家一口氣先學個遍，通過實際的案例和工作邊用邊學就足夠，其實這些只是工具而已，知道其所需參數的含義以及輸出的結果即可。

下面這個函數可是有點厲害，需要重點認識一下，因為在後面的實戰中，你都會見到它：

In
```
input1 = tf.placeholder(tf.float32)
input2 = tf.placeholder(tf.float32)
output = tf.multiply(input1, input2)
with tf.Session() as sess:
    print(sess.run([output], feed_dict={input1:[7.], input2:[2.]}))
```

Out
```
[array([ 14.], dtype=float32)]
```

placeholder() 的意思是先把這個「坑」佔住，然後再往裡面填「蘿蔔」。想一想在梯度下降反覆運算過程中，每次都是選擇其中一部分資料來計算，其中資料的規模都是一致的。舉例來説，[64,10] 表示每次反覆運算都是選擇 64 個樣本資料，每個資料都有 10 個特徵，所以在反覆運算時可以先指定好資料的規模，也就是把「坑」按照所需大小挖好，接下來填入大小正好的「蘿蔔」即可。

這裡簡單地説明，指定「坑」的資料類型是 float32 格式，接下來在 session() 中執行 output 操作，透過 feed_dict={} 來實際填充 input1 和 input2 的設定值。

18.1.3 TensorFlow 實現回歸工作

下面透過一個小實例説明 TensorFlow 處理回歸工作的基本流程（其實分類也是同理），簡單起見，自定義一份資料集：

In

```
import numpy as np
import tensorflow as tf
import matplotlib.pyplot as plt
# 隨機產生 1000 個點，圍繞在 y=0.1x+0.3 的直線周圍
num_points = 1000
vectors_set = []
for i in range(num_points):
x1 = np.random.normal(0.0, 0.55)
y1 = x1 * 0.1 + 0.3 + np.random.normal(0.0, 0.03)
vectors_set.append([x1, y1])
# 產生一些樣本
x_data = [v[0] for v in vectors_set]
y_data = [v[1] for v in vectors_set]
plt.scatter(x_data,y_data,c='orange',s=5)
plt.show()
```

Out

上述程式選擇了 1000 個樣本資料點，在建立的時候圍繞 $y1 = x1 \times 0.1 + 0.3$ 這條直線，並在其周圍加上隨機抖動，也就是實驗資料集。

接下來要做的就是建置一個回歸方程式來擬合資料樣本，首先假設不知道哪條直線能夠最好地擬合資料，需要計算出 w 和 b。

在定義模型結構之前，先考慮第一個問題，x 作為輸入資料是幾維的？如果只看上圖，可能很多讀者會認為該資料集是二維的，但此時關注的僅是資料 x, y 表示標籤而非資料，所以模型輸入的資料是一維的，這點非常重要，因為要根據資料的維度來設計加權參數。

In
```
# 產生一維的 W 矩陣，設定值是 [-1,1] 之間的亂數
W = tf.Variable(tf.random_uniform([1], -1.0, 1.0), name='W')
# 產生 1 維的 b 矩陣，初值是 0
b = tf.Variable(tf.zeros([1]), name='b')
```

首先要從最後求解的目標下手，回歸工作就是要求出其中的加權參數 *w* 和偏置參數 b。既然資料是一維的，加權參數 *w* 必然也是一維的，它們需要一一對應起來。先初始化操作，tf.random_ uniform([1], −1.0, 1.0) 表示隨機初始化一個數，這裡的 [1] 表示矩陣的維度，如果要建立一個 3 行 4 列的矩陣參數就是 [3,4]。−1.0 和 1.0 分別表示亂數值的設定值範圍，這樣就完成加權參數 w 的初始化工作。偏置參數 b 的初始化方法類似，但是通常認為偏置對結果的影響較低，以常數 0 進行初始化即可。

大師說：關於偏置參數 b 的維度，只需看結果的維度即可，此例中最後需要獲得一個回歸值，所以 b 就是一維的，如果要做三分類工作，就需要 3 個偏置參數。

In
```
# 經過計算得出預估值 y
y = W * x_data + b
# 以預估值 y 和實際值 y_data 之間的均方誤差作為損失
loss = tf.reduce_mean(tf.square(y - y_data), name='loss')
```

模型參數確定之後，就能獲得其估計值。此外，還需要用損失函數評估目前預測效果，tf.square(y - y_data) 表示損失函數計算方法，它與最小平方法類似，tf.reduce_mean 表示對所選樣本取平均來計算損失。

大師說：損失函數的定義並沒有限制，需要根據實際工作選擇，其實最後要讓神經網路做什麼，完全由損失函數列出的目標決定。

In
```
# 採用梯度下降法來最佳化參數
optimizer = tf.train.GradientDescentOptimizer(0.5)
```

目標函數確定之後，接下來就要進行最佳化，選擇梯度下降優化器——tf.train.GradientDescentOptimizer(0.5)，這裡傳入的 0.5 表示學習率。在 TensorFlow

中，最佳化方法不只有梯度下降優化器，還有 Adam 可以自我調整學習率等策略，需要根據不同工作需求進行選擇。

In
```
# 訓練的過程就是最小化這個誤差值
train = optimizer.minimize(loss, name='train')
```

接下來要做的就是讓優化器朝著損失最小的目標去反覆運算更新參數，到這裡就完成了回歸工作中所有要執行的操作。

In
```
sess = tf.Session()
init = tf.global_variables_initializer()
sess.run(init)
# 初始化的 W 和 b 是多少
print ("W =", sess.run(W), "b =", "lossess.run(b)s =", sess.run(loss))
# 執行 20 次訓練
for step in range(20):
   sess.run(train)
   # 輸出訓練好的 W 和 b
   print ("W =", sess.run(W), "b =", sess.run(b), "loss =", sess.run(loss))
```

反覆運算最佳化的邏輯寫好之後，還需在 Session() 中執行，由於這項工作比較簡單，執行 20 次反覆運算更新就可以，此過程中也可以列印想要觀察的指標，舉例來說，每一次反覆運算都會列印目前的加權參數 w，偏置參數 b 以及目前的損失值，結果如下：

Out
```
W = [ 0.13437319] b = [ 0.] loss = 0.0924028
W = [ 0.11916944] b = [ 0.30198491] loss = 0.000954884
W = [ 0.1130807] b = [ 0.30175075] loss = 0.000891524
W = [ 0.108776] b = [ 0.30165696] loss = 0.000859883
W = [ 0.10573373] b = [ 0.30159065] loss = 0.000844079
W = [ 0.10358365] b = [ 0.3015438] loss = 0.000836185
W = [ 0.10206412] b = [ 0.30151069] loss = 0.000832242
W = [ 0.10099021] b = [ 0.3014873] loss = 0.000830273
W = [ 0.10023125] b = [ 0.30147076] loss = 0.000829289
W = [ 0.09969486] b = [ 0.30145904] loss = 0.000828798
W = [ 0.09931577] b = [ 0.30145079] loss = 0.000828553
W = [ 0.09904785] b = [ 0.30144495] loss = 0.00082843
W = [ 0.09885851] b = [ 0.30144083] loss = 0.000828369
```

```
W = [ 0.0987247] b = [ 0.30143791] loss = 0.000828338
W = [ 0.09863013] b = [ 0.30143586] loss = 0.000828323
W = [ 0.09856329] b = [ 0.3014344] loss = 0.000828315
W = [ 0.09851605] b = [ 0.30143335] loss = 0.000828312
W = [ 0.09848267] b = [ 0.30143264] loss = 0.00082831
W = [ 0.09845907] b = [ 0.30143213] loss = 0.000828309
W = [ 0.0984424] b = [ 0.30143178] loss = 0.000828308
W = [ 0.09843062] b = [ 0.30143151] loss = 0.000828308
```

最開始 w 是隨機設定值的，b 直接用 0 當作初始化，相對而言，損失值也較高。隨著反覆運算的進行，參數開始發生轉換，w 越來越接近於 0.1，b 越來越接近於 0.3，損失值也在逐步降低。建立資料集時就是在 $y1 = x1 \times 0.1 + 0.3$ 附近選擇資料點，最後求解出的結果也是非常類似，這就完成了最基本的回歸工作。

18.2 架設神經網路進行手寫字型識別

下針對大家介紹經典的手寫字型識別資料集──Mnist 資料集，如圖 18-4 所示。資料集中包含 0~9 十個數字，我們要做的就是對影像進行分類，讓神經網路能夠區分這些手寫字型。

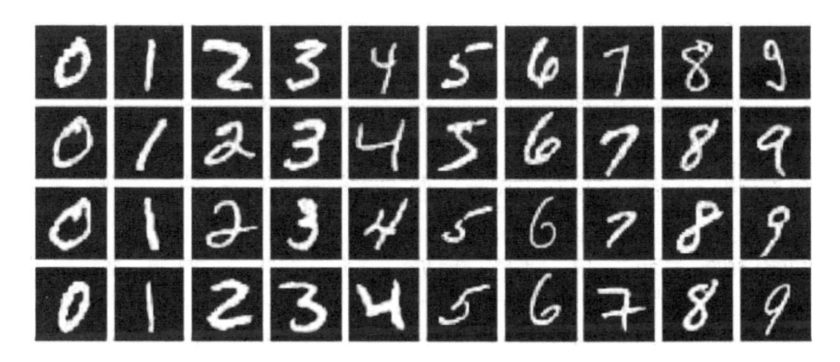

圖 18-4　Mnist 資料集

選擇這份資料集的原因是其規模較小（28×28×1），用筆記型電腦也能執行它，非常適合學習。通常情況下，資料大小 (對圖像資料來說，主要是長、寬、大、小) 決定模型訓練的時間，對較大的資料集（例如 224×224×3），即使網路模型簡化，還是非常慢。對於沒有 GPU 的初學者來說，在圖像處理任務中，Mnist 資料集就是主要練習物件。

In

```
import numpy as np
import tensorflow as tf
import matplotlib.pyplot as plt
from tensorflow.examples.tutorials.mnist import input_data
```

Mnist 資料集有各種版本，最簡單的就是用 TensorFlow 附帶 API 下載。

In

```
print (" 下載中 ~ 別催了 ")
mnist = input_data.read_data_sets('data/', one_hot=True)
print (" 類型是 %s" % (type(mnist)))
print (" 訓練資料有 %d" % (mnist.train.num_examples))
print (" 測試資料有 %d" % (mnist.test.num_examples))
```

下載速度通常稍微有點慢，完成後可以列印目前資料集中的各種資訊：

In

```
trainimg   = mnist.train.images
trainlabel = mnist.train.labels
testimg    = mnist.test.images
testlabel  = mnist.test.labels
# 28 * 28 * 1
print (" 資料類型 is %s"     % (type(trainimg)))
print (" 標籤類型 %s"  % (type(trainlabel)))
print (" 訓練集的 shape %s"   % (trainimg.shape,))
print (" 訓練集的標籤的 shape %s" % (trainlabel.shape,))
print (" 測試集的 shape' is %s"     % (testimg.shape,))
print (" 測試集的標籤的 shape %s"  % (testlabel.shape,))
```

Out

```
資料類型 is <class 'numpy.ndarray'>
標籤類型 <class 'numpy.ndarray'>
訓練集的 shape (55000, 784)
訓練集的標籤的 shape (55000, 10)
測試集的 shape' is (10000, 784)
測試集的標籤的 shape (10000, 10)
```

輸出結果顯示，訓練集一共有 55000 個樣本，測試集有 10000 個樣本，數量正好夠用。每個樣本都是 28×28×1，也就是 784 個像素點。每個資料帶有 10 個標籤，採用獨熱編碼，如果一張影像是 3 這個數字，標簽就是 [0,0,0,1,0,0,0,0,0,0]。

大師說：在分類工作中，大家可能覺得網路最後的輸出應是一個實際的數值，實際上對於一個十分類工作，獲得的就是其屬於每一個類別的機率值，所以輸出層要得到 10 個結果。

如果想對其中的某筆資料進行展示，可以將影像繪製出來：

In

```
# 看看廬山真面目 In
nsample = 5
randidx = np.random.randint(trainimg.shape[0], size=nsample)
for i in randidx:
    curr_img   = np.reshape(trainimg[i, :], (28, 28)) # 28 by 28 matrix
    curr_label = np.argmax(trainlabel[i, :] ) # Label
    plt.matshow(curr_img, cmap=plt.get_cmap('gray'))
    print ("" + str(i) + "th 訓練資料 "
        + " 標籤是 " + str(curr_label))
    plt.show()
```

Out

0
5
10
15
20
25

接下來就要建置一個神經網路模型來完成手寫字型識別，先來整理一下整體工作流程（見圖 18-5）。

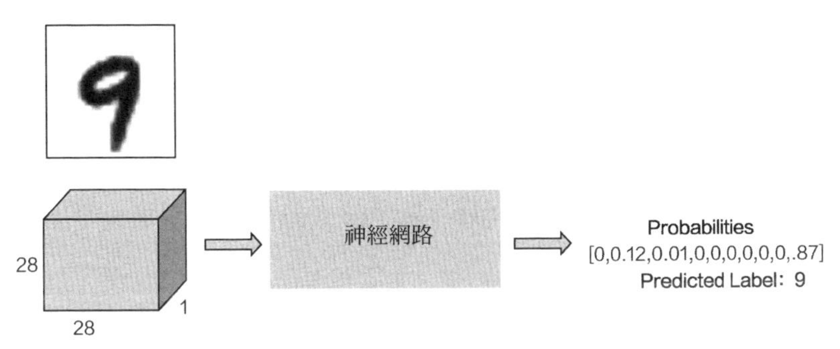

圖 18-5　神經網路工作流程

透過 TensorFlow 載入進來的 Mnist 資料集已經製作成一個個 batch 資料，所以直接拿過來用就可以。最終的結果就是分類工作，可以獲得目前輸入屬於每一個類別的機率值，需要動手完成的就是中間的網路結構部分。

網路結構定義如圖 18-6 所示，首先定義一個簡單的只有一層隱藏層的神經網路，需要兩組加權參數分別連接輸入資料與隱藏層和隱藏層與輸出結果，其中輸入資料已經指定 784 個像素點（28×28×1），輸出結果也是固定的 10 個類別，只需確定隱藏層神經元個數，就可以架設網路模型。

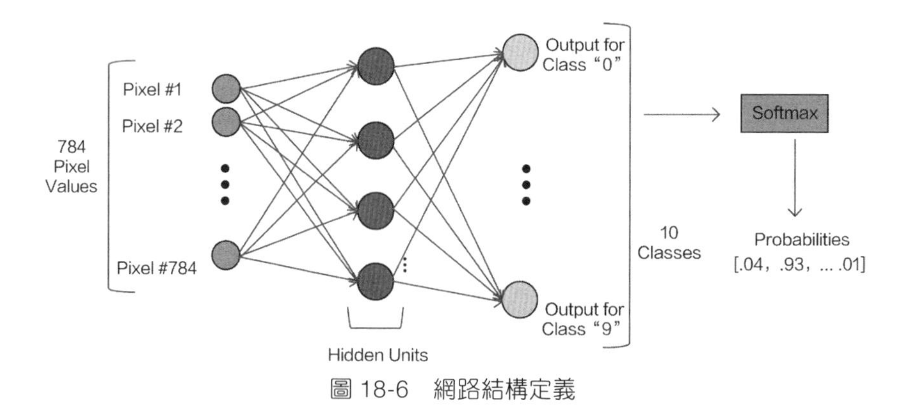

圖 18-6　網路結構定義

按照工作要求，設定一些網路參數，包含輸入資料的規模、輸出結果規模、隱藏層神經元個數以及反覆運算次數與 batchsize 大小：

In
```
numClasses = 10
inputSize = 784
numHiddenUnits = 64
trainingIterations = 10000
batchSize = 64
```

numClasses 固定成 10，表示所有資料都是用於完成這個十分類工作。隱藏層神經元個數可以自由設定，在實際操作過程中，大家也可以動手調節其大小，以觀察結果的變化，對 Mnist 資料集來說，64 個就足夠了。

In
```
X = tf.placeholder(tf.float32, shape = [None, inputSize])
y = tf.placeholder(tf.float32, shape = [None, numClasses])
```

既然輸入、輸出都是固定的，按照之前的說明，需要使用 placeholder 來先佔住這個「坑」。參數 shape 表示資料規模，其中的 None 表示不限制 batch 的大小，一次可以反覆運算多個資料，inputSize 已經指定成 784，表示每個輸入資料大小都是一模一樣的，這也是訓練神經網絡的基本前提，輸入資料大小必須一致。對輸出結果 *Y* 來說也是一樣。

接下來就是參數初始化，按照圖 18-6 所示網路結構，首先，輸入資料和中間隱層之間有關聯，透過 W1 和 B1 完成計算；隱藏層又和輸出層之間有關聯，透過 W2 和 B2 完成計算。

In
```
W1 = tf.Variable(tf.truncated_normal([inputSize, numHiddenUnits], stddev=0.1))
B1 = tf.Variable(tf.constant(0.1), [numHiddenUnits])
W2 = tf.Variable(tf.truncated_normal([numHiddenUnits, numClasses], stddev=0.1))
B2 = tf.Variable(tf.constant(0.1), [numClasses])
```

這裡對加權參數使用隨機高斯初始化，並且控制其值在較小範圍進行浮動，用 tf.truncated_normal 函數對隨機結果進行限制，舉例來說，當輸入參數為 mean = 0，stddev =1 時，就不可能出現 [−2,2] 以外的點，相當於截斷標準是 2 倍的 stddev。對於偏置參數，用常數來設定值即可，注意其個數要與輸出結果一致。

In
```
hiddenLayerOutput = tf.matmul(X, W1) + B1
hiddenLayerOutput = tf.nn.relu(hiddenLayerOutput)
finalOutput = tf.matmul(hiddenLayerOutput, W2) + B2
```

定義好加權參數後，從前到後進行計算即可，也就是由輸入資料經過一步步轉換獲得輸出結果，這裡需要注意的是，不要忘記加入啟動函數，通常每一個帶有參數的網路層後面都需要加上啟動函數。

In
```
loss = tf.reduce_mean(tf.nn.softmax_cross_entropy_with_logits(labels = y, logits = finalOutput))
opt = tf.train.GradientDescentOptimizer(learning_rate = .1).minimize(loss)
```

接下來就是指定損失函數，再由優化器計算梯度進行更新，這回要做的是分類工作，用對數損失函數計算損失。

```
In    correct_prediction = tf.equal(tf.argmax(finalOutput,1), tf.argmax(y,1))
      accuracy = tf.reduce_mean(tf.cast(correct_prediction, "float"))
```

對於分類工作，只展示損失不太直觀，還可以測試一下目前的準確率，先定義好計算方法，也就是看預測值中機率最大的位置和標籤中機率最大的位置是否一致即可。

```
In    sess = tf.Session()
      init = tf.global_variables_initializer()
      sess.run(init)
      for i in range(trainingIterations):
        batch = mnist.train.next_batch(batchSize)
        batchInput = batch[0]
        batchLabels = batch[1]
        _, trainingLoss = sess.run([opt, loss], feed_dict={X: batchInput, y:
      batchLabels})
        if i%1000 = = 0:
          trainAccuracy = accuracy.eval(session=sess, feed_dict={X: batchInput, y:
      batchLabels})
          print ("step %d, training accuracy %g"%(i, trainAccuracy))
```

在 Session() 中實際執行反覆運算最佳化即可，指定的最大反覆運算次數為 1 萬次，如果列印出 1 萬個結果，那麼看起來實在太多了，可以每隔 1000 次列印一下目前網路模型的效果。由於選擇 batch 資料的方法已經實現好，這裡可以直接呼叫，但是大家在用自己資料集實作的時候，還是需要指定好 batch 的選擇方法。

大師說：取得 batch 資料可以在資料集中隨機選擇一部分，也可以自己指定開始與結束索引，從前到後遍歷資料集中每一部分。

訓練結果如下：

Out

```
step 0, training accuracy 0.13
step 1000, training accuracy 0.79
step 2000, training accuracy 0.83
step 3000, training accuracy 0.88
step 4000, training accuracy 0.91
step 5000, training accuracy 0.87
step 6000, training accuracy 0.89
step 7000, training accuracy 0.84
step 8000, training accuracy 0.89
step 9000, training accuracy 1
```

最開始隨機初始化的參數，模型的準確率大概是 0.13，隨著網路反覆運算的進行，準確率也在逐步上升。這就完成了一個最簡單的神經網路模型，效果看起來還不錯，那麼，還有沒有提升的空間呢？如果做一個具有兩層隱藏層的神經網路，效果會不會好一些呢？方法還是類似的，只需要再疊加一層即可：

In

```
numHiddenUnitsLayer2 = 100
trainingIterations = 10000

X = tf.placeholder(tf.float32, shape = [None, inputSize])
y = tf.placeholder(tf.float32, shape = [None, numClasses])
W1 = tf.Variable(tf.random_normal([inputSize, numHiddenUnits],
stddev=0.1))
B1 = tf.Variable(tf.constant(0.1), [numHiddenUnits])
W2 = tf.Variable(tf.random_normal([numHiddenUnits,
numHiddenUnitsLayer2], stddev=0.1))
B2 = tf.Variable(tf.constant(0.1), [numHiddenUnitsLayer2])
W3 = tf.Variable(tf.random_normal([numHiddenUnitsLayer2, numClasses],
stddev=0.1))
B3 = tf.Variable(tf.constant(0.1), [numClasses])
hiddenLayerOutput = tf.matmul(X, W1) + B1
hiddenLayerOutput = tf.nn.relu(hiddenLayerOutput)
hiddenLayer2Output = tf.matmul(hiddenLayerOutput, W2) + B2
hiddenLayer2Output = tf.nn.relu(hiddenLayer2Output)
finalOutput = tf.matmul(hiddenLayer2Output, W3) + B3

loss = tf.reduce_mean(tf.nn.softmax_cross_entropy_with_logits(labels = y,
logits = finalOutput))
```

In

```
opt = tf.train.GradientDescentOptimizer(learning_rate = .1).minimize(loss)

correct_prediction = tf.equal(tf.argmax(finalOutput,1), tf.argmax(y,1))
accuracy = tf.reduce_mean(tf.cast(correct_prediction, "float"))

sess = tf.Session()
init = tf.global_variables_initializer()
sess.run(init)

for i in range(trainingIterations):
  batch = mnist.train.next_batch(batchSize)
  batchInput = batch[0]
  batchLabels = batch[1]
  _, trainingLoss = sess.run([opt, loss], feed_dict={X: batchInput, y:
batchLabels})
  if i%1000 == 0:
    train_accuracy = accuracy.eval(session=sess, feed_dict={X: batchInput,
y: batchLabels})
    print ("step %d, training accuracy %g"%(i, train_accuracy))

testInputs = mnist.test.images
testLabels = mnist.test.labels
acc = accuracy.eval(session=sess, feed_dict = {X: testInputs, y: testLabels})
print("testing accuracy: {}".format(acc))
```

上述程式設定第二個隱藏層神經元的個數為 100，建模方法相同，只是流程上多走一層，訓練結果如下：

Out

```
step 0, training accuracy 0.1
step 1000, training accuracy 0.97
```

Out

```
step 2000, training accuracy 0.98
step 3000, training accuracy 1
step 4000, training accuracy 0.99
step 5000, training accuracy 1
step 6000, training accuracy 0.99
step 7000, training accuracy 1
step 8000, training accuracy 0.99
step 9000, training accuracy 1
testing accuracy: 0.9700999855995178
```

可以看出，僅多了一層網路結構，效果提升還是很大，之前需要 5000 次才能達到 90% 以上的準確率，現在不到 1000 次就能完成。所以，適當增大網路的深度還是非常有必要的。

本章歸納

本章選擇 TensorFlow 架構來架設神經網路模型，初次使用可能會覺得有一些麻煩，但習慣了就會覺得每一步流程都很標準。無論什麼工作，核心都在於選擇合適的目標函數與輸入格式，網路模型和反覆運算最佳化通常都是差不多的。大家在學習過程中，還可以選擇 Cifar 資料集來嘗試分類工作，同樣都是小規模（32×32×3）資料，非常適合練功（見圖 18-7）。

圖 18-7　Cifar-10 資料集

Chapter

19

卷積神經網路

本章介紹現階段神經網路中非常熱門的模型──卷積神經網路，它在電腦視覺中具有非常不錯的效果。不僅如此，卷積神經網路在非圖像資料中也具有不錯的表現，各項工作都有用武之地，可謂在機器學習領域遍地開花。那麼什麼是卷積呢？網路的核心就在於此，本章將帶大家一步步揭開卷積神經網路的奧秘。

19.1 卷積操作原理

卷積神經網路也是神經網路的一種，本質上來說都是對資料進行特徵分析，只不過在圖像資料中效果更好，整體的網路模型架構都是一樣的，參數反覆運算更新也是類似，所以難度就在於卷積上，只需把它弄清楚即可。

19.1.1 卷積神經網路應用

卷積神經網路既然這麼熱門，一定能完成一些實際工作，先來看一下它都能做什麼。

圖 19-1 是經典的影像分類工作，但是神經網路也能完成這個工作，那麼，為什麼說卷積神經網路在電腦視覺領域更勝一籌呢？想想之前遇到的問題，神經網路的矩陣計算方式所需參數過於龐大，一方面使得反覆運算速度很慢，另一方面過擬合問題比較嚴重，而卷積神經網路便可以更進一步地處理這個問題。

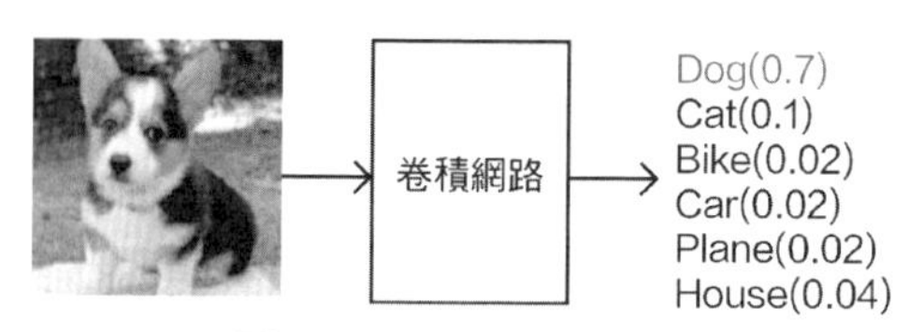

圖 19-1　影像分類工作

圖 19-2 是檢測工作的範例，不僅需要找到物體的位置，還要區分物體屬於哪個類別，也就是回歸和分類工作結合在一起。現階段物體檢測工作隨處可見，當下比較熱門的無人駕駛也需要各種檢測工作。

大家早就對人臉識別不陌生了，以前去機場，安檢員都是拿著身份證來回比對，檢視是不是冒牌的，現在直接對準攝影機，就會看到你的臉被框起來進行識別。

影像檢索與推薦如圖 19-3 所示，各大購物 APP 都有這樣一個功能——拍照搜索，有時候我們看到一件心儀的商品，但是卻不知道它的名稱，直接上傳一張照片，同款就都出來了。

圖 19-2　檢測工作

圖 19-3　檢索與推薦

卷積網路的應用實在太廣泛了，舉例來說，醫學上進行細胞分析、工作上進行拍照取字、攝影機進行各種識別工作，這些早已融入大家的生活當中（見圖 19-4）。

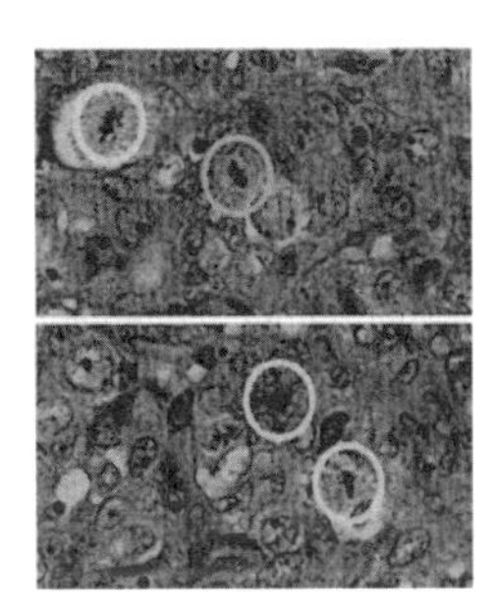

圖 19-4　卷積網路廣泛的應用

簡單介紹卷積神經網路的應用後，再來探索一下其工作原理，卷積神經網路作為深度學習中的傑出代表一定會讓大家不虛此行。

19.1.2 卷積操作流程

接下來就要深入網路細節中，看看卷積究竟做了什麼，首先觀察一下卷積網路和傳統神經網路的不同之處，如圖 19-5 所示。

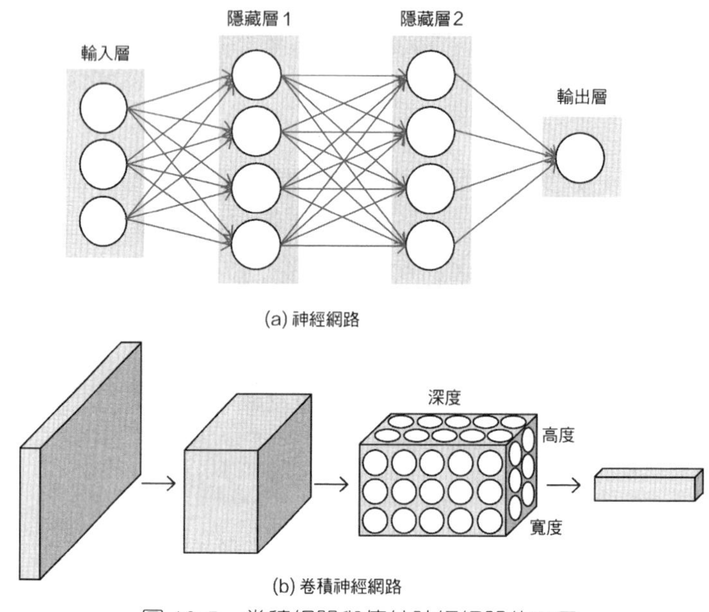

圖 19-5　卷積網路與傳統神經網路的不同

傳統的神經網路是一個平面，而卷積網路是一個 3D 立體的。不難發現，卷積神經網路中多了一個概念——深度。例如影像輸入資料 $h \times w \times c$，其中顏色通道 c 就是輸入的深度。

大師說： 在使用 TensorFlow 做神經網路的時候，首先將圖像資料拉成像素點組成的特徵，這樣做相當於輸入一行特徵資料而非一個原始圖像資料，而卷積中要操作的物件是一個整體，所以需要定義深度。

如果大家沒有聽過卷積這個詞，把它想像成一種特徵分析的方法就好，最後的目的還是要得到電腦更容易讀懂的特徵。下面解釋一下卷積過程。

假設已有輸入資料（32×32×3），如圖 19-6 所示，此時想分析影像中的特徵，以前是對每個像素點都進行轉換處理，看起來是獨立對待每一個像素點特徵。但是影像中的像素點是有一定連續關係的。如果能把圖像按照區域進行劃分，再對各個區域進行特徵分析應當更合理。

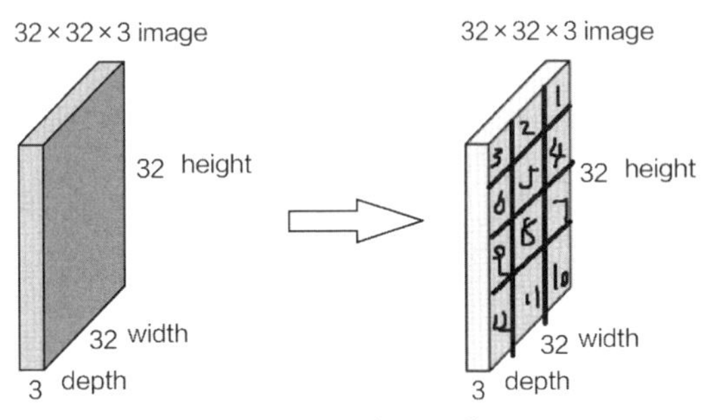

圖 19-6　卷積操作

圖 19-6 中假設把原始資料平均分成多個小區塊，接下來就要對每一小區塊進行特徵分析，也可以說是從每一小部分中找出關鍵特徵代表。

如何進行症狀分析呢？這裡需要借助一個幫手，暫時叫它 filter，它需要做的就是從其中每一小區塊區域選出一個特徵值。假設 filter 的大小是 5×5×3，表示它要對輸入的每個 5×5 的小區域都進行特徵分析，並且要在 3 個顏色通道 (RGB) 上都進行特徵分析再組合起來。

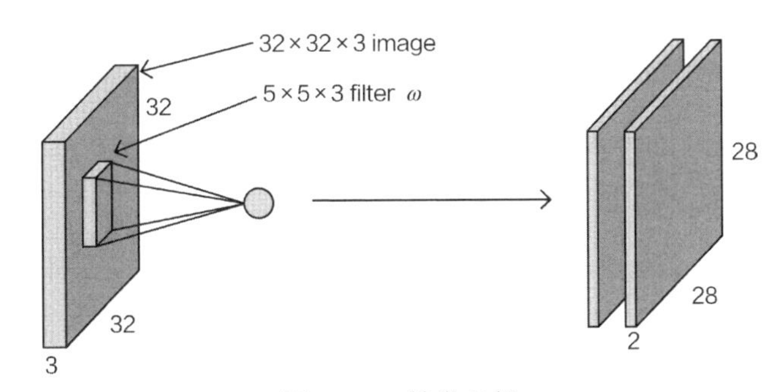

圖 19-7　特徵分析

透過幫手 filter 進行特徵分析後，就獲得圖 19-7 所示的結果，看起來像兩塊板子，它們就是特徵圖，表示特徵分析的結果，為什麼是兩個呢？這裡在使用 filter 進行特徵分析的時候，不僅可以用一種特徵分析方法，也就是 filter 可以有多個，例如在不同的紋理、線條的層面上（只是舉例，其實就是不同的加權參數）。

舉例來說，在同樣的小區塊區域中，可以透過不同的方法來選擇不同層次的特徵，最後所有區域特徵再組合成一個整體。先不用管 28×28×2 的特徵圖大小是怎麼來的，最後會向大家介紹計算公式，現在先來了解它。

在一次特徵分析的過程中，如果使用 6 種不同的 filter，那麼一定會獲得 6 張特徵圖，再把它們堆疊在一起，就獲得了 h×w×6 的特徵輸出結果。這其實就是一次卷積操作，如圖 19-8 所示。

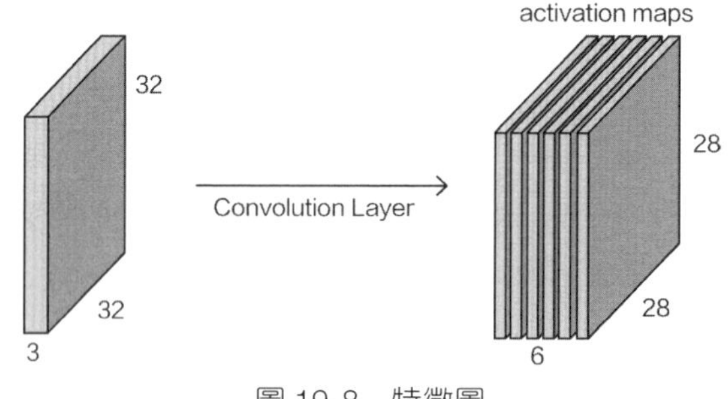

圖 19-8　特徵圖

剛才從流程上解釋了卷積操作的目的，那麼是不是只能對輸入資料執行卷積操作呢？並不是這樣，我們獲得的特徵圖是 28×28×6，感覺它與輸入資料的格式差不多。此時第 3 個維度上，顏色通道數變成特徵圖個數，所以對特徵圖依舊可以進行卷積操作，相當於在分析出的特徵上再進一步分析。

圖 19-9 所示為卷積神經網路對輸入圖像資料進行特徵分析，使用 3 個卷積分析特徵，最後獲得的結果就是特徵圖。

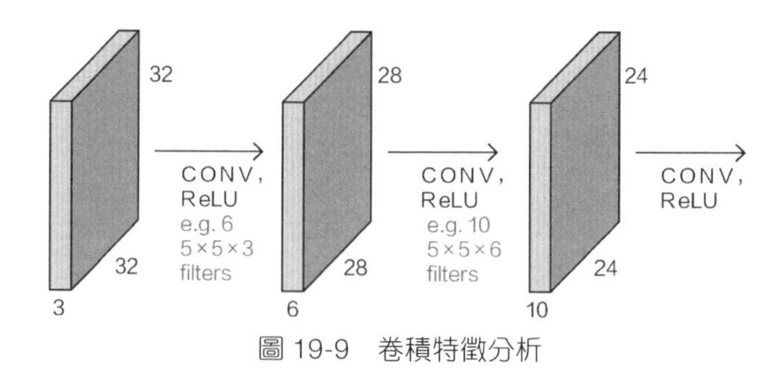

圖 19-9　卷積特徵分析

大師說：在基本神經網路中，用多個隱藏層進行特徵分析，卷積神經網路也是如此，只不過用的是卷積層。

19.1.3 卷積計算方法

卷積的概念和作用已經很清晰，那麼如何執行卷積計算操作呢？下面要深入其計算細節中。

假設輸入資料的大小為 7×7×3（影像長度為 7；寬度為 7；顏色通道為 RGB），如圖 19-10 所示。此例中選擇的 filter 大小是 3×3×3（參數需要自己設計，卷積核心長度為 3；寬度為 3；分別對應輸入的 3 顏色通道），看起來輸入資料的顏色通道數和 filter 一樣，都是 3 個，這點是卷積操作中必須成立的，因為需要對應計算，如果不一致，那就完全不能計算。

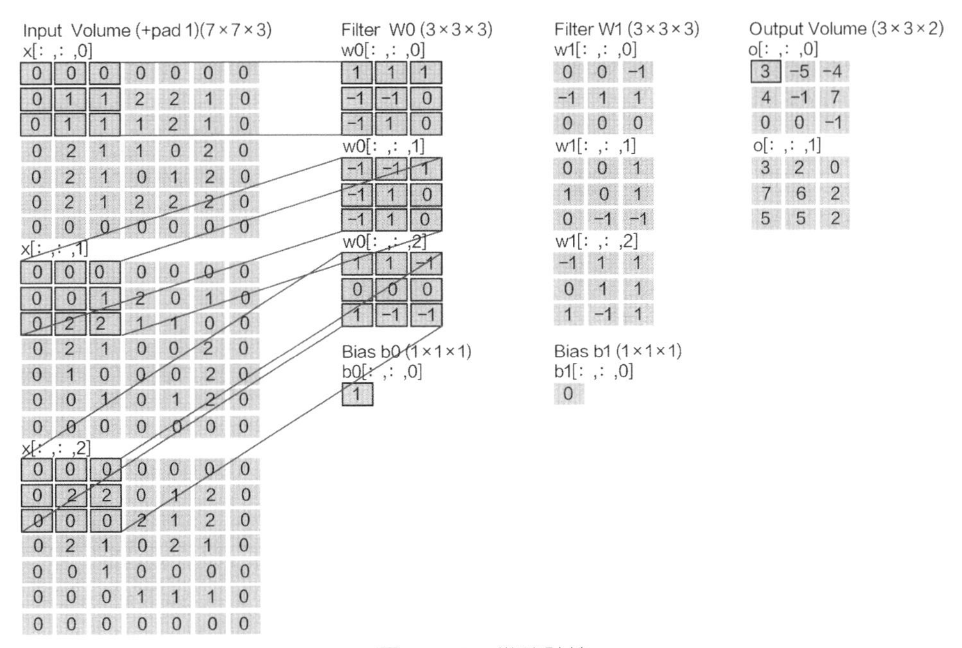

圖 19-10　卷積計算

大家可以將輸入資料中的數值當作影像中的像素點，但是 filter（卷積核心）中的數值是什麼意思呢？它與神經網路中的加權參數的概念一樣，表示對特徵進行轉換的方法。初值可以是隨機初始化的，然後透過反向傳播不斷進行更新，最後要求解的就是 filter 中每個元素的值。

> **大師說：**filter(卷積核心) 就是卷積神經網路中加權參數，最後特徵分析的結果主要由它來決定，所以目標就是最佳化獲得最合適的特徵分析方式，相當於不斷更新其數值。

特徵值計算方法比較簡單，每一個對應區域與 filter（卷積核心）計算內積即可，最後獲得的是一個結果值，表示該區域的特徵值，如圖 19-11 所示。但是，還需要考慮一點，影像中的區域並不是一個平面，而是一個帶有顏色通道的 3D 資料，所以還需把所有顏色通道的結果分別計算，最後求和即可。

在圖 19-10 的第一塊區域中，各個顏色通道的計算結果累加在一起為 0+2+0=2，這樣就可以計算得出卷積核心中加權參數作用在輸入資料上的結果，但是，不要忘記還有一個偏置項需要加起來：2+1=3，這樣就獲得在原始資料中第一個 3×3×3 小區域的特徵代表，把它寫到右側的特徵圖第一個位置上。

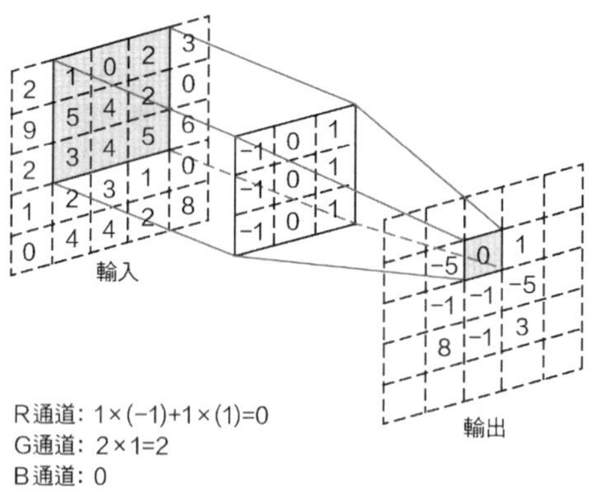

圖 19-11　特徵值計算方法

算完第一個區域，下一個計算區域應當在哪裡呢？區域的選擇與滑動視窗差不多，需要指定滑動的步進值，以依次選擇特徵分析的區域位置。

滑動兩個儲存格（步進值也是卷積中的參數，需要自己設定），區域選擇到中間位置，接下來還是相同的內積計算方法，獲得的特徵值為 -5，同樣寫到特徵圖中對應位置，如圖 19-12 所示。

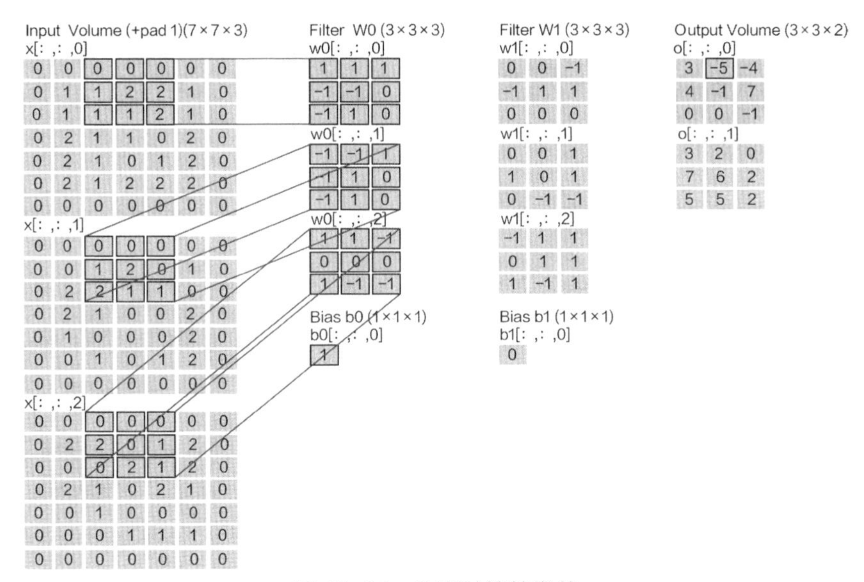

圖 19-12　分別計算特徵值

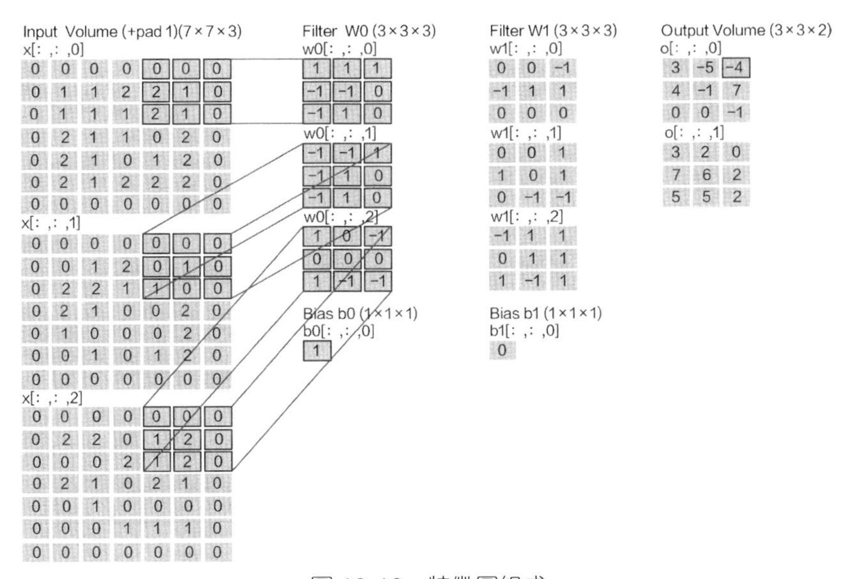

圖 19-13　特徵圖組成

繼續滑動視窗，直到計算完最後一個位置的特徵值，這樣就獲得一個特徵圖（3 ×3 ×1 ），如圖 19-13 所示。通常一次卷積操作都希望能夠獲得更多的特徵，所以一個特徵圖一定不夠用，這裡實際上選擇兩個 filter，也就是有兩組加權參數進行特徵分析，由於 Filter W1 和 Filter W2 中的加權參數值各不相同，所以獲得的特徵圖一定也不同，相當於用多種方式獲得不同的特徵表示，再把它們堆疊在一起，就完成全部卷積操作。

19.1.4 卷積有關參數

卷積操作比傳統神經網路的計算複雜，在設計網路結構過程中，需要指定更多的控制參數，並且全部需要大家完成設計，所以必須掌握每一個參數的意義。

（1）**卷積核心（filter）**。卷積操作中最關鍵的就是卷積核心，它決定最終特徵分析的效果，需要設計其大小與初始化方法。大小即長和寬，對應輸入的每一塊區域。保持資料大小不變，如果選擇較大的卷積核心，則會導致最後獲得的特徵比較少，相當於在很粗糙的一大部分區域中找特徵代表，而沒有深入細節。所以，現階段在設計卷積核心時，基本都是使用較小的長和寬，目的是獲得更細致（數量更多）的特徵。

一般來說，一種特徵分析方法能夠獲得一個特徵圖，通常每次卷積操作都會使用多種分析方法，也就是多來幾個卷積核心，只要它們的加權值不一樣，獲得的結果也不同，一般 256、512 都是常見的特徵圖個數。對參數初始化來說，它與傳統神經網路差不多，最常見的還是使用隨機高斯初始化。

圖 19-14 表示使用兩個卷積核心進行特徵分析，最後獲得的就是 2 張特徵圖，關於實際的數值（例如 4×4），需要介紹完所有參數之後，再列出計算公式。

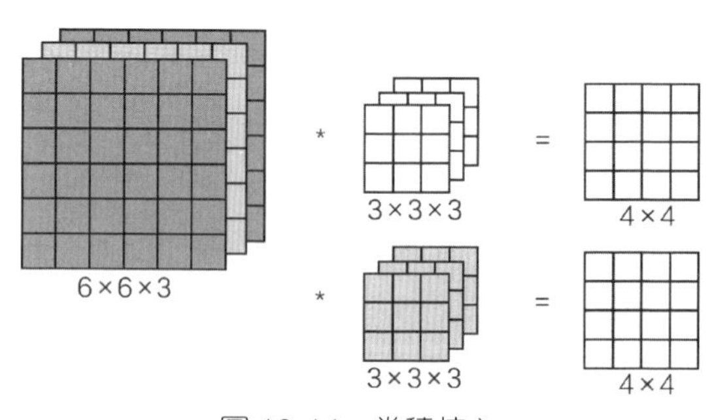

圖 19-14　卷積核心

（2）**步長（stride）**。在選擇特徵分析區域時，需要指定每次滑動儲存格的大小，也就是步進值。如果步進值比較小，表示要慢慢地盡可能多地選擇特徵分析區域，這樣獲得的特徵圖資訊也會比較豐富，如圖 19-15 所示。

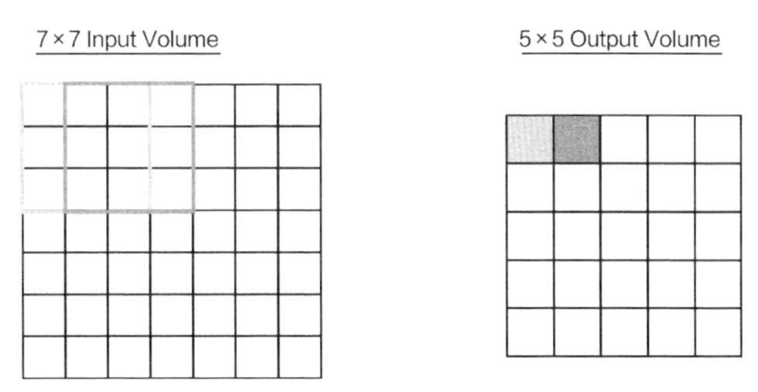

圖 19-15　步進值為 1 的卷積

如果步進值較大，選取的區域就會比較少，獲得的特徵圖也會比較小，如圖 19-16 所示。

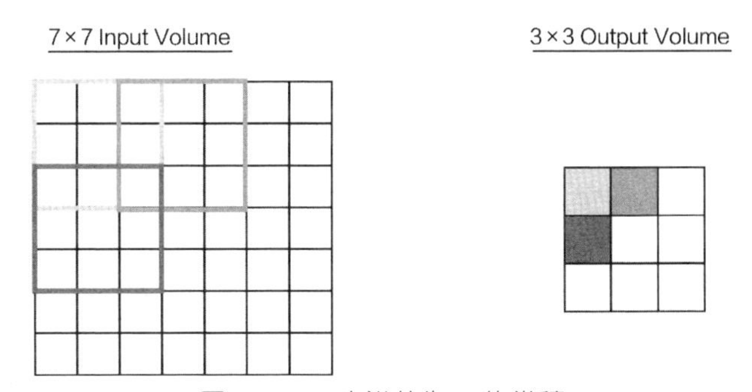

圖 19-16　步進值為 2 的卷積

比較可以發現，步進值會影響最後特徵圖的規模。在影像工作中，如果屬於非特殊處理工作（文字資料中的步進值可表示為一次考慮多少上下文資訊），最好選擇小一點的步進值，雖然計算多了一些，但是可利用的特徵豐富了，更有利於電腦完成識別工作。

大師說：現階段大家看到的網路模型步進值基本上都為 1，這可以當作是科學家們公認的結果，也就是可以參考的經驗值。

（3）**邊界填充（pad）**。首先考慮一個問題：在卷積不斷滑動的過程中，每一個像素點的利用情況是同樣的嗎？邊界上的像素點可能只被滑動一次，也就是只能參與一次計算，相當於對特徵圖的貢獻比較小。而那些非邊界上的點，可能被多次滑動，相當於在計算不同位置特徵的時候被利用多次，對整體結果的貢獻就比較大。

這似乎有些不公平，因為拿到輸入資料或特徵圖時，並沒有規定邊界上的資訊不重要，但是卷積操作卻沒有平等對待它們，如何進行改進呢？只需要讓實際的邊界點不再處於邊界位置即可，此時透過邊界填充增加一圈資料點就可以解決上述問題。此時原本邊界上的點就成為非邊界點，顯得更公平。

邊界填充如圖 19-17 所示，仔細觀察一下輸入資料，有一點比較特別，就是邊界上所有的數值都為 0，表示這個像素點沒有實際的資訊，這就是卷積中的邊界填充（pad）。

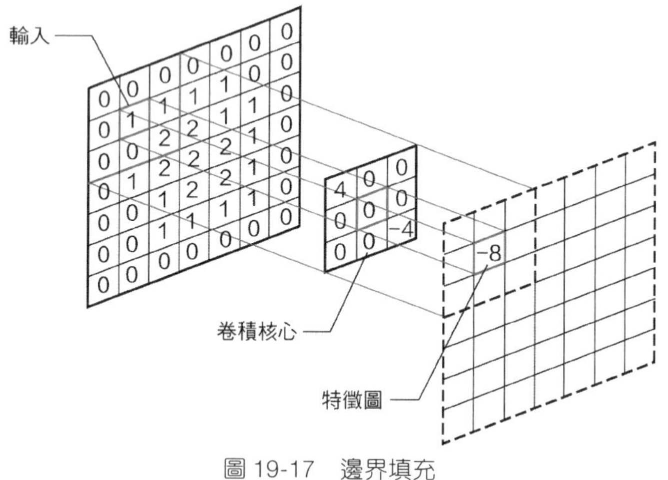

圖 19-17　邊界填充

此時實際影像的輸入為 5×5，由於加了一圈 0，所以變成 7×7，為什麼填充的都是 0 呢？如果要對影像大小進行轉換，可用的方法其實有很多，這裡選擇 0 值進行填充，其目的是為了結果的可用性，因為畢竟是填充出來的資料，如果參與到計算中，對結果有比較大的影響，那豈不是更不合理？所以一般都用 0 值進行填充。

（4）特徵圖規格計算。當執行完卷積操作後會獲得特徵圖，那麼如何計算特徵圖的大小呢？只要指定上述參數，就能直接進行計算：

$$W_2 = \frac{W_1 - F_W + 2P}{S} + 1 \quad H_2 = \frac{H_1 - F_H + 2P}{S} + 1 \qquad (19.1)$$

其中，W_1、H_1 分別表示輸入的寬度、長度；W_2、H_2 分別表示輸出特徵圖的寬度、長度；F 表示卷積核心長和寬的大小；S 表示滑動視窗的步進值；P 表示邊界填充（加幾圈 0）。

如果輸入資料是 32×32×3 的影像，用 10 個 5×5×3 的 filter 進行卷積操作，指定步進值為 1，邊界填充為 2，最後輸入的規模為 (32-5+2×2)/1 + 1 = 32，所以輸出規模為 32×32×10，經過卷積操作後，也可以保持特徵圖長度、寬度不變。

在神經網路中，曾舉例計算全連接方式所需的加權參數，一般為千萬等級，實在過於龐大。卷積神經網路中，不僅特徵分析方式與傳統神經網路不同，參數的等級也差幾個數量級。

卷積操作中，使用參數共用原則，在每一次反覆運算時，對所有區域使用相同的卷積核心計算特徵。可以把卷積這種特徵分析方式看成是與位置無關的，這其中隱含的原理是：影像中一部分統計特性與其他部分是一樣的。這表示在這一部分學習的特徵也能用在另一部分上，所以，對於這個影像上的所有位置，都能使用相同的卷積核心進行特徵計算。

大師說：大家一定會想，如果用不同的卷積核心分析不同區域的特徵應當更合理，但是這樣一來，計算的開銷就實在太大，還得綜合考慮。

如圖 19-18 所示，左圖中未使用共用原則，使得每一個區域的卷積核心都不同，其結果會使得參數過於龐大，右圖中雖然區域很多，但每一個卷積核心都是固定的，所需加權參數就少多了。

舉例來說，資料依舊是 32×32×3 的影像，繼續用 10 個 5×5×3 的 filter 進行卷積操作，所需的加權參數有多少個呢？

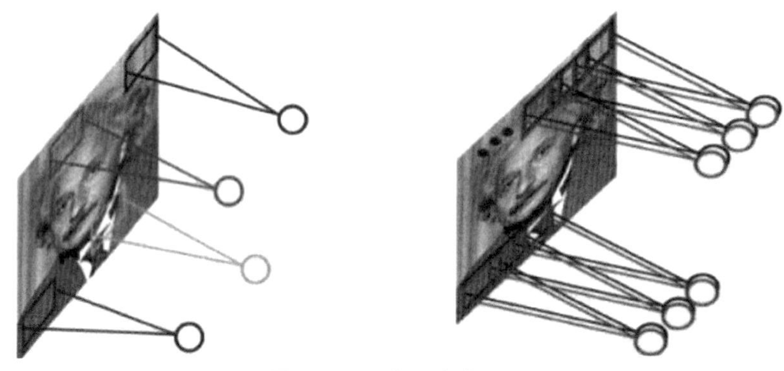

圖 19-18 卷積參數共用

5×5×3 = 75，表示每一個卷積核心只需要 75 個參數，此時有 10 個不同的卷積核心，就需要 10×75 = 750 個卷積核心參數，不要忘記還有 b 參數，每個卷積核心都有一個對應的偏置參數，最後只需要 750+10=760 個加權參數，就可以完成一個卷積操作。

觀察可以發現，卷積有關的參數與輸入影像大小並無直接關係，這可解決了大問題，可以快速高效率地完成影像處理工作。

19.1.5 池化層

池化層也是卷積神經網路中非常重要的組成部分，先來看看它對特徵做了什麼。

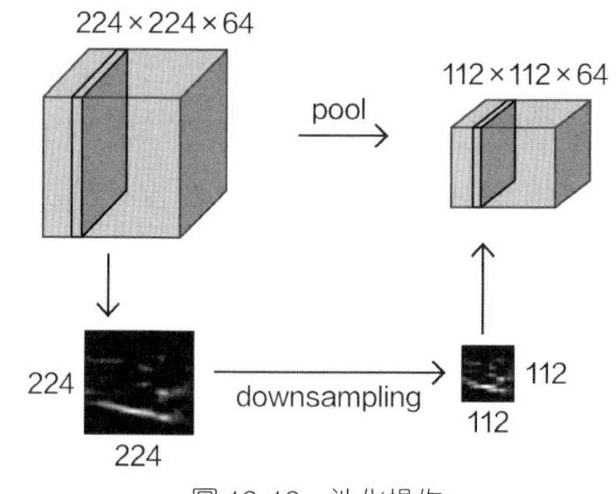

圖 19-19 池化操作

假設把輸入（224×224×64）當作某次卷積後的特徵圖結果，池化層基本都是放到卷積層之後使用的，很少直接對原始影像進行池化操作，所以一般輸入的都是特徵圖。經過池化操作之後，給人直觀的感覺就是特徵圖縮水了，高度和寬度都只有原來的一半，體積變成原來的 1/4，但是特徵圖個數保持不變，如圖 19-19 所示。

大師說：並不是所有池化操作都會使得特徵圖長度、寬度變為原來的一半，需根據指定的步進值與區域大小進行計算，但是通常「縮水」成一半的池化最常使用。

池化層的作用就是要對特徵圖進行壓縮，因為卷積後獲得太多特徵圖，能全部利用一定最好，但是計算量和有關的加權參數隨之增多，不得不採取池化方法進行特徵壓縮。常用池化方法有最大池化和平均池化。

圖 19-20 是最大池化的範例。最大池化的原理很簡單，首先在輸入特徵圖中選擇各個區域，然後「計算」其特徵值，這裡並沒有像卷積層那樣有實際的加權參數進行計算，而是直接選擇最大的數值即可，例如在圖 19-20 的左上角 [1,1,5,6] 區域中，經過最大池化操作獲得的特徵值就是 6，其餘區域也是同理。

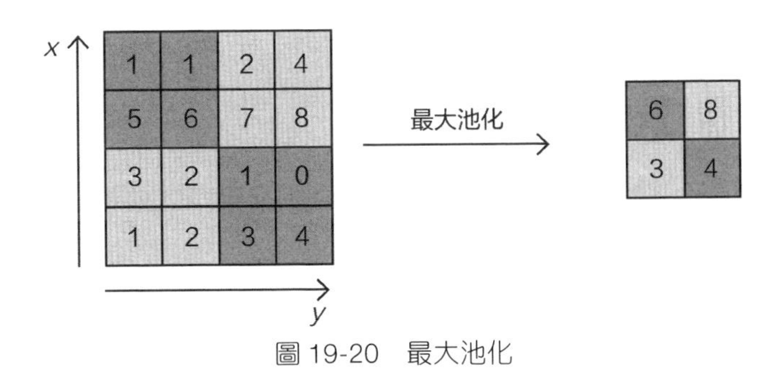

圖 19-20　最大池化

平均池化的基本原理也是一樣，只不過在計算過程中，要計算區域的平均值，而非直接選擇最大值，經過平均池化操作，[1,0,3,4] 區域獲得特徵值就是 2。

在池化操作中，依然需要指定計算參數，通常需要指定滑動視窗的步進值（stride）和選擇區域的大小 (例如 2×2，只有大小，沒有參數)。

最大池化的感覺是做法相對獨特一些，只是把最大的特徵值拿出來，其他完全不管，而平均池化看起來更溫柔一些，會綜合考慮所有的特徵值。那麼，是不是平均池化效果更好呢？並不是這樣，現階段使用的基本都是最大池化，感覺它與自然界中的優勝劣汰法則差不多，只會把最合適的保留下來，在神經網路中也是如此，需要最突出的特徵。

池化層的操作非常簡單，因為並不涉及實際的參數計算，通常都是接在卷積層後面。卷積操作會獲得較多的特徵圖，讓特徵更豐富，池化操作會壓縮特徵圖大小，利用最有價值的特徵。

19.2 經典網路架構

完成了卷積層與池化層之後，就要來看一看其整體效果，可能此時大家已經考慮了一個問題，就是卷積網路中可以調節的參數還有很多，網路結構一定千變萬化，那麼，做實驗時，是不是需要把所有可能都考慮進去呢？通常並不需要做這些基礎實驗，用前人實驗好的經典網路結構是最省時省力的。所謂經典就是在各項競賽和實際工作中，歸納出來比較實用而且通用性很強的網路結構。

19.2.1 卷積神經網路整體架構

在了解經典之前，還要知道基本的卷積神經網路模型，這裡先給大家分析一下。

圖 19-21 是一個完整的卷積神經網路，首先對輸入資料進行特徵分析，然後完成分類工作。通常卷積操作後，都會對其結果加入非線性轉換，例如使用 ReLU 函數。池化操作與卷積操作是搭配來的，可以發現卷積神經網路中經常伴隨著一些規律出現，例如 2 次卷積後進行 1 次池化操作。最後還需將網路獲得的特徵圖結果使用全連接層進行整合，並完成分類工作，最後一步的前提是，要把特徵圖轉換成特徵向量，因為卷積網路獲得的特徵圖是一個 3D

的、立體的，而全連接層是使用權重參數矩陣計算的，也就是全連接層的輸入必須是特徵向量，需要轉換一下，在後續程式實戰中，也會看到轉換操作。

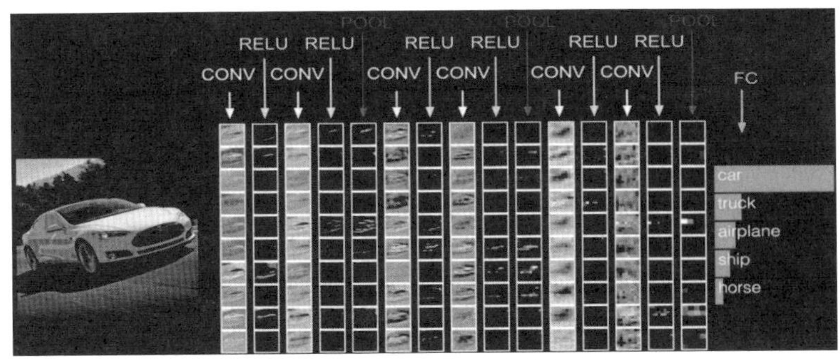

圖 19-21　卷積神經網路整體架構

卷積神經網路的核心就是獲得的特徵圖，如圖 19-22 所示，特徵圖的大小和個數始終在發生變化，通常卷積操作要得到更多的特徵圖來滿足工作需求，而池化操作要進行壓縮來降低特徵圖規模（池化時特徵圖個數不變）。最後再使用全連接層歸納好全部特徵，在這之前還需對特徵圖進行轉換操作，可以當作是一個把長方體的特徵拉長成一維特徵的過程。

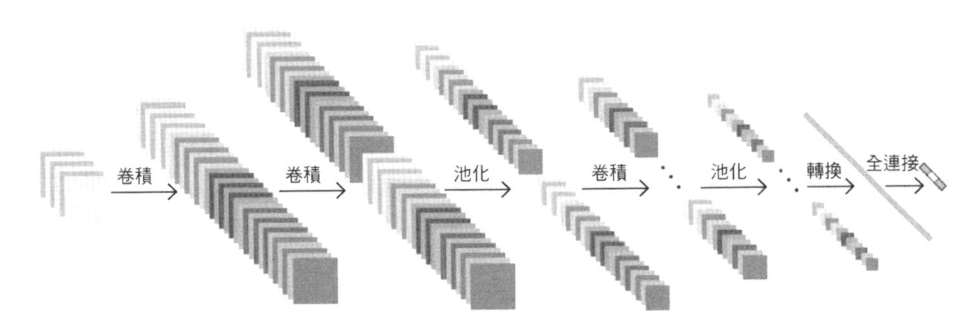

圖 19-22　卷積神經網路特徵圖變化

19.2.2 AlexNet 網路

AlexNet 可以說是深度學習的開篇之作，如圖 19-23 所示。在 2012 年的 ImageNet 影像分類競賽中，用卷積神經網路擊敗傳統機器學習演算法獲得冠軍，也使得越來越多的人加入到深度學習的研究中。

AlexNet 網路結構從現在的角度來看還有很多問題，整體網路結構是 8 層，其中卷積層 5 個，全連接層 3 個。當計算層數的時候，只考慮帶有參數的層，也就是卷積層和全連接層，其中池化層由於沒有有關參數計算，就不把它算作層數裡面。從結構中可以看到，3 個全連接層全部放到最後，相當於把所有卷積獲得的特徵組合起來再執行後續的分類或回歸工作。

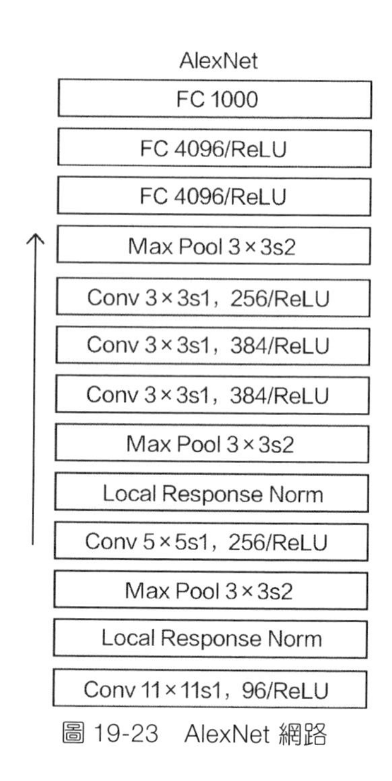

圖 19-23　AlexNet 網路

網路結構中，卷積核心的選擇都偏大，例如第一層 11×11 的卷積核心，並且步進值為 4，感覺就像是大刀闊斧地分析特徵，這樣分析的特徵一定不夠細緻，還有很多資訊沒有被利用，所以相信大家也能直觀感受到 ALEXNET 的缺點。總之，就是網路層數太少，分析不夠細膩，當時這麼做的出發點估計還是硬體裝置計算效能所限。

大師說：當大家在做實際工作時，如果不考慮時間效率，還是需要使網路結構更龐大一些，AlexNet 只做了解即可，實際中效果還有待加強。

19.2.3 VGG 網路

由於 VGG 網路層數比較多，可以直接透過表格的形式看它的組成。它是 2014 年的代表作，其使用價值至今還在延續，所以很值得學習。VGG 有好幾種版本，下面看其最經典的結構（也就是圖 19-24 框住的部分）。

首先其網路層數有 16 層，是 ALEXNET 的 2 倍，作者曾經做過比較實驗：相同的資料集分別用 ALEXNET 和 VGG 來建模分類工作，保持學習率等其他參數不變，VGG 的效果要比 ALEXNET 高出十幾個百分點，但是相對訓練時間也要長很多。

Conv Net Configuration					
A	A-LRN	B	C	D	E
11 weight layers	11 weight layers	13 weight layers	16 weight layers	16 weight layers	19 weight layers
input(224×224 RGB image)					
conv3-64	conv3-64 **LRN**	conv3-64 **conv3-64**	conv3-64 conv3-64	conv3-64 conv3-64	conv3-64 conv3-64
maxpool					
conv3-128	conv3-128	conv3-128 **conv3-128**	conv3-128 conv3-128	conv3-128 conv3-128	conv3-128 conv3-128
maxpool					
conv3-256 conv3-256	conv3-256 conv3-256	conv3-256 conv3-256	conv3-256 conv3-256 **conv1-256**	conv3-256 conv3-256 **conv3-256**	conv3-256 conv3-256 conv3-256 **conv3-256**
maxpool					
conv3-512 conv3-512	conv3-512 conv3-512	conv3-512 conv3-512	conv3-512 conv3-512 **conv1-512**	conv3-512 conv3-512 **conv3-512**	conv3-512 conv3-512 conv3-512 **conv3-512**
maxpool					
conv3-512 conv3-512	conv3-512 conv3-512	conv3-512 conv3-512	conv3-512 conv3-512 **conv1-512**	conv3-512 conv3-512 **conv3-512**	conv3-512 conv3-512 conv3-512 **conv3-512**
maxpool					
FC-4096					
FC-4096					
FC-1000					
soft-max					

圖 19-24　VGG 網路

大師說：網路層數越多，訓練時間也會越長，通常這些經典網路的輸入大小都是 224×224×3，如果 AlexNet 需要 8 小時完成訓練，VGG 大概需要 2 天。

VGG 網路有一個特性，所有卷積層的卷積核心大小都是 3×3，可以用較小的卷積核心來分析特徵，並且加入更多的卷積層。這樣做有什麼好處呢？還需要解釋一個基礎知識──感受域，它表示特徵圖能代表原始影像的大小，也就是特徵圖能感受到原始輸入多大的區域。

選擇 3×3 的卷積核心來執行卷積操作，經過兩次卷積後，選擇最後特徵圖中的點，如圖 19-25 所示。現在要求它的感受域，也就是它能看到原始輸出多大的區域，倒著來推，它能看到第一個特徵圖 3×3 的區域（因為卷積核心都是 3×3 的），而第一個特徵圖 3×3 的區域能看到原始輸入 5×5 的區域，此時就說目前的感受域是 5×5。通常都是希望感受域越大越好，這樣每一個特徵圖上的點利用原始資料的資訊就更多。

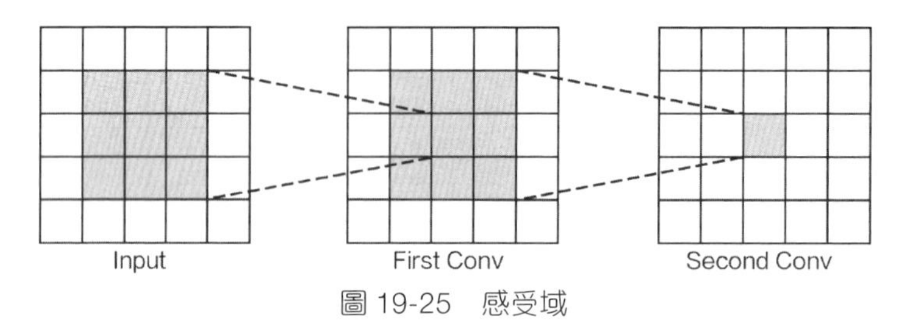

圖 19-25 感受域

同理，如果堆疊 3 個 3×3 的卷積層，並且保持滑動窗口步長為 1，其感受域就是 7×7，這與一個使用 7×7 卷積核心的結果相同，那麼，為什麼非要堆疊 3 個小卷積呢？假設輸入大小都是 h×w×c，並且都使用 C 個卷積核心（獲得 C 個特徵圖），可以計算一下其各自所需參數。

使用 1 個 7×7 卷積核心所需參數：

$$C\times(7\times7\times C)=49C^2$$

使用 3 個 3×3 卷積核心所需參數：

$$3\times C\times(3\times3\times C)=27C^2$$

很明顯，堆疊小的卷積核心所需的參數更少，並且卷積過程越多，特徵分析也會越細緻，加入的非線性轉換也隨之增多，而且不會增大加權參數個數，這就是 VGG 網路的基本出發點，用小的卷積核心來完成體特徵分析操作。

觀察其網路結構還可以發現，基本上經過 maxpool（最大池化）之後的卷積操作都要使特徵圖加倍，這是由於池化操作已經對特徵圖進行壓縮，獲得的資訊量相對有所下降，所以需要透過卷積操作來彌補，最直接的方法就是讓特徵圖個數加倍。

後續的操作還是用 3 個全連接層把之前卷積獲得的特徵再組合起來，可以說 VGG 是現代深度網路模型的代表，用更深的網路結構來完成工作，雖然訓練速度會慢一些，但是整體效果會有很大提升。如果大家拿到一個實際工作，還不知如何下手，可以先用 VGG 試試，它相當於一套通用解決方案，不僅能用在影像分類工作上，也可以用於回歸工作。

19.2.4 ResNet 網路

透過之前的比較，大家發現深度網路的效果更好，那麼為什麼不讓網路再深一點呢？ 100 層、1000 層可不可以呢？理論上是可行的，但是先來看看之前遇到的問題。

如圖 19-26 所示，如果沿用 VGG 的思維將網路繼續堆疊獲得的效果並不好，深層的網路（如 56 層）無論是在訓練集還是在測試集上的效果都不理想，那麼所謂的深度學習是不是到此為止呢？在解決問題的過程中，又一神作誕生了——深度殘差網路。

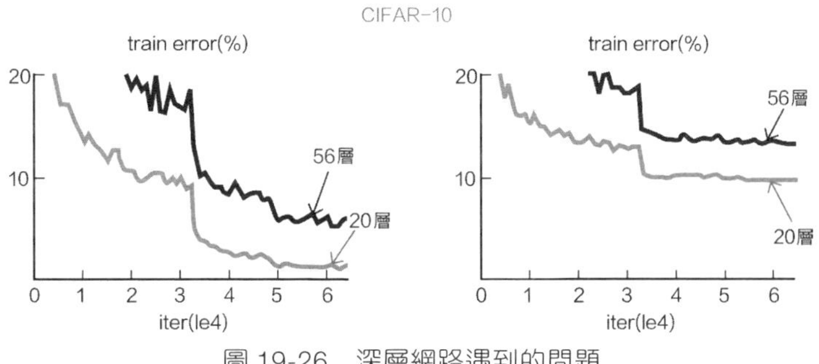

圖 19-26　深層網路遇到的問題

其基本思維就是，因網路層數繼續增多，導致結果下降，其原因一定是網路中有些層學習得不好。但是，在繼續堆疊過程中，可能有些層學習得還不錯，還可以被利用。

圖 19-27 為 ResNet 網路疊加方法。如果這樣設計網路結構，相當於輸入 x（可以當作特徵圖）在進行卷積操作的時候分兩條路走：一條路中，x 什麼都不做，直接拿過來得到目前輸出結果；另一條路中，x 需要透過兩次卷積操作，以獲得其特徵圖結果。再把這兩次的結果加到一起，這就相當於讓網路自己判斷哪一種方式更好，如果透過卷積操作後，效果反而下降，那就直接用原始的輸入 x；如果效果提升，就把卷積後的結果加進來。

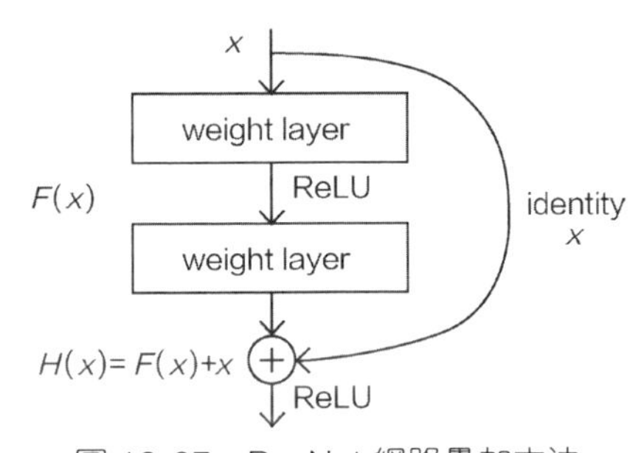

圖 19-27　ResNet 網路疊加方法

這就解決了之前提出的問題，深度網路模型可能會導致整體效果還不如之前淺層的。按照殘差網路的設計，繼續堆疊網路層數並不會使得效果下降，最差也是跟之前一樣。

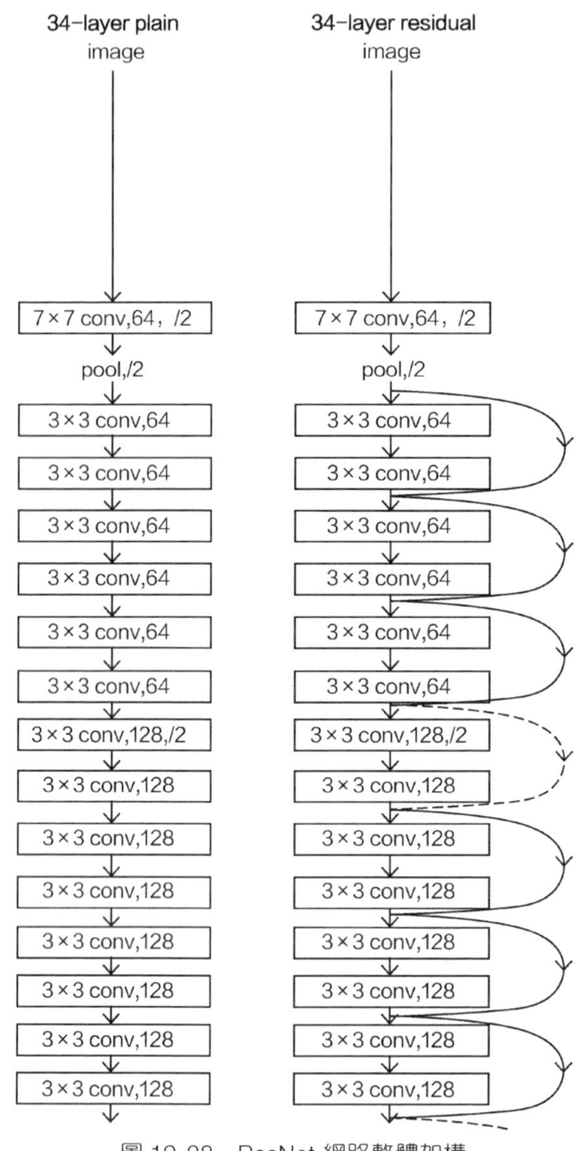

圖 19-28　ResNet 網路整體架構

如圖 19-28 所示，透過比較可以發現，殘差網路在整體設計中沿用了圖 19-27

所示的方法，使得網路繼續堆疊下去。這裡只是簡單介紹了一下其基本原理，如果大家想詳細了解其細節和實驗效果，最好的方式是閱讀其原始論文，非常有學習價值。

如圖 19-29 所示，圖 19-29（a）就是用類似 VGG 的方法堆疊更深層網路模型，層數越多，效果反而越差。

圖 19-29（b）是 ResNet，它完美地解決了深度網路所遇到的問題。

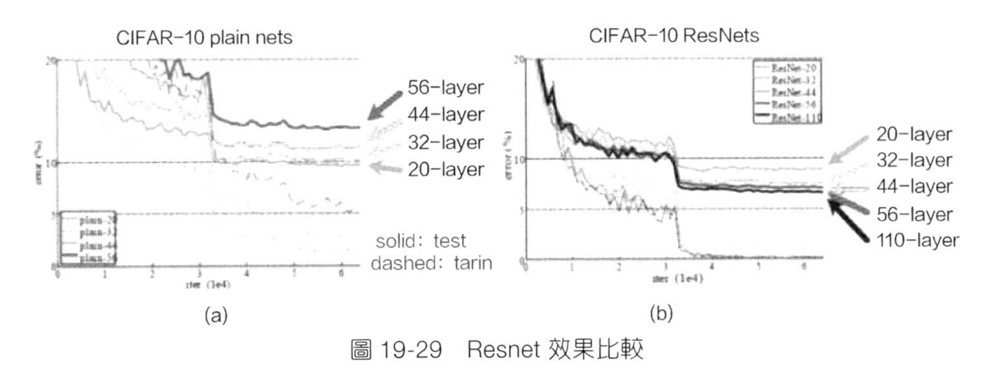

圖 19-29　Resnet 效果比較

圖 19-30 列出了在 ImageNet 影像分類比賽中各種網路模型的效果，最早的時候是用淺層網路進行實驗，後續逐步改進，每一年都有傑出的代表產生（見圖 19-31）。

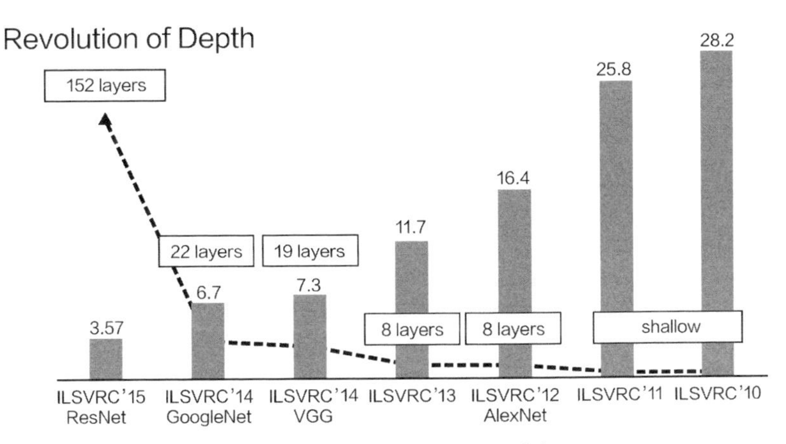

圖 19-30　經典網路效果比較

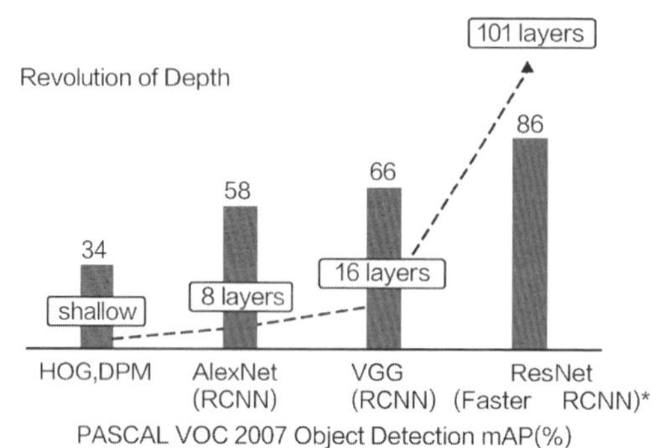

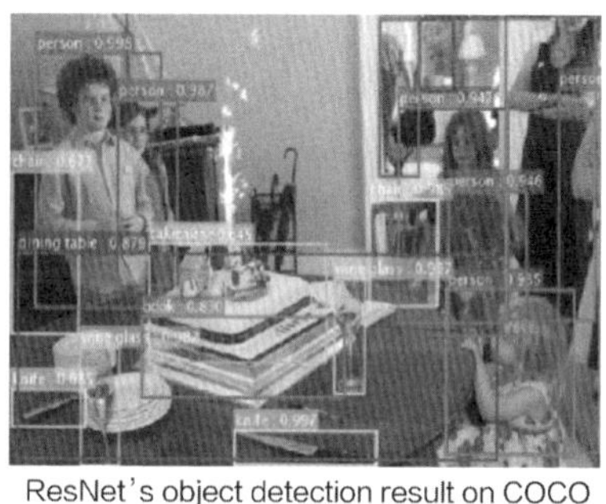

圖 19-31　日新月異的改革

不僅在影像分類工作中，在檢測工作中也是如此，究其根本還是特徵分析得更好，所以現階段殘差網路已經成為一套通用的基本解決方案。

19.3 TensorFlow 實戰卷積神經網路

説明完卷積與池化的原理之後，還要用 TensorFlow 實際把工作做出來。依舊是 Mnist 資料集，只不過這回用卷積神經網路來進行分類工作，不同之處是輸入資料的處理：

In

```
from tensorflow.examples.tutorials.mnist import input_data
mnist = input_data.read_data_sets("data/", one_hot=True)

x = tf.placeholder("float", shape = [None, 28,28,1])
y_ = tf.placeholder("float", shape = [None, 10])
```

在卷積神經網路中，所有資料格式就都是四維的，先向大家解釋一下輸入中每一個維度資料表示的含義 [batchsize,h,w,c]：batchsize 表示一次反覆運算的樣本數量，h 表示影像的長度，w 表示影像的寬度，c 表示顏色通道（或特徵圖個數）。需要注意 h 和 w 的順序，不和深度學習架構先後順序可能並不一。在 placeholder() 中對輸入資料也需要進行明確的定義，標籤與之前一樣。

接下來就是加權參數初始化，由於是卷積操作，所以它與之前全連接的定義方式完全不同：

```
In    W_conv1 = tf.Variable(tf.truncated_normal([5, 5, 1, 32], stddev=0.1))
      b_conv1 = tf.Variable(tf.constant(.1, shape = [32]))
```

從上述程式可以看出，還是隨機進行初始化操作，*w* 表示卷積核心，*b* 表示偏置。其中需要指定的就是卷冊積核心的大小，同樣也是四維的。[5, 5, 1, 32] 表示使用卷積核心的大小是 5×5，前面連接的輸入顏色通道是 1（如果是特徵圖，就是特徵圖個數），使用卷積核心的個數是 32，就是透過這次卷積操作後，獲得 32 個特徵圖。卷積層中需要設定的參數稍微有點多，需要注意卷積核心的深度（這個實例中就是這個 1），一定要與前面的輸入深度一致（Mnist 是黑白圖，顏色通道為 1）。

對偏置參數來說，方法還是相同的，只需看最後結果。卷積中設定了 32 個卷積核心，那麼，一定會得到 32 個特徵圖，偏置參數相當於要對每一個特徵圖上的數值進行微調，所以其個數為 32。

```
In    h_conv1 = tf.nn.conv2d(input=x, filter=W_conv1, strides=[1, 1, 1, 1],
      padding='SAME') + b_conv1
      h_conv1 = tf.nn.relu(h_conv1)
      h_pool1 = tf.nn.max_pool(h_conv1, ksize=[1, 2, 2, 1], strides=[1, 2, 2, 1],
      padding='SAME')
```

這就是卷積的計算流程，tensorflow 中已經實現卷積操作，直接使用 conv2d 函數即可，需要傳入目前的輸入資料、卷積核心參數、步進值以及 padding 項。

步進值同樣也是四維的，第一個維度中，1 表示在 batchsize 上滑動，大部分的情況下都是 1，表示一個一個樣本輪著來。第二和第三個 1 表示在影像上的長度和寬度上的滑動都是每次一個單位，可以視為一個小整體 [1,1]，長度和寬度的滑動一般都是一致的，如果是 [2,2]，表示移動兩個單位。最後一個 1 表示在顏色通道或者特徵圖上移動，基本也是 1。大部分的情況下，步進值參數在影像工作中只需按照網路的設計改動中間數值，如果應用到其他領域，就需要實際分析。

padding 中可以設定是否加入填充，這裡指定成 SAME，表示需要加入 padding 項。在池化層中，還需要指定 ksize，也就是一次選擇的區域大小，與卷積核心參數類似，只不過這裡沒有參數計算。[1, 2, 2, 1] 與步進值的參數含義一致，分別表示在 batchsize,h,w,c 上的區域選擇，通常 batchsize 和通道 (特徵圖) 上都為 1，只需要改變中間的 [2,2] 來控制池化層結果，這裡選擇 ksize 和 stride 都為 2，相當於長和寬各壓縮到原來的一半。

第一層確定後，後續的卷積和池化操作也相同，繼續進行疊加即可，其實，在網路結構中，通常都是按照相同的方式進行疊加，所以可以先定義好組合函數，這樣就方便多了：

In
```
def conv2d(x, W):
   return tf.nn.conv2d(input=x, filter=W, strides=[1, 1, 1, 1],
padding='SAME')

def max_pool_2x2(x):
   return tf.nn.max_pool(x, ksize=[1, 2, 2, 1], strides=[1, 2, 2, 1],
padding='SAME')
```

繼續做第二個卷積層：

In
```
W_conv2 = tf.Variable(tf.truncated_normal([5, 5, 32, 64], stddev=0.1))
b_conv2 = tf.Variable(tf.constant(.1, shape = [64]))
h_conv2 = tf.nn.relu(conv2d(h_pool1, W_conv2) + b_conv2)
h_pool2 = max_pool_2x2(h_conv2)
```

對 Mnist 資料集來說，用兩個卷積層就差不多，下面就是用全連接層來組合已經分析出的特徵：

In
```
W_fc1 = tf.Variable(tf.truncated_normal([7 * 7 * 64, 1024], stddev=0.1))
b_fc1 = tf.Variable(tf.constant(.1, shape = [1024]))
h_pool2_flat = tf.reshape(h_pool2, [-1, 7*7*64])
h_fc1 = tf.nn.relu(tf.matmul(h_pool2_flat, W_fc1) + b_fc1)
```

這裡需要定義好全連接層的加權參數：[7×7×64, 1024]，全連接參數與卷積參數有些不同，此時需要一個二維的矩陣參數。第二個維度 1024 表示要把卷積分析特徵圖轉換成 1024 維的特徵。第一個維度需要自己計算，也就是目前輸入特徵圖的大小，Mnist 資料集本身輸入 28×28×1，指定上述參數後，經過卷積後的大小保持不變，池化操作後，長度和寬度都變為原來的一半，程式中選擇兩個池化操作，所以最後的特徵圖大小為 28×1/2×1/2=7。特徵圖個數是由最後一次卷積操作決定的，也就是 64。這樣就把 7×7×64 這個參數計算出來。

在全連接操作前，需要 reshape 一下特徵圖，也就是將一個特徵圖壓扁或拉長成為一個特徵。最後進行矩陣乘法運算，就完成全連接層要做的工作。

In
```
keep_prob = tf.placeholder("float")
h_fc1_drop = tf.nn.dropout(h_fc1, keep_prob)
```

說明神經網路時，曾特別強調過擬合問題，此時也可以加進 dropout 項，基本都是在全連接層加入該操作。傳入的參數是一個比例，表示希望儲存神經元的百分比，例如 50%。

In
```
W_fc2 = tf.Variable(tf.truncated_normal([1024, 10], stddev=0.1))
b_fc2 = tf.Variable(tf.constant(.1, shape = [10]))
y = tf.matmul(h_fc1_drop, W_fc2) + b_fc2
```

現在的 1024 維特徵可不是最後想要的結果，目前工作是要做一個十分類的手寫字型識別，所以第二個全連接層的目的就是把特徵轉換成最後的結果。大家可能會想，只設定最後輸出 10 個結果，能和它所屬各個類別的機率對應上嗎？沒錯，神經網路就是這麼神奇，它要做的就是讓結果和標籤盡可能一致，按照標籤設定的結果，傳回的就是各個類別的機率值，其中的奧秘就在於如何定義損失函數。

In
```
crossEntropyLoss = tf.reduce_mean(tf.nn.softmax_cross_entropy_with_
logits(labels = y_, logits = y))
trainStep = tf.train.AdamOptimizer().minimize(crossEntropyLoss)
correct_prediction = tf.equal(tf.argmax(y,1), tf.argmax(y_,1))
accuracy = tf.reduce_mean(tf.cast(correct_prediction, "float"))
```

同樣是設定損失函數以及優化器，這裡使用 AdamOptimizer() 優化器，相當於在學習的過程中讓學習率逐漸減少，符合實際要求，而且將計算準確率當作衡量標準。

In

```
sess.run(tf.global_variables_initializer())
batchSize = 50
for i in range(1000):
  batch = mnist.train.next_batch(batchSize)
  trainingInputs = batch[0].reshape([batchSize,28,28,1])
  trainingLabels = batch[1]
  if i%100 == 0:
    trainAccuracy = accuracy.eval(session=sess, feed_dict={x:trainingInputs,
y_: trainingLabels, keep_prob: 1.0})
    print ("step %d, training accuracy %g"%(i, trainAccuracy))
    trainStep.run(session=sess, feed_dict={x: trainingInputs, y_:
trainingLabels, k eep_prob: 0.5})
```

Out

```
step 0, training accuracy 0.14
step 100, training accuracy 0.94
step 200, training accuracy 0.96
step 300, training accuracy 0.98
step 400, training accuracy 0.96
step 500, training accuracy 1
step 600, training accuracy 0.98
step 700, training accuracy 0.98
step 800, training accuracy 1
step 900, training accuracy 0.98
```

之前使用神經網路的時候，需要 1000 次反覆運算，效果才能達到 90% 以上，加入卷積操作之後，準備率的提升是飛快的，差不多 100 次，就能滿足需求。

本章歸納

圖 19-32 就是卷積神經網路的基本結構，先將卷積層和池化層搭配起來進行特徵分析，最後再用全連接操作把特徵整合到一起，其核心就是卷積層操作以及其中有關的參數。在影像處理中，卷積網路模型使用更少的參數，識別效果卻更好，大幅促進了電腦視覺領域的發展，深度學習作為當下最熱門的領

域，進步也是飛快的，每年都會有傑出的網路代表產生，學習的工作永遠都會持續下去。

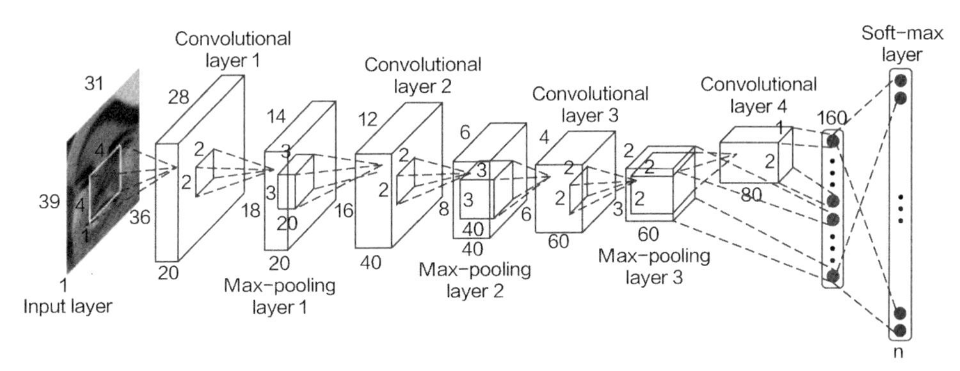

圖 19-32 卷積網路特徵分析

| 本章歸納

Chapter

20

神經網路專案實戰——影評情感分析

之前講解神經網絡時，都是以圖像資料為例，訓練過程中，資料樣本之間是相互獨立的。但是在自然語言處理中就有些區別，舉例來說，一句話中各個詞之間有明確的先後順序，或一篇文章的上下文之間一定有關聯，但是，傳統神經網路卻無法處理這種關係。遞迴神經網路（Recurrent Neural Network，RNN）就是專門解決這種問題的，本章就遞迴神經網路結構展開分析，並將其應用在真實的影評資料集中進行分類工作。

20.1 遞迴神經網路

遞迴神經網路與卷積神經網路並稱深度學習中兩大傑出代表，分別應用於電腦視覺與自然語言處理中，本節介紹遞迴神經網路的基本原理。

20.1.1 RNN 網路架構

RNN 網路的應用十分廣泛，任何與自然語言處理能掛鉤的工作基本都有它的影子，先來看一下它的整體架構，如圖 20-1 所示。

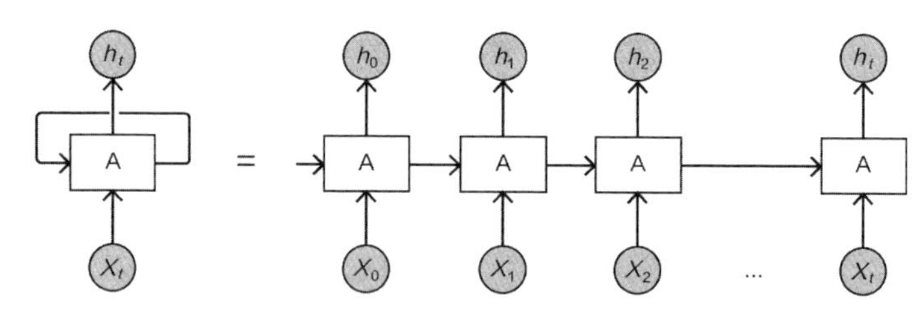

圖 20-1　RNN 網路整體架構

其實只要大家熟悉了基本的神經網路結構，再來分析遞迴神經網路就容易多了，它只比傳統網路多做了一件事——保留各個輸入的中間資訊。舉例來說，有一個時間序列資料 $[X_0, X_1, X_2, \cdots, X_t]$，如果直接用神經網路去做，網路會依次輸入各個資料，不會考慮它們之間的關聯。

在 RNN 網路中，一個序列的輸入資料來了，不僅要計算最後結果，還要儲存中間結果，舉例來說，整體操作需要 2 個全連接層獲得最後的結果，現在把經過第一個全連接層獲得的特徵單獨儲存下來。

在計算下一個輸入樣本時，輸入數就不僅是目前的輸入樣本，還包含前一步獲得的中間特徵，相當於綜合考慮本輪的輸入和上一輪的中間結果。透過這種方法，可以把時間序列的關係加入網路結構中。

舉例來說，可以把輸入資料想像成一段話，$X_0, X_1, \cdots, X_i$ 就是其中每一個詞語，此時要做一個分類工作，看一看這句話的情感是積極的還是消極的。首先將 X_0 最先輸入網路，不僅獲得目前輸出結果 h_0，還有其中間輸出特徵。接

下來將 X_1 輸入網路，和它一起進來的還有前一輪 X_0 的中間特徵，依此類推，最後這段話最後一個詞語 X_t 輸入進來，依舊會結合前一輪的中間特徵（此時前一輪不僅指 X_{t-1}，因為 X_{t-1} 也會帶有 X_{t-2} 的特徵，以依類推，有如綜合了前面全部的資訊），獲得最後的結果 h_t 就是想要的分類結果。

可以看到，在遞迴神經網路中，只要沒到最後一步，就會把每一步的中間結果全部儲存下來，以供後續過程使用。每一步也都會獲得對應的輸出，只不過中間階段的輸出用處並不大，因為還沒有把所有內容都載入加來，通常都是把最後一步的輸出結果當作整個模型的最後輸出，因為它把前面所有的資訊都考慮進來。

舉例來說，目前的輸入是一句影評資料，如圖 20-2 所示。

The movie was ... expectations

x_0 x_1 x_2 x_{15}

t=0 t=1 t=2 t=15

圖 20-2　影評輸入資料

網路結構展開如圖 20-3 所示。

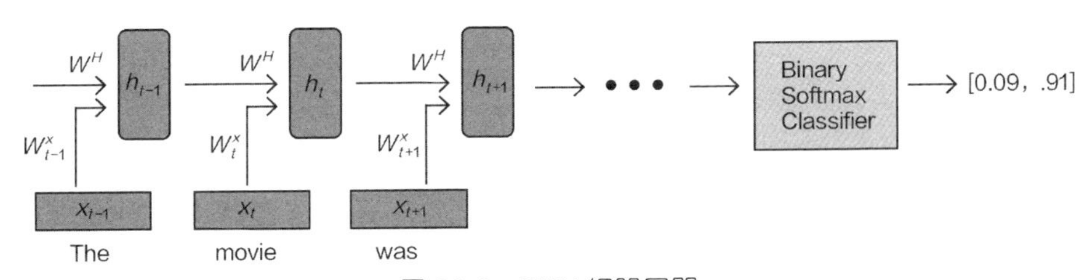

圖 20-3　RNN 網路展開

每一輪輸出結果為：

$$h_t = \sigma(W^H h_{t-1} + W^X x_t) \quad (20.1)$$

這就是遞迴神經網路的整體架構，原理和計算方法都與神經網路類似（全連接），只不過要考慮前一輪的結果。這就使得 RNN 網路更適用於時間序列相關資料，它與語言和文字的表達十分相似，所以更適合自然語言處理工作。

20.1.2 LSTM 網路

RNN 網路看起來十分強大，那麼它有沒有問題呢？如果一句話過長，也就是輸入 X 序列過多的時候，最後一個輸入會把前面所有的中間特徵都考慮進來。此時可以想像一下，大部分的情況下，語言或文字都是離著越近，相關性越高，例如：「今天我白天在家玩了一天，主要在玩遊戲，晚上照樣沒事幹，準備出去打球。」最後的詞語「打球」應該會和晚上沒事幹比較相關，而和前面的玩遊戲沒有多大關係，但是，RNN 網路會把很多無關資訊全部考慮進來。實際的自然語言處理工作也會有相似的問題，越相關的應當前後越緊密，如果中間東西記得太多，就會使得整體網路模型效果有所下降。

所以最好的辦法就是讓網路有選擇地記憶或遺忘一些內容，重要的東西需要記得更深刻，價值不大的資訊可以遺忘掉，這就用到當下最流行的 Long Short Term Memory Units，簡稱 LSTM，它在 RNN 網路的基礎上加入控制單元，以有選擇地保留或遺忘部分中間結果，現在來看一下它的整體架構，如圖 20-4 所示。

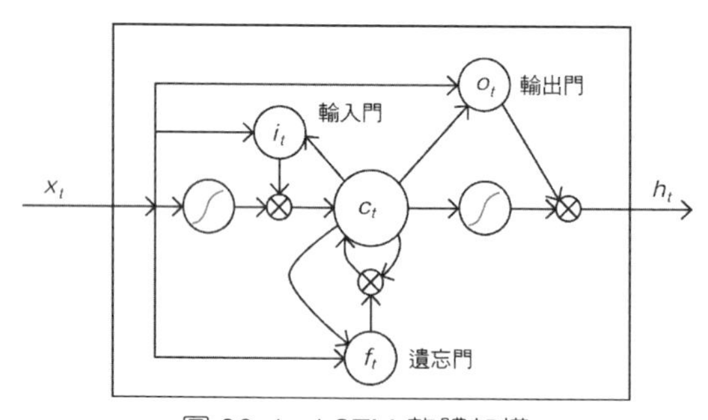

圖 20-4　LSTM 整體架構

它的主要組成部分有輸入門、輸出門、遺忘門和一個記憶控制器 C，簡單概述，就是透過一個持續維護並進行更新的 C_t 來控制每次反覆運算需要記住或忘掉哪些資訊，如果一個序列很長，相關的內容會選擇記憶下來，一些沒用的描述忘掉就好。

LSTM 網路在處理問題時，整體流程還是與 RNN 網路類似，只不過每一步增加了選擇記憶的細節，這裡只向大家進行了簡單介紹，了解其基本原理即可，如圖 20-5 所示。隨著技術的升級，RNN 網路中各種新產品也是層出不窮。

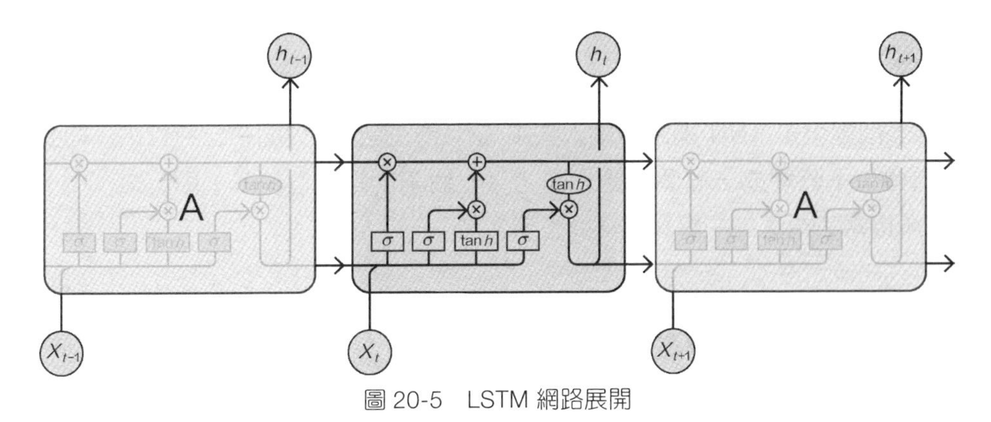

圖 20-5 LSTM 網路展開

20.2 影評資料特徵工程

現在要對電影評論資料集進行分類工作（二分類），建立一個 LSTM 網路模型，以識別哪些評論是積極肯定的情感、哪些是消極批判的情感。下面先來看看資料（見圖 20-6）。

One of the very best Three Stooges shorts ever. A spooky house full of evil guys and "The Goon" challenge the Alert Detective Agency's best men. Shemp is in top form in the famous in-the-dark scene. Emil Sitka provides excellent support in his Mr. Goodrich role, as the target of a murder plot. Before it's over, Shemp's "trusty little shovel" is employed to great effect. This 16 minute gem moves about as fast as any Stooge's short and packs twice the wallop. Highly recommended.

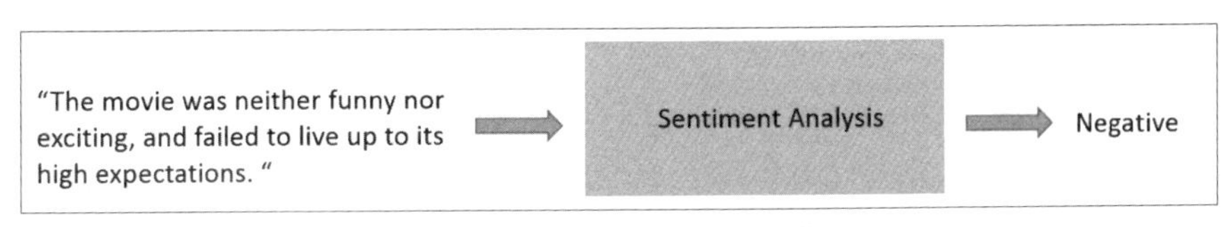

圖 20-6 影評資料分類工作

這就是其中一筆影評資料，由於英文資料本身以空格為分隔符號，所以直接處理詞語即可。但是這裡有一個問題——如何建置文字特徵呢？如果直接利用詞袋模型或 TF-IDF 方法計算整個文字向量，很難獲得比較好的效果，因為一篇文章實在太長。

另一個問題就是 RNN 網路的輸入要求是什麼？在原理說明中已經指出，需要把整個句子分解成一個個詞語，因此每一個詞就是一個輸入，即 x_0, x_1，…，x_t。所以需要考慮每一個詞的特徵表示。

大師說：在資料處理階段，一定要弄清楚最後網路需要的輸入是什麼，按照這個方向去處理資料。

20.2.1 詞向量

特徵一直是機器學習中的困難，為了使得整個模型效果更好，必須要把詞的特徵表示做好，也就是詞向量。如圖 20-7 所示，每一個詞都需要轉換成對應的特徵向量，而且維度必須一致，關於詞向量的組成，可不是簡單的詞頻統計，而是需要有實際的含義。

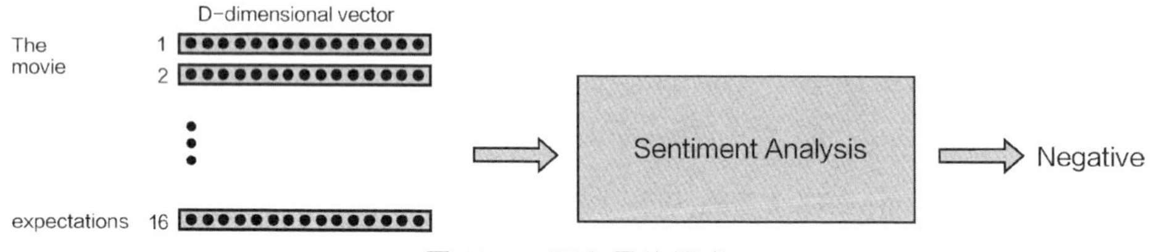

圖 20-7　詞向量的組成

如果以統計為基礎的方法來製作向量，love 和 adore 是兩個完全不同的向量，因為統計的方法很難考慮詞語本身以及上下文的含義，如圖 20-8 所示。如果用詞向量模型（word2vec）來製作，結果就大不相同。

圖 20-9 為詞向量的特徵空間意義。相似的詞語在向量空間上也會非常類似，這才是希望獲得的結果。所以，當拿到文字資料之後，第一步要對語料庫進行詞向量建模，以獲得每一個詞的向量。

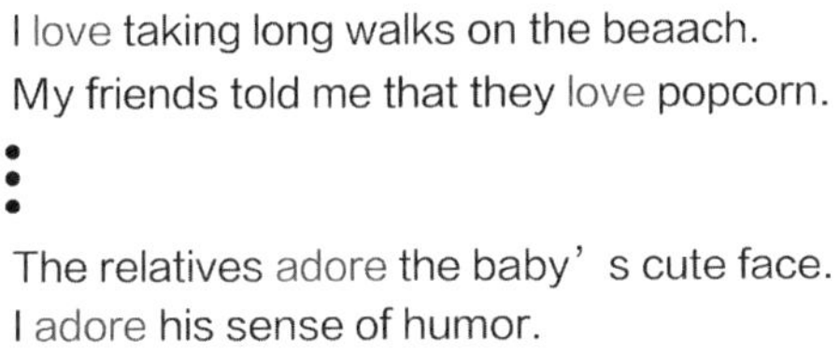

I love taking long walks on the beaach.
My friends told me that they love popcorn.
⋮
The relatives adore the baby’s cute face.
I adore his sense of humor.

圖 20-8　詞向量的意義

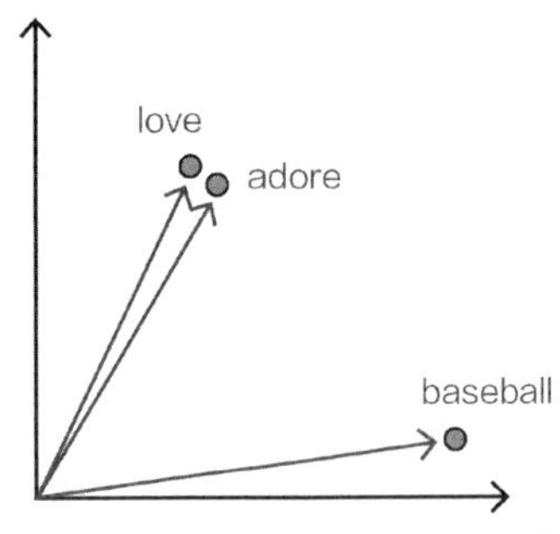

圖 20-9　詞向量的特徵空間意義

由於訓練詞向量的工作量很大，在很多通用工作中，例如常見的新聞資料、影評資料等，都可以直接使用前人用大規模語料庫訓練之後的結果。因為此時希望獲得每一個詞的向量，一定是預料越豐富，獲得的結果越好（見圖 20-10）。

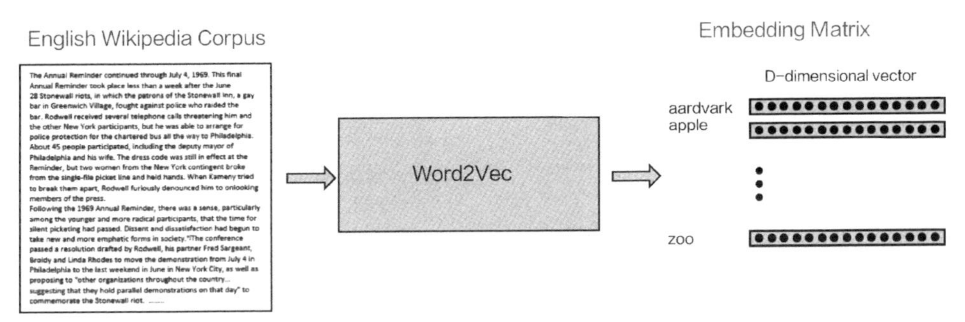

圖 20-10　詞向量製作

大師說：詞語能通用的原因在於，語言本身就是可以跨內容使用的，這篇文章中使用的每一個詞語的含義換到下一篇文章中基本不會發生變化。但是，如果你的工作是專門針對某一領域，例如醫學實驗，這裡面一定會有大量的專有名詞，此時就需要單獨訓練詞向量模型來解決專門問題。

接下來簡單介紹一下詞向量的基本原理，也就是 Word2Vec 模型，在自然語言處理中經常用到這個模型，其目的就是獲得各個詞的向量表示。

Word2Vec 模型如圖 20-11 所示，整體的結構還是神經網路，只不過此時要訓練的不僅是網路的加權參數，還有輸入資料。首先對每個詞進行向量初始化，例如隨機建立一個 300 維的向量。在訓練過程中，既可以根據上下文預測某一個中間詞，例如文字是：今天天氣不錯，上下文就是今天不錯，預測結果為：天氣，如圖 20-11（a）所示；也可以由一個詞去預測其上下文結果。最後透過神經網路不斷反覆運算，以訓練出每一個詞向量結果。

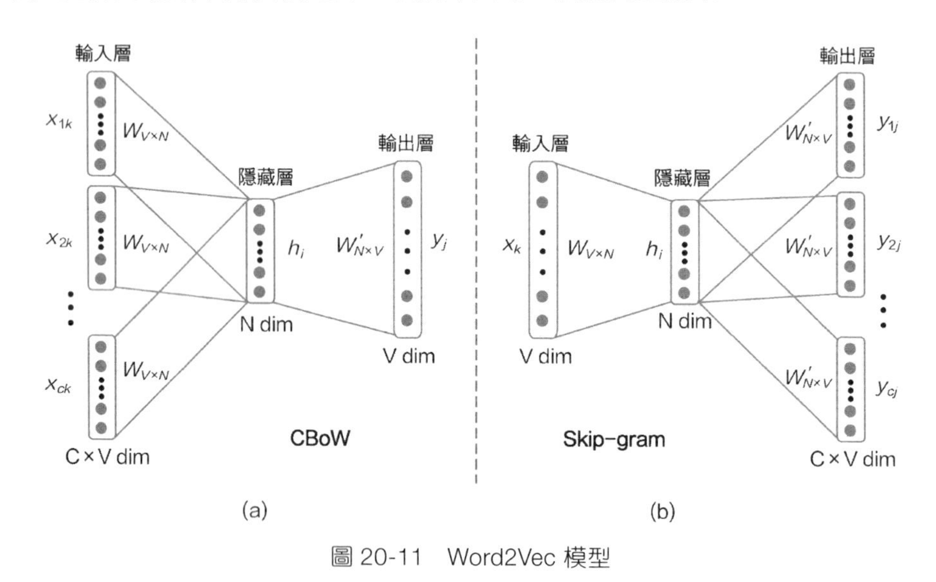

圖 20-11　Word2Vec 模型

大師說：在 word2vec 模型中，每一次反覆運算更新，輸入的詞向量都會發生變化，相當於既更新網路加權參數，也更新輸入資料。

關於詞向量的建模方法，Gensim 工具套件中已經列出了非常不錯的文件教學，如果要親自動手建立一份詞向量，可以參考其使用方法，只需先將資料進行分詞，然後把分詞後的語料庫傳給 Word2Vec 函數即可，方法還是非常簡單的。

```
In    from gensim.models.word2vec import Word2Vec
      model = Word2Vec(sentences_list, workers=num_workers, size=num_
      features, min_count = min_word_count, window = context)
```

使用時，需要指定好每一個參數值。

- sentences：分好詞的語料庫，可以是一個 list。

- sg：用於設定訓練演算法，預設為 0，對應 CBOW 演算法；sg=1 則採用 skip-gram 演算法。
- size：是指特徵向量的維度，預設為 100。大的 size 需要更多的訓練資料，但是效果會更好，推薦值為幾十到幾百。
- window：表示目前詞與預測詞在一個句子中的最大距離是多少。
- alpha：是學習速率。
- seed：用於亂數產生器，與初始化詞向量有關。
- min_count：可以對字典做截斷，詞頻少於 min_count 次數的單字會被捨棄掉 , 預設值為 5。
- max_vocab_size：設定詞向量建置期間的 RAM 限制。如果所有獨立單字個數超過這個，則就消除掉其中最不頻繁的。每 1000 萬個單字需要大約 1GB 的 RAM。設定成 None，則沒有限制。
- workers：控制訓練的平行數。
- hs: 如果為 1，則會採用 hierarchica softmax 技巧。如果設定為 0（defaut），則 negative sampling 會被使用。
- negative：如果 >0，則會採用 negative samping，用於設定多少個 noise words。
- iter：反覆運算次數，預設為 5。

訓練完成後獲得的詞向量如圖 20-12 所示，基本上都是較小的數值，其含義如同降維獲得的結果，還是很難進行解釋。

	0	1	2	3	4	5	6	7	8	9	...
0	-0.696664	0.903903	-0.625330	-1.004056	0.304315	0.757687	-0.585106	1.063758	0.361671	-1.063279	...
1	0.888799	-0.449773	1.340381	-3.644667	2.221354	-2.437322	-1.399687	0.539550	2.563507	0.984283	...
2	0.589862	4.321714	-0.652215	5.326607	-8.739010	0.005590	1.371678	-0.868081	-1.485593	-2.200574	...
3	-1.029406	-0.387385	0.504282	-1.223156	-0.733892	0.389869	-1.111555	-0.703193	3.405883	0.458893	...
4	-2.343473	2.814057	-2.822986	1.471130	-4.252637	0.117415	3.309642	0.895924	-2.021818	-0.558035	...

5 rows × 300 columns

圖 20-12　詞向量結果

製作好詞向量之後，還可以動手試試其效果，看一下到底有沒有空間中的實際含義：

In	model.most_similar("bad")
Out	[('worse', 0.7071679830551147), ('horrible', 0.7065873742103577), ('terrible', 0.6872220635414124), ('sucks', 0.6666240692138672), ('crappy', 0.6634873747825623), ('lousy', 0.6494461297988892), ('horrendous', 0.6371070742607117), ('atrocious', 0.62550288438797),
Out	('suck', 0.6224384307861328), ('awful', 0.619296669960022)]
In	model.most_similar("boy")
Out	[('girl', 0.7018299698829651), ('astro', 0.6647905707359314), ('teenage', 0.6317306160926819), ('frat', 0.60948246717453), ('dad', 0.6011481285095215), ('yr', 0.6010577082633972), ('teenager', 0.5974895358085632), ('brat', 0.5941195487976074), ('joshua', 0.5832049250602722), ('father', 0.5825375914573669)]

透過實驗結果可以看出，使用語料庫訓練獲得的詞向量確實具有實際含義，並且具有相同含義的詞在特徵空間中是非常接近的。關於詞向量的維度，大部分的情況下，50 ～ 300 維比較常見，Google 官方列出的 word2vec 模型的詞向量是 300 維，能解決絕大多數工作。

20.2.2 資料特徵製作

影評資料集中有關的詞語都是常見詞，所以完全可以利用前人訓練好的詞向量模型，英文資料集中有很多訓練好的結果，最常用的就是 Google 官方列出的詞向量結果，但是，它的詞向量是 300 維度，也就是說，在 RNN 模型中，每一次輸入的資料都是 300 維的，如果大家用筆記型電腦來跑程式會比較慢，所以這裡選擇另外一份詞向量結果，每個詞只有 50 維特徵，一共包含 40 萬個常用詞。

In	import numpy as np
	# 讀取詞資料集
	wordsList = np.load('./training_data/wordsList.npy')
	print('Loaded the word list!')
	# 已經訓練好的詞向量模型
	wordsList = wordsList.tolist()
	# 指定對應格式
	wordsList = [word.decode('UTF-8') for word in wordsList]
	# 讀取詞向量資料集
	wordVectors = np.load('./training_data/wordVectors.npy')
	print(len(wordsList))
	print(wordVectors.shape)

Out	400000 (400000, 50)

關於詞向量的製作，也可以自己用 Gensim 工具套件訓練，如果大家想處理一份 300 維的特徵資料，不妨自己訓練一番，文字資料較少時，很快就能獲得各個詞的向量表示。

如果大家想看看詞向量的模樣，可以實際傳入一些單字試一試：

In	baseballIndex = wordsList.index('baseball') wordVectors[baseballIndex]
Out	array([-1.93270004, 1.04209995, -0.78514999, 0.91033 , 0.22711 , -0.62158 , -1.64929998, 0.07686 , -0.58679998, 0.058831 , 0.35628 , 0.68915999, -0.50598001, 0.70472997, 1.26639998, -0.40031001, -0.020687 , 0.80862999, -0.90565997, -0.074054 , -0.87674999, -0.62910002, -0.12684999, 0.11524 , -0.55685002, -1.68260002, -0.26291001, 0.22632 , 0.713 , -1.08280003, 2.12310004, 0.49869001, 0.066711 , -0.48225999, -0.17896999, 0.47699001, 0.16384 , 0.16537 , -0.11506 , -0.15962 , -0.94926 , -0.42833 , -0.59456998, 1.35660005, -0.27506 , 0.19918001, -0.36008 , 0.55667001, -0.70314997, 0.17157], dtype=float32)

上述程式傳回的結果就是一個 50 維的向量，其中每一個數值的含義根本了解不了，但是電腦卻能看懂它們的整體含義。

現在已經有各個詞的向量，但是手裡拿到的是一篇文章，需要對應地找到其各個詞的向量，然後再組合在一起，先來整體看一下流程，如圖 20-13 所示。

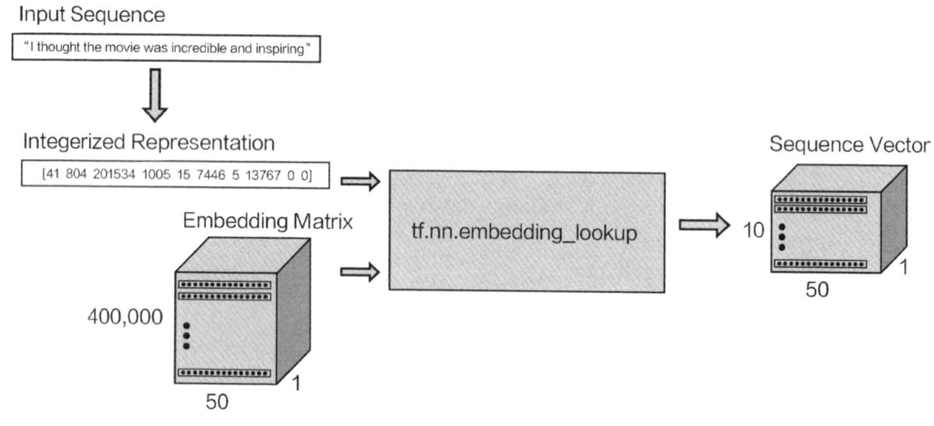

圖 20-13　詞向量讀取

由圖可見，先獲得一句話，然後取其在詞函數庫中的對應索引位置，再對照詞向量表轉換成對應的結果，例如輸入 10 個詞，最後獲得的結果就是 [10,50]，表示每個詞都轉換成其對應的向量。

Embedding Matrix 表示整體的詞向量大表，要在其中尋找所需的結果，TensorFlow 提供了一個非常便捷的函數 tf.nn.embedding_lookup()，可以快速完成尋找工作，如果工作與自然語言處理相關，那會經常用到這個函數。

大師說：整體流程看起來有點麻煩，其實就是對照輸入中的每一個詞將其轉換成對應的詞向量即可，在資料量較少時，也可以用字典的方法查找替換，但是，當資料量與詞向量矩陣都較大時，最好使用 embedding_lookup() 函數，速度起碼快一個數量級。

在將所有影評資料取代為詞向量之前，需要考慮不同的影評資料長短不一所導致的問題，要不要規範它們？

In

```
# 可以設定文章的最大詞數來限制
maxSeqLength = 10
# 每個單字的最大維度
numDimensions = 300
firstSentence = np.zeros((maxSeqLength), dtype='int32')
```

```
firstSentence[0] = wordsList.index("i")
firstSentence[1] = wordsList.index("thought")
firstSentence[2] = wordsList.index("the")
firstSentence[3] = wordsList.index("movie")
firstSentence[4] = wordsList.index("was")
firstSentence[5] = wordsList.index("incredible")
firstSentence[6] = wordsList.index("and")
firstSentence[7] = wordsList.index("inspiring")
# 如果長度沒有達到設定的標準，用 0 來佔位
print(firstSentence)
with tf.Session() as sess:
  print(tf.nn.embedding_lookup(wordVectors,firstSentence).eval().shape)
```

Out

```
[   41    804 201534   1005     15   7446      5  13767      0      0]

(10, 50)
```

對一篇影評資料來說，首先找到其對應索引位置 (之後要透過索引獲得其對應的詞向量結果)，再利用 embedding_lookup() 函數就能獲得其詞向量結果，其中 wordVectors 是製作好的詞向量函數庫，firstSentence 就是要尋找的詞向量的這句話。(10,50) 表示將 10 個單字轉換成對應的詞向量結果。

這裡需要注意，之後設計的 RNN 網路必須適用於所有文章。例如一篇文章的長度是 200($x_1, x_2,\cdots, x_{200}$)，另一篇是 300($x_1, x_2,\cdots, x_{300}$)，此時輸入資料大小不一致，這是根本不行的，在網路訓練中，必須確定結構是一樣的 (這是全連接操作的前提)。

此時需要對文字資料進行前置處理操作，基本思維就是選擇一個合適的值來限制文字的長度，例如選 250 (需要根據實際工作來選擇)。如果一篇影評資料中詞語數量比 250 多，那就從第 250 個詞開始截斷，後面的就不需要了；少於 250 個詞的，缺失部分全部用 0 來填充即可。

影評資料一共包含 25000 篇評論，其中消極和積極的資料各佔一半，之前說到需要定義一個合適的篇幅長度來設計 RNN 網路結構，這裡先來統計一下每篇文章的平均長度，由於資料儲存在不同資料夾中，所以需要分別讀取不同類別中的每一筆影評資料 (見圖 20-14)。

名稱	修改日期	類型	大小
negativeReviews	2018-03-20 20:21	文件夾	
positiveReviews	2018-03-20 20:21	文件夾	

名稱	修改日期	類型	大小
0_3.txt	2011-04-12 17:47	文字檔案	1 KB
1_1.txt	2011-04-12 17:47	文字檔案	1 KB
2_1.txt	2011-04-12 17:47	文字檔案	1 KB
3_4.txt	2011-04-12 17:47	文字檔案	2 KB
4_4.txt	2011-04-12 17:47	文字檔案	1 KB
5_3.txt	2011-04-12 17:47	文字檔案	1 KB
6_1.txt	2011-04-12 17:47	文字檔案	1 KB
7_3.txt	2011-04-12 17:47	文字檔案	2 KB
8_4.txt	2011-04-12 17:47	文字檔案	1 KB
9_1.txt	2011-04-12 17:47	文字檔案	1 KB
10_2.txt	2011-04-12 17:47	文字檔案	1 KB
11_3.txt	2011-04-12 17:47	文字檔案	1 KB
12_1.txt	2011-04-12 17:47	文字檔案	2 KB
13_2.txt	2011-04-12 17:47	文字檔案	1 KB
14_2.txt	2011-04-12 17:47	文字檔案	1 KB
15_1.txt	2011-04-12 17:47	文字檔案	3 KB
16_3.txt	2011-04-12 17:47	文字檔案	3 KB

圖 20-14　資料儲存格式

In

```
from os import listdir
from os.path import isfile, join
# 指定好資料集位置，由於提供的資料是一個個單獨的檔案，所以還得一個個讀取
positiveFiles = ['./training_data/positiveReviews/' + f for f in listdir('./training_data/positiveReviews/') if isfile(join('./training_data/positiveReviews/', f))]
negativeFiles = ['./training_data/negativeReviews/' + f for f in listdir('./training_data/negativeReviews/') if isfile(join('./training_data/negativeReviews/', f))]
numWords = []
# 分別統計積極和消極情感資料集
for pf in positiveFiles:
  with open(pf, "r", encoding='utf-8') as f:
    line=f.readline()
    counter = len(line.split())
    numWords.append(counter)
print(' 情感積極資料集載入完畢 ')

for nf in negativeFiles:
  with open(nf, "r", encoding='utf-8') as f: In
```

```
        line=f.readline()
        counter = len(line.split())
        numWords.append(counter)
print(' 情感消極資料集載入完畢 ')
numFiles = len(numWords)
print(' 總共檔案數量 ', numFiles)
print(' 全部詞語數量 ', sum(numWords))
print(' 平均每篇評論詞語數量 ', sum(numWords)/len(numWords))
結果：
情感積極資料集載入完畢
情感消極資料集載入完畢
總共檔案數量 25000
全部詞語數量 5844680
平均每篇評論詞語數量 233.7872
```

可以將平均長度 233 當作 RNN 中序列的長度，最好還是繪圖觀察其分佈情況：

In

```
import matplotlib.pyplot as plt
%matplotlib inline
plt.hist(numWords, 50)
plt.xlabel('Sequence Length')
plt.ylabel('Frequency')
plt.axis([0, 1200, 0, 8000])
plt.show()
```

Out

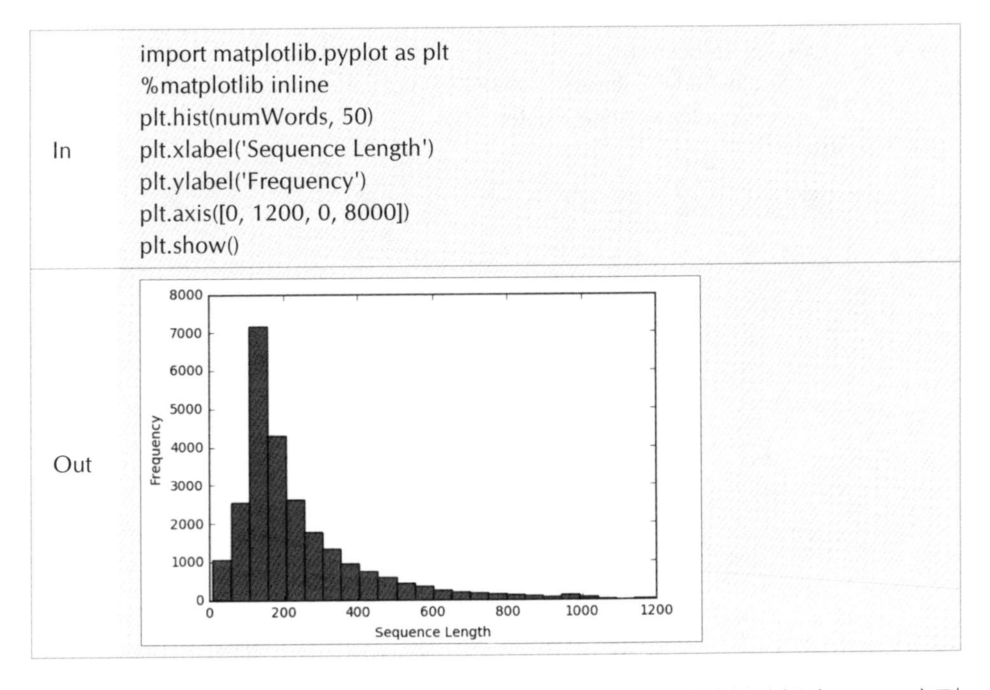

從整體上觀察，絕大多數評論的長度都在 300 以內，所以暫時設定 RNN 序列長度為 250 沒有問題，這也可以當作是整體模型的參數，大家也可以用實驗來比較不同長度對結果的影響。

In

```
maxSeqLength = 250
將其轉換成索引：
# 刪除標點符號、括號、問號等，只留下字母數字字元
import re
strip_special_chars = re.compile("[^A-Za-z0-9 ]+")

def cleanSentences(string):
  string = string.lower().replace("<br />", " ")
  return re.sub(strip_special_chars, "", string.lower())

firstFile = np.zeros((maxSeqLength), dtype='int32')
with open(fname) as f:
  indexCounter = 0
  line=f.readline()
  cleanedLine = cleanSentences(line)
  split = cleanedLine.split()
  for word in split:
    try:
      firstFile[indexCounter] = wordsList.index(word)
    except ValueError:
      firstFile[indexCounter] = 399999 #Vector for unknown words
    indexCounter = indexCounter + 1
firstFile
```

Out

```
array([    37,     14,   2407, 201534,     96,  37314,    319,   7158,
       201534,   6469,   8828,   1085,     47,   9703,     20,    260,
           36,    455,      7,   7284,   1139,      3,  26494,   2633,
          203,    197,   3941,  12739,    646,      7,   7284,   1139,
            3,  11990,   7792,     46,  12608,    646,      7,   7284,
         1139,      3,   8593,     81,  36381,    109,      3, 201534,
         8735,    807,   2983,     34,    149,     37,    319,     14,
          191,  31906,      6,      7,    179,    109,  15402,     32,
           36,      5,      4,   2933,     12,    138,      6,      7,
          523,     59,     77,      3, 201534,     96,   4246,  30006,
          235,      3,    908,     14,   4702,   4571,     47,     36,
       201534,   6429,    691,     34,     47,     36,  35404,    900,
          192,     91,   4499,     14,     12,   6469,    189,     33,
         1784,   1318,   1726,      6, 201534,    410,     41,    835,
        10464,     19,      7,    369,      5,   1541,     36,    100,
          181,     19,      7,    410,      0,      0,      0,      0,
            0,      0,      0,      0,      0,      0,      0,      0,
            0,      0,      0,      0,      0,      0,      0,      0,
            0,      0,      0,      0,      0,      0,      0,      0,
            0,      0,      0,      0,      0,      0,      0,      0,
            0,      0,      0,      0,      0,      0,      0,      0,
            0,      0,      0,      0,      0,      0,      0,      0,
            0,      0,      0,      0,      0,      0,      0,      0,
            0,      0,      0,      0,      0,      0,      0,      0,
            0,      0,      0,      0,      0,      0,      0,      0,
            0,      0,      0,      0,      0,      0,      0,      0,
            0,      0,      0,      0,      0,      0,      0,      0,
            0,      0,      0,      0,      0,      0,      0,      0,
            0,      0,      0,      0,      0,      0,      0,      0,
            0,      0,      0,      0,      0,      0,      0,      0,
            0,      0,      0,      0,      0,      0,      0,      0,
            0,      0])
```

In

```
firstFile[indexCounter] = 399999 #Vector for unknown words
indexCounter = indexCounter + 1 firstFile
```

Out

```
array([    37,     14,   2407, 201534,     96,  37314,    319,   7158,
       201534,   6469,   8828,   1085,     47,   9703,     20,    260,
           36,    455,      7,   7284,   1139,      3,  26494,   2633,
          203,    197,   3941,  12739,    646,      7,   7284,   1139,
            3,  11990,   7792,     46,  12608,    646,      7,   7284,
         1139,      3,   8593,     81,  36381,    109,      3, 201534,
         8735,    807,   2983,     34,    149,     37,    319,     14,
          191,  31906,      6,      7,    179,    109,  15402,     32,
           36,      5,      4,   2933,     12,    138,      6,      7,
          523,     59,     77,      3, 201534,     96,   4246,  30006,
          235,      3,    908,     14,   4702,   4571,     47,     36,
       201534,   6429,    691,     34,     47,     36,  35404,    900,
          192,     91,   4499,     14,     12,   6469,    189,     33,
         1784,   1318,   1726,      6, 201534,    410,     41,    835,
        10464,     19,      7,    369,      5,   1541,     36,    100,
          181,     19,      7,    410,      0,      0,      0,      0,
            0,      0,      0,      0,      0,      0,      0,      0,
            0,      0,      0,      0,      0,      0,      0,      0,
            0,      0,      0,      0,      0,      0,      0,      0,
            0,      0,      0,      0,      0,      0,      0,      0,
            0,      0,      0,      0,      0,      0,      0,      0,
            0,      0,      0,      0,      0,      0,      0,      0,
            0,      0,      0,      0,      0,      0,      0,      0,
            0,      0,      0,      0,      0,      0,      0,      0,
            0,      0,      0,      0,      0,      0,      0,      0,
            0,      0,      0,      0,      0,      0,      0,      0,
            0,      0,      0,      0,      0,      0,      0,      0,
            0,      0,      0,      0,      0,      0,      0,      0,
            0,      0,      0,      0,      0,      0,      0,      0,
            0,      0,      0,      0,      0,      0,      0,      0,
            0,      0,      0,      0,      0,      0,      0,      0,
            0,      0])
```

上述輸出就是對文章截斷後的結果，長度不夠的時候，指定 0 進行填充。接下來是一個非常耗時間的過程，需要先把所有文章中的每一個詞轉換成對應的索引，然後再把這些矩陣的結果傳回。

如果大家的筆記型電腦效能一般，可能要等上大半天，這裡直接列出一份轉換結果，實驗的時候，可以直接讀取轉換好的矩陣：

In

```
ids = np.load('./training_data/idsMatrix.npy')
```

在 RNN 網路進行反覆運算的時候，需要指定每一次傳入的 batch 資料，這裡先做好資料的選擇方式，方便之後在網路中傳入資料。

In

```
from random import randint
# 製作 batch 資料，透過資料集索引位置來設定訓練集和測試集
# 並且讓 batch 中正負樣本各佔一半，同時指定其目前標籤
def getTrainBatch():
  labels = []
  arr = np.zeros([batchSize, maxSeqLength])
  for i in range(batchSize):
    if (i % 2 == 0):
      num = randint(1,11499)
      labels.append([1,0])
    else:
      num = randint(13499,24999)
      labels.append([0,1])
    arr[i] = ids[num-1:num]
  return arr, labels

def getTestBatch():
  labels = []
  arr = np.zeros([batchSize, maxSeqLength])
  for i in range(batchSize):
    num = randint(11499,13499)
    if (num <= 12499):
      labels.append([1,0])
    else:
      labels.append([0,1])
    arr[i] = ids[num-1:num]
  return arr, labels
```

建置好 batch 資料後，資料和標籤就確定了。

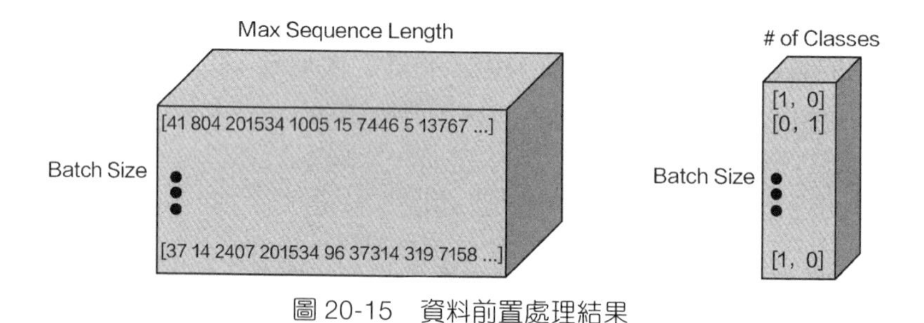

圖 20-15　資料前置處理結果

圖 20-15 所示為資料最後前置處理後的結果，建置 RNN 模型的時候，還需再將詞索引轉換成對應的向量。現在再向大家強調一下輸入資料的格式，傳入

RNN 網路中的資料需是一個 3D 的形式，即 [batchsize，文字長度，詞向量維度]，例如一次反覆運算訓練 10 個樣本資料，每個樣本長度為 250，每個詞的向量維度為 50，輸入就是 [10,250,50]。

大師說：在資料前置處理時，最好的方法就是先倒著來思考，想一想最後網路模型要求輸入什麼，然後對照目標進行前置處理和特徵分析。

20.3 建置 RNN 模型

首先需要設定模型所需參數，在 RNN 網路中，其基本計算方式還是全連接，所以需要指定隱層神經元數量：

- batchSize = 24
- lstmUnits = 64
- numClasses = 2
- iterations = 50000

其中，batchSize 可以根據自己機器效能來選擇，如果覺得反覆運算過程有些慢，可以再降低一些；lstmUnits 表示其中每一個隱層的神經元數量；numClasses 就是最後要得到的輸出結果，也就是一個二分類問題；在反覆運算過程中，iterations 就是最大反覆運算次數。

網路模型的架設方法都是相同的，還是先指定輸入資料的格式，然後定義 RNN 網路結構訓練反覆運算：

In
```
labels = tf.placeholder(tf.float32, [batchSize, numClasses])
input_data = tf.placeholder(tf.int32, [batchSize, maxSeqLength])
```

依舊用 placeholder() 進行佔位，此時只得到二維的結果，即 [batchSize, maxSeqLength]，還需將文字中每一個詞由其索引轉換成對應的詞向量。

In
```
data= tf.Variable(tf.zeros([batchSize, maxSeqLength,
numDimensions]),dtype=tf.float32)
data = tf.nn.embedding_lookup(wordVectors,input_data)
```

使用 embedding_lookup 函數完成最後的詞向量讀取轉換工作，就搞定了輸入資料，大家在建模時，一定要清楚 [batchSize, maxSeqLength, numDimensions] 這三個維度的含義，不能只會呼叫工具套件函數，還需要了解其中細節。

建置 LSTM 網路模型，需要分幾步走：

In
```
lstmCell = tf.contrib.rnn.BasicLSTMCell(lstmUnits)
lstmCell = tf.contrib.rnn.DropoutWrapper(cell=lstmCell, output_keep_
prob=0.75)
value, _ = tf.nn.dynamic_rnn(lstmCell, data, dtype=tf.float32)
```

首先建立基本的 LSTM 單元，也就是每一個輸入走的網路結構都是相同的，再把這些基本單元和輸入的序列資料組合起來，還可以加入 Dropout 功能。關於 RNN 網路，還有很多種建立方法，這些在 TensorFlow 官網中都有實例說明，用的時候最好先參考一下其 API 文件。

In
```
# 加權參數初始化
weight = tf.Variable(tf.truncated_normal([lstmUnits, numClasses]))
bias = tf.Variable(tf.constant(0.1, shape=[numClasses]))
value = tf.transpose(value, [1, 0, 2])
# 取最 的 果值
last = tf.gather(value, int(value.get_shape()[0]) - 1)
prediction = (tf.matmul(last, weight) + bias)
```

RNN 網路的加權參數初始化方法與傳統神經網路一致，都是全連接的操作，需要注意網路輸出會有多個結果，可以參考圖 20-1，每一個輸入的詞向量都與目前輸出結果相對應，最後選擇最後一個詞所對應的結果，並且透過一層全連接操作轉換成對應的分類結果。

網路模型和輸入資料確定後，接下來與之前訓練方法一致，指定損失函數和優化器，然後反覆運算求解即可：

In
```
for i in range(iterations):
  # 之前已經定義好的 batch 資料函數
  nextBatch, nextBatchLabels = getTrainBatch();
  sess.run(optimizer, {input_data: nextBatch, labels: nextBatchLabels})
```

```
    # 每隔 1000 次列印一下目前的結果
    if (i % 1000 == 0 and i != 0):
        loss_ = sess.run(loss, {input_data: nextBatch, labels: nextBatchLabels})
        accuracy_ = sess.run(accuracy, {input_data: nextBatch, labels:
nextBatchLabels})

        print("iteration {}/{}...".format(i+1, iterations),
              "loss {}...".format(loss_),
              "accuracy {}...".format(accuracy_))
    # 每隔 1 萬次儲存一下目前模型
    if (i % 10000 == 0 and i != 0):
        save_path = saver.save(sess, "models/pretrained_lstm.ckpt", global_
step=i)
        print("saved to %s" % save_path)
```

這裡不僅列印目前反覆運算結果，每隔 1 萬次還會儲存目前的網路模型。TensorFlow 中儲存模型最簡單的方法，就是用 saver.save() 函數指定儲存的模型，以及儲存的路徑。儲存好訓練的加權參數，當預測工作來臨時，直接讀取模型即可。

大師說：可能有同學會問，為什麼不能只儲存最後一次的結果？由於網路在訓練過程中，其效果可能發生浮動變化，而且不一定反覆運算次數越多，效果就越好，可能第 3 萬次的效果要比第 5 萬次的還要強，因此需要儲存中間結果。

訓練網路需要耐心，這份資料集中，由於指定的網路結構和詞向量維度都比較小，所以訓練起來很快：

Out
```
iteration 1001/50000... loss 0.6308178901672363... accuracy 0.5...
iteration 2001/50000... loss 0.7168402671813965... accuracy 0.625...
iteration 3001/50000... loss 0.7420873641967773... accuracy 0.5...
iteration 4001/50000... loss 0.650059700012207... accuracy 0.5416666865348816...
iteration 5001/50000... loss 0.6791467070579529... accuracy 0.5...
iteration 6001/50000... loss 0.6914048790931702... accuracy 0.5416666865348816...
iteration 7001/50000... loss 0.36072710156440735... accuracy 0.8333333134651184...
iteration 8001/50000... loss 0.5486791729927063... accuracy 0.75...
iteration 9001/50000... loss 0.41976991295814514... accuracy 0.7916666865348816...
iteration 10001/50000... loss 0.10224487632513046... accuracy 1.0...
saved to models/pretrained_lstm.ckpt-10000
```

```
iteration 11001/50000... loss 0.37682783603668213... accuracy 0.8333333134651184...
iteration 12001/50000... loss 0.266050785779953... accuracy 0.9166666865348816...
iteration 13001/50000... loss 0.40790924429893494... accuracy 0.7916666865348816...
iteration 14001/50000... loss 0.22000855207443237... accuracy 0.875...
iteration 15001/50000... loss 0.49727579951286316... accuracy 0.7916666865348816...
iteration 16001/50000... loss 0.21477992832660675... accuracy 0.9166666865348816...
iteration 17001/50000... loss 0.31636106967926025... accuracy 0.875...
iteration 18001/50000... loss 0.17190784215927124... accuracy 0.9166666865348816...
iteration 19001/50000... loss 0.11049345880746841... accuracy 1.0...
iteration 20001/50000... loss 0.06362085044384003... accuracy 1.0...
saved to models/pretrained_lstm.ckpt-20000
iteration 21001/50000... loss 0.19093847274780273... accuracy 0.9583333134651184...
iteration 22001/50000... loss 0.06586482375860214... accuracy 0.9583333134651184...
iteration 23001/50000... loss 0.02577809803187847... accuracy 1.0...
iteration 24001/50000... loss 0.0732395276427269... accuracy 0.9583333134651184...
iteration 25001/50000... loss 0.30879321694374084... accuracy 0.9583333134651184...
iteration 26001/50000... loss 0.2742778956890106... accuracy 0.9583333134651184...
iteration 27001/50000... loss 0.23742587864398956... accuracy 0.875...
iteration 28001/50000... loss 0.04694415628910065... accuracy 1.0...
iteration 29001/50000... loss 0.031666990369558334... accuracy 1.0...
iteration 30001/50000... loss 0.09171193093061447... accuracy 1.0...
saved to models/pretrained_lstm.ckpt-30000
iteration 31001/50000... loss 0.03852967545390129... accuracy 1.0...
iteration 32001/50000... loss 0.06964454054832458... accuracy 1.0...
iteration 33001/50000... loss 0.12447216361761093... accuracy 0.9583333134651184...
iteration 34001/50000... loss 0.008963108994066715... accuracy 1.0...
iteration 35001/50000... loss 0.04129207879304886... accuracy 0.9583333134651184...
iteration 36001/50000... loss 0.0081111378967762... accuracy 1.0...
```

隨著網路反覆運算的進行，模型也越來越收斂，基本上 2 萬次就能夠達到完美的效果，但是不要高興得太早，這只是訓練集的結果，還要看測試集上的效果。

如圖 20-16、圖 20-17 所示，雖然只用了非常簡單的 LSTM 結構，收斂效果還是不錯的，其實最後模型的效果在快速地還是與輸入資料有關，如果不使用詞向量模型，訓練的效果可能就要大打折扣。

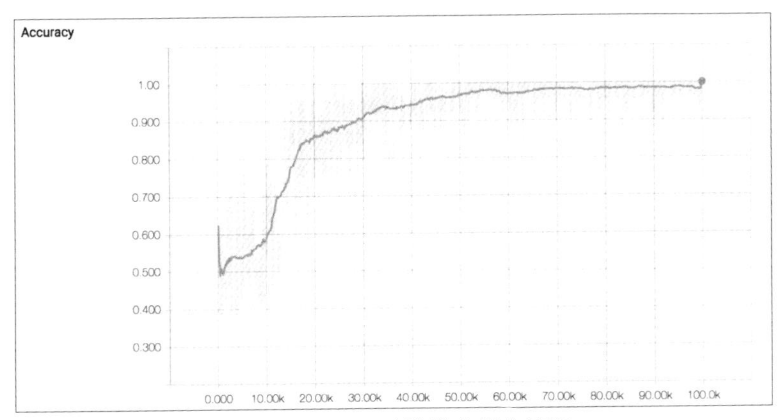

圖 20-16　訓練時準備率變化情況

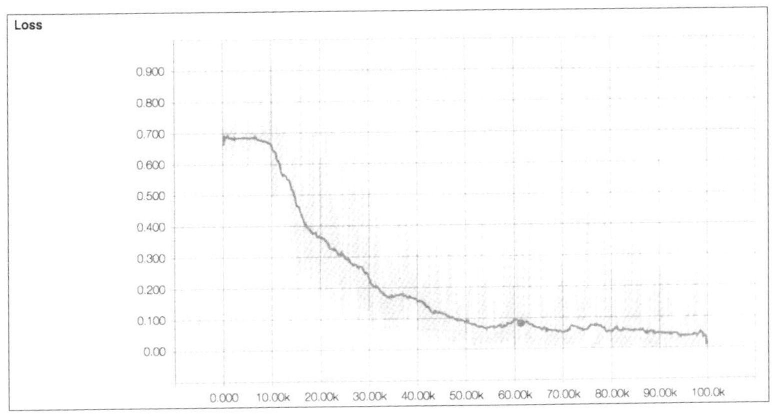

圖 20-17　訓練時損失變化情況

接下來再看看測試的效果，這裡先為大家示範一下如何載入已經儲存好的模型：

In	saver.restore(sess, tf.train.latest_checkpoint('models'))
Out	INFO:tensorflow:Restoring parameters from models\pretrained_lstm.ckpt-40000

這裡載入的是最後儲存的模型，當然也可以指定實際的名字來載入指定的模型檔案，讀取的就是之前訓練網路時候所得到的各個加權參數，接下來只需要在 batch 裡面傳入實際的測試資料集即可：

In	iterations = 10
	for i in range(iterations):
	nextBatch, nextBatchLabels = getTestBatch();
	print(" Accur acy for t his batch :", (sess.r un(ac curacy , {input_ data: nex tBatch , labels: nextBatchLabels})) * 100)

Out	Accuracy for this batch: 91.6666686535 Accuracy for this batch: 79.1666686535 Accuracy for this batch: 87.5 Accuracy for this batch: 87.5 Accuracy for this batch: 91.6666686535 Accuracy for this batch: 75.0 Accuracy for this batch: 91.6666686535 Accuracy for this batch: 70.8333313465 Accuracy for this batch: 83.3333313465 Accuracy for this batch: 95.8333313465

為了使測試效果更穩定，選擇 10 個 batch 資料，在二分類工作中，獲得的結果只能說整體還湊合，可以明顯發現網路模型已經有些過擬合。在訓練資料集中，基本都是 100%，然而實際測試時卻有所折扣。大家在實驗的時候，也可以嘗試改變其中的參數，以調節網路模型，再比較最後的結果。

在神經網路訓練過程中，可以調節的細節比較多，通常都是先調整學習率，導致過擬合最可能的原因就是學習率過大。網路結構與輸出資料也會對結果產生影響，這些都需要透過大量的實驗進行比較觀察。

專案歸納

本章從整體上介紹了 RNN 網絡結構及其升級版本 LSTM 網絡，針對自然語言處理，其實很大程度上拼的是如何進行特徵構造，詞向量模型可以說是當下最好的解決方案之一，對詞的維度進行建模要比整體文章建模更實用。針對影評資料集，首先進行資料格式處理，這也是按照後續網路模型的要求輸入的，TensorFlow 當中有很多便捷的 API 可以完成處理工作，例如常用的 embedding_lookup()，至於其實際用法，官網的解釋一定是最好的，所以千萬不要忽視最直接的資源。在處理序列資料上，RNN 網路結構具有先天的優勢，所以，其在文字處理工作上，尤其有關上下文和序列相關工作的時候，還是盡可能優先選擇深度學習演算法，雖然速度要慢一些，但是整體效果還不錯。

20 章的機器學習演算法與實戰的學習到這裡就結束了，其中經歷了數學推導的考驗與案例中反覆的實驗，相信大家已經掌握了機器學習的核心思維與實作方法。演算法本身並沒有高低之分，很多時候拼的是如何對資料進行合適的特徵分析，結合特徵工程，將最合適的演算法應用到最適合的資料中才是上策。學習應當是反覆的過程，每一次都會有更深的了解，機器學習演算法本身較為複雜，時常複習也是必不可缺的。案例的利用也是如此，光看不練終歸不是自己的，舉一反三才能提升自己的實戰技能。在後續的學習和工作中，根據業務需求，還可以結合實際論文來探討解決方案，善用資料，加以了解，並應用到自己的工作中，才是最佳的提升路線。

Note

Note